A Francesca,
Paola,
Laura

L. Formaggia

F. Saleri

A. Veneziani

Applicazioni ed esercizi di modellistica numerica per problemi differenziali

 Springer

Luca Formaggia
Fausto Saleri
Alessandro Veneziani
MOX - Dipartimento di Matematica "F. Brioschi"
Politecnico di Milano

L'immagine di sfondo della copertina rappresenta una simulazione numerica del campo di moto attorno a una imbarcazione da canottaggio da competizione (per gentile concessione di CD ADAPCO Ltd. e Filippi Lido s.r.l.). Nei riquadri: in basso, geometria semplificata e griglia di un disco freno per automobili; in alto, griglia di un modello di carotide fornito da D. Liepsch e dalla F.H. di Monaco di Baviera (gentile concessione di K. Perktold e M. Prosi). Entrambe le griglie sono state generate con il codice Netgen di J. Schöberl (http://nathan.numa.uni-linz.ac.at/netgen/usenetgen.html).

Springer-Verlag fa parte di Springer Science+Business Media

springer.it

© Springer-Verlag Italia, Milano 2005

ISBN 10 88-470-0257-5
ISBN 13 978-88-470-0257-9

Riprodotto da copia camera-ready fornita dagli Autori
Progetto grafico della copertina: Simona Colombo, Milano
Stampato in Italia: Signum Srl, Bollate (Milano)

Prefazione

Il presente testo nasce dall'esperienza maturata dagli autori nello svolgimento dei corsi di Metodi Numerici per l'Ingegneria e di Analisi Numerica delle Equazioni alle Derivate Parziali (EDP), tenuti per le lauree di primo, di secondo livello e per corsi di dottorato presso i Politecnici di Milano e Losanna e l'Università degli Studi di Bergamo. L'obiettivo di tali corsi è quello di introdurre gli studenti alle tecniche di approssimazione numerica per EDP utili per risolvere quantitativamente problemi di interesse ingegneristico. Una delle difficoltà che si incontrano in questo ambito è quella di trovare il giusto equilibrio fra le nozioni teoriche e il loro effettivo utilizzo in problemi reali. Questa raccolta di esempi ed esercizi vuole essere un contributo per far percepire a chi si avvicina a questi studi l'aderenza fra la parte "teorica" più astratta di questa disciplina e quella più operativa. Per questo motivo, oltre ad esercizi di carattere "accademico", immediata applicazione degli indispensabili strumenti dell'Analisi Numerica (e tratti spesso da temi d'esame dei corsi menzionati), ve ne sono altri, contrassegnati con il simbolo (*), nei quali lo studente è invitato a partire da un problema reale, a formalizzarlo in termini di EDP che successivamente deve analizzare e risolvere numericamente.

In generale, abbiamo cercato di consentire diverse chiavi di lettura, suddividendo la soluzione degli esercizi in 3 parti distinte: *Analisi Matematica del Problema*, *Approssimazione numerica*, *Analisi dei risultati*. Gli esercizi contrassegnati con (*) hanno un paragrafo preliminare, dedicato alla *Formulazione del Modello Matematico*. Lo scopo di questa suddivisione è quello di agevolare nella lettura chi fosse interessato solo agli aspetti teorici o a quelli più squisitamente numerici, tenendo presente che il paragrafo *Analisi dei risultati* rappresenta un po' la sintesi ragionata degli altri due, finalizzata a una valutazione critica dei risultati ottenuti.

Sebbene la maggior parte degli esercizi sia tratta da quelli proposti (senza soluzione) in *Modellistica Numerica per Problemi Differenziali* di A. Quarteroni (Springer-Verlag Italia, 2003), questo volume può essere impiegato autonomamente. I brevi richiami teorici posti all'inizio di ogni Capitolo e nelle Appendici hanno infatti lo scopo di farne un testo autocontenuto.

Il testo è strutturato in due parti, la prima dedicata a problemi stazionari, la seconda a problemi dipendenti dal tempo. In funzione preliminare, proponiamo un Capitolo relativo ai fondamenti dell'approssimazione composita che sta alla base del Metodo degli Elementi Finiti. La prima parte è articolata nei Capitoli 2, 3 e 4. Il Capitolo 2 considera problemi ellittici per i quali gli effetti viscosi dominano, il Capitolo 3 si concentra sui problemi a trasporto o a reazione dominante ed il Capitolo 4 raccoglie esercizi sul metodo delle differenze finite. La seconda parte dedica i Capitoli 5 e 6 ai problemi parabolici ed iperbolici, rispettivamente, ed alla loro discretizzazione in tempo tanto con metodi alle differenze finite quanto con metodi agli elementi finiti, ed il Capitolo 7 all'approssimazione delle equazioni di Navier-Stokes per un fluido a densità costante.

Completano il volume tre Appendici. L'Appendice A è dedicata a ricordare alcune nozioni di base dell'Analisi Matematica necessarie per uno svolgimento rigoroso delle parti teoriche degli esercizi presentati. L'Appendice B richiama alcune considerazioni tecniche sulla programmazione del metodo degli elementi finiti. L'Appendice C vuole invece dare un volto a quei nomi che più volte vengono citati nello svolgimento degli esercizi. Ben lungi dall'essere una raccolta biografica esaustiva, vuole essere solo una rassegna di persone che tanti e significativi contributi hanno dato in questa disciplina.

Le simulazioni numeriche sono state svolte con due codici: per problemi in una dimensione è stato usato il codice MATLAB Fem1D, scritto dagli autori e scaricabile presso il sito mox.polimi.it/fsv. Dallo stesso sito è possibile scaricare altro materiale che non ha trovato posto in questo volume per ragioni di spazio. Per i problemi bidimensionali si fa ricorso al programma freefem++, sviluppato da O.Pironneau, F.Hecht e A.Le Hyaric (http://www.freefem.org/): la sua generalità e la sua aderenza alla formulazione debole delle EDP ne fanno uno strumento didatticamente valido.

Vogliamo ringraziare tutti coloro che hanno reso migliore questo libro, in particolare il Prof. Alfio Quarteroni, i colleghi e gli studenti dei corsi che, con le loro domande, hanno fornito costantemente spunti e suggerimenti. Errori e imprecisioni sono ovviamente solo responsabilità nostra e siamo grati fin d'ora a chi vorrà segnalarceli. Ringraziamo, infine, la Dott.ssa Francesca Bonadei di Springer Italia per il costante stimolo, il sostegno e la pazienza che ci ha dimostrato durante l'intera fase di preparazione del volume.

Milano, maggio 2005   Gli autori

Indice

1

Fondamenti degli elementi finiti

In questo capitolo introduttivo raccogliamo in maniera sintetica alcuni elementi fondamentali della teoria dell'approssimazione mediante elementi finiti. Questo da un lato per fornire al lettore una raccolta di definizioni e risultati spesso dispersi in vari testi, dall'altro per introdurre alcune notazioni e convenzioni, poi riprese nei capitoli successivi.

1.1 Fondamenti della approssimazione agli elementi finiti

La tecnica degli elementi finiti si basa nell'approssimare la soluzione di un problema alle derivate parziali con una funzione semplice appartenente ad uno spazio di dimensione finita V_h opportuno, tipicamente una funzione polinomiale a tratti, globalmente continua.

Le proprietà di convergenza del metodo dipendono direttamente dall'errore di interpolazione sullo spazio discreto V_h, ecco quindi la necessità di studiare in forma generale la teoria dell'approssimazione.

1.2 Il caso monodimensionale: approssimazione polinomiale composita

Si consideri una partizione di un intervallo dato $[a, b]$ in n intervalli (che chiameremo anche *elementi*) $K_j = [V_{j-1}, V_j]$ di ampiezza $h_j = V_j - V_{j-1}, j = 1, \ldots, n$ e $n+1$ vertici V_i, $i = 0, \ldots, n$ con $V_0 = a$, $V_n = b$. Tale partizione, che indicheremo con $\mathcal{T}_h(a, b)$, o più semplicemente $\mathcal{T}_h$, è detta *griglia*. Per evitare ambiguità useremo qui la lettera V per indicare i vertici della griglia, mentre riserveremo la lettera x per i nodi di interpolazione, che sono, in generale, un sovrainsieme dei vertici. Usiamo

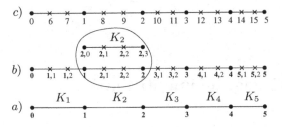

Figura 1.1. La costruzione dei nodi per l'interpolazione composita di grado $r > 1$. In *a)* la triangolazione del dominio con i vertici degli elementi K_j, indicati con •. In *b)* la costruzione dei nodi interni nel caso di interpolazione cubica, con un dettaglio della numerazione locale per l'elemento K_2. In *c)* la numerazione finale dei nodi secondo il secondo schema proposto

la lettera maiuscola K per indicare gli elementi, in analogia a quanto faremo nel caso multidimensionale.

Per costruire un polinomio interpolatore di Lagrange composito di grado $r \geq 1$ avremo bisogno di $r - 1$ nodi interni a ciascun intervallo che si aggiungono ai due nodi dati dagli estremi. Per ciascun K_j si identificano quindi $r - 1$ punti addizionali, che prenderemo per semplicità equispaziati, $x_{j,s} = V_{j-1} + sh_j/r$, per $j = 1,\ldots,n$ e $s = 1,\ldots,r - 1$ (si veda la Figura 1.1). Porremo inoltre $x_{j,0} \equiv V_{j-1}$ e $x_{j,r} \equiv V_j$. Siamo ora in grado di generare su ciascun intervallo K_j il polinomio di grado r interpolante una data funzione f nei punti $x_{j,s}$, $s = 0,\ldots,r$ e quindi costruire il polinomio interpolatore composito. Quest'ultimo sarà, per costruzione, continuo. La numerazione $s = 0,\ldots,r$ dei nodi all'interno di ciascun elemento è detta *numerazione locale*. È conveniente, quando non necessario, fornire un'indicizzazione univoca per i nodi di interpolazione detta anche *numerazione globale*. Non vi è un solo modo per farlo ed una possibilità consiste nel porre $x_k = x_{j,s}$ con $k = r(j - 1) + s$, per $s = 0,\ldots r - 1$ e $j = 1,\ldots,n$, ponendo infine $x_{rn+1} = x_{n,r}$. Abbiamo quindi un numero totale di $N = nr + 1$ punti di interpolazione che soddisfano $x_0 < x_1 < \ldots < x_N$.

Un altro schema di numerazione globale largamente adottato nell'ambito degli elementi finiti consiste nel numerare prima i vertici della griglia e quindi i nodi interni. Secondo questo schema, che è quello illustrato in Figura 1.1, si ha la seguente associazione tra numerazione locale, nella forma (j, s) e la numerazione globale, per $j = 1,\ldots,n$,

$$(j,s) \Rightarrow \begin{cases} j - 1 \text{ se } s = 0, \\ n + (j - 1)(r - 1) + s, \text{ per } s = 1,\ldots,r - 1, \end{cases}$$

completata da $(n,r) \Rightarrow n$. Un vantaggio di questo schema è che i vertici della griglia coincidono con i primi $n + 1$ nodi, infatti $x_i = V_i$, per $i = 0,\ldots,n$. È evidente che le due tecniche di numerazione globale dei nodi coincidono per il caso lineare, dove non si hanno nodi interni.

Si dice *interpolante polinomiale a tratti* (o composito) *di grado* r di una funzione $f \in C^0([a,b])$, con $[a,b] \subset \mathbb{R}$, nei nodi di interpolazione $x_0, \ldots x_N$ definiti sulla griglia $\mathcal{T}_h$ la funzione $\Pi_h^r f$ che soddisfa

$$\Pi_h^r f|_{K_j} \in \mathbb{P}^r(K_j), \quad j = 1, \ldots, n, \quad \Pi_h^r f(x_i) = f(x_i), \quad i = 0, \ldots N,$$

dove $\mathbb{P}^r(K_j)$ è lo spazio dei polinomi di grado (al massimo) r sull'intervallo K_j e $h = \max_{1 \le j \le n} h_j$. Il parametro h è detto *passo di griglia*. L'interpolante $\Pi_h^r f$ può essere espresso univocamente come combinazione lineare dei *polinomi compositi caratteristici* o *di Lagrange* di grado r, ϕ_i, $i = 0, 1, \ldots, N$, secondo la relazione

$$\Pi_h^r f(x) = \sum_{i=0}^{N} f(x_i) \phi_i(x). \tag{1.1}$$

Essi godono della proprietà fondamentale

$$\phi_i(x_j) = \delta_{ij}, \quad i, j = 0, \ldots, N, \tag{1.2}$$

essendo δ_{ij} il *simbolo di Kronecker*. Di conseguenza $\phi_i(x) = 0$ se x non appartiene ad un intervallo K_j contenente il nodo x_i e quindi i polinomi compositi di Lagrange hanno *supporto limitato*. Un'altra proprietà dei polinomi compositi di Lagrange spesso utilizzata nell'analisi è

$$\sum_{i=0}^{N} \phi_i(x) = 1, \quad \forall x \in [a, b].$$

Essa è ricavabile immediatamente considerando nella (1.1) l'interpolazione della funzione costante $f = 1$. L'interpolazione polinomiale a tratti si può anche interpretare come l'applicazione dell'operatore $\Pi_h^r : C^0([a,b]) \to X_h^r(a,b)$, definito dalla (1.1), essendo $X_h^r(a,b)$ lo spazio delle funzioni polinomiali a tratti di grado r sulla griglia $\mathcal{T}_h$

$$X_h^r(a,b) \equiv \{v_h \in C^0([a,b]) : v_h|_{K_j} \in \mathbb{P}^r(K_j), j = 1, \ldots, n\}. \tag{1.3}$$

I polinomi caratteristici di Lagrange formano una base per lo spazio $X_h^r(a,b)$, che avrà quindi dimensione $nr + 1$. L'operatore Π_h^r è lineare e limitato uniformemente rispetto ad h nelle norma

$$\|f\|_{C^0([a,b])} \equiv \max_{a \le x \le b} |f(x)|, \quad \forall f \in C^0(a,b),$$

e, sfruttando il Teorema di immersione di Sobolev (si veda l'Appendice A) esso può essere esteso a funzioni dello spazio $H^1(a,b)$. Infatti esso risulta essere limitato anche rispetto alla norma di H^1 definita nella (A.11): più precisamente esiste una costante $C_r > 0$ tale che $\forall v \in H^1(a,b)$

$$\|\Pi_h^r v\|_{H^1(a,b)} \le C_r \|v\|_{H^1(a,b)}. \tag{1.4}$$

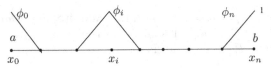

Figura 1.2. Esempi di polinomi caratteristici lineari compositi di Lagrange

Per quanto riguarda l'errore di interpolazione si hanno i risultati seguenti, validi per ogni $v \in H^{p+1}(a,b)$, per un intero $p > 0$ e per $s = \min(r, p)$

$$|v - \Pi_h^1 v|_{H^1(a,b)} \leq C_{s,r,1} \sqrt{\sum_{j=1}^{n} h_j^{2s} |v|_{H^2(K_j)}^2} \leq C_{s,r,1} h^s |v|_{H^{s+1}(a,b)}, \qquad (1.5)$$

$$\|v - \Pi_h^1 v\|_{L^2(a,b)} \leq C_{s,r,0} \sqrt{\sum_{j=1}^{n} h_j^{2(s+1)} |v|_{H^2(K_j)}^2} \leq C_{s,r,0} h^{s+1} |v|_{H^{s+1}(a,b)}. \qquad (1.6)$$

Nel caso lineare e $v \in H^2(a,b)$ si ha $C_{1,1,0} = \sqrt{5/24}$ e $C_{1,1,1} = \sqrt{2}/2$.

Se invece $v \in H^1(a,b)$, ma $v \notin H^2(a,b)$, si può fornire un ordine solo alla convergenza in norma L^2, infatti in questo caso si ha

$$\|v - \Pi_h^r v\|_{L^2(a,b)} \leq C_r \sqrt{\sum_{j=1}^{n} h_j^2 |v|_{H^1(K_j)}^2} \leq C_r h |v|_{H^1(a,b)},$$

ed in particolare $C_1 = \sqrt{2}$, e si ha inoltre il seguente risultato di convergenza

$$\lim_{h \to 0} |v - \Pi_h^r v|_{H^1(a,b)} = 0. \qquad (1.7)$$

Esercizio 1.2.1 Verificare sperimentalmente la disuguaglianza (1.5) applicandola alle funzioni seguenti,

$$f_1(x) = \sin^2(3x) \quad e \quad f_2(x) = |\sin(3x)| \sin(3x),$$

nell'intervallo $(1,3)$, usando $r = 1, 2, 3, 4$. Si commentino i risultati alla luce del fatto che $f_1 \in H^s(1,3)$ per ogni $s \geq 0$, mentre $f_2 \in H^2(1,3)$, ma $f_2 \notin H^3(1,3)$. Si usino le funzioni della suite `comppolyXX` (scaricabile dal sito `mox.polimi.it/fsv`) e griglie uniformi con un numero di elementi pari a 4, 8, 16, 32 e 64.

Soluzione 1.2.1 Le funzioni identificabili dal prefisso `comppoly` estendono alla interpolazione composita alcune funzionalità di MATLAB già esistenti per l'interpolazione polinomiale semplice. In particolare `comppolyfit` calcola i coefficienti di un polinomio composito di grado assegnato, comppolyval lo valuta su un vettore di punti dato. Inoltre, comppolyerr valuta l'errore di interpolazione in norma L^2 o H^s per un s intero[1].

Lo script MATLAB contenuto nel file esercizio_comppoly.m contiene una possibile soluzione dell'esercizio. Esso consiste in una diretta applicazione dei comandi precedentemente descritti. Riportiamo le istruzioni più significative

```
N=4;
f1='sin(3*x)*sin(3*x)'; f2='abs(sin(3*x))*sin(3*x)';
fd2='3*cos(3*x)*(abs(sin(3*x))+sin(3*x)*sign(sin(3*x)))';
for k=1:ntimes
  mesh=linspace(1,3,N+1); h(k)=2/N;
  coeff1=comppolyfit(mesh,f1,degree);
  coeff2=comppolyfit(mesh,f2,degree);
  err1(k)=comppolyerr(coeff1,[1,3],f1,mesh,norm);
  err2(k)=comppolyerr(coeff2,[1,3],{f2,fd2},mesh,norm); N=2*N
end
```

Gli errori calcolati sono rappresentati in funzione di h nella Figura 1.3. Si noti come nel caso dell'interpolazione lineare gli errori per le due funzioni abbiano un andamento molto simile. Il comportamento cambia radicalmente quando si considerino polinomi compositi di grado più elevato, dove la minor regolarità della funzione f_2 limita a 1 l'ordine di convergenza rispetto ad h. ◇

1.3 Interpolazione in più dimensioni tramite elementi finiti

Un elemento finito (geometrico) K è un insieme chiuso e limitato di $\mathbb{R}^d$ ottenuto a partire da un elemento di riferimento semplice $\widehat{K}$ dato, tipicamente un *poligono*, tramite una mappa biiettiva T_K sufficientemente regolare (si veda la Figura 1.4),

$$K = T_K(\widehat{K}). \tag{1.8}$$

Nel seguito, il simbolo $\widehat{\ }$ verrà usato per indicare quantità associate all'elemento di riferimento. Due scelte comuni sono quelle di prendere come $\widehat{K}$ il *simplesso unitario*[2] o il *quadrilatero (cubo in 3D) unitario*. La regolarità richiesta alla mappa T_K dipende da quale spazio di approssimazione si vuole costruire: la richiesta

---

[1] Per avere dei risultati coerenti con la teoria occorre calcolare gli integrali usando formule di quadratura il cui errore sia al massimo dello stesso ordine dell'errore di interpolazione. Questo fa sì che la funzione comppolyerr possa risultare computazionalmente costosa per valori di h piccoli e di r elevati.

[2] Il simplesso unitario in $\mathbb{R}^d$ è un poligono con $d + 1$ vertici, di cui uno viene posto convenzionalmente nell'origine e gli altri sugli assi cartesiani e formanti con il primo lati di lunghezza unitaria.

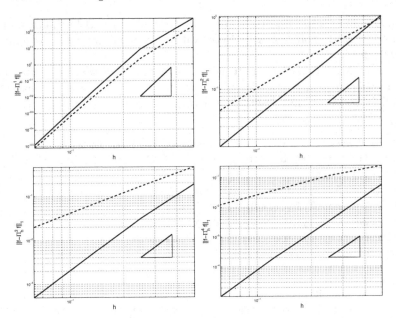

Figura 1.3. Errore in norma $H^1(1,3)$ dell'interpolazione polinomiale composita al variare di h. La linea piena si riferisce alla funzione f_1, mentre quella tratteggiata alla funzione f_2, meno regolare. Dall'alto verso il basso e da destra a sinistra presentiamo i risultati corrispondenti a $r = 1, 2, 3$ e 4. I grafici riportano anche la pendenza corrispondente alla convergenza ottimale

minimale è che sia di classe $C^1(\widehat{K})$ con inversa $C^1(K)$ e che conservi l'orientazione. Questo implica che il determinante della matrice Jacobiana $J(T_K)$ sia positivo su $\widehat{K}$. La mappa T_K si dice *affine* se è della forma

$$T_K(\widehat{\mathbf{x}}) = \mathbf{a}_K + \mathrm{F}_K\widehat{\mathbf{x}}, \qquad (1.9)$$

dove $\mathbf{a}_K \in \mathbb{R}^d$ e $\mathrm{F}_K \in \mathbb{R}^{d\times d}$ è una matrice non-singolare con $|\mathrm{F}_K| > 0$, dove il simbolo $|\cdot|$ applicato a una matrice ne indica il determinante. Indicheremo con h_K il *diametro* di K, $h_K = \max_{\mathbf{x}_1, \mathbf{x}_2 \in K} \|\mathbf{x}_1 - \mathbf{x}_2\|$ e con ρ_K il raggio del massimo cerchio (sfera) iscritto a K. Indichiamo qui e nel seguito con $\|\mathbf{x}\|$ la norma Euclidea di un vettore $\mathbf{x} \in \mathbb{R}^d$.

Una *triangolazione (griglia)* $\mathcal{T}_h(\Omega)$ di Ω è un insieme di elementi $K = T_K(\widehat{K})$, tale che il *dominio discretizzato* Ω_h, definito da

$$\Omega_h = \mathrm{int}\left(\bigcup_{K \in \mathcal{T}_h(\Omega)} K\right),$$

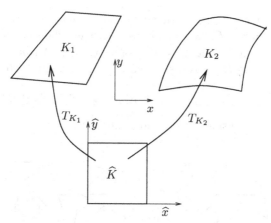

Figura 1.4. Due esempi di mappe dall'elemento di riferimento $\widehat{K}$ (il quadrato unitario in questo caso). T_{K_1} definisce l'elemento elemento quadrilatero $K_1 = T_{K_1}(\widehat{K})$ a lati dritti, mentre $K_2 = T_{K_2}(\widehat{K})$ presenta lati curvi

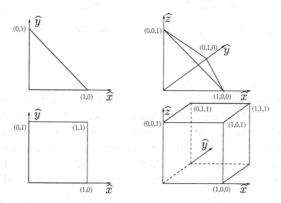

Figura 1.5. Principali forme dell'elemento di riferimento $\widehat{K}$. In alto, rispettivamente i simplessi unitari in $\mathbb{R}^2$ e $\mathbb{R}^3$. In basso, il quadrilatero ed il cubo unitario

sia un'approssimazione di Ω nel senso che $\lim_{h \to 0} \mathrm{d}(\partial\Omega, \partial\Omega_h) = 0$, essendo $h = \max_{K \in \mathcal{T}_h(\Omega)} h_K$ e $\mathrm{d}(A, B)$ la distanza tra tra due sottoinsiemi A e B di $\mathbb{R}^d$. L'operatore $\mathrm{int}(A)$ indica l'interno di A; vogliamo infatti che Ω_h sia un sottoinsieme aperto di $\mathbb{R}^d$.

In generale $\Omega_h \neq \Omega$, ma si può avere l'uguaglianza in casi particolari (tuttavia abbastanza frequenti), per esempio se Ω è un poligono e T_K è la mappa affine. Nel seguito, per semplicità di notazione, si indicherà $\mathcal{T}_h$ al posto di $\mathcal{T}_h(\Omega)$ tutte le volte che il contesto ce lo permetta. Se la mappa T_K è affine, la griglia verrà anch'essa detta *affine*. Una mappa affine T_K trasforma un polinomio in un polinomio dello stesso grado: se $P_{\widehat{K}} = \mathbb{P}^r(\widehat{K})$ allora $P_K = \mathbb{P}^r(K)$. Inoltre, se $\widehat{K}$ è un poligono lo è anche K. Infine, T_K preserva la proprietà di parallelismo di lati e facce.

In T_h possiamo identificare l'insieme V_h dei *vertici*, l'insieme dei lati $\mathcal{E}_h$ e (in 3D) l'insieme delle facce $\mathcal{F}_h$, formati rispettivamente dalle immagini dei vertici, lati e facce di $\widehat{K}$. Una griglia si dice (geometricamente) *conforme* se, per ogni coppia $K_1, K_2 \in T_h$ con $K_1 \neq K_2$, si abbia (si veda la Figura 1.6)

$$\overset{\circ}{K}_1 \cap \overset{\circ}{K}_2 = \emptyset, \qquad K_1 \cap K_2 \in V_h \cup \mathcal{E}_h \cup \mathcal{F}_h \cup \emptyset.$$

Nel seguito del testo considereremo solo griglie conformi.

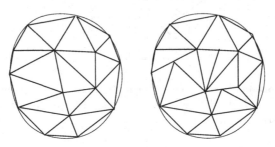

Figura 1.6. Esempio di triangolazione geometricamente conforme (a sinistra) e non conforme (a destra)

Nel caso bidimensionale indichiamo con n_v il numero di vertici di ciascun elemento K, N_e, N_v, N_l il numero di elementi, vertici e lati della griglia, e $N_{l,b}$ e $N_{v,b}$ il numero di lati e vertici giacenti sul bordo. Se m è l'indice di connessione multipla del dominio, cioè il numero di "fori" al suo interno, ed in particolare $m = 0$ per un dominio semplicemente connesso, dalla formula di Eulero che lega il numero di vertici e lati di un poligono, si derivano le seguenti tre relazioni [FG00]

$$(a)\ N_e - N_l + N_v = 1 - m, \qquad (b)\ 2N_l - N_{l,b} = n_v N_e,$$
$$(c)\ N_{v,b} = N_{l,b}. \tag{1.10}$$

Nel caso di una griglia tridimensionale se m indica ancora l'indice di connessione multipla del dominio, c_b il numero di componenti connesse della frontiera di Ω e N_f il numero di facce della griglia, di cui $N_{f,b}$ giacciono sul bordo, si ha

$$(a)\ N_e - N_f + N_l - N_v = m - c_b - 1, \qquad (b)\ 2N_f - N_{f,b} = n_v N_e,$$
$$(c)\ N_{v,b} + N_{f,b} = N_{l,b} + 2(c_b - m). \tag{1.11}$$

In entrambi i casi si è assunto che Ω sia un dominio connesso, cioè non sia formato dalla unione di parti disgiunte.

Ricordiamo infine che una famiglia di griglie $\{T_h(\Omega)\}_h$ parametrizzate da h, si dice *regolare*, se $\exists \gamma > 0$ tale che $\forall h > 0$

$$\gamma_K = \frac{h_K}{\rho_K} \geq \gamma, \quad \forall K \in T_h(\Omega). \tag{1.12}$$

La costante γ è chiamata *costante di regolarità* (o di *sfericità*). Useremo il termine *griglia regolare* per affermare che una griglia appartiene ad una famiglia opportuna di griglie regolari.

Esercizio 1.3.1 Un generatore di griglie 3D formate da tetraedri, fornisce il numero di elementi N_e, il numero di vertici N_v ed il numero di facce di bordo $N_{f,b}$ (la maggior parte dei generatori di griglia è in grado di fornire questi dati). Si devono utilizzare dei vettori per memorizzare dati associati alle altre quantità geometriche (lati, facce, ecc.). Quali di essi possono essere dimensionati senza conoscere la connettività del dominio e del suo bordo?

Soluzione 1.3.1 Per un tetraedro $n_v = 4$, deriviamo dalla (1.11-b) che $N_f = 2N_e + \dfrac{N_{f,b}}{2}$. Il bordo di una griglia tetraedrica è una triangolazione di una superficie chiusa (cioè senza bordo) formata da elementi triangolari. La relazione in (1.10-b) può dunque essere sfruttata riformulandola opportunamente. Infatti, nel contesto della triangolazione rappresentante il bordo di una griglia tridimensionale il parametro N_l nella (1.10-b) è da intendersi $N_{l,b}$ (i lati della superficie al bordo di $\mathcal{T}_h$ sono evidentemente i lati di bordo), mentre il termine $N_{l,b}$ della (1.10-b) è qui nullo in quanto la superficie è chiusa. Infine N_e della (1.10-b) è da interpretarsi come $N_{f,b}$ in quanto gli elementi della triangolazione superficiale sono proprio le facce al bordo di $\mathcal{T}_h$. Otteniamo quindi la relazione $2N_{l,b} = 3N_{f,b}$ e dunque $N_{l,b} = \frac{3}{2}N_{f,b}$.

Il dimensionamento esatto degli altri vettori richiede di conoscere il grado di connessione del dominio e del suo bordo. Supponiamo che sia $c_b = 1$ (una componente connessa) e $m = 0$ (dominio semplicemente connesso). Allora $N_{v,b} = 2 + N_{l,b} - N_{f,b} = 2 + \frac{1}{2}N_{f,b}$ e $N_l = N_v + N_f - N_e - 2$. $\Diamond$

Se K è un simplesso, si adotta spesso un sistema di coordinate particolare, dette *coordinate baricentriche*, $\boldsymbol{\xi} = (\xi_i, \ldots, \xi_{d+1})$. Siano $\{\mathbf{V}_i, i = 1, \ldots, d+1\}$ i vertici del simplesso K e $\mathbf{x}$ un punto di $\mathbb{R}^d$. Indichiamo con $V_{i,j}$ la componente j del vertice $\mathbf{V}_i$ e definiamo

$$\langle K \rangle \equiv \begin{vmatrix} 1 & \ldots & 1 & 1 \\ V_{1,1} & \ldots & V_{d,1} & V_{d+1,1} \\ \vdots & & & \vdots \\ V_{1,d} & \ldots & V_{d,d} & V_{d+1,d} \end{vmatrix}. \tag{1.13}$$

Notiamo che $\langle K \rangle = \pm d! |K|$ dove $|\cdot|$ applicato a un insieme di R^n ne indica la misura (area o volume), mentre il segno è determinato dalla orientazione del simplesso. In particolare, il segno è positivo se, in due dimensioni, i vertici di K sono orientati in verso antiorario, mentre in tre dimensioni seguono la cosidetta "regola

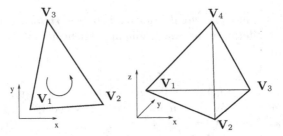

Figura 1.7. Convenzione per l'orientamento positivo dei vertici dei triangoli e dei tetraedri

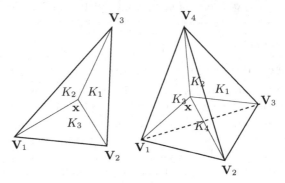

Figura 1.8. Costruzione delle coordinate baricentriche del punto **x**, nel caso di un triangolo

della mano destra". Se $\langle K \rangle$ è positivo, si dice che K è orientato positivamente (si veda la Figura 1.7). Per $j = 1, \ldots, d + 1$ indichiamo con $K_j(\mathbf{x})$ il simplesso ottenuto da K sostituendo il vertice $\mathbf{V}_j$ con il punto generico $\mathbf{x}$. Si definisce la j-esima *coordinata baricentrica* del punto $\mathbf{x}$ associata al simplesso K (si veda la Figura 1.8) come

$$\xi_j(\mathbf{x}) \equiv \frac{\langle K_j(\mathbf{x}) \rangle}{\langle K \rangle}, \quad \text{per } j = 1, \ldots, d + 1. \tag{1.14}$$

L'interesse nell'usare coordinate baricentriche risiede nel fatto che sono invarianti rispetto ad una trasformazione affine.

Se T_K è la mappa affine dal simplesso unitario $\widehat{K}$ a K, si ha la relazione seguente tra coordinate baricentriche e cartesiane riferite all'elemento di riferimento $\widehat{K}$,

$$\xi_1 = 1 - \sum_{s=1}^{d} \widehat{x}_s, \quad \xi_{j+1} = \widehat{x}_j, \ j = 1, \ldots, d. \tag{1.15}$$

I Programmi 1 e 2 mostrano come si può implementare il calcolo delle coordinate baricentriche e delle coordinate cartesiane associate in MATLAB.

Programma 1 - barcoord : Calcolo delle coordinate baricentriche di **x** relativamente al simplesso K

```
function [xi]=barcoord(K,x)
% K e' una matrice di dimensione (d,d+1) contenente in ogni colonna
% le coordinate del relativo vertice del simplesso.
% x e' un vettore colonna di dimensione (d,1)
% Il vettore colonna xi contiene le d+1 coordinate baricentriche.
A=[ones(1,dd);K];
b=[1;x];
xi=A b;
```

Programma 2 - coorbar : Calcolo delle coordinate cartesiane del punto **x** associato alla coordinate baricentriche, relativamente al simplesso K

```
function [x]=coorbar(K,xi)
% K e' una matrice di dimensione (d,d+1) contenente in ogni colonna
% le coordinate del relativo vertice del simplesso.
x=K*xi;
```

1.4 L'elemento finito

Il metodo degli elementi finiti si basa sulla costruzione di uno spazio funzionale di dimensione finita del tipo

$$X_h(\Omega_h) \equiv \{v_h : v_h \in V(\Omega_h), \quad v_h\big|_K \in P(K), \ \forall K \in \mathcal{T}_h\}, \tag{1.16}$$

dove $V(\Omega_h)$ è uno spazio funzionale assegnato e $P(K)$ è uno spazio di dimensione n_l definito sul singolo elemento (geometrico) K. Quindi lo spazio $X_h(\Omega_h)$, che nel seguito indicheremo spesso semplicemente con X_h, è costruito "assemblando" funzioni definite su ciascun elemento K della griglia, in maniera formalmente analoga (ma di fatto ben più complessa) alla costruzione degli spazi polinomiali a tratti visti nel caso monodimensionale.

Abbiamo richiesto che X_h sia un sottospazio di $V(\Omega_h)$. Si dice in questo caso che X_h è conforme allo spazio V, o V-conforme. Un caso notevole è la conformità C^0, che implica la conformità H^1 purché $P(K) \subset H^1(K)$ per ogni K (si veda [QV94]). La dimensione dello spazio $X_h(\Omega_h)$ è indicata con N_h.

Si dice che lo spazio X_h *approssima* V se $X_h \to V$ quando $h \to 0$, nel senso che, data una funzione $v \in V$ per ogni $\epsilon > 0$ esiste un h_0 tale per cui

$$\inf_{v_h \in X_h} \|v - v_h\|_V \le \epsilon \quad \text{se } h \le h_0.$$

I *gradi di libertà*

$$\Sigma = \{\sigma_i : X_h \to \mathbb{R}, i = 1, \ldots, N_h\}$$

sono un insieme di funzionali lineari e continui su X_h tali per cui l'applicazione

$$v_h \in X_h \to (\sigma_1(v_h), \ldots, \sigma_{N_h}(v_h)) \in \mathbb{R}^{N_h}$$

è un isomorfismo. In altre parole una funzione $v_h \in X_h$ è individuata univocamente dal valore dei gradi di libertà $\sigma_i(v_h)$, $i = 1, \ldots, N_h$.

Questa definizione è molto generale e include, come caso particolare, gli *elementi finiti Lagrangiani*, che rappresentano gli elementi finiti di utilizzo più comune, per i quali i gradi di libertà corrispondono ai valori di v_h in punti $\mathbf{N}_i$ opportuni, chiamati *nodi*, cioè $\sigma_i(v_h) = v_h(\mathbf{N}_i)$. Ma si possono fare scelte diverse: per esempio negli elementi di Raviart-Thomas i gradi di libertà sono i flussi attraverso i lati di ciascun elemento K, mentre negli elementi di tipo Hermite (che sono C^1-conformi) i gradi di libertà includono anche le derivate di v_h ai nodi. Per più dettagli su questi tipi di elemento finito il lettore può consultare, per esempio, [EG04, QV94]

Una base particolare di X_h è data dalle funzioni $\{\phi_i, \ i = 1, \ldots, N_h\}$ tali che $\phi_i \in X_h$ e $\sigma_i(\phi_j) = \delta_{ij}$. Le funzioni ϕ_i sono denominate *funzioni di forma* o anche *funzioni di base degli elementi finiti*. Negli elementi finiti Lagrangiani si ha la relazione

$$\phi_i(\mathbf{N}_j) = \delta_{ij}, \quad i, j = 0, \ldots, N_h \tag{1.17}$$

analoga a quella vista nel caso monodimensionale. Ogni $v_h \in X_h$ può essere espresso nella forma

$$v_h(\mathbf{x}) = \sum_{i=1}^{N_h} \sigma_i(v_h) \phi_i(\mathbf{x}). \tag{1.18}$$

Lo spazio X_h viene costruito a partire dall'*elemento finito*, identificato dall'elemento geometrico K, dallo spazio $P(K)$ di dimensione n_l e dai *gradi di libertà locali* $\Sigma_K = \{\sigma_{K,i} : P(K) \to \mathbb{R}, i = 1, \ldots, N_l\}$, tali per cui l'applicazione

$$p \in P(K) \to (\sigma_{K,1}(p), \sigma_{K,2}(p), \ldots, \sigma_{K,n_l}(p)) \in \mathbb{R}^{n_l}$$

è un isomorfismo. Anche qui identifichiamo una base particolare di $P(K)$ associata a Σ_K, $\{\phi_{K,i}, \ i = 1, \ldots n_l\}$, i cui elementi soddisfano $\sigma_{K,i}(\phi_{K,j}) = \delta_{ij}$. Usando tale base ogni $p \in P(K)$ si può scrivere nella forma

$$p(\mathbf{x}) = \sum_{i=1}^{N_l} \sigma_{K,i}(p) \phi_{K,i}(\mathbf{x}) \quad \text{per } \mathbf{x} \in K.$$

Le funzioni $\phi_{K,i}$ sono chiamate *funzioni di forma locali* o *funzioni di base locali degli elementi finiti*, relative all'elemento K. Si ha la relazione seguente che lega le funzioni definite localmente a quelle globali

$$\phi_i|_K = \phi_{K,\nu_K(i)}, \quad \forall K \in \mathcal{T}_K,$$

dove $1 \leq \nu_K(i) \leq n_l$ è la *numerazione locale* della funzione di forma ϕ_i relativamente all'elemento K. Analogamente, si ha $\sigma_i(p) = \sigma_{K,\nu_K(i)}(p|_K)$, $\forall p \in X_h$. Il metodo degli elementi finiti sfrutta estesamente la possibilità di lavorare localmente sul singolo elemento K, come si vedrà successivamente.

Per avere uno spazio X_h che sia V-conforme è necessario che $P(K) \subset V(K)$, ma questo non è sufficiente: bisogna in generale stabilire delle condizioni addizionali, come vedremo negli esercizi.

Un'altra caratteristica degli elementi finiti è che la costruzione dello spazio $P(K)$ viene normalmente eseguita partendo dall'elemento di riferimento $\widehat{K}$ e da uno spazio polinomiale definito su $\widehat{K}$: $\widehat{P}(\widehat{K}) \subset \mathbb{P}^r(\widehat{K})$ per un qualche intero $r \geq 0$. Questo modo di procedere è mosso da ragioni pratiche: è spesso più facile definire $\widehat{P}(\widehat{K})$, dato che $\widehat{K}$ ha una forma semplice, piuttosto che direttamente $P(K)$. I gradi di libertà sull'elemento di riferimento saranno indicati con $\widehat{\Sigma} = \{\widehat{\sigma}_1, \widehat{\sigma}_2, \ldots, \widehat{\sigma}_{n_l}\}$ e le corrispondenti funzioni di forma $\{\widehat{\phi}_1, \ldots, \widehat{\phi}_{n_l}\}$. Si ha ancora la relazione fondamentale $\widehat{\sigma}_i(\widehat{\phi}_j) = \delta_{ij}$ e quindi $\widehat{p}(\widehat{\mathbf{x}}) = \sum_{i=1}^{n_l} \widehat{\sigma}_i(\widehat{p}) \widehat{\phi}_i(\widehat{\mathbf{x}})$. Nel caso di elementi finiti Lagrangiani il legame tra una funzione $\widehat{p} \in \widehat{P}(\widehat{K})$ e la corrispettiva funzione $p \in P(K)$ sull'elemento corrente K è espresso semplicemente dal cambio di coordinate indotte dalla trasformazione T_K, cioè

$$p(\mathbf{x}) = \widehat{p}(T_K^{-1}(\mathbf{x})). \tag{1.19}$$

Per quanto riguarda le relazioni tra funzioni di forma si ha $\phi_{K,i} = \widehat{\phi}_i \circ T_K^{-1}$. Si noti tuttavia che queste scelte non sono sempre opportune per elementi finiti non Lagrangiani. Il lettore interessato può consultare [EG04].

Analizziamo ora più nel dettaglio gli *elementi finiti Lagrangiani* che sono utilizzati per costruire spazi polinomiali C^0-conformi. In un elemento finito Lagrangiano di grado r $\widehat{P}(\widehat{K}) \subset \mathbb{P}^r(\widehat{K})$ e vengono individuati dei punti $\widehat{\mathbf{N}}_i \in \widehat{K}$, $i = 1, \ldots, n_l$, detti *nodi*, ed i gradi di libertà sono dati dai valori della funzione nei nodi. Sull'elemento di riferimento si ha allora $\widehat{\sigma}_i(\widehat{p}) = \widehat{p}(\widehat{\mathbf{N}}_i)$ e le corrispondenti funzioni di forma e gradi di libertà sull'elemento corrente K sono date da $\phi_{K,i} = \widehat{\phi}_i \circ T_K^{-1}$ e $\sigma_{K,i}(p) = p(\mathbf{N}_{K,i})$, dove $\mathbf{N}_{K,i} = T_K(\widehat{\mathbf{N}}_i)$ è l'i-esimo nodo sull'elemento corrente K.

Gli elementi finiti Lagrangiani di utilizzo più comune sono i cosiddetti elementi P^r nei quali $\widehat{K}$ è il simplesso unitario, $\widehat{P}(\widehat{K}) = \mathbb{P}^r(\widehat{K})$ e T_K è la mappa affine. Il corrispondente spazio ad elementi finiti verrà indicato con $X_h^r(\Omega_h)$, o più semplicemente X_h^r. Dato che una mappa affine trasforma polinomi in polinomi dello stesso ordine, si può anche definire come

$$X_h^r = \{v_h \in C^0(\Omega_h) : \quad v_h|_K \in \mathbb{P}^r(K), \quad \forall K \in \mathcal{T}_h\}. \tag{1.20}$$

In Figura 1.9 illustriamo i principali elementi P^r di cui forniamo le funzioni di forma corrispondenti, in funzione delle *coordinate baricentriche*. Per la numerazione locale dei nodi si usa lo schema seguente: l'indice di nodo, qui indicato con n, viene avanzato incrementando gli indici i, j e k interessati, facendo variare più velocemente l'indice più esterno. In questo modo si ha la corrispondenza corretta con la numerazione dei nodi illustrata in Figura 1.9 (si ricordi che il numero di nodi per ciascun elemento è pari a $n_l = \frac{1}{d!} \prod_{j=1}^{d}(r+j)$). Si noti che abbiamo numerato prima i nodi di vertice, poi i nodi interni ai lati, quindi quelli interni alle facce (in 3D) e infine quelli interni all'elemento. Le espressioni che forniamo in seguito sono valide sia in 2 che in 3 dimensioni.

Per $r = 1$ (elementi P^1 o *lineari*) si ha

$$\phi_n = \xi_i, \quad 1 \le i \le d+1 \quad \text{e } n = 1,\dots,d+1.$$

Per $r = 2$ (elementi P^2 o *quadratici*) si ha

$$
\begin{aligned}
\phi_n &= \xi_i(2\xi_i - 1), \; 1 \le i \le d+1 \quad \text{e } n = 1,\dots,d+1, \\
\phi_n &= 4\xi_i\xi_j, \qquad\quad 1 \le i < j \le d+1 \quad \text{e } n = d+1,\dots,n_l.
\end{aligned}
\tag{1.21}
$$

Per $r = 3$ (elementi P^3 o *cubici*) si ha

$$
\begin{aligned}
\phi_n &= \tfrac{1}{2}\xi_i(3\xi_i - 1)(3\xi_i - 2), \, 1 \le i \le d+1 \quad \text{e } n = 1,\dots,d+1, \\
\phi_n &= \tfrac{9}{2}\xi_i(3\xi_i - 1)\xi_j, \qquad 1 \le i < j \le d+1 \quad \text{e } n = d+1,\dots,3d+1, \\
\phi_n &= \tfrac{9}{2}\xi_j(3\xi_j - 1)\xi_i, \qquad 1 \le i < j \le d+1 \quad \text{e } n = 3d+2,\dots,5d+1, \\
\phi_n &= 27\xi_i\xi_j\xi_k, \qquad\qquad 1 \le i < j < k \le d+1 \quad \text{e } n = 5d+2,\dots,n_l.
\end{aligned}
$$

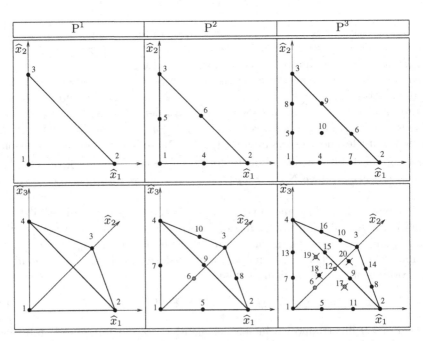

Figura 1.9. I principali elementi P^r e la numerazione locale dei nodi. Per rendere la figura relativa al tetraedro P^3 più leggibile, i nodi ai centri delle facce sono stati evidenziati con una croce

Per quanto riguarda le coordinate dei nodi, la necessità di costruire approssimazioni globalmente C^0 richiede che i nodi interni ad un lato siano simmetrici rispetto al punto medio del lato stesso, mentre i nodi interni alla facce devono essere simmetrici rispetto alle linee mediane delle facce. Se così non fosse non sarebbe infatti possibile costruire una funzione continua assemblando le funzioni di forma locale su ciascun elemento di una griglia arbitaria.

Si noti che la numerazione locale dei nodi è di fatto arbitraria. La scelta qui adottata è stata fatta per convenienza, in quanto da un lato consente di scrivere l'espressione delle funzioni di forma in modo schematico, dall'altro permette di individuare immediatamente se un nodo è di vertice, interno ad un lato o interno ad una faccia.

Esercizio 1.4.1 Si verifichi che le funzioni definite in (1.21) sono le funzioni di forma per elementi Lagrangiani P^2 in due e tre dimensioni.

Soluzione 1.4.1 Dobbiamo verificare la relazione canonica $\widehat{\phi}_i(\widehat{\mathbf{N}}_j) = \delta_{ij}$ dove $\widehat{\mathbf{N}}_j$ sono i nodi illustrati in Figura 1.9. Consideriamo prima il caso bidimensionale. I gradi di libertà locali sono $n_l = 6$ e i nodi sono localizzati nei vertici del triangolo e nel punto medio di ciascun lato. Ricordando le relazioni che legano le coordinate baricentriche con le coordinate nel piano $(\widehat{x}_1, \widehat{x}_2)$, riportate in (1.15), le coordinate baricentriche dei nodi sono le seguenti

i	ξ_1	ξ_2	ξ_3	i	ξ_1	ξ_2	ξ_3
1	1	0	0	4	1/2	1/2	0
2	0	1	0	5	1/2	0	1/2
3	0	0	1	6	0	1/2	1/2

Per verificare la relazione canonica consideriamo le prime 3 funzioni di forma, associate ai vertici del triangolo $\widehat{\phi}_i = \xi_i(2\xi_i - 1)$, $i = 1, 2, 3$. La condizione $\widehat{\phi}_0 = 0$ è soddisfatta se $\xi_i = 0$ o $\xi_i = 1/2$. Dalla tabella è evidente che ciò è vero in tutti i nodi tranne $\widehat{\mathbf{N}}_i$. D'altra parte in quest'ultimo $\xi_i = 1$ e quindi $\phi_i(\widehat{\mathbf{N}}_i) = 1(2 - 1) = 1$. Le altre tre funzioni di forma sono $\phi_4 = \xi_1\xi_2$, $\phi_5 = \xi_1\xi_3$ e $\phi_6 = \xi_2\xi_3$. Sono chiaramente nulle nei nodi dove solo una coordinata baricentrica è diversa da zero, quindi nei primi 3 nodi. È immediato verificare, con l'ausilio della tabella, che sono nulle in tutti i nodi tranne in quello corrispondente, ove valgono 1.

Il caso tridimensionale è analogo: i nodi hanno le coordinate baricentriche elencate di seguito, facendo sempre riferimento alla Figura 1.9.

i	ξ_1	ξ_2	ξ_3	ξ_4	i	ξ_1	ξ_2	ξ_3	ξ_4
1	1	0	0	0	6	1/2	0	1/2	0
2	0	1	0	0	7	1/2	0	0	1/2
3	0	0	1	0	8	0	1/2	1/2	0
4	0	0	0	1	9	0	1/2	0	1/2
5	1/2	1/2	0	0	10	0	0	1/2	1/2

Si possono ripetere le stesse argomentazioni fatte per il caso bidimensionale.   ◇

Qualora $\widehat{K}$ sia il quadrilatero (cubo) unitario, si può costruire un elemento finito Lagrangiano utilizzando come funzioni di forma il prodotto tensoriale dei polinomi caratteristici di Lagrange monodimensionali di grado $r > 0$. Avremo $\widehat{P}(\widehat{K}) = \mathbb{Q}^r(\widehat{K})$, lo spazio dei polinomi in cui in ciascun monomio la variabile $\widehat{x}_s$ ha esponente al massimo r. Per esempio, $x_1^2 x_2^2 \in \mathbb{Q}^2(\widehat{K})$, ma $x_1^3 \notin \mathbb{Q}^2(\widehat{K})$. Si noti che $\mathbb{P}^r(\widehat{K}) \subset \mathbb{Q}^r(\widehat{K}) \subset \mathbb{P}^{dr}(\widehat{K})$. In questo caso l'uso della mappa affine per riportarsi sull'elemento corrente K è molto limitativo in quanto K avrebbe necessariamente lati paralleli. Occorre quindi costruire delle mappe T_K più generali.

1.5 Elementi finiti parametrici

Le stesse funzioni di forma degli elementi finiti Lagrangiani possono essere sfruttate per costruire mappe più generali. Infatti se $\mathbf{N}_i$ e ϕ_i sono rispettivamente i nodi e le funzioni di forma sull'elemento di riferimento di un elemento finito Lagrangiano, la funzione

$$T_K(\widehat{\mathbf{x}}) = \sum_{s=1}^{n_l} \mathbf{N}_i \widehat{\phi}_i(\widehat{\mathbf{x}}), \tag{1.22}$$

definisce, qualora sia invertibile, una mappa biiettiva da $\widehat{K}$ a K. Nel caso si considerino le funzioni di forma dell'elemento finito P^1, la funzione T_K definita in (1.22) è proprio una mappa affine!

Questa tecnica per la costruzione di T_K è assai pratica perché permette di usare per la discretizzazione del dominio le stesse funzioni introdotte per la discretizzazione del problema differenziale. In generale, un elemento finito in cui la trasformazione dall'elemento di riferimento è data da (1.22) si dice *parametrico di grado geometrico m* se, nel caso in cui $\widehat{K}$ è un simplesso, $\widehat{\phi}_i \in \mathbb{P}^m(\widehat{K})$ (si ha allora $T_K \in [\mathbb{P}^m(\widehat{K})]^d$) oppure, nel caso $\widehat{K}$ sia il quadrato (cubo) unitario, se $\widehat{\phi}_i \in \mathbb{Q}^m(\widehat{K})$ (in tal caso $T_K \in [\mathbb{Q}^m(\widehat{K})]^d$). Si può scrivere allora

$$\mathbf{x} = \sum_{i=1}^{n_l} \mathbf{N}_i \widehat{\phi}_i(\widehat{\mathbf{x}}), \quad \widehat{\mathbf{x}} \in \widehat{K}.$$

L'invertibilità della mappa definita in questo modo può richiedere delle condizioni sulla forma di K, come illustrato nell'Esercizio 1.5.4. La mappa $T_K \in [\mathbb{Q}^1(\widehat{K})]^d$ si dice *mappa bilineare* se $d = 2$, *trilineare* se $d = 3$. Nel caso di elementi Lagrangiani, se $m = r$ si parla di *elementi finiti iso-parametrici*, se invece $m < r$ si parla di *elementi finiti subparametrici*, in particolare gli elementi finiti affini presentano $m = 1$. Il caso $m > r$ (elementi *superparametrici*) è poco comune. L'uso di elementi parametrici permette di meglio approssimare il dominio in caso di bordi curvilinei.

L'elemento finito di tipo Q^r ($r > 0$) è l'elemento finito Lagrangiano quadrilatero (esaedrico in 3D) tale per cui le funzioni di base nell'elemento di riferimento appartengono a $\mathbb{Q}^r$, cioè $\widehat{P}(\widehat{K}) = \mathbb{Q}^r(\widehat{K})$, e la mappa è bilineare (trilineare), cioè $T_K \in [\mathbb{Q}^1(\widehat{K})]^d$. Lo spazio ad elementi finiti corrispondente è quindi dato da

$$Q_h{}^r = \{v_h \in C^0(\overline{\Omega}_h) : \quad v_h|_K = \widehat{v}_h \circ T_K^{-1}; \, \widehat{v}_h \in \mathbb{Q}^r(\widehat{K}), \quad \forall K \in \mathcal{T}_h\}.$$

Le funzioni di forma nell'elemento di riferimento $\widehat{K}$ sono formate dal prodotto tensoriale di polinomi compositi di Lagrange monodimensionali $\widehat{\phi}_i^1$, per $i = 0, \ldots, r$. Se ξ_i, $i = 0, \ldots, r$ sono le coordinate dei nodi (equispaziati) nell'intervallo $[0, 1]$, una generica funzione di base di $\mathbb{Q}^r(\widehat{K})$ sarà della forma $\widehat{\phi}_i^1(x)\widehat{\phi}_j^1(y)$ per $d = 2$ e $\widehat{\phi}_i^1(x)\widehat{\phi}_j^1(y)\widehat{\phi}_k^1(z)$ per $d = 3$ con i, j, k tra 0 e r.

Si noti che $v_h|_K$ non è in questo caso un polinomio, in quanto T_K^{-1} non è più (in generale) una mappa affine.

Esercizio 1.5.1 Il numero gradi di libertà locali di un elemento finito di tipo P^r è dato da $n_l = \frac{1}{d!}\prod_{j=1}^d(r+j) = \binom{r+d}{d} = \binom{r+d}{r}$, mentre per elementi finiti Q^r è $n_l = (r+1)^d$. Lo si mostri sia per $d = 2$ che per $d = 3$. *Suggerimento:* ricordiamo che $\sum_{i=1}^n i = n(n+1)/2$ e che $\sum_{i=1}^n i^2 = n(n+1)(2n+1)/6$.

Soluzione 1.5.1 Per un elemento P^r abbiamo che $P(K) = \mathbb{P}^r(K)$. Quindi il numero di gradi di libertà è pari alla dimensione di $P(K) = \mathbb{P}^r(K)$, a sua volta pari al numero di monomi che formano un polinomio di grado r. Consideriamo prima il caso $d = 2$. Un polinomio di grado r è formato da monomi di ordine al massimo r, cioè della forma $x_1^i x_2^j$ con $i \geq 0$, $j \geq 0$, $i + j = s$ e $s = 0, \ldots, r$. Il numero di possibili monomi di grado s è pari a $s + 1$. Infatti per ogni i che varia da 0 a s abbiamo un solo possibile valore di j, pari a $j = s - i$. Quindi il numero totale di monomi di grado al massimo r è pari a

$$\sum_{s=0}^r (s+1) = \sum_{s=1}^{r+1} s = (r+1)(r+2)/2,$$

in accordo con la formula data.

Si noti che nel caso tridimensionale i monomi di grado s sono della forma $x_1^i x_2^j x_3^k$, con $i+j+k = s$. Quindi i varia da 0 a s ed in corrispondenza j e k dovranno soddisfare il vincolo $j + k = s - i$. Usando il risultato del caso bidimensionale si deduce che per ogni i si hanno $s - i + 1$ combinazioni di j e k possibili. Quindi il numero di monomi di grado s è dato da

$$\sum_{i=0}^s (s+1-i) = \sum_{i=0}^s (s+1) - \sum_{i=0}^s i = (s+1)^2 - s(s+1)/2 = \frac{1}{2}(s^2 + 3s + 2).$$

Il numero complessivo di monomi in un polinomio di grado r è dato quindi da $\frac{1}{2}\sum_{s=0}^{r} s^2 + 3s + 2$. Applicando le formule per la somma parziale fornite nel testo dell'esercizio si giunge alla soluzione, dopo alcuni passaggi algebrici che vengono qui omessi per brevità.

Nel caso di elementi finiti Q^r la dimensione dello spazio locale deriva direttamente dalla definizione di $\mathbb{Q}^r(\widehat{K})$. Infatti la dimensione dello spazio ad elementi finiti monodimensionale corrispondente è $r+1$ e le funzioni Q^r sull'elemento di riferimento ne sono il prodotto tensoriale. $\diamond$

Esercizio 1.5.2 Si mostri che la dimensione dello spazio ad elementi finiti X_h^r definito nella (1.20) al variare di d e r è data da

d	$r=1$	$r=2$	$r=3$
2	N_v	$N_v + N_l$	$N_v + 2N_l + N_e$
3	N_v	$N_v + N_l$	$N_v + 2N_l + N_f$

Soluzione 1.5.2 Abbiamo visto che $p \in X_h^r$ soddisfa la condizione che $p|_K = \widehat{p} \circ T_K^{-1}$, con $\widehat{p} \in \mathbb{P}^r$. Essendo T_K continua ed invertibile con inversa continua, la continuità di $\widehat{p}$ implica che p è continua all'interno di ciascun elemento di griglia K.

Occorre ora assicurare la continuità tra elementi adiacenti. Consideriamo innanzitutto il caso bidimensionale. Essendo la griglia conforme, due elementi K_1 e K_2 che hanno intersezione non nulla hanno in comune o un vertice o un intero lato. Sia allora $\mathbf{V}$ un vertice comune, richiedere che $p \in X_h^r$ sia continua implica che $p|_{K1}(\mathbf{V}) = p|_{K2}(\mathbf{V})$, per ogni $p \in X_h^r$, e ciò è possibile solo se $\mathbf{V}$ è un nodo della griglia, cioè se uno dei gradi di libertà è proprio il valore di p in $\mathbf{V}$.

Supponiamo ora che K_1 e K_2 abbiano un lato comune Γ_{12}. Per avere la continuità di p occorre che $p|_{K_1}(\mathbf{x}) = p|_{K_2}(\mathbf{x})$ per $\mathbf{x} \in \Gamma_{12}$. Ciò è possibile se e solo la restrizione di p su Γ_{12} è univocamente identificata dai nodi giacenti su Γ_{12}. Essendo tale restrizione un polinomio di grado r (monodimensionale) occorre che sul lato vi siano $r+1$ nodi. Dato che abbiamo già stabilito che i vertici sono anche nodi, su ogni lato avremo bisogno di $r-1$ nodi interni. Quindi, sull'elemento di riferimento $3 + 3(r-1) = 3r$ nodi sono localizzati sui vertici e all'interno dei lati. Dall'Esercizio 1.5.1 sappiamo che per descrivere un polinomio di $\mathbb{P}^r(\widehat{K})$ occorrono $(r+1)(r+2)/2$ gradi di libertà, gli eventuali $(r+1)(r+2)/2 - 3r$ nodi rimanenti saranno allora posti all'interno dell'elemento. Per $r=1$ avremo nodi solo ai vertici della griglia, e la dimensione di X_h^1 sarà pari a N_v; per $r=2$, $n_l = 6$ e avremo bisogno anche di un nodo all'interno di ciascun lato, quindi $N_h = N_v + N_l$. Per $r=3$, infine, il numero di gradi di libertà all'interno di ciascun lato passa a 2 e vi è la necessità si un ulteriore nodo all'interno dell'elemento per definire completamente il polinomio di grado 3, da cui $N_h = N_v + 2N_l + N_e$.

Il risultato nel caso tridimensionale si ottiene ripetendo le stesse considerazioni. In questo caso occorre considerare anche la continuità attraverso le facce della griglia.

Come descritto nell'Esercizio 1.5.3, le condizioni qui riportate sono necessarie, ma non sufficienti per la conformità C^0. Occorre anche stabilire dei vincoli alla posizione dei nodi sul bordo di $\widehat{K}$.   ◊

Esercizio 1.5.3 Si mostri che se K_1 e K_2 sono due triangoli adiacenti della griglia $\mathcal{T}_h$ (cioè tali che $e = K_1 \cap K_2$ è un lato della griglia) ottenuti dal triangolo di riferimento $\widehat{K}$ rispettivamente tramite le trasformazioni affini T_{K_1} e T_{K_2}, allora esiste una opportuna numerazione dei nodi tale che $e = T_{K_1}(\widehat{e}) = T_{K_2}(\widehat{e})$, essendo $\widehat{e}$ un lato di $\widehat{K}$.
Inoltre se $\widehat{\mathbf{x}}_1, \widehat{\mathbf{x}}_2 \in \widehat{e}$ sono punti simmetrici rispetto al punto medio di $\widehat{e}$ allora $T_{K_1}(\widehat{\mathbf{x}}_1) = T_{K_2}(\widehat{\mathbf{x}}_2) = \mathbf{x} \in e$. Se ne deduca che per costruire elementi C^0 conformi di tipo P^r occorre assicurarsi che i nodi giacenti su ciascun lato $\widehat{e}$ di $\widehat{K}$ siano simmetrici rispetto al punto medio del lato.

Soluzione 1.5.3 Facciamo riferimento alla Figura 1.10. Essendo T_{K_1} e T_{K_2} continue, $T_{K_1}(\partial\widehat{K}) = \partial K_1$ e $T_{K_2}(\partial\widehat{K}) = \partial K_2$, inoltre i vertici di K_1 e K_2 sono immagini dei vertici di $\widehat{K}$. Siano $\mathbf{A}$ e $\mathbf{B}$ i vertici del lato comune e. Identificheremo con $\widehat{\mathbf{V}}_j$, $j = 1, 2, 3$, i vertici del triangolo di riferimento $\widehat{K}$, e con $\mathbf{V}_j^{K_i}$, $j = 1, 2, 3$ i vertici di K_i, per $i = 1, 2$. Chiaramente esiste una numerazione dei vertici di K_1 per cui $T_{K_1}(\widehat{\mathbf{V}}_1) = \mathbf{V}_1^{K_1} = \mathbf{A}$. Dovendo preservare l'orientamento, si ha allora necessariamente $T_{K_1}(\widehat{\mathbf{V}}_2) = \mathbf{V}_2^{K_1} = \mathbf{B}$. Infatti i vertici $\mathbf{V}_j^{K_1}$, devono definire una orientamento antiorario per $j = 1, 2, 3$, e lo stesso devono fare le loro controimmagini su $\widehat{K}$. Invece per quanto riguarda K_2 si potrà porre $T_{K_2}(\widehat{\mathbf{V}}_2) = \mathbf{V}_2^{K_2} = \mathbf{A}$ e $T_{K_2}(\widehat{\mathbf{V}}_1) = \mathbf{V}_1^{K_2} = \mathbf{B}$. Porre $T_{K_2}(\widehat{\mathbf{V}}_1) = \mathbf{A}$ e $T_{K_2}(\widehat{\mathbf{V}}_2) = \mathbf{B}$ sarebbe infatti incompatibile con la necessità di avere un orientamento antiorario dei vertici di K_2. Se $\widehat{e}$ indica il lato di $\widehat{K}$ di vertici $\widehat{\mathbf{V}}_1$ e $\widehat{\mathbf{V}}_2$ si può concludere che le sue immagini $T_{K_1}(\widehat{e})$ e $T_{K_2}(\widehat{e})$ coincidono con e, anche se lo percorrono con verso opposto.

Usando la definizione di mappa affine (1.9), sfruttando il fatto che il vertice $\widehat{\mathbf{V}}_1$ è posto all'origine del sistema di riferimento per il piano $(\widehat{x}_1, \widehat{x}_2)$ (cioè $\widehat{\mathbf{V}}_1$ ha coordinate $(0,0)$) e che $T_{K_1}(\widehat{\mathbf{V}}_1) = \mathbf{A}$ e $T_{K_2}(\widehat{\mathbf{V}}_1) = \mathbf{B}$ si deduce che

$$T_{K_1}(\widehat{\mathbf{x}}) = \mathbf{A} + \mathrm{F}_{K_1}\widehat{\mathbf{x}}, \quad T_{K_2}(\widehat{\mathbf{x}}) = \mathbf{B} + \mathrm{F}_{K_2}\widehat{\mathbf{x}}.$$

Imponendo ora $T_{K_1}(\widehat{\mathbf{V}_2}) = \mathbf{B}$ e $T_{K_2}(\widehat{\mathbf{V}_2}) = \mathbf{A}$ si ottiene

$$\mathrm{F}_{K_1}\widehat{\mathbf{V}}_2 = \mathbf{B} - \mathbf{A}, \quad \mathrm{F}_{K_2}\widehat{\mathbf{V}}_2 = \mathbf{A} - \mathbf{B}.$$

In particolare, $\mathrm{F}_{K_1}\widehat{\mathbf{V}}_2 = -\mathrm{F}_{K_2}\widehat{\mathbf{V}}_2$. Consideriamo ora due punti di $\widehat{e}$, $\widehat{\mathbf{x}}_1$ e $\widehat{\mathbf{x}}_1$, simmetrici rispetto al punto medio. Vuol dire che esiste $0 \le \alpha \le 1$ tale che

$\hat{\mathbf{x}}_1 = \alpha(\hat{\mathbf{V}}_2 - \hat{\mathbf{V}}_1)$ e $\hat{\mathbf{x}}_2 = (1 - \alpha)(\hat{\mathbf{V}}_2 - \hat{\mathbf{V}}_1)$. Grazie alle relazioni precedenti (sfruttando ancora il fatto che $\hat{\mathbf{V}}_1$ ha coordinate $(0,0)$) si ottiene

$$T_{K_1}(\hat{\mathbf{x}}_1) = \mathbf{A} + \alpha F_{K_1}\hat{\mathbf{V}}_2 = \mathbf{A} - \alpha F_{K_2}\hat{\mathbf{V}}_2 = \mathbf{B} + (\mathbf{A} - \mathbf{B}) - \alpha F_{K_2}\hat{\mathbf{V}}_2 =$$
$$\mathbf{B} + (1 - \alpha)F_{K_2}\hat{\mathbf{V}}_2 = T_{K_2}[(1 - \alpha)\hat{\mathbf{V}}_2] = T_{K_2}(\hat{\mathbf{x}}_2).$$

Se X_h è C^0 conforme allora v_h deve essere continua su e, cioè si deve avere $v_h|_{K_1}(\mathbf{x}) = v_h|_{K_2}(\mathbf{x})$, per tutti gli $\mathbf{x} \in e$. È evidente che ciò è possibile solo se l'associazione tra i nodi $\mathbf{N}_i$ giacenti su e e i nodi locali $\hat{\mathbf{N}}_i \in \hat{e}$ è biunivoca.

Quindi le immagini dei nodi locali $\hat{\mathbf{N}}_i \in \hat{e}$ rispettivamente ottenute attraverso le mappe T_{K_1} e T_{K_2} devono essere formate dallo stesso insieme di punti (i nodi $\mathbf{N}_i$ per l'appunto). Conseguenza di quanto visto precedentemente è che, a tal fine, i nodi locali devono essere simmetrici rispetto al punto medio di $\hat{e}$. La Figura 1.11 illustra tale situazione. $\diamond$

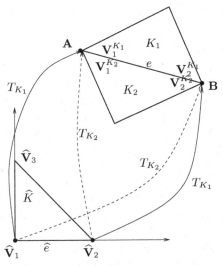

Figura 1.10. La trasformazione di $\hat{K}$ in due elementi adiacenti tramite le mappe affini T_{K_1} e T_{K_2}

Esercizio 1.5.4 In Figura 1.12 si mostra la mappa T_K relativa ad un elemento isoparametrico Q_1 nel caso bidimensionale. Si mostri che K ha necessariamente i lati dritti e si discutano le condizioni per cui T_K è invertibile su tutto $\hat{K}$.

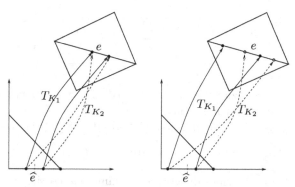

Figura 1.11. Le immagini di due punti su $\widehat{e}$ simmetrici rispetto al punto medio, ottenute attraverso le trasformazioni affini associàte ai due elementi adiacenti, sono formate delle stesse coppie di punti su e (sinistra). Se i punti non sono simmetrici vengono invece mappati in due coppie distinte (destra)

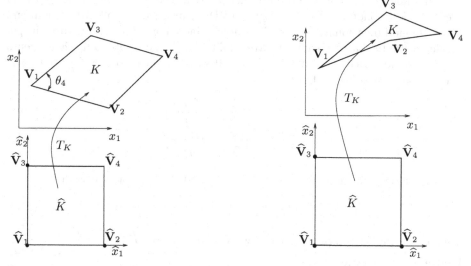

Figura 1.12. La trasformazione bilineare T_K trasforma il quadrato unitario in un quadrilatero generico. A destra, si mostra un caso di mappa degenere

Soluzione 1.5.4 Ricordiamo che le funzioni di forma sull'elemento di riferimento di tipo Q^1 sono date da

$$\widehat{\phi}_1(\widehat{x}_1, \widehat{x}_2) = (1 - \widehat{x}_1)(1 - \widehat{x}_2), \quad \widehat{\phi}_2(\widehat{x}_1, \widehat{x}_2) = \widehat{x}_1(1 - \widehat{x}_2),$$
$$\widehat{\phi}_3(\widehat{x}_1, \widehat{x}_2) = (1 - \widehat{x}_1)\widehat{x}_2, \qquad \widehat{\phi}_4(\widehat{x}_1, \widehat{x}_2) = \widehat{x}_1\widehat{x}_2.$$

Indicando con $\mathbf{l}_{ij} = \mathbf{V}_j - \mathbf{V}_i$ abbiamo che, per definizione di mappa bilineare e grazie al fatto che $\sum_{i=1}^{n_l} \widehat{\phi}_i = 1$,

$$T_K(\widehat{x}_1,\widehat{x}_2) = \sum_{i=1}^{4}\widehat{\phi}_i(\widehat{x}_1,\widehat{x}_2)\mathbf{V}_i = [1 - \sum_{i=2}^{4}\widehat{\phi}_i(\widehat{x}_1,\widehat{x}_2)]\mathbf{V}_1 + \sum_{i=2}^{4}\widehat{\phi}_i(\widehat{x}_1,\widehat{x}_2)\mathbf{V}_i$$

$$= \mathbf{V}_1 + \widehat{\phi}_2(\widehat{x}_1,\widehat{x}_2)\mathbf{l}_{12} + \widehat{\phi}_3(\widehat{x}_1,\widehat{x}_2)\mathbf{l}_{13} + \widehat{\phi}_4(\widehat{x}_1,\widehat{x}_2)\mathbf{l}_{14}.$$

Consideriamo ora la restrizione di T_K su un lato di $\widehat{K}$. Per semplicità considereremo la restrizione T_K^{12} sul lato definito da $\widehat{x}_2 = 0$ e $0 \leq \widehat{x}_1 \leq 1$, le stesse considerazioni potendo essere estese in modo analogo agli altri lati. Si può scrivere

$$T_K^{12}(\widehat{x}_1) = T_K(\widehat{x}_1,0) = \mathbf{V}_1 + \widehat{\phi}_2(\widehat{x}_1,0)\mathbf{l}_{12} + \widehat{\phi}_3(\widehat{x}_1,0)\mathbf{l}_{13} + \widehat{\phi}_4(\widehat{x}_1,0)\mathbf{l}_{14}.$$

Dalla definizione delle funzioni di base $\widehat{\phi}_i$ abbiamo che $\widehat{\phi}_3(\widehat{x}_1,0) = \widehat{\phi}_4(\widehat{x}_1,0) = 0$ e dunque $T_K^{12}(\widehat{x}_1) = T_K(\widehat{x}_1,0) = \mathbf{V}_1 + \widehat{\phi}_2(\widehat{x}_1,0)\mathbf{l}_{12} = \mathbf{V}_1 + \widehat{x}_1\mathbf{l}_{12}$, che è proprio l'equazione della retta passante per $\mathbf{V}_1$ e orientata come $\mathbf{l}_{12}$. Inoltre, $T_K^{12}(0) = \mathbf{V}_1$ e $T_K^{12}(1) = \mathbf{V}_2$. Quindi l'immagine $\mathbf{x} = T_K^{12}(\widehat{x}_1)$ di un punto $(\widehat{x}_1,0)$ appartenente al lato di $\widehat{K}$ di vertici $\widehat{\mathbf{V}}_1$ e $\widehat{\mathbf{V}}_2$ giace sul lato $\mathbf{l}_{12}$.

Chiaramente T_K non è più affine nei punti interni di $\widehat{K}$, abbiamo infatti la presenza dei monomi $\widehat{x}_1\widehat{x}_2$ (o $\widehat{x}_1\widehat{x}_2\widehat{x}_3$ in 3D), causati dal prodotto di polinomi lineari monodimensionali. Quindi la matrice Jacobiana $J(T_K)$ non sarà, in generale, costante. La condizioni di invertibilità e mantenimento dell'orientamento corrispondono a richiedere che $|J(T_K)| > 0$ su $\widehat{K}$. Indicando con $T_{K,1}$ e $T_{K,2}$ le due componenti di T_K, si ha, per definizione,

$$|J(T_K)| = \begin{vmatrix} \dfrac{\partial T_{K,1}}{\partial \widehat{x}_1} & \dfrac{\partial T_{K,1}}{\partial \widehat{x}_2} \\[2ex] \dfrac{\partial T_{K,2}}{\partial \widehat{x}_1} & \dfrac{\partial T_{K,2}}{\partial \widehat{x}_2} \end{vmatrix}.$$

Ricordando la definizione di prodotto vettoriale di due vettori $\mathbf{v}$ e $\mathbf{w}$ di $\mathbb{R}^2$

$$\mathbf{v} \times \mathbf{w} = |\mathbf{v}||\mathbf{w}|\sin(\theta), \tag{1.23}$$

essendo θ l'angolo compreso tra $\mathbf{v}$ e $\mathbf{w}$, si può scrivere $|J(T_K)| = \dfrac{\partial T_K}{\partial \widehat{x}_1} \times \dfrac{\partial T_K}{\partial \widehat{x}_2}$. Inoltre, si verifica che

$$\frac{\partial T_K}{\partial x_1} = (1 - \widehat{x}_2)\mathbf{l}_{12} + \widehat{x}_2\mathbf{l}_{34}, \qquad \frac{\partial T_K}{\partial x_2} = (1 - \widehat{x}_1)\mathbf{l}_{13} + \widehat{x}_1\mathbf{l}_{24}.$$

Posto $l_{ij}^{kl} = \mathbf{l}_{ij} \times \mathbf{l}_{kl}$, possiamo scrivere $|J(T_K)| = \widehat{\phi}_1 l_{12}^{13} + \widehat{\phi}_2 l_{12}^{24} + \widehat{\phi}_3 l_{34}^{13} + \widehat{\phi}_4 l_{34}^{24}$. Le funzioni di forma $\widehat{\phi}_j$ sono tutte positive all'interno di $\widehat{K}$, in quanto prodotto di funzioni positive comprese tra 0 e 1 (si fa notare che questo è vero solo per elementi Q_1). Inoltre la loro somma è 1. Pertanto $|J(T_K)|$ soddisfa su $\widehat{K}$ le disuguaglianze seguenti

$$\min(l_{ij}^{kl}) = \min(l_{ij}^{kl})\sum_i \phi_i \leq |J(T_K)| \leq \max(l_{ij}^{kl})\sum_i \phi_i = \max(l_{ij}^{kl}),$$

dove, per semplicità di notazione, abbiamo omesso di indicare l'insieme di variazione degli indici. Una condizione sufficiente per la positività di $J(T_K)$ è quindi che tutti i prodotti l_{ij}^{kl} siano positivi.

Ricordando la formula (1.23), la condizione cercata è equivalente a richiedere che il quadrilatero K abbia angoli interni *strettamente inferiori* a π. Si verifica che la condizione è anche necessaria. Infatti se, per esempio, l'angolo compreso tra l_{12} e l_{13} non fosse minore di π, si avrebbe $l_{12}^{13} \leq 0$ e, conseguentemente, $|J(T_K)| \leq 0$ in $\widehat{V}_1$ e, per continuità, in tutto un intorno di tale vertice. Nella immagine di destra in Figura 1.12 si mostra un caso degenere in cui la mappa Q_1 non è più iniettiva. ◊

Programma 3 - Q1trasf : Applica ad insieme di punti la trasformazione $Q1$ associata a un quadrilatero dato

```
function [x1,x2]=Q1trasf(K,xh1,xh2)
%[x1,x2]=Q1trasf(K,xh1,xh2)
% Applica ai punti (xh1,xh2) la trasformazione Q1 associata al quadrilatero
% K. K e' una matrice 4 x 2 contenente in ciascuna riga le coordinate del
% quadrilatero date secondo la convenzione
%        3        4
%        .        .
%        1        2
% xh1 e xh2 sono vettori contenente le coordinate xh e yh nel piano di
% riferimento. x1 e x2 sono le coordinate nel sistema corrente.
```

Esercizio 1.5.5 Usando il Programma 3 si traccino le isolinee per $\widehat{x}_1$ e $\widehat{x}_2$ costanti nell'intervallo $[0, 1]$ e con passo 0.02, relativamente ai quadrilateri K_1 e K_2 i cui vertici hanno le coordinate seguenti. Per K_1: $(0,0)$, $(1.5,0)$, $(0.1, 1.4)$, $(1.6, 1.8)$, mentre per K_2: $(1.3, 1.1)$, $(1.5, 0)$, $(0.1, 1.4)$, $(1.6, 1.8)$. Si visualizzi il risultato e lo si commenti alla luce di quanto trovato nell'esercizio precedente.

Soluzione 1.5.5 La funzione `esercizio_quad.m` (reperibile sul sito) contiene la soluzione della prima parte dell'esercizio. Ne commentiamo qui i punti principali. Innanzitutto dobbiamo definire gli elementi secondo la convenzione richiesta da `Q1trasf`

```
K1=[0 0;1.5 0;0.1 1.4;1.6 1.8];K2=[1.3 1.1;1.5 0;0.1 1.4;1.6 1.8]
```

quindi, usando il comando `meshgrid` definiamo le matrici `xh` e `yh` contenenti le isolinee da visualizzare.

```
[xh,yh]=meshgrid(0:0.02:1,0:0.02:1);
```

Il comando [x1,x2]=Q1trasf(K1,xh,yh) calcola le corrispondenti coordinate nel piano fisico che visualizzeremo con

```
surf(x1,x2,ones(size(x1)));view([0,0,1]);
```

Il comando view permette di visualizzare il risultato nel piano. Infine

```
[x1,x2]=Q1trasf(K2,xh,yh);
surf(x1,x2,ones(size(x1)));view([0,0,1]);
```

In tal modo si ottengono i grafici riportati in Figura 1.13 (rielaborati per migliorarne la comprensione).

Si noti come nel grafico a destra le isolinee a $\widehat{x}_2$ costante si intersechino tra di loro: questo indica che la trasformazione $\widehat{K} \to K_2$ non è invertibile, in quanto ciascun punto di intersezione è immagine di (almeno) due punti distinti nel piano $(\widehat{x}_1, \widehat{x}_2)$.   ◊

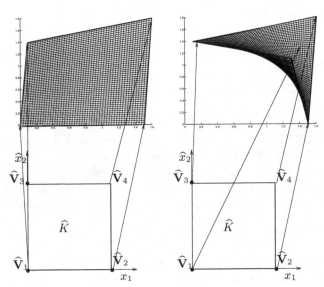

Figura 1.13. Il caso di una trasformazione Q_1 invertibile (a sinistra) e degenere (a destra)

1.6 Approssimazione di funzioni tramite elementi finiti

Dato uno spazio ad elementi finiti $X_h \subset V(\Omega_h)$ conforme alla spazio $V(\Omega_h)$ e la corrispondente griglia $\mathcal{T}_h$, è naturale introdurre l'*operatore di interpolazione* Π_h seguente,

$$\Pi_h : V(\Omega_h) \to X_h, \quad \Pi_h v(\mathbf{x}) = \sum_{i=0}^{N_h} \sigma_i(v)\phi_i(\mathbf{x}).$$

A tale operatore è associato un operatore locale $\Pi_K : V(K) \to P_K$ sul generico elemento $K \in \mathcal{T}_h$,

$$\Pi_K v(\mathbf{x}) = \sum_{i=0}^{\widehat{N}} \sigma_i(v)\phi_i(\mathbf{x}), \quad \mathbf{x} \in K.$$

L'operatore di interpolazione è stato definito per funzioni su Ω_h. L'estensione a funzioni su Ω è immediata qualora $\Omega_h \subseteq \Omega$. Nel caso più generale tale estensione risulta meno ovvia e il lettore interessato può consultare [Cia78].

La definizione data è alquanto generale. Consideriamo il caso particolare di elementi Lagrangiani di grado r, con $r > 0$ e mappa T_K affine. Questo caso include gli elementi P^r e gli elementi Q^r con lati (facce) parallele. In questo contesto, useremo la notazione Π_h^r per l'operatore di interpolazione, che opera su funzioni $v \in C^0(\overline{\Omega_h})$ nel modo seguente

$$\Pi_h^r v(\mathbf{x}) = \sum_{i=1}^{N_h} v(\mathbf{N}_i)\phi(\mathbf{x}), \quad \mathbf{x} \in \overline{\Omega_h},$$

essendo ϕ_i la i-esima funzione di forma e $\mathbf{N}_i$ il nodo corrispondente.

Il risultato fondamentale relativo all'*errore di interpolazione locale* è il seguente: sia K un elemento finito Lagrangiano di grado $r \geq 1$ definito tramite la mappa affine T_K, $q > \frac{d}{2} - 1$ e $l = \min(r, q)$. Allora esiste $C > 0$ indipendente da h_K, tale che per $0 \leq m \leq l + 1$ e $\forall v \in H^{q+1}(K)$

$$|v - \Pi_h^r(v)|_{H^m(K)} \leq C h_K^{l+1-m} \gamma_K^m |v|_{H^{l+1}(K)}. \tag{1.24}$$

Si noti come per $m > 0$ si ha una dipendenza dell'errore in funzione della sfericità γ_K dell'elemento.

Per studiare l'errore di interpolazione globale si osservi che X_h^r è H^1-conforme ma non conforme a H^m per $m > 1$. Di conseguenza non ha senso calcolare la norma H^m dell'errore di interpolazione per $m > 1$. Sotto le stesse ipotesi della disuguaglianza precedente si ha dunque per $m = 0, 1$,

$$|v - \Pi_h^r(v)|_{H^m(\Omega_h)} \leq C \left[\sum_{K \in \mathcal{T}_h} h_K^{2(l+1-m)} \gamma_K^{2m} |v|_{H^{l+1}(K)}^2 \right]^{1/2} \leq$$

$$C \gamma_h^m h^{l+1-m} |v|_{H^{l+1}(\Omega_h)}, \tag{1.25}$$

dove $\gamma_h = \max_{K \in \mathcal{T}_h} \gamma_K$. Se la griglia è regolare $\gamma_h \leq \gamma$, per tutti gli h e quindi si può scrivere, in maniera analoga al caso monodimensionale,

$$|v - \Pi_h^r(v)|_{H^m(\Omega_h)} \leq C h^{l+1-m} |v|_{H^{l+1}(\Omega_h)}. \tag{1.26}$$

Il risultato precedente si può estendere al caso di elementi finiti isoparametrici e si può tenere conto dell'errore di approssimazione del dominio, si veda [QV94, EG04].

Per completezza, riportiamo le stime relative al caso di elementi Lagrangiani Q^r con $r \geq 1$ per il solo caso bidimensionale. Chiaramente la griglia deve essere tale che la mappa T_K sia ben definita su ciascun elemento (si veda l'Esercizio 1.5.4). Sia K un generico elemento di $\mathcal{T}_h$ e i 4 triangoli ottenuti prendendo i tre vertici di K diversi da $\mathbf{V}_j$ verranno indicati con K_j, $j = 1, \ldots, 4$. Poniamo

$$\widetilde{\rho}_K = \min_{1 \leq j \leq 4} \rho_{K_j} \quad \text{e} \quad \gamma_K = \frac{h_K}{\widetilde{\rho}_K}.$$

Il coefficiente γ_K ha lo stesso ruolo della sfericità definita per griglie affini.

Sia $\Pi_K^{Q^r}$ l'operatore di interpolazione sull'elemento K. Esiste $C > 0$ tale che, per $0 \leq m \leq r + 1$ e $\forall v \in H^{r+1}(K)$

$$|v - \Pi_K^{Q^r}|_{H^m(K)} \leq C \gamma_K^{\max(4m-1,1)} h^{k+1-1} |v|_{H^{r+1}(K)}. \tag{1.27}$$

Si osservi come il coefficiente di regolarità γ_K abbia un esponente maggiore rispetto al caso di mappa affine ed intervenga anche nel risultato in norma L^2 (ossia per $m = 0$).

Si può notare che *per griglie regolari l'ordine di convergenza rispetto ad h è uguale a quello trovato per gli elementi P^r, nonostante il fatto che lo spazio polinomiale $\mathbb{Q}^r$ sia più "ricco" di $\mathbb{P}^r$.*

Parte I

Problemi stazionari

Il metodo di Galerkin-elementi finiti per problemi di tipo ellittico

In questo capitolo consideriamo esercizi sull'approssimazione di problemi ellittici espressi nella *forma debole* seguente:

$$\text{trovare } u \in V : a(u,v) = F(v) \ \forall v \in V. \tag{2.1}$$

Lo strumento principale per l'analisi di tale problema è il Lemma di Lax-Milgram [Qua03] che qui ricordiamo:

Lemma 2.1 (di Lax-Milgram) *Sia V uno spazio di Hilbert, $a(\cdot,\cdot) : V \times V \to \mathbb{R}$ una forma bilineare continua e coerciva con costante di coercività α, $F : V \to \mathbb{R}$ un funzionale lineare e continuo. Allora esiste unica la soluzione del problema (2.1). Inoltre*

$$\|u\|_V \le \frac{1}{\alpha} \|F\|_{V'},$$

essendo

$$\|F\|_{V'} = \sup_{v \in V, \|v\|_V \ne 0} \frac{|F(v)|}{\|v\|_V}.$$

In particolare in questo capitolo considereremo problemi ellittici del second'ordine posti su un dominio $\Omega \subset \mathbb{R}^d$ (con $d = 1, 2$). In questo caso $V \subset H^1(\Omega)$.
Distinguiamo due casi che ricorreranno frequentemente nel seguito. Nel primo caso il problema differenziale presenta condizioni di Dirichlet omogenee su una parte del bordo di Ω che indicheremo con Γ_D. In questo caso lo spazio V sarà dato da

$$V = H^1_{\Gamma_D} \equiv \{v \in H^1(\Omega) : v_{|\Gamma_D} = 0\}. \tag{2.2}$$

Se $\Gamma_D \ne \emptyset$ vale la *disuguaglianza di Poincaré*

$$\|u\|_{L^2(\Omega)} \le C_P \|\nabla u\|_{L^2(\Omega)}, \tag{2.3}$$

dove C_P dipende solo dalla geometria di Ω. Grazie alla (2.3) si può dimostrare l'equivalenza fra la norma $L^2(\Omega)$ del gradiente e la norma di $H^1(\Omega)$ in quanto

$$\|\nabla u\|^2_{L^2(\Omega)} \leq \|u\|_{H^1(\Omega)} \leq (1 + C_P^2)\|\nabla u\|^2_{L^2(\Omega)}. \tag{2.4}$$

Nel caso in cui Γ_D è a misura nulla, $V = H^1(\Omega)$ e la disuguaglianza di Poincarè non è applicabile.

Un secondo caso notevole si verifica allorquando il problema differenziale presenta condizioni di Dirichlet non omogenee, ossia $u = g$ su Γ_D, con $g \neq 0$. Se il dato al bordo e Ω sono sufficientemente regolari, si può introdurre un problema equivalente con condizioni al contorno omogenee. Si noti che le condizioni di regolarità su g e Ω sono sempre rispettate se Ω è un intervallo di $\mathbb{R}$, nel qual caso g è un numero reale.

Nel caso multidimensionale è sufficiente che il bordo di Ω sia di classe C^1 oppure poligonale e $g \in H^{1/2}(\Gamma_D)$.

Per ricondursi al caso omogeneo si sfrutta il risultato (A.13) riportato in Appendice A, introducendo un rilevamento $G \in H^1(\Omega)$, con $G_{|\Gamma_D} = g$ (nel senso delle tracce, si veda [Qua03]). Posto allora

$$\overset{\circ}{u} \equiv u - G,$$

il problema diventa: trovare $\overset{\circ}{u} \in V \equiv H^1_{\Gamma_D}(\Omega)$ tale che

$$a(\overset{\circ}{u}, v) = F_g(v) \equiv F(v) - a(G, v) \qquad \forall v \in V.$$

A questo problema si può ancora applicare direttamente il Lemma di Lax-Milgram in quanto il funzionale F_g è lineare e continuo per le proprietà di $F(\cdot)$ e di $a(\cdot, \cdot)$. Quindi, anche nel caso non omogeneo, basta verificare le proprietà richieste dal Lemma di Lax-Milgram su $a(\cdot, \cdot)$ e $F(\cdot)$ per averle automaticamente soddisfatte per il problema trasformato.

Si noti che l'insieme

$$W_g \equiv \{v \in H^1(\Omega) : v_{\Gamma_D} = g\} \tag{2.5}$$

non è uno spazio vettoriale in quanto la funzione nulla non appartiene a W_g e non è chiuso rispetto all'operazione di somma. In effetti è quella che si chiama una varietà affine.

Nel caso di problemi di Dirichlet con dato non omogeneo si può fare riferimento al risultato seguente, che è un corollario del Lemma di Lax-Milgram.

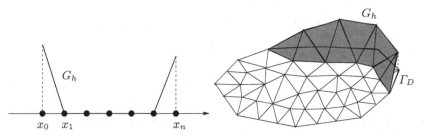

Figura 2.1. Due rilevamenti ad elementi finiti lineari del dato di bordo: in una dimensione a sinistra, in due dimensioni a destra

Corollario 2.1 *Sia dato il problema:*

$$\text{trovare } u \in W_g : \ a(u,v) = F(v) \ \forall v \in V \equiv H^1_{\Gamma_D}, \qquad (2.6)$$

dove $W_g \equiv \{v \in H^1(\Omega) : \ v_{\Gamma_D} = g\}$, *con* $g \in H^{1/2}(\Gamma_D)$ *e bordo di* Ω *sufficientemente regolare. Se la forma* $a(\cdot,\cdot)$ *è bilineare, continua e coerciva in* $V \times V$ *e il funzionale* $F(\cdot)$ *è lineare e continuo in* V, *allora la soluzione del problema dato esiste unica e dipende con continuità dai dati del problema. Più precisamente*

$$\|u\|_V \leq C(\|F\|_{V'} + \|g\|_{H^{1/2}(\Gamma_D)}),$$

dove la costante C *dipende dalla costante di coercività* α *e dalla costante* c_γ *della disuguaglianza (A.13).*

Costruito il rilevamento, un modo alternativo per indicare l'insieme W_g, cui faremo spesso riferimento è scrivere semplicemente $G + V$.

In generale, il rilevamento G non è unico e può essere scelto sulla base di considerazioni diverse. Nell'ambito della discretizzazione mediante elementi finiti, in particolare, esiste un modo naturale per costruire un rilevamento. Infatti, il dato al bordo può essere approssimato da $g_h = \sum_{i \in B_{\Gamma_D}} g(\mathbf{x}_i)\phi_i|_{\Gamma_D}$, dove B_{Γ_D} è l'insieme dei nodi $\mathbf{x}_i$ che giacciono sul bordo Γ_D e le ϕ_i sono le funzioni di base. Conseguentemente un rilevamento è dato da $G_h = \sum_{i \in B_{\Gamma_D}} g(\mathbf{x}_i)\phi_i$. Esso appartiene evidentemente allo spazio di funzioni ad elementi finiti V_h utilizzato ed ha supporto confinato ai soli elementi che hanno almeno un nodo che appartiene al bordo di Dirichlet (si vedano i grafici di Figura 2.1). Questo rilevamento è associato ad alcune tecniche algebriche di imposizione delle condizioni al bordo essenziali illustrate in Appendice B.

Quando faremo riferimento alla discretizzazione del problema (2.6) mediante il metodo di Galerkin-elementi finiti, supporremo pertanto di aver introdotto un rilevamento $G_h \in X_h^r$ (lo spazio definito nella (1.20)) e di riscrivere il problema finito dimensionale come: trovare $u_h \in G_h + V_h \equiv W_{g,h}$ con

$$G_h + V_h \equiv \{v_h \in X_h^r : v_{h|\Gamma_D} = G_h\} \tag{2.7}$$

tale che $a(u_h, v_h) = F(v_h)$ per ogni $v_h \in V_h$, dove

$$V_h = \{v_h \in X_h^r : v_{h|\Gamma_D} = 0\}.$$

2.1 Approssimazione di problemi ellittici monodimensionali

In questo paragrafo proponiamo esercizi relativi alla risoluzione di problemi differenziali della forma: trovare u tale che

$$-\frac{d}{dx}\left(\nu \frac{du}{dx}\right) + \beta \frac{du}{dx} + \sigma u = f, \qquad x \in (a, b), \tag{2.8}$$

soggetti ad opportune condizioni al bordo, dove i coefficienti ν (di viscosità), β (di trasporto), σ (di reazione o dissipazione) ed il termine noto f saranno in generale delle funzioni di x. Essa verrà effettuata mediante il metodo degli elementi finiti, utilizzando il programma MATLAB `fem1d` che introduciamo brevemente nei primi esercizi.

Lo stesso problema verrà ripreso nel Capitolo 3 dove si affronterà il caso in cui il trasporto o la reazione dominano sul termine viscoso, particolarmente critico da un punto di vista numerico.

In alcuni esercizi sfrutteremo il fatto che la soluzione del problema (2.8) con coefficienti costanti appartiene a $H^{m+2}(a, b)$ se $f \in H^m(a, b)$ per un $m \geq 0$.

Esercizio 2.1.1 Si consideri il seguente problema al bordo

$$\begin{cases} -u'' + u = 0 \text{ per } x \in (0, 1), \\ u(0) = 1, \quad u(1) = e. \end{cases} \tag{2.9}$$

1. Se ne scriva la formulazione debole e si stabilisca se la soluzione debole esiste ed è unica.
2. Lo si approssimi con il metodo di Galerkin-elementi finiti e lo si risolva con `fem1d` impiegando elementi finiti lineari, quadratici e cubici su una griglia uniforme di passo h. Si verifichi l'andamento dell'errore nelle norme $H^1(0, 1)$ e $L^2(0, 1)$ per h che varia da $1/10$ a $1/320$, tenendo conto che la soluzione analitica è $u(x) = e^x$.

Soluzione 2.1.1

Analisi matematica del problema

Il problema proposto ha condizioni di Dirichlet non omogenee. Ne cerchiamo quindi una formulazione debole moltiplicando l'equazione $(2.9)_1$ per una funzione test $v \in V \equiv H_0^1(0,1)$; integriamo su $(0,1)$ ed abbiamo

$$-\int_0^1 u''v\, dx + \int_0^1 uv\, dx = 0 \qquad \forall v \in V.$$

Integrando per parti il primo addendo e tenendo conto che $v(0) = v(1) = 0$ perveniamo alla seguente equazione

$$\int_0^1 u'v'\, dx + \int_0^1 uv\, dx = 0 \qquad \forall v \in V. \tag{2.10}$$

Posto $\Gamma_D = \{0,1\}$ la forma debole diventa allora: trovare $u \in W_g$ (definito nella (2.5)) tale che $a(u,v) = 0 \; \forall v \in V$, dove $a : V \times V \to \mathbb{R}$ è la seguente forma bilineare simmetrica

$$a(u,v) \equiv \int_0^1 u'v'\, dx + \int_0^1 uv\, dx. \tag{2.11}$$

Per analizzare la buona posizione del problema (2.11) usiamo il Corollario 2.1: dobbiamo quindi verificare che la forma bilineare $a(\cdot,\cdot)$ sia continua e coerciva su $V \times V$. Abbiamo che:

- a è *continua* in quanto

$$|a(u,v)| \leq \left| \int_0^1 u'v'\, dx \right| + \left| \int_0^1 uv\, dx \right|$$
$$\leq \|u'\|_{L^2(0,1)} \|v'\|_{L^2(0,1)} + \|u\|_{L^2(0,1)} \|v\|_{L^2(0,1)} \leq 2\|u\|_V \|v\|_V;$$

- a è *coerciva* in quanto

$$a(u,u) = \|u'\|_{L^2(0,1)}^2 + \|u\|_{L^2(0,1)}^2 = \|u\|_V^2.$$

Quindi, per il Corollario 2.1 la soluzione di (2.11) esiste unica ed è stabile.

Approssimazione numerica

Indicato con V_h un sottospazio di V di dimensione finita, tale che, se $\dim(V_h) \to \infty$, allora $V_h \to V$, la formulazione di Galerkin di (2.11) è: cercare $u_h \in G_h + V_h$

tale che $a(u_h, v_h) = 0 \; \forall v_h \in V_h$. Usando elementi finiti P^r con $r = 1, 2, 3$, lo spazio V_h sarà

$$V_h \equiv \{ v_h \in X_h^r : v_h = 0 \text{ in } \Gamma_D \}, \tag{2.12}$$

dove X_h^r è stato introdotto nella (1.3) del Capitolo 1.

Al solito $\mathcal{T}_h$ rappresenta una partizione di $(0, 1)$ in N_h sottointervalli $K_j \equiv (x_{j-1}, x_j)$ di ampiezza h.

Risolviamo, come richiesto, il problema con femld. L'interfaccia grafica di questo programma è strutturata come indicato nel diagramma a blocchi di Figura 2.2.

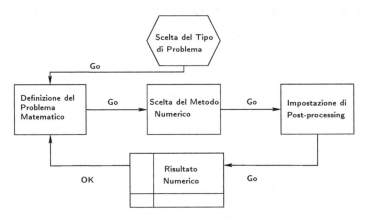

Figura 2.2. Diagramma a blocchi della struttura di femld

Lanciamo il programma e selezioniamo la voce `ellittico` nella finestra che ci compare (Figura 2.3, a sinistra). Nella schermata successiva selezioniamo la voce relativa al fatto che il problema è a coefficienti costanti e scegliamo una qualsiasi fra la forma conservativa o non conservativa delle equazioni (in questo caso del tutto equivalenti). Precisiamo quindi nelle apposite caselle di testo i coefficienti del problema e le condizioni al bordo, di Dirichlet in entrambi gli estremi (Figura 2.3, a destra). Premendo il pulsante `Go` passiamo alla schermata successiva.

Appare una finestra che chiede di scegliere uno spazio di elementi finiti (abbiamo a disposizione elementi P per $r = 1, 2, 3$) ed il passo di griglia costante. Lasciamo i parametri preimpostati (P1 e passo 0.1), selezioniamo `Go` e proseguiamo (Figura 2.4, a sinistra). Ci appare un'ultima schermata relativa ad alcune opzioni di *post-processing* (come il calcolo del numero di condizionamento della matrice del sistema lineare associato alla discretizzazione con gli elementi finiti). Selezioniamo il calcolo dell'errore: appariranno quattro caselle e nelle prime due, editabili, scriveremo l'espressione della soluzione analitica del problema e della sua derivata prima (nel nostro caso `exp(x)`). Selezioniamo `Go` e procediamo.

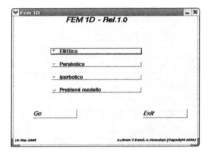 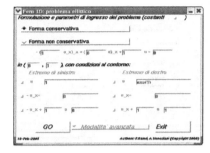

Figura 2.3. Le prime due schermate di `fem1d`. Nella seconda sono già stati selezionati i valori appropriati per il problema (2.8)

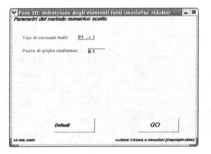 

Figura 2.4. La terza e la quarta schermata di `fem1d`. A sinistra, i valori preimpostati per gli elementi finiti ed il passo di griglia, a destra, la schermata relativa al *post-processing* con selezionato il calcolo dell'errore

Il programma `fem1d` esegue i calcoli necessari e produce gli *output* visualizzati nelle schermate riportate in Figura 2.5. Si notino gli errori calcolati pari a 0.0015393 in norma L^2 e 0.051594 in norma H^1. Selezionando OK nella finestra riportante i grafici delle soluzione (Figura 2.5, a destra) viene riproposta la seconda schermata e possiamo ricominciare l'analisi agli elementi finiti dello stesso problema o di un altro. Per uscire, selezioniamo Exit in questa finestra ed ancora Exit dalla finestra iniziale.

Per rispondere alla domanda relativa alla verifica dell'ordine di convergenza, procediamo dimezzando progressivamente il passo e riportando di volta in volta gli errori ottenuti. Otteniamo i valori riportati nella seconda e nella terza colonna della Tabella 2.1. In modo del tutto analogo selezionando gli elementi P^2 o P^3 nella prima schermata della Figura 2.5 si generano le restanti colonne della Tabella 2.1. Si noti che l'andamento degli errori rispetto a h è in accordo con la teoria: ordine r in norma H^1, $r+1$ in norma L^2 per elementi finiti di grado r.   ◇

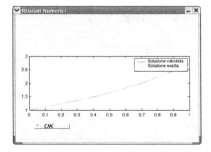

Figura 2.5. Le due schermate conclusive di `fem1d`. A sinistra, gli errori calcolati, a destra, il grafico della soluzione approssimata sovrapposto a quello della soluzione analitica valutata nei nodi di discretizzazione

h	P¹		P²		P³	
	$\|u - u_h\|_{L^2}$	$\|u - u_h\|_{H^1}$	$\|u - u_h\|_{L^2}$	$\|u - u_h\|_{H^1}$	$\|u - u_h\|_{L^2}$	$\|u - u_h\|_{H^1}$
0.1	0.0015393	0.051594	1.0271e-05	0.00066576	5.9293e-08	5.6261e-06
0.05	0.00038484	0.025798	1.2845e-06	0.0001665	3.708e-09	7.0358e-07
0.025	9.6211e-05	0.012899	1.6059e-07	4.163e-05	2.3179e-10	8.7958e-08
0.0125	2.4053e-05	0.0064494	2.0074e-08	1.0408e-05	1.4489e-11	1.0995e-08
0.00625	6.0132e-06	0.0032247	2.5093e-09	2.6019e-06	2.2452e-12	1.3743e-09
0.003125	1.5033e-06	0.0016124	3.1367e-10	6.5048e-07	1.714e-11	1.9308e-10

Tabella 2.1. Andamento degli errori per diversi tipi di elementi finiti al variare di h sia in norma $L^2(0, 1)$ che in norma $H^1(0, 1)$

Esercizio 2.1.2 Si consideri il problema differenziale dato dall'equazione
$(2.9)_1$ con le seguenti condizioni al contorno

$$2u(0) - 5u'(0) = -3, \qquad u'(1) = e. \tag{2.13}$$

1. Se ne riporti la formulazione debole e se ne analizzi la buona posizione.
2. Lo si approssimi con elementi finiti lineari usando `fem1d` e si stimi sperimentalmente l'ordine di convergenza facendo variare opportunamente il passo di discretizzazione.

Soluzione 2.1.2

Analisi matematica del problema

Le condizioni al contorno assegnate sono di tipo Robin nel primo estremo e di Neumann nel secondo. Cerchiamo dunque $u \in V \equiv H^1(0, 1)$ tale che

$$\int_0^1 u'v'\,dx - u'(1)v(1) + u'(0)v(0) + \int_0^1 uv\,dx = 0 \qquad \forall v \in V.$$

Imponiamo le condizioni al contorno (2.13) e ricaviamo la seguente formulazione debole: trovare $u \in V$ tale che

$$\int_0^1 u'v'\,dx + \frac{2}{5}u(0)v(0) + \int_0^1 uv\,dx = ev(1) - \frac{3}{5}v(0) \quad \forall v \in V, \qquad (2.14)$$

cui associamo la seguente forma bilineare

$$a(u,v) \equiv \int_0^1 u'v'\,dx + \int_0^1 uv\,dx + \frac{2}{5}u(0)v(0)$$

ed il funzionale $F(v) \equiv ev(1) - 3/5v(0)$. La forma bilineare è coerciva in quanto

$$a(u,u) = \|u'\|^2_{L^2(0,1)} + \|u\|^2_{L^2(0,1)} + \frac{2}{5}u^2(0) \geq \|u\|^2_V.$$

È inoltre continua in quanto

$$|a(u,v)| \leq \|u'\|_{L^2(0,1)}\|v'\|_{L^2(0,1)} + \|u\|_{L^2(0,1)}\|v\|_{L^2(0,1)} + \frac{2}{5}|u(0)|\,|v(0)|$$
$$\leq (2 + 2C/5)\|u\|_{H^1(0,1)}\|v\|_{H^1(0,1)},$$

grazie alla disuguaglianza di Cauchy-Schwarz ed alla disuguaglianza di traccia (si veda l'Appendice A). Il funzionale F è continuo per gli stessi motivi.

Approssimazione numerica

Il problema di Galerkin elementi finiti lineari sarà: trovare $u_h \in V_h$ tale che $a(u_h, v_h) = F(v_h)$ per ogni $v_h \in V_h$, essendo V_h lo spazio X_h^1. Denotiamo con A la matrice (detta di *rigidezza* o di *stiffness*) con elementi a_{ij} dati da

$$a_{ij} \equiv a(\varphi_j, \varphi_i)$$

e con **f** il vettore di componenti $f_i \equiv F(\varphi_i)$. Se si indica con **u** il vettore che ha come componenti i coefficienti incogniti u_i il problema discretizzato corrisponde alla risoluzione del sistema lineare (si veda [Qua03])

$$\mathbf{A}\mathbf{u} = \mathbf{f}. \qquad (2.15)$$

Le condizioni al contorno sono automaticamente incluse nella formulazione di Galerkin e la matrice del sistema ha dimensione pari al numero di vertici della griglia di calcolo.

Risolviamo il problema con fem1d. Rispetto al caso precedente basta selezionare nella finestra relativa ai parametri del problema la condizione di Robin nell'estremo di sinistra e quella di Neumann nell'estremo di destra (si veda la Figura 2.6). Si noti che in fem1d queste condizioni sono della forma $-u'(0) + \alpha u(0) = \beta$ e $u'(1) = \gamma$. Nel nostro caso $\alpha = 2/5$, $\beta = -3/5$ e $\gamma = e$ (=exp(1) in MATLAB).

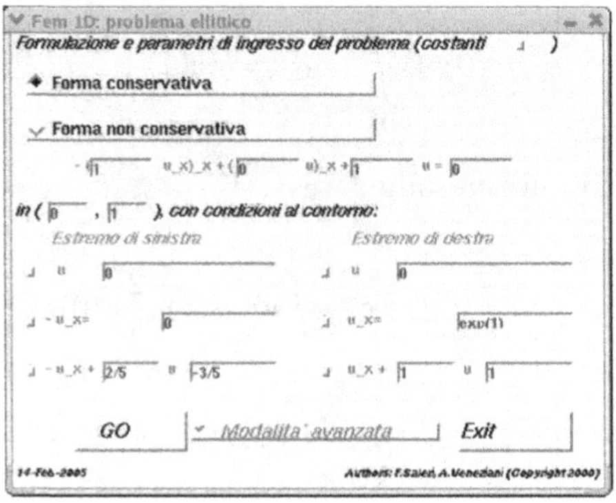

Figura 2.6. La schermata di fem1d relativa all'imposizione delle condizioni al contorno per il problema $(2.9)_1$-(2.13)

Selezioniamo gli elementi finiti lineari e svolgiamo i calcoli dimezzando h a partire da $h = 0.1$. Otteniamo gli errori riportati nei grafici di Figura 2.7 che riportiamo qui di seguito per completezza

```
>> h = [0.1 0.05 0.025 0.0125 0.00625 0.003125];
>> eL2 = [0.00082538 0.00020652 5.164e-05 1.2911e-05 ...
      3.2277e-06 8.0692e-07]
>> eH1 = [0.051577 0.025796 0.012899 0.0064494 ...
      0.0032247 0.0016124]
```

Analisi dei risultati

Per calcolare in modo approssimato l'ordine di convergenza osserviamo che se l'ordine di convergenza di un metodo è q l'errore e si comporterà in funzione di h come $e(h) \simeq Ch^q$ (per lo meno per h sufficientemente piccoli), dove C è una costante indipindente da h. A questo punto, se disponiamo di due valori dell'errore, per $h = h_1$ e $h = h_2$ possiamo approssimare q nel modo seguente

$$\frac{e(h_1)}{e(h_2)} \simeq \left(\frac{h_1}{h_2}\right)^q \qquad \Rightarrow \qquad q \simeq \log(e(h_1)/e(h_2))/\log(h_1/h_2).$$

Nel nostro caso avremo

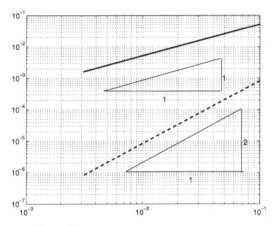

Figura 2.7. Andamento rispetto a h degli errori in norma L^2 (in linea tratteggiata) ed in norma H^1 (in linea continua). La rappresentazione è stata ottenuta con il comando `loglog` di MATLAB

```
>> qL2 = log(eL2(2:6)./eL2(1:5))./log(h(2:6)./h(1:5))
   1.9988    1.9997    1.9999    2.0000    2.0000
>> qH1 = log(eH1(2:6)./eH1(1:5))./log(h(2:6)./h(1:5))
   0.9996    0.9999    1.0000    1.0000    1.0000
```

e quindi gli ordini corrispondono a quelli forniti dalla teoria.   ◇

Esercizio 2.1.3 La temperatura T di una verga sottile di lunghezza L e sezione costante A soddisfa per $x \in (0, L)$ il problema differenziale seguente:

$$\begin{cases} -kAT'' + \sigma pT = 0, \, x \in (0, L), \\ T(0) = T_0, \qquad\qquad T'(L) = 0, \end{cases} \qquad (2.16)$$

dove p è il perimetro di A, k il coefficiente di conduttività termica, σ il coefficiente di trasferimento convettivo e T_0 è un valore assegnato.

1. Se ne calcoli la soluzione analitica.
2. Si scriva la formulazione debole di (2.16), indi la sua approssimazione di Galerkin-elementi finiti. Si mostri come l'errore di approssimazione nella norma $H_0^1(0, L)$ dipenda da k, σ, p, T_0 e dalla lunghezza del dominio.
3. Infine, supponendo che la verga sia lunga 1m ed abbia sezione circolare di raggio 1cm si risolva questo problema utilizzando elementi finiti lineari su griglie uniformi e si calcoli l'errore di approssimazione (si assuma $T_0 = 10$, $\sigma = 2$ e $k = 200$).

Soluzione 2.1.3

Analisi matematica del problema

L'equazione differenziale (2.16) ammette come integrale generale la funzione

$$T(x) = C_0 e^{\lambda_0 x} + C_1 e^{\lambda_1 x}, \tag{2.17}$$

dove C_0 e C_1 sono delle costanti arbitrarie da determinarsi imponendo le condizioni al bordo, mentre λ_0 e λ_1 sono le radici dell'equazione

$$-kA\lambda^2 + \sigma p = 0.$$

Posto $m = \sqrt{\sigma p/(kA)}$, tali radici sono date da $\lambda_0 = -m$ e $\lambda_1 = m$ e, di conseguenza, la soluzione si scrive come $T(x) = C_0 e^{-mx} + C_1 e^{mx}$. Le costanti C_0 e C_1 vengono determinate imponendo le condizioni al bordo ossia richiedendo che $C_0 + C_1 = T_0$ e $-C_0 e^{-mL} + C_1 e^{mL} = 0$. Svolgendo i calcoli si ricavano i valori seguenti

$$C_0 = \frac{T_0 e^{mL}}{e^{-mL} + e^{mL}} = \frac{T_0 e^{mL}}{2\cosh(mL)}, \quad C_1 = \frac{T_0 e^{-mL}}{e^{-mL} + e^{mL}} = \frac{T_0 e^{-mL}}{2\cosh(mL)},$$

da cui

$$T(x) = \frac{T_0}{2\cosh(mL)}\left(e^{m(L-x)} + e^{-m(L-x)}\right) = T_0 \frac{\cosh(m(x-L))}{\cosh(mL)}.$$

Scriviamo ora la formulazione debole di (2.16). Poniamo $\Gamma_D = \{0\}$ e moltiplicando la (2.16) per una funzione test $v \in V \equiv H^1_{\Gamma_D}$ troviamo

$$-kA\int_0^L T''(x)v(x)\,dx + \sigma p \int_0^L T(x)v(x)\,dx = 0 \quad \forall v \in V.$$

Integriamo per parti il primo addendo

$$kA\int_0^L T'(x)v'(x)\,dx + \sigma p \int_0^L T(x)v(x)\,dx - kA[T'v]_0^L = 0, \tag{2.18}$$

dove $[f]_0^L$ indica $f(L) - f(0)$. Con le notazioni usuali, giungiamo quindi alla formulazione debole: trovare $T \in W_g$ tale che

$$a(T,v) = 0 \quad \forall v \in V, \tag{2.19}$$

dove $a(\cdot,\cdot) : V \times V \to \mathbb{R}$ è la seguente forma bilineare

$$a(u,v) \equiv kA \int_0^L u'(x)v'(x) \, dx + \sigma p \int_0^L u(x)v(x) \, dx.$$

Verifichiamone le principali proprietà. La forma bilineare è *continua* in quanto $|a(u,v)| \leq M\|u\|_V\|v\|_V$ con $M = kA + \sigma p$ ed è anche coerciva in V, poiché

$$a(u,u) = kA\|u'\|^2_{L^2(0,L)} + \sigma p\|u\|^2_{L^2(0,L)} \geq kA\|u'\|^2_{L^2(0,L)} \geq \alpha\|u\|^2_V, \qquad (2.20)$$

con $\alpha = kA/(1 + L^2/2)$. Infatti, tenendo conto che $v(0) = 0$ si ha

$$|v(x)|^2 = \left| \int_0^x v'(x)dx \right|^2 \leq \int_0^x 1^2 dx \int_0^x (v'(x))^2 dx \leq x\|v'\|^2_{L^2(0,L)}$$

da cui, integrando

$$\|v\|_{L^2} \leq \frac{L}{\sqrt{2}}|v'\|^2_{L^2(0,L)},$$

che altro non è che la disuguaglianza di Poincaré. Di conseguenza,

$$\|v\|^2_{H^1} = \|v\|^2_{L^2(0,L)} + \|v'\|^2_{L^2(0,L)} \leq \left(1 + \frac{L^2}{2}\right)\|v'\|^2_{L^2(0,L)}$$

che è la disuguaglianza usata nell'ultimo passaggio della (2.20). Facciamo notare che avremmo potuto evitare l'utilizzo di tale disuguaglianza in quanto si ha anche

$$a(u,u) \geq \min(kA, \sigma p)\|u\|^2_V.$$

Quest'ultima ha il vantaggio di fornire una stima di stabilità che non dipende dalla condizione di Dirichlet.

D'altra parte, la stima basata sulla disuguaglianza di Poincaré è indipendente da σp (ma dipende dalla lunghezza del dominio) e continua quindi a valere anche quando questa quantità tende a zero.

Approssimazione numerica

Introduciamo ora un sottospazio V_h di V di dimensione finita pari a N_h. Indicato con G_h un rilevamento del dato al bordo, la discretizzazione con il metodo di Galerkin di (2.19) è allora:
trovare $T_h \in G_h + V_h$ tale che

$$a(T_h, v_h) = 0 \qquad \forall v_h \in V_h,$$

e, nel caso del metodo di Galerkin-elementi finiti, introdotta una partizione $\mathcal{T}_h$ di $(0, L)$ in N_h sotto-intervalli $\{K_j\}$ (che supponiamo per semplicità uniformi e di lunghezza h) un possibile sottospazio V_h è

$$V_h \equiv \{v_h \in X_h^r(0, L) : \; v_h(0) = 0\},$$

dove X_h^r è stato introdotto nella (1.3). Se la soluzione $u \in H^{q+1}(0, L)$ con $q > 0$ l'errore di discretizzazione si comporta come

$$\|u - u_h\|_{H^1(0,L)} \leq \frac{CM}{\alpha} h^s |u|_{H^{s+1}(0,L)},$$

essendo C una costante positiva, $s = \min\{r, q\}$ ed avendo denotato con $|\cdot|_{H^{s+1}(0,L)}$ la seminorma in $H^{s+1}(0, L)$. L'errore dipende quindi dai parametri k, σ, p e dalla dimensione del dominio, tramite la costante M/α. In particolare, va osservato che se il prodotto σp cresce il rapporto M/α può diventare molto grande: il problema diventa *a reazione dominate*. Questo fa sì che l'errore associato al metodo Galerkin possa essere molto grande a meno di non usare passi di griglia adeguatamente piccoli. A questo tipo di problematiche è dedicato il Capitolo 3.

Analisi dei risultati

Risolviamo il problema usando `fem1d` precisando il coefficiente di viscosità (pari a $kA = 0.02\pi$) e quello di trasporto ($\sigma p = 0.04\pi$). Calcoliamo l'errore per h che va da $1/10$ a $1/320$ ottenendo i risultati riportati in Figura 2.8 in scala logaritmica in funzione di h. Le diverse pendenze delle due curve (evidenziate dai triangoli riportati per comodità di lettura) rispecchiano gli ordini di convergenza 1 e 2, rispettivamente ottenuti in norma H^1 ed in norma L^2.   ◇

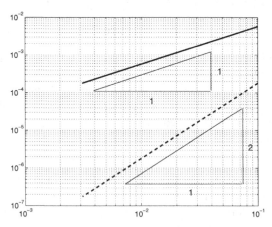

Figura 2.8. Andamento degli errori in norma $L^2(0, 1)$ (in linea tratteggiata) ed in norma $H^1(0, 1)$ (in linea continua) in funzione di h

Esercizio 2.1.4 Consideriamo un fluido viscoso posto tra due piastre orizzontali, parallele e distanti $2H$ (si veda la Figura 2.9). Supponiamo che la piastra superiore, posta ad una temperatura T_{sup}, scorra con velocità U rispetto alla piastra inferiore, posta ad una temperatura T_{inf}. In tal caso la temperatura $T : (0, 2H) \to \mathbb{R}$ del fluido tra le due piastre soddisfa il problema di Dirichlet seguente

$$\begin{cases} -\dfrac{d^2 T}{dy^2} = \alpha(H - y)^2 \text{ in } (0, 2H), \\ T(0) = T_{inf}, \qquad T(2H) = T_{sup}, \end{cases} \qquad (2.21)$$

dove $\alpha = 4U^2\mu/(H^4\kappa)$, $\kappa = 0.60$ è il coefficiente di conduttività termica e $\mu = 0.14$kg s/m^2 è la viscosità media del fluido.

1. Si trovi la soluzione esatta; si scriva la formulazione debole e si dimostri che la soluzione è unica.
2. Si riporti la formulazione Galerkin-elementi finiti.
3. Si verifichino le proprietà di convergenza degli elementi finiti di grado 3 nel caso in cui $H = 1$m, $T_{inf} = 273K$, $T_{sup} = 293K$, $U = 10$m/s. Quale grado polinomiale per gli elementi finiti garantisce che la soluzione numerica calcolata coincide con quella esatta?

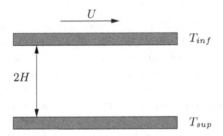

Figura 2.9. Una schematizzazione della situazione considerata nell'Esercizio 2.1.4

Soluzione 2.1.4

Analisi matematica del problema

Essendo il termine noto un polinomio di secondo grado, una soluzione particolare associata all'equazione con condizioni al contorno omogenee sarà della forma

$$\psi(y) = C_0(H - y)^4 + \frac{\alpha H^4}{12}.$$

Sostituendo nell'equazione differenziale si trova $C_0 = -\alpha/12$. D'altra parte, le soluzioni dell'equazione con termine forzante omogeneo sono invece date da $\phi(y) = C_1 + C_2 y$. Imponendo le condizioni al bordo si determinano le due costanti $C_1 = T_{inf}$ e $C_2 = \frac{T_{sup} - T_{inf}}{2H}$. La soluzione analitica è allora data da

$$T(y) = -\frac{\alpha}{12}(H - y)^4 + \frac{T_{sup} - T_{inf}}{2H}y + T_{inf} + \frac{\alpha H^4}{12}.$$

Per ottenere la formulazione debole, moltiplichiamo l'equazione differenziale (2.21) per una funzione test $v \in V = H^1_{\Gamma_D} \equiv H^1_0(0, 2H)$ con $\Gamma_D = \{0, 2H\}$, integriamo fra 0 e $2H$ ed integriamo per parti il termine differenziale del second'ordine. Per omogeneità con le notazioni sin qui usate, indichiamo con T' la derivata prima di T fatta rispetto a y. Troviamo allora

$$\int_0^{2H} T'v' \, dy - [T'v]_0^{2H} = \alpha \int_0^{2H} (H - y)^2 v \, dy.$$

La formulazione debole diventa: cercare $T \in W_g$ tale che $a(T, v) = F(v)$ per ogni $v \in V$, dove

$$a(T, v) \equiv \int_0^{2H} T'v' \, dy, \ F(v) \equiv \alpha \int_0^{2H} (H - y)^2 v \, dy.$$

La forma bilineare $a : V \times V \to \mathbb{R}$ è continua e coerciva (si veda l'Esercizio 2.1.3) con costante di continuità unitaria e costante di coercività $1/(1 + C_P^2)$, dove C_P è la costante di Poincaré. Si verifica facilmente che anche il funzionale $F : V \to \mathbb{R}$ è continuo e, di conseguenza, per il Corollario 2.1 la soluzione esiste ed è unica. Avendo già trovato una soluzione del problema forte questa è anche necessariamente la soluzione debole. Si noti che, anche senza conoscere la soluzione analitica (arbitrariamente regolare in questo caso) avremmo potuto concludere che, essendo $T'' = -\alpha(H - y)^2 \in L^2(0, 2H)$, allora $T \in H^2(0, 2H)$.

Approssimazione numerica

L'approssimazione con il metodo di Galerkin elementi finiti di grado 3 è del tutto analoga a quella proposta nel precedente esercizio. Scelto lo spazio $V_h \equiv \{v_h \in X^3_h : v_h(0) = v_h(2H) = 0\}$, cercheremo $T_h \in W_{g,h}$ tale che $a(T_h, v_h) = F(v_h)$ per ogni $v_h \in V_h$.

Analisi dei risultati

Per risolvere il problema con `fem1d` seguiamo la procedura descritta nei primi tre esercizi di questo paragrafo selezionando semplicemente elementi finiti cubici per un problema con condizioni di Dirichlet sull'intervallo $(0, 2)$. In Figura 2.10

riportiamo in scala logaritmica l'andamento degli errori in norma $L^2(0, 2)$ ed in norma $H^1(0, 2)$ in funzione del passo di griglia h. Come si vede l'errore in norma $L^2(0, 2)$ si comporta come h^4, mentre quello in norma $H^1(0, 2)$ va come h^3, in perfetto accordo con la teoria. Per concludere l'esercizio, notiamo che, essendo la soluzione analitica un polinomio di grado 4, sarebbe sufficiente usare elementi finiti di tale grado per assicurarsi (in assenza di errori di arrotondamento) la soluzione esatta. A tal proposito, facciamo notare come nel grafico a destra in Figura 2.10 sia presente, quando il passo di griglia è molto piccolo, un aumento dell'errore in norma $L^2(0, 2)$ per h decrescente: questo comportamento è da imputarsi proprio all'azione degli errori di arrotondamento.   ◇

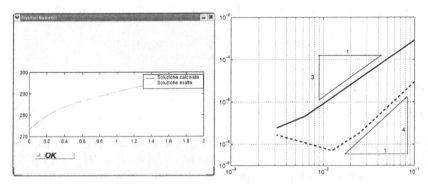

Figura 2.10. A sinistra, soluzione calcolata con elementi finiti cubici su una griglia uniforme di passo $h = 0.1$. A destra, andamento in scala logaritmica degli errori in norma $L^2(0, 2)$ (in linea tratteggiata) ed in norma $H^1(0, 2)$ (in linea continua) in funzione di h

Esercizio 2.1.5 Si è interessati a stabilire la distribuzione di temperatura T in una sbarra di lunghezza L con conducibilità termica $\mu > 0$ costante. Si ipotizza che, a causa di reazioni chimiche o nucleari, la barra produca energia termica con un tasso per unità di volume Q dato da

$$Q(x) = \begin{cases} 0 & x \in (0, L/2), \\ 6(x - L/2) & x \in (L/2, L). \end{cases}$$

La temperatura T soddisfa allora la seguente equazione differenziale

$$-\mu T'' = Q, \quad x \in (0, L). \tag{2.22}$$

Supponendo $\mu = 1$, si risponda ai seguenti quesiti:

1. si verifichi che

$$T(x) = -1/2\left[|x - L/2|^3 + (x - L/2)^3\right] \qquad (2.23)$$

è l'unica soluzione debole di (2.22) con condizioni al contorno date da

$$T(0) = 0, \, T'(L) = -3L^2/4; \qquad (2.24)$$

2. posto $L = 1$, si risolva numericamente il problema con `femld` utilizzando elementi finiti lineari, quadratici e cubici e si confrontino gli andamenti degli errori in norma $L^2(0, 1)$ ed in norma $H^1(0, 1)$ al variare del passo di discretizzazione;
3. si commentino i risultati ottenuti al punto precedente.

Soluzione 2.1.5

Analisi matematica del problema

La formulazione debole del problema (2.22) si trova, al solito, moltiplicando l'equazione differenziale per una funzione test $v \in V$, dove $V = H^1_{\Gamma_D}$ con $\Gamma_D = \{0\}$, integrando fra 0 e L ed integrando per parti il termine differenziale. Otteniamo

$$\mu \int_0^L T'v' \, dx - \mu \left[T'v\right]_0^L = \int_0^L Q \, v \, dx. \qquad (2.25)$$

Il primo integrale che compare nella (2.25) esiste certamente se T e v appartengono allo spazio $H^1(0, L)$. Per quanto riguarda l'integrale a termine noto esso esiste finito certamente se $v \in L^2(0, L)$ in quanto Q appartiene a $L^2(0, L)$. Incorporando le condizioni al contorno perveniamo alla seguente formulazione debole: trovare $u \in V$ tale che per ogni $v \in V$

$$\mu \int_0^L T'v' \, dx = \mu[T'v]_0^L + \int_0^L Q \, v \, dx = 3\mu(L^2/4)v(L) + \int_0^L Q \, v \, dx.$$

L'analisi di buona posizione di questo problema può essere effettuata mediante applicazione del Lemma di Lax-Milgram. Infatti, la forma bilineare $a(T, v) \equiv \mu \int_0^L T'v' \, dx$ è continua e coerciva:

- *continua*: per applicazione della disuguaglianza di Cauchy-Schwartz

$$|a(T, v)| \le \mu \|T'\|_{L^2(0,L)} \|v'\|_{L^2(0,L)} \le \mu \|T\|_{H^1(0,L)} \|v\|_{H^1(0,L)};$$

- *coerciva* per applicazione della disuguaglianza di Poincaré

$$a(T,T) = \mu \int\limits_0^L T'T' \, dx = \mu \|T'\|_{L^2(0,L)}^2 \geq \frac{\mu}{\sqrt{1 + C_P^2}} \|T\|_{H^1(0,L)}^2$$

per ogni $T \in H^1(0,L)$.

Anche il funzionale $F(v) \equiv 3\mu(L^2/4)v(L) + \int_0^L Q \, v \, dx$ è continuo, essendo $Q \in L^2(0,L)$, per applicazione delle disuguaglianze di traccia (A.12) e di Cauchy-Schwartz

$$|F(v)| \leq \left(3\gamma\mu(L^2/4) + \|Q\|_{L^2(0,L)}\right) \|v\|_{H^1(0,L)}.$$

La buona posizione del problema segue dunque dal Lemma di Lax-Milgram.

Poniamo ora $\mu = 1$. La soluzione analitica T proposta nel testo dell'esercizio è derivabile con continuità fino all'ordine 2 in quanto

$$T'(x) = \begin{cases} 0 & x \in (0, L/2), \\ -3(x - L/2)^2 & x \in (L/2, L), \end{cases}$$

$$T''(x) = \begin{cases} 0 & x \in (0, L/2), \\ -6(x - L/2) & x \in (L/2, L), \end{cases} \quad T'''(x) = \begin{cases} 0 & x \in (0, L/2), \\ -6 & x \in (L/2, L). \end{cases}$$

Poiché T appartiene a $C^2(0,L)$, è sufficientemente regolare da soddisfare l'equazione differenziale in senso forte. Questo significa che è soluzione anche in senso debole. Inoltre, osserviamo che T''' sta in $L^2(0,L)$, ma non la sua derivata e di conseguenza $T \in H^3(0,L)$ (ma $T \notin H^4(0,L)$).

Approssimazione numerica

L'approssimazione di Galerkin si ottiene introducendo un sottospazio finito-dimensionale di V che indichiamo con V_h, e risolvendo il problema: trovare $T_h \in V_h$ tale che per ogni $v_h \in V_h$

$$\mu \int\limits_0^1 T_h' v_h' \, dx = 3\mu(L^2/4)v_h(1) + \int\limits_0^1 Q \, v_h \, dx. \tag{2.26}$$

In particolare, scegliendo spazi di funzioni polinomiali a tratti su una griglia del dominio $(0,1)$, avremo una approssimazione a elementi finiti. Per risolvere questo problema utilizziamo femld precisando nelle apposite schermate i coefficienti del problema differenziale in esame e selezionando prima gli elementi lineari, quindi quelli quadratici ed infine quelli cubici. Nei grafici di Figura 2.11 riportiamo l'andamento degli errori in norma $L^2(0,1)$ e $H^1(0,1)$ per elementi lineari e quadratici.

Infine se utilizzassimo sulle stesse griglie di calcolo elementi cubici troveremmo errori che vanno da 5.1003e-16 in norma L^2 per $h = 0.1$ a 1.0129e-12 nella

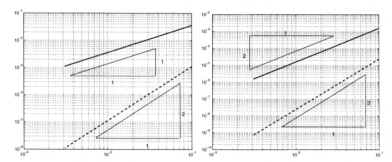

Figura 2.11. Andamento dell'errore rispetto al passo di discretizzazione in scala logaritmica per elementi finiti lineari (a sinistra) e quadratici (a destra) in norma $L^2(0,1)$ (in linea tratteggiata) ed in norma $H^1(0,1)$ (in linea continua)

stessa norma per $h = 0.003125$ e, analogamente, in norma H^1 da 1.1601e-15 a 1.9477e-12.

Analisi dei risultati

L'andamento degli errori con elementi finiti lineari e quadratici rispetta quanto atteso dalla teoria per una soluzione in $H^s(0,1)$, com'è dimostrato dai grafici riportati in Figura 2.11. L'andamento degli errori per elementi finiti cubici si spiega osservando che, dal momento che la soluzione esatta è cubica a pezzi, essa appartiene allo spazio degli elementi finiti P^3. Pertanto, in questo caso, l'errore di discretizzazione è nullo e l'unica componente d'errore è quella generata dagli errori di arrotondamento che crescono al decrescere di h. Questo in accordo con il fatto che il numero di condizionamento della matrice da risolvere cresce al crescere di h.

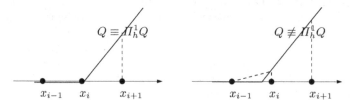

Figura 2.12. I due casi possibili nell'approssimazione di Q per elementi finiti lineari

Osservazione 2.1 Se si ripetessero i calcoli precedenti diminuendo h non solo per dimezzamenti successivi, si osserverebbero delle anomalie nell'andamento degli errori (si veda la Figura 2.13). Le oscillazioni possono essere spiegate tenendo conto che in `fem1d` l'integrale del termine noto viene approssimato nel modo seguente

$$\int\limits_0^L Q(x)\varphi_i(x)\,dx \simeq \int\limits_0^L \Pi_h^r f(x)\varphi_i(x)\,dx,$$

essendo r il grado degli elementi finiti utilizzati e $\Pi_h^r f$ il polinomio interpolatore composito di grado r definito sulla griglia di calcolo. Nel nostro caso $Q(x)$ è un polinomio a pezzi di grado 1. Se la decomposizione dell'intervallo $(0, L)$ presenta esattamente un vertice nel punto $x = 0.5$, l'integrale a termine noto verrà calcolato esattamente (si veda la Figura 2.12 a sinistra per gli elementi lineari). In caso contrario, si introdurrà un errore di quadratura dello stesso ordine dell'errore di discretizzazione (in norma L^2), mentre per elementi quadratici l'errore di quadratura è di un ordine inferiore. Questa circostanza spiega l'andamento oscillante dell'errore di discretizzazione in norma L^2 per gli elementi quadratici: a seconda infatti che $x = 0.5$ sia o meno un nodo il metodo presenterà ordine di convergenza 3 o ordine 2. Ne deduciamo quindi una regola empirica: conviene che eventuali punti di irregolarità noti *a priori*, per il termine noto o per i coefficienti di un problema differenziale, corrispondano a vertici della griglia.

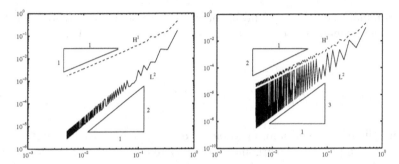

Figura 2.13. Andamento anomalo dell'errore rispetto al passo di discretizzazione per elementi finiti lineari (a sinistra) e quadratici (a destra) in norma $L^2(0,1)$ ed in norma $H^1(0,1)$

◇

Esercizio 2.1.6 Si vuole stabilire la distribuzione di temperatura T nella stessa sbarra dell'Esercizio 2.1.5, ma con termine forzante dato da

$$Q(x) = \begin{cases} 0 & x \in (0, L/2), \\ -\pi^2 \cos(\pi(x - L/2)) & x \in (L/2, L). \end{cases}$$

Si supponga nuovamente $\mu = 1$.

1. Si verifichi che

$$T = \begin{cases} 0 & x \in (0, L/2], \\ 1 - \cos\left(\pi\left(x - L/2\right)\right) & x \in (L/2, L), \end{cases} \qquad (2.27)$$

è l'unica soluzione debole di (2.22) con condizioni al contorno date da $T(0) = 0$ e $T'(L) = \pi$.

2. A quale spazio di Sobolev $H^s(0, L)$ appartiene tale soluzione?

3. Posto $L = 1$, si risolva numericamente il problema utilizzando elementi finiti lineari, quadratici e cubici e si confrontino gli andamenti degli errori in norma $H^1(0, 1)$ al variare del passo di discretizzazione commentando i risultati.

Soluzione 2.1.6

Analisi matematica del problema

La formulazione debole del problema si trova come nell'Esercizio 2.1.5. Precisamente, mantenendo le stesse notazioni, dovremo cercare $u \in V$ tale che per ogni $v \in V$

$$\mu \int_0^L T'v' \, dx = \mu\pi v(L) + \int_0^L Q \, v \, dx. \qquad (2.28)$$

La forma bilineare (definita implicitamente dal primo membro della (2.28)) è continua e coerciva per le stesse argomentazioni usate nell'esercizio precedente. Il funzionale a destra è lineare e continuo, essendo anche in questo caso $Q \in L^2(0, L)$. Ne concludiamo che il problema debole è ben posto per applicazione del Lemma di Lax-Milgram. A differenza dell'Esercizio 2.1.5 $Q \in L^2(0, L)$ ma, essendo discontinua, $Q \notin H^1(0, L)$. Quindi la soluzione esatta appartiene a $H^2(0, L)$, ma non a $H^3(0, L)$.

Verifichiamo che la (2.27) è soluzione debole del problema proposto (non può essere soluzione forte in quanto presenta derivata seconda discontinua). Osserviamo che la funzione T definita nella (2.27) appartiene a V e, in particolare, soddisfa le condizioni al bordo. Inoltre, la derivata prima in senso classico esiste e vale 0 se $x \in (0, L/2]$ e $\pi \sin[\pi(x - L/2)]$ se $x \in (L/2, L)$. Introducendo questa espressione nel primo membro della (2.28), si ottiene, per una generica $v \in V$,

$$\int_0^L T'v' \, dx = \pi \int_{L/2}^L \sin\left(\pi\left(x - \frac{L}{2}\right)\right) v' \, dx.$$

Poiché sull'intervallo di integrazione la funzione è regolare, possiamo integrare per parti, scaricando la derivata da v, ottenendo

$$\mu\pi \left[\sin\left(\pi\left(x - \frac{L}{2}\right)\right)v\right]_{L/2}^{L} - \mu\pi^2 \int\limits_{L/2}^{L} \cos\left(\pi\left(x - \frac{L}{2}\right)\right)vdx$$

$$= \mu\pi v(L) - \mu\pi^2 \int\limits_{L/2}^{L} \cos\left(\pi\left(x - \frac{L}{2}\right)\right)vdx.$$

Quanto ottenuto coincide con il secondo membro di (2.28) e la verifica è dunque conclusa.

Approssimazione numerica

L'approssimazione di Galerkin elementi finiti si ricava come fatto nell'esercizio precedente. Sulla base dell'Osservazione 2.1 converrà far sì che un nodo della griglia computazionale sia posizionato in $x = L/2 = 1/2$, in modo da ridurre l'effetto degli errori di quadratura (che in questo caso sono comunque inevitabili, essendo il termine forzante non polinomiale). La risoluzione con `fem1d` non presenta particolari difficoltà e produce risultati analoghi a quelli mostrati in Figura 2.14, a destra, per elementi finiti lineari su una griglia uniforme di passo $h = 0.1$.

In Figura 2.14 riportiamo i grafici dell'errore in norma $H^1(0,1)$ per elementi finiti lineari (tratto continuo), quadratici (cerchi) e cubici (rombi).

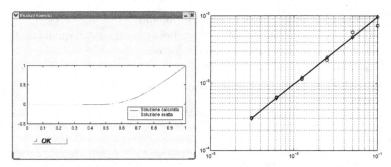

Figura 2.14. A sinistra, la soluzione calcolata per $h = 0.1$ con elementi finiti lineari. A destra, l'andamento degli errori in norma $H^1(0,1)$ per elementi finiti lineari (in linea continua), quadratici (cerchi) e cubici (rombi) per la soluzione dell'Esercizio 2.1.6

Analisi dei risultati

Esaminando i grafici della Figura 2.14 possiamo notare che l'ordine di accuratezza è uno in tutti e tre i casi. Questo è perfettamente coerente con il risultato teorico in base al quale l'ordine di convergenza q è il minimo fra il grado r dell'elemento finito utilizzato e $p - 1$, essendo p l'indice dello spazio di Sobolev cui appartiene la soluzione. Nel caso in esame $T \in H^2(0,1)$, ma $T \notin H^3(0,1)$, e l'ordine di convergenza in norma $H^1(0,1)$ è quindi 1, indipendentemente dal grado degli elementi finiti usati (come effettivamente si riscontra). $\diamond$

Esercizio 2.1.7 Consideriamo la parete di una fornace (schematizzata in Figura 2.15) formata da due materiali con conducibilità termica diversa. La distribuzione di temperatura lungo l'asse delle x soddisfa l'equazione seguente

$$(\chi u')' = 0 \quad \text{in } (0, L), \qquad (2.29)$$

dove

$$\chi = \begin{cases} \chi_1 & \text{in } (0, M], \\ \chi_2 & \text{in } (M, L). \end{cases}$$

Si supponga inoltre che in $x = 0$ la temperatura sia assegnata pari a u_0, mentre in $x = L$ la parete del forno trasferisca calore nell'aria circostante, posta alla temperatura u_a, secondo la legge

$$-\chi_2 u'(L) = s(u(L) - u_a),$$

dove s è il coefficiente di trasferimento del calore per convezione.

1. Si scriva la formulazione debole del problema.
2. Si calcoli analiticamente la soluzione debole e si dica sotto quali condizioni sui coefficienti essa è anche soluzione forte.
3. Utilizzando `fem1d` si risolva il problema con elementi finiti opportuni, supponendo $L = 1$, $M = 0.2$, $\chi_1 = 1$, $\chi_2 = 10$, $u_0 = 100$, $u_a = 10$, $s = 0.1$.

Soluzione 2.1.7

Analisi matematica del problema

Cerchiamo la formulazione debole del problema dato nel modo usuale. Moltiplicando la (2.29) per una funzione test $v \in V \equiv H^1_{\Gamma_D}$ con $\Gamma_D = \{0\}$ ed integrando in $(0, L)$ troviamo

$$\int_0^L \chi u' v' \, dx - \chi(L) u'(L) v(L) = 0.$$

Imponendo la condizione di Robin in $x = L$ giungiamo a una formulazione della forma (2.6) con

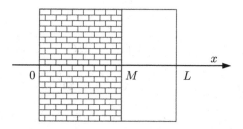

Figura 2.15. Una sezione della parete di una fornace costituita da due materiali diversi

$$a(u, v) \equiv \int_0^L \chi u' v' dx + su(L)v(L) \text{ e } F(v) \equiv su_a v(L).$$

Essendo χ limitata si dimostra usando gli stessi argomenti degli esercizi precedenti, che tale problema ammette un'unica soluzione. Inoltre, tale soluzione apparterrà a $H^1(0, L)$ e, in virtù del teorema di immersione di Sobolev, sarà dunque continua.

D'altra parte in $\Omega_1 = (0, M)$ ed in $\Omega_2 = (M, L)$ χ è una costante e quindi, la (2.29), implica $u'' = 0$ in ciascun sottodominio, e quindi u è lineare. Di conseguenza, la soluzione debole di (2.29) non può che essere lineare a tratti con raccordo continuo in $x = M$. Inoltre, nel punto $x = M$ i flussi termici saranno continui, quindi $\chi_1 u' = \chi_2 u'$ per $x = M$. Infatti, se consideriamo la forma debole associa-Prota a (2.29), prendendo una funzione test $v \in C^\infty(0, L)$ a supporto strettamente contenuto in $(0, L)$, otteniamo

$$0 = \int_0^L \chi u' v' \, dx = \int_0^M \chi u' v' \, dx + \int_M^L \chi u' v' \, dx = $$

$$[\chi u' v]_0^M + [\chi u' v]_M^L - \int_0^M (\chi u')' v \, dx - \int_M^L (\chi u')' v \, dx. \qquad (2.30)$$

Gli ultimi due integrali sono nulli perché su ogni sottointervallo $(\chi u')' = 0$. Posto $[(\chi u)']_M = (\chi u)'(M^+) - (\chi u)'(M^-)$ e tenendo conto del fatto che $v(0) = v(L) = 0$, si ottiene dalla (2.30) che $0 = -[(\chi u)']_M v(M)$.Si ricava che $[\chi u']_M = 0$, essendo v generica. Se poniamo

$$u(x) = \begin{cases} u_1(x) = C_{0,1} + xC_{1,1} \text{ per } x \in (0, M), \\ \\ u_2(x) = C_{0,2} + xC_{1,2} \text{ per } x \in (M, L), \end{cases} \qquad (2.31)$$

le condizioni trovate corrispondono a imporre

$$\begin{cases} u_1(0) = u_0 & \Rightarrow C_{0,1} = u_0, \\[2mm] u_1(M) = u_2(M) & \Rightarrow C_{0,1} + MC_{1,1} = C_{0,2} + MC_{1,2}, \\[2mm] \chi_1 u_1'(M) = \chi_2 u_2'(M) & \Rightarrow \chi_1 C_{1,1} = \chi_2 C_{1,2}, \\[2mm] -\chi_2 u_2'(L) = s(u_2(L) - u_a) & \Rightarrow -\chi_2 C_{1,2} = s(C_{0,2} + LC_{1,2} - u_a). \end{cases}$$

Si trovano i seguenti valori per i coefficienti,

$$C_{0,1} = u_0,$$

$$\begin{aligned} C_{1,1} &= -\frac{s\chi_2(u_a - u_0)}{\chi_2\chi_1 + L\chi_1 - Ms(\chi_1 - \chi_2)}, \\[3mm] C_{0,2} &= \frac{u_0(\chi_2 + L)\chi_1 - Msu_a(\chi_1 - \chi_2)}{(\chi_2 + L)\chi_1 - Ms(\chi_1 - \chi_2)}, \\[3mm] C_{1,2} &= \frac{s\chi_1(u_a - u_0)}{\chi_2\chi_1 + L\chi_1 - Ms(\chi_1 - \chi_2)}. \end{aligned} \qquad (2.32)$$

Si noti che quando $\chi_1 = \chi_2$ si ha $C_{0,1} = C_{0,2}$ e $C_{1,1} = C_{1,2}$, come atteso.

La funzione u definita nella (2.31) può essere soluzione in senso debole, ma, in generale, non è soluzione forte in quanto è solo continua in $(0, L)$: infatti una soluzione forte dovrebbe essere di classe $C^2(0, L)$ e questo accade solo quando $\chi_1 = \chi_2$.

Approssimazione numerica

Per quanto riguarda la discretizzazione di questo problema, non converrà utilizzare elementi finiti di grado superiore al primo, vista la modesta regolarità della soluzione che, con i dati indicati, assume la forma seguente

$$u(x) = \begin{cases} 100 - \dfrac{4500}{559}x & \text{se } x \in (0, 0.2), \\[3mm] \dfrac{55090}{559} - \dfrac{450}{559}x & \text{se } x \in (0.2, 1). \end{cases}$$

In effetti, si può osservare come la derivata prima della soluzione non possa appartenere a $H^1(0, 1)$ non essendo continua. Conseguentemente la soluzione appartiene a $H^1(0, 1)$, ma non a $H^2(0, 1)$. In questo caso la teoria degli elementi finiti garantisce la convergenza, ma non ne fornisce un ordine. Ci si aspetta dunque una convergenza sublineare per ogni grado di elementi finiti usato. Va però osservato che, se il punto di discontinuità coincide con un vertice della reticolazione, la soluzione analitica cade nello spazio degli elementi finiti considerati. Pertanto, in tal caso, in base al Lemma di Céa (si veda [Qua03]), la soluzione numerica coincide con la soluzione esatta.

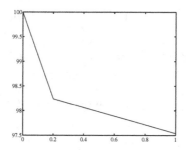

Figura 2.16. Soluzione calcolata con elementi finiti P^1 con $h = 1/10$ per il problema dell'Esercizio 2.1.7

Analisi dei risultati

Richiamando `fem1d` con elementi finiti lineari ed utilizzando una griglia uniforme di passo $h = 1/10$ (in modo che $x = 0.2$ sia un punto della reticolazione) troviamo la soluzione indicata in Figura 2.16, che coincide con la soluzione analitica.

2.2 Problemi ellittici in dimensione 2

Esercizio 2.2.1 Sul quadrato unitario $\Omega \equiv (0,1) \times (0,1)$ si consideri il seguente problema

$$\begin{cases} -\triangle u + 2u = 0 \ \text{ in } \Omega, \\ \\ u = g \equiv e^{x+y} \quad \text{su } \partial\Omega. \end{cases} \tag{2.33}$$

1. Se ne riporti la formulazione debole dimostrando che la soluzione esiste ed è unica.
2. Se ne approssimi la soluzione con elementi finiti lineari utilizzando `freefem++` su griglie uniformi.
3. Si verifichi l'andamento dell'errore nelle norme $H^1(\Omega)$ e $L^2(\Omega)$ al variare di h, tenendo conto che la soluzione analitica è $u(x,y) = e^{x+y}$.

Soluzione 2.2.1

Analisi matematica del problema

Il problema (2.33) è di Dirichlet non omogeneo. La formulazione debole è ottenuta moltiplicando l'equazione (2.33)$_1$ per una generica funzione $v \in V \equiv H^1_{\Gamma_D}$

(con $\Gamma_D \equiv \partial\Omega$) e integrando per parti il termine di Laplaciano. Si ottiene

$$\int_\Omega \nabla u \cdot \nabla v \, d\omega + 2 \int_\Omega uv \, d\omega = 0.$$

Come nel caso monodimensionale, cerchiamo allora $u \in W_g = \{w \in H^1(\Omega) : w_{|\partial\Omega} = g\}$ tale che

$$a(u,v) \equiv \int_\Omega \nabla u \cdot \nabla v \, d\omega + 2 \int_\Omega uv \, d\omega = 0 \quad \forall v \in V. \tag{2.34}$$

La forma bilineare è continua e coerciva (oltre che simmetrica) in V. Abbiamo infatti

$$|a(u,v)| \leq \max(\chi_1, \chi_2) \|\nabla u\|_{L^2(\Omega)} \|\nabla v\|_{L^2(\Omega)} + 2\|u\|_{L^2(\Omega)} \|v\|_{L^2(\Omega)}$$
$$\leq 2\|u\|_V \|v\|_V,$$

avendo applicato la disuguaglianza di Cauchy-Schwarz e ricordato che χ è limitata, mentre la coercività si ottiene osservando che per ogni $u \in V$

$$a(u,u) \geq \min(\chi_1, \chi_2) \|\nabla u\|^2_{L^2(\Omega)} + 2\|u\|^2_{L^2(\Omega)} \geq \|u\|^2_V.$$

Di conseguenza, per il Corollario 2.1 la soluzione di (2.34) esiste ed è unica.

Approssimazione numerica

Indicato con V_h il sottospazio di elementi finiti lineari di V, la formulazione di Galerkin-elementi finiti di (2.34) è: trovare $u_h \in W_{g,h}$ tale che

$$a(u_h, v_h) = 0 \quad \forall v_h \in V_h. \tag{2.35}$$

Risolviamo questo problema con il codice di calcolo `freefem++`. A questo scopo costruiamo un `file` di testo di estensione `edp`. Nel nostro caso specifico abbiamo chiamato questo file `ellextut1.edp`.

Definiamo innanzitutto la griglia di calcolo sul dominio quadrato in esame. È sufficiente scrivere in `ellextut1.edp` la seguente riga

```
mesh Th=square(10,10);
```

Stiamo cioè costruendo un oggetto `Th` di tipo `mesh` che corrisponde ad una decomposizione del quadrato unitario in $10 \times 10 \times 2$ triangoli rettangoli. Generata `Th` definiamo lo spazio degli elementi finiti impiegati, P^1, semplicemente come

```
fespace Xh(Th,P1);
```

e segnaliamo a `freefem++` che sia la funzione incognita u_h che la generica funzione test v_h apparterranno a `Vh`

```
Xh uh,vh;
```

A questo punto con il comando `problem` definiamo il problema variazionale in questione. Nel nostro caso aggiungeremo a `ellextut1.edp` le seguenti istruzioni

```
func g=exp(x+y);
problem Problem1(uh,vh) =
    int2d(Th)(dx(uh)*dx(vh) + dy(uh)*dy(vh))
  + int2d(Th)(2*uh*vh)
  + on(1,2,3,4,uh=g);
```

I primi due addendi del comando `problem` corrispondono ai due integrali che compaiono nella formulazione di Galerkin (2.35). Con l'ultima parte dello stesso comando abbiamo invece imposto le condizioni al contorno di tipo Dirichlet[1]. La funzione g (dichiarata con il comando `func`) è il dato al bordo. Per calcolare infine l'errore basta scrivere in `ellextut1.edp` le istruzioni

```
func ue=exp(x+y);
func dxue=exp(x+y);
func dyue=exp(x+y);
real errL2 = sqrt(int2d(Th)((uh-ue)^2));
real errH1 = sqrt(int2d(Th)((uh-ue)^2)+
    int2d(Th)((dx(uh)-dxue)^2)+int2d(Th)((dy(uh)-dyue)^2));
```

Per generare una semplice rappresentazione attraverso isolinee della soluzione esatta basta aggiungere il comando `plot(uh)`.

Analisi dei risultati

L'andamento degli errori in norma $H^1(\Omega)$ ed in norma $L^2(\Omega)$ riportato in Figura 2.17 rispetto al passo di discretizzazione h rispecchia quanto atteso dalla teoria nel caso di elementi finiti lineari. $\Diamond$

Esercizio 2.2.2 Si risolva il problema (2.9) su un cerchio di centro l'origine e raggio 3 con elementi finiti lineari.

Soluzione 2.2.2

Approssimazione numerica

L'analisi matematica del problema si può svolgere come nell'esercizio precedente: infatti, l'unica novità risiede nella presenza di un dominio di calcolo non

---

[1] `freefem++` impone tali condizioni sotto forma di *penalizzazione*. Si veda l'Appendice B.

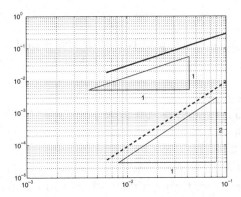

Figura 2.17. Andamento degli errori in norma $H^1(\Omega)$ (in linea continua) e $L^2(\Omega)$ (in linea tratteggiata) rispetto a h per la soluzione dell'Esercizio 2.2.1

rettangolare. Di conseguenza, l'unico problema che dovremo affrontare si riferisce proprio alla generazione della griglia di calcolo.

Per definire il bordo di Ω in freefem++ come bordo è sufficiente dare la seguente istruzione

```
border gamma(t=0,2*pi)x=3*cos(t);y=3*sin(t);label=1;
```

con la quale la circonferenza viene descritta mediante la forma parametrica usuale. La variabile label serve per identificare con un numero (in questo caso 1) il bordo in esame in modo che sia poi facile attribuire a parti di bordo diverse (con *label* diverse) condizioni al contorno differenti. A questo punto per generare la *mesh* basta dare l'istruzione

```
mesh Th=buildmesh(gamma(n));
```

dove n è un numero intero che si riferisce al numero di nodi equispaziati usati per discretizzare l'intervallo $[0, 2\pi]$ di variabilità della variabile t usata nella parametrizzazione. Il resto delle istruzioni necessarie per risolvere il problema resteranno invariate; le riassumiamo di seguito per fornire un esempio di codice freefem++

```
border gamma(t=0,2*pi)x=cos(t);y=sin(t);label=1;
int n=50;
mesh Th=buildmesh(gamma(n));
fespace Xh(Th,P1);
Xh uh,vh;
func g= exp(x+y);
problem Problem1(uh,vh) =
    int2d(Th)(dx(uh)*dx(vh) + dy(uh)*dy(vh))
  + int2d(Th)(2*uh*vh) + on(1,uh=g);
Problem1;
plot(uh,ps="circle.eps",grey=1,fill=1);
```

```
func ue=exp(x+y);
func dxue=exp(x+y);
func dyue=exp(x+y);
real errL2 = sqrt(int2d(Th)((uh-ue)^2));
real errH1 = sqrt(int2d(Th)((uh-ue)^2)+
    int2d(Th)((dx(uh)-dxue)^2)+int2d(Th)((dy(uh)-dyue)^2));
```

Analisi dei risultati

In Figura 2.18 riportiamo a sinistra le isolinee della soluzione ottenuta per n=10 e a destra quella per n=50. Il dominio Ω (il cerchio) è dunque a sua volta approssimato da un dominio Ω_h (un poligono regolare di n lati). D'altra parte se si usano mappe affini l'errore di discretizzazione del dominio si comporta come h^2 [EG04] e non influenza quindi l'ordine di convergenza degli elementi finiti P^1 e P^2.

$\diamond$

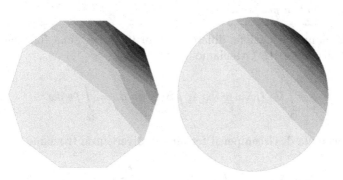

Figura 2.18. Le isolinee di due soluzioni ottenute per due discretizzazioni di finezza diversa

Esercizio 2.2.3 Sia Ω un aperto limitato di $\mathbb{R}^2$ di bordo regolare $\partial\Omega = \Gamma_D \cup \Gamma_N$, $\Gamma_D \cap \Gamma_N = \emptyset$ ed indichiamo con $\mathbf{n}$ il versore normale uscente a $\partial\Omega$. Siano $\mathbf{b} : \Omega \to \mathbb{R}^2$ tale che $\mathbf{b} \cdot \mathbf{n} \geq 0$ su Γ_N e $\mu : \Omega \to \mathbb{R}$ due funzioni continue, $f : \Omega \to \mathbb{R}$ una funzione di $L^2(\Omega)$ e $g_D : \Gamma_D \to \mathbb{R}$, $g_N : \Gamma_N \to \mathbb{R}$ due funzioni regolari. Supponiamo che

$$0 < \mu_0 \leq \mu(\mathbf{x}) \leq \mu_1, \ |\mathbf{b}(\mathbf{x})| \leq b_1, \ \nabla \cdot \mathbf{b} = 0, \ \forall \mathbf{x} \in \Omega.$$

1. Si trovi la formulazione debole del seguente problema di diffusione-trasporto

$$\begin{cases} -\nabla \cdot (\mu \nabla u) + \mathbf{b} \cdot \nabla u = f \text{ in } \Omega, \\ u = g_D & \text{su } \Gamma_D, \\ \mu \nabla u \cdot \mathbf{n} = g_N & \text{su } \Gamma_N. \end{cases} \quad (2.36)$$

2. Si mostri che la soluzione debole di (2.36) esiste ed è unica.
3. Supponendo $\Omega = (0,1) \times (0,1)$, $\Gamma_D = \{0\} \times (0,1)$, $\Gamma_N = \partial \Omega \setminus \Gamma_D$, $\mu = 1$, $\mathbf{b} = (1,1)^T$, f, g_D e g_N tali che la soluzione esatta di (2.36) sia $u(x,y) = \sin(2\pi x)\cos(2\pi y)$ si risolva il problema con freefem++ utilizzando elementi finiti triangolari di grado 1 e 2. Se ne verifichino sperimentalmente le proprietà di convergenza.

Soluzione 2.2.3

Analisi matematica del problema

Moltiplichiamo l'equazione differenziale in (2.36) per una funzione $v \in V \equiv H^1_{\Gamma_D}$ ed integriamo su Ω. Otteniamo

$$-\int_\Omega \nabla \cdot (\mu \nabla u) v \, d\omega + \int_\Omega \mathbf{b} \cdot \nabla u v \, d\omega = \int_\Omega f v \, d\omega.$$

Usando la formula di Green per il termine di divergenza, troviamo

$$\int_\Omega \mu \nabla u \cdot \nabla v \, d\omega + \int_\Omega \mathbf{b} \cdot \nabla u v \, d\omega = \int_\Omega f v \, d\omega + \int_{\Gamma_N} g_N v \, d\gamma.$$

Procedendo come al solito, la formulazione debole di (2.36) è allora: cercare $u \in W_g = \{w \in H^1(\Omega) : w_{|\Gamma_D} = g_D\}$ tale che

$$a(u,v) = F(v) \qquad \forall v \in V, \quad (2.37)$$

dove $a(u,v) \equiv \int_\Omega \mu \nabla u \cdot \nabla v \, d\omega + \int_\Omega \mathbf{b} \cdot \nabla u v \, d\omega$ e $F(v) \equiv \int_\Omega f v \, d\omega + \int_{\Gamma_N} g_N v \, d\gamma$. Verifichiamo le ipotesi del Corollario 2.1.

La bilinearità di $a(\cdot, \cdot)$ e la linearità di $F(\cdot)$ sono immediata conseguenza delle proprietà dell'integrale. Inoltre

$$|F(v)| \leq ||f||_{L^2(\Omega)}||v||_{L^2(\Omega)} + ||g_N||_{L^2(\Gamma_N)}||v||_{L^2(\Gamma_N)}$$

$$\leq \left(||f||_{L^2(\Omega)} + \gamma_T ||g_N||_{L^2(\Gamma_N)} \right) ||v||_{H^1(\Omega)},$$

essendo γ_T la costante che compare nella disuguaglianza di traccia (A.12).

Per dimostrare che a è coerciva, osserviamo che per ogni funzione $v \in V$ si ha

$$\int_\Omega v\mathbf{b} \cdot \nabla v \, d\omega = \frac{1}{2} \int_\Omega \mathbf{b} \cdot \nabla v^2 \, d\omega = \frac{1}{2} \int_{\Gamma_N} \mathbf{b} \cdot \mathbf{n} v^2,$$

avendo sfruttato il fatto che $\nabla \cdot \mathbf{b} = 0$. Di conseguenza,

$$a(u,u) = \int_\Omega \mu |\nabla u|^2 \, d\omega + \frac{1}{2} \int_{\Gamma_N} \mathbf{b} \cdot \mathbf{n} u^2$$

ed avendosi $\mathbf{b} \cdot \mathbf{n} \geq 0$ su Γ_N, possiamo concludere che

$$a(u,u) \geq \mu_0 \|\nabla u\|^2_{L^2(\Omega)}.$$

Applicando la disuguaglianza di Poincaré (che è applicabile essendo u nulla su una porzione di misura non nulla del bordo), si mostra che la forma bilineare è coerciva con costante di coercività $\alpha = \mu_0/(1 + C_P^2)$, essendo C_P la costante di Poincaré. Dimostriamo che $a(\cdot, \cdot)$ è anche continua. In effetti, abbiamo

$$|a(u,v)| \leq \left| \int_\Omega \mu \nabla u \cdot \nabla v \, d\omega \right| + \left| \int_\Omega \mathbf{b} \cdot \nabla u v \, d\omega \right|$$

$$\leq \mu_1 \|\nabla u\|_{L^2(\Omega)} \|\nabla v\|_{L^2(\Omega)} + b_1 \|\nabla u\|_{L^2(\Omega)} \|v\|_{L^2(\Omega)}$$

$$\leq M \|u\|_V \|v\|_V,$$

dove $M = \max\{\mu_1, b_1\}$. Abbiamo quindi verificato che la soluzione esiste ed è unica.

Approssimazione numerica

L'approssimazione di Galerkin del problema (2.37) è: trovare $u_h \in W_{g,h}$ tale che

$$a(u_h, v_h) = F(v_h) \qquad \forall v_h \in V_h,$$

essendo V_h un sottospazio ad elementi finiti (di grado 1 o 2) dello spazio V.

Analisi dei risultati

Affrontiamo ora la risoluzione con `freefem++`. Affinché la funzione data sia soluzione del problema differenziale dovremo avere $f(x,y) = 4\pi^2(\sin(2\pi(x + y)) + \sin(2\pi(x - y))) + 2\pi\cos(2\pi(x + y))$, $g_D = \sin(2\pi x)\cos(2\pi y)$ e $g_N = -2\pi\cos(2\pi x)\cos(2\pi y)$. La definizione del problema avverrà allora tramite le seguenti istruzioni

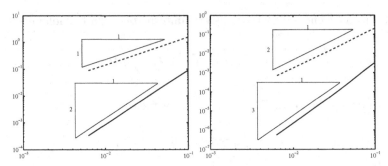

Figura 2.19. Andamento in scala logaritmica degli errori in norma $L^2(\Omega)$ e $H^1(\Omega)$ per elementi finiti lineari (a sinistra) e quadratici (a destra)

```
func gD=sin(2*pi*x)*cos(2*pi*y);
func gN=-2*pi*cos(2*pi*x)*cos(2*pi*y);
func f=4*pi^2*sin(2*pi*(x+y))+4*pi^2*sin(2*pi*(x-y))+
       2*pi*cos(2*pi*(x+y));
problem Problem1(uh,vh) =
     int2d(Th)(dx(uh)*dx(vh) + dy(uh)*dy(vh))
   + int2d(Th)((dx(uh)+dy(uh))*vh)
   - int2d(Th)(f*vh)
   + on(1,2,3,uh=gD) - int1d(Th,4)(gN*vh);
```

Notiamo l'uso del comando `int1d` che permette di calcolare un integrale di linea: nel nostro caso particolare sulla decomposizione indotta dalla griglia di calcolo `Th` sul quarto lato del dominio computazionale (il lato $x = 0$).

In Figura 2.19 viene riportato l'andamento dell'errore, che rispetta i risultati della teoria. ◇

Esercizio 2.2.4 Tra i vari modelli utilizzati in ambito oceanografico ve n'è uno, dovuto a Stommel ([Sto48]), particolarmente semplice. In esso l'oceano viene ipotizzato piatto con profondità uniforme H, vengono inoltre ignorate le variazioni verticali della superficie libera dell'acqua (che sono effettivamente modeste rispetto alle lunghezze orizzontali in gioco) e si considerano solo gli effetti dovuti alla forza di Coriolis, all'attrito sul fondo e all'azione del vento sulla superficie. L'equazione di incomprimibilità implica l'esistemza di una funzione ψ, detta funzione corrente (in Inglese *stream function*) legata alla componenti della velocità dalle relazioni

$$u = -\frac{\partial \psi}{\partial y}, \ v = \frac{\partial \psi}{\partial x}.$$

La funzione ψ nel modello di Stommel per un oceano rettangolare $\Omega = (0, L_x) \times (0, L_y)$ soddisfa il seguente problema ellittico

$$\begin{cases} -\Delta\psi - \alpha\dfrac{\partial\psi}{\partial x} = \gamma\sin(\pi y/L_y) \text{ in } \Omega, \\ \psi = 0 \qquad\qquad\qquad\qquad \text{su } \partial\Omega, \end{cases} \qquad (2.38)$$

con $\alpha = \frac{H\beta}{R}$, $\gamma = \frac{W\pi}{RL_y}$, essendo R il coefficiente d'attrito sul fondo, W un coefficiente legato all'azione del vento sulla superficie, $\beta = df/dy$ dove f è il parametro di Coriolis che è in generale funzione della sola y (la latitudine).

1. Si calcoli la soluzione analitica del modello (2.38) supponendo β costante.
2. Si riporti la formulazione debole di (2.38).
3. Si esegua una simulazione del modello con elementi finiti lineari utilizzando i seguenti parametri fisici suggeriti da Stommel: $L_x = 10^7$m, $L_y = 2\pi 10^6$m, $H = 200$m, $W = 0.3\ 10^{-7}$m^{2}s^{-2}, $R = 0.6\ 10^{-3}$ms^{-1}. Si supponga in un primo tempo $\beta = 0$ e quindi $\beta = 10^{-10}$m^{-1}s^{-1}. Si commentino i risultati ottenuti.

Soluzione 2.2.4

Analisi matematica del problema

Il calcolo della soluzione analitica del problema dato può essere fatto con il *metodo di separazione delle variabili*, cerchiamo cioè una soluzione della forma

$$\psi(x, y) = \psi_x(x)\psi_y(y), \qquad (2.39)$$

nulla al bordo. Avremo allora che

$$\frac{\partial\psi}{\partial x} = \frac{d\psi_x}{dx}\psi_y, \ \frac{\partial^2\psi}{\partial x^2} = \frac{d^2\psi_x}{dx^2}\psi_y, \ \frac{\partial^2\psi}{\partial y^2} = \frac{d^2\psi_y}{dy^2}\psi_x$$

che sostituite nella (2.38) forniscono la seguente equazione

$$\frac{1}{\psi_x}\left(\frac{d^2\psi_x}{dx^2} + \alpha\frac{d\psi_x}{dx}\right) = -\frac{1}{\psi_y}\left(\frac{d^2\psi_y}{dy^2} + \gamma\sin(\pi y/L_y)\right). \qquad (2.40)$$

Dato che il primo membro dipende solo da x ed il secondo solo da y, l'uguaglianza può valere per ogni x e per ogni y solo se ciascun membro è pari ad una costante. Di conseguenza, il problema della determinazione di ψ si riduce a risolvere le seguenti due equazioni differenziali ordinarie

$$\frac{d^2\psi_x}{dx^2} + \alpha\frac{d\psi_x}{dx} = C\psi_x \quad \text{e} \quad \frac{d^2\psi_y}{dy^2} + \gamma\sin(\pi y/L_y) = -C\psi_y,$$

con la condizione che ψ sia nulla sul bordo di Ω. Con alcuni calcoli si trova $\psi = -\gamma \frac{L_y^2}{\pi^2}(pe^{A_+x} + qe^{A_-x} - 1)\sin(\pi y/L_y)$, con $p = (1 - e^{A_-L_x})/(e^{A_+L_x} - e^{A_-L_x})$, $q = 1 - p$ e $A_\pm = -\frac{\alpha}{2} \pm \sqrt{\frac{\alpha^2}{4} + \frac{\pi^2}{L_y^2}}$. La formulazione debole del problema proposto si ottiene in modo usuale: si tratta di trovare $\psi \in V \equiv H_0^1(\Omega)$ tale che

$$\int_\Omega \nabla\psi \cdot \nabla v \, d\omega - \alpha \int_\Omega \frac{\partial\psi}{\partial x} v \, d\omega = \gamma \int_\Omega \sin(\pi y/L_y)v \, d\omega \quad \forall v \in V. \tag{2.41}$$

La dimostrazione dell'esistenza e dell'unicità della soluzione passa attraverso l'applicazione del Lemma di Lax-Milgram. Si può infatti verificare immediatamente, con gli stessi argomenti dei precedenti esercizi, che la forma bilineare $a(\cdot, \cdot)$ definita implicitamente dal primo membro della (2.41) è continua e coerciva. Per quest'ultima proprietà facciamo solo notare che possiamo riscrivere il secondo addendo del primo membro della (2.41) come

$$\alpha \int_\Omega \frac{\partial\psi}{\partial x} v \, d\omega = \int_\Omega \nabla \cdot (\boldsymbol{\beta}\psi)v \, d\omega,$$

con $\boldsymbol{\beta} \equiv (\alpha, 0)^T$. Di conseguenza, nell'analisi di coercività

$$\alpha \int_\Omega \frac{\partial\psi}{\partial x}\psi \, d\omega = \int_\Omega \nabla \cdot (\boldsymbol{\beta}\psi)\psi \, d\omega = 0$$

in quanto, sfuttando il fatto che $\nabla \cdot \boldsymbol{\beta} = 0$, si ha

$$\nabla \cdot (\boldsymbol{\beta}\psi) = \psi\boldsymbol{\beta} \cdot \nabla\psi = \frac{1}{2}\boldsymbol{\beta} \cdot \nabla\psi^2 = \frac{1}{2}\nabla \cdot (\boldsymbol{\beta}\psi^2)$$

e dunque

$$\int_\Omega \nabla \cdot (\boldsymbol{\beta}\psi)\psi \, d\omega = \frac{1}{2}\int_\Omega \nabla \cdot (\boldsymbol{\beta}\psi^2) \, d\omega = \frac{1}{2}\int_{\partial\Omega} \psi^2\boldsymbol{\beta} \cdot \mathbf{n} \, d\gamma = 0,$$

essendo $\psi \in V$.

Dunque, il termine di trasporto non gioca in questo caso nessun ruolo per quanto riguarda la coercività della forma. Essendo anche il funzionale F definito dal secondo membro della (2.41) lineare e continuo, possiamo concludere che la soluzione di tale problema esiste ed è unica.

Approssimazione numerica

L'approssimazione di Galerkin di (2.41) assume la forma usuale: trovare $\psi_h \in V_h$ tale che $a(\psi_h, v_h) = F(v_h)$ per ogni $v_h \in V_h$, essendo V_h il sottospazio di X_h^1 di funzioni nulle al bordo.

Analisi dei risultati

Passiamo dunque alle simulazioni con `freefem++`. Prima di risolvere numericamente le equazioni introduciamo una *scalatura* opportuna sulle lunghezze in modo da evitare di lavorare con numeri inutilmente grandi. Scegliamo dunque come lunghezza caratteristica $L = 10^6$m e poniamo $\hat{x} = x/L$, $\hat{y} = y/L$. In tal modo il dominio di calcolo si riduce all'intervallo $(0,10) \times (0,2\pi)$, mentre l'equazione diverrà

$$-\hat{\triangle}\psi - L\alpha\frac{\partial\psi}{\partial\hat{x}} = \frac{W\pi L}{R2\pi}\sin(\pi\hat{y}/(2\pi)),$$

dove $\hat{\triangle}$ è l'operatore di Laplace rispetto alle variabili adimensionali $\hat{x}$ e $\hat{y}$. Facciamo notare che il coefficiente di trasporto, $L\alpha = \dfrac{LH\beta}{R} = 10^{10}/3\beta$, è grande a meno che β non sia piccolo (come nel nostro caso). Come vedremo nel Capitolo 3, quando il termine di trasporto diviene importante occorre utilizzare tecniche numeriche opportune per evitare l'insorgere di oscillazioni spurie nella soluzione.

Il problema può essere pertanto definito come segue

```
problem Problem1(uh,vh) =
    int2d(Th)(dx(uh)*dx(vh)+dy(uh)*dy(vh))
  + int2d(Th)(Lalpha*dx(uh)*vh)-int2d(Th)(f*vh)+on(1,2,3,4,uh=0);
```

In Figura 2.20 riportiamo le soluzioni ottenute a destra per $\beta = 0$ e a sinistra per $\beta = 10^{-10}$ per una griglia uniforme. Come si nota, nel secondo caso gli effetti dovuti alla forza di Coriolis si fanno sentire e producono una dissimetria nel campo ψ. Si noti anche che se si usassero griglie più rade la soluzione numerica presenterebbe delle oscillazioni spurie, legate alla cattive proprietà di accuratezza del metodo di Galerkin-elementi finiti quando il trasporto è dominante (si veda il Capitolo 3).

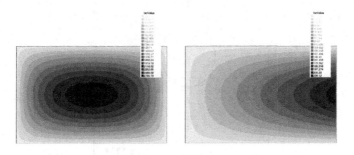

Figura 2.20. Andamento delle isolinee per ψ calcolata con elementi finiti lineari nel caso $\beta = 0$, a destra, e $\beta = 10^{-10}$, a sinistra

Esercizio 2.2.5 (*) Una cellula pancreatica (*isola di Langerhans*), viene coltivata in un gel prima di essere trapiantata. La cellula, che si assume abbia forma sferica di raggio R (si veda la Figura 2.21) deve ricevere ossigeno dall'ambiente circostante per sopravvivere. L'ossigeno diffonde nella cellula e viene consumato dal processo di respirazione. In particolare, è ragionevole ritenere che la quantità di ossigeno respirata sia proporzionale alla concentrazione dello stesso ossigeno. Essendo l'ossigeno un gas, la sua concentrazione viene usualmente misurata rilevando la sua pressione parziale, che si assume sia proporzionale alla concentrazione. La diffusività $\mu > 0$ dell'ossigeno e il tasso di respirazione $K > 0$ (ossia la costante di proporzionalità fra la pressione parziale di ossigeno e il suo consumo per respirazione) sono assunti costanti. Si considera il problema stazionario e si assume che la soluzione abbia simmetria sferica e che si conosca la pressione parziale (costante) di ossigeno nel gel.

Si scriva un modello matematico che descriva la pressione parziale dell'ossigeno nella cellula, lo si analizzi e se ne fornisca una approssimazione numerica usando il metodo degli elementi finiti con elementi P^2, usando i valori seguenti: $R = 0.05$mm, $\mu = 1.7 \times 10^{-6}$nM/(mm s mmHg), $K = 10^{-2}$nM/(mm^3 s mmHg).

Stimare tramite simulazione numerica se una concentrazione esterna di ossigeno pari a 5mmHg è sufficiente a garantire che al centro della cellula la pressione sia almeno di 1mmHg.

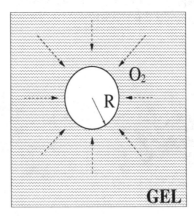

Figura 2.21. Schema della cellula sferica per il problema dell'Esercizio 2.2.5

Soluzione 2.2.5

Formulazione del modello matematico

Indichiamo con u la pressione parziale di ossigeno nella cellula. Se applichiamo il principio di conservazione della massa (si veda ad esempio [Sal04], Capitolo 2), si ha che la variazione nel tempo della pressione parziale è governata dalla equazione

$$\frac{\partial u}{\partial t} + \nabla \cdot \mathbf{q} = -Ku,$$

dove $\mathbf{q}$ è il flusso entrante di ossigeno. Supponendo che non vi siano flussi convettivi (la cellula è ferma nel gel), l'unico contributo al flusso è quello diffusivo, che, in base alla legge di Fick, può essere scritto come

$$\mathbf{q} = -\mu \nabla u.$$

Il problema stazionario (e a coefficienti costanti) diventa dunque

$$-\mu \triangle u + Ku = 0, \quad \text{in} \quad \Omega, \tag{2.42}$$

essendo Ω una sfera di raggio R che, per comodità, assumiamo abbia centro nell'origine. Sul $\partial \Omega$ assumiamo che u sia nota e pari alla pressione esterna, dunque

$$u = u_{ext} \quad \text{per} \quad \mathbf{x} \in \partial \Omega. \tag{2.43}$$

L'equazione (2.42) è nota come *equazione di Helmholtz*.

Al fine di avere un problema meno oneroso sotto il profilo computazionale, sfruttiamone la simmetria sferica. Se scriviamo il problema in coordinate sferiche r, θ, ψ l'equazione (2.42) diventa (per il Laplaciano in coordinate sferiche si veda ad esempio [Sal04])

$$-\mu \frac{\partial^2 u}{\partial r^2} - \frac{2\mu}{r} \frac{\partial u}{\partial r} - \frac{\mu}{r^2} \left(\frac{1}{(\sin \psi)^2} + \frac{\partial^2 u}{\partial \theta^2} + \frac{\partial^2 u}{\partial \psi^2} + \cot \psi \frac{\partial u}{\partial \psi} \right) + Ku = 0.$$

Essendo sia la geometria che i dati al bordo a simmetria sferica è ragionevole ipotizzare che anche u lo sia, cioè $u = u(r)$. Quindi, le derivate rispetto a θ e ψ si annullano, da cui si ottiene

$$-\mu \frac{\partial^2 u}{\partial r^2} - \frac{2\mu}{r} \frac{\partial u}{\partial r} + Ku = 0, \quad 0 < r < R.$$

Moltiplicando ambo i membri per r^2, l'equazione si riduce a

$$-\frac{\partial}{\partial r} \left(\mu r^2 \frac{\partial u}{\partial r} \right) + Kr^2 u = 0 \tag{2.44}$$

con la condizione al bordo

$$u(R) = u_{ext}. \tag{2.45}$$

A questa si aggiunge una condizione al bordo di simmetria al centro della cellula, ossia la derivata della soluzione nel centro rispetto alla coordinata radiale è nulla

$$u'(0) = 0. \tag{2.46}$$

Il problema (2.44), (2.45), (2.46) rappresenta il modello matematico cercato.

Analisi matematica del problema

Si può dare la formulazione debole del problema (2.42), (2.43) in modo standard. Se $G \in H^1(\Omega)$ è una funzione di rilevamento del dato di bordo, con $G_{|\partial\Omega} = u_{ext}$, cerchiamo $u \in G + V$ con $V \equiv H_0^1(\Omega)$ tale che

$$\mu \int_\Omega \nabla u \cdot \nabla v d\omega + K \int_\Omega uv d\omega = 0, \quad \forall v \in V.$$

La buona posizione del problema è conseguenza dell'applicazione del Corollario 2.1. Infatti, la forma bilineare $\mu \int_\Omega \nabla w \nabla v d\omega + K \int_\Omega wv d\omega$ è continua per w e v in V ed è anche coerciva in V, avendosi

$$\mu \int_\Omega \nabla v \cdot \nabla v d\omega + K \int_\Omega v^2 d\omega \geq \min(\mu, K)\|v\|_V^2.$$

Per quanto riguarda il problema monodimensionale dato dalle equazioni (2.44), (2.45), (2.46), procediamo in modo simile, con la differenza rispetto al problema tridimensionale del fatto che ora $\Gamma_D = \{R\}$ e non coincide con tutto il bordo del dominio. Indicando ancora con G un rilevamento del dato di bordo, e con V lo spazio $H_R^1(0, R)$ delle funzioni di $H^1(0, R)$ nulle in $x = R$, giungiamo allora alla seguente formulazione: trovare $u \in G + V$ tale che

$$\int_0^R \left(\mu r^2 \frac{\partial u}{\partial r}\right) \frac{\partial v}{\partial r} dr + \int_0^R K r^2 uv dr = 0 \quad \forall v \in V. \tag{2.47}$$

Poniamo

$$a(u, v) \equiv \int_0^R \left(\mu r^2 \frac{\partial u}{\partial r}\right) \frac{\partial v}{\partial r} dr + \int_0^R K r^2 uv dr. \tag{2.48}$$

L'applicazione del Corollario 2.1 non è però qui possibile. Infatti, mentre la nuova forma bilineare è certamente continua in V, in quanto, grazie alla disuguaglianza di Cauchy-Schwarz,

$$|a(u, w)| \leq R^2(\mu + K)\|u\|_V\|w\|_V, \quad \forall u, w \in V,$$

non è possibile dimostrare che la forma bilineare è coerciva in V, dal momento che il coefficiente del primo addendo si annulla (seppure solo nell'estremo sinistro del dominio). D'altra parte ci aspettiamo la buona posizione, avendola dimostrata nell'analogo problema tridimensionale.

Questo è un esempio in cui si può mettere in evidenza la potenza dell'astrazione insita nel Lemma di Lax-Milgram. Infatti, per dimostrare la buona posizione basta inquadrare il problema in uno spazio funzionale opporuno, più adatto per l'equazione differenziale in esame. Allo scopo introduciamo il seguente *prodotto scalare pesato*

$$(u, v)_w \equiv \int_0^R r^2 uv dr$$

di peso $w \equiv r^2$ e la norma pesata $||u||_w \equiv \sqrt{(u, u)_w}$ e chiamiamo $L^2_w(0, R)$ lo spazio formato dalle funzioni che soddisfano $||u||_w < \infty$.

Le definizioni qui fornite sono solo formali: occorre mostrare che $(u, v)_w$ è effettivamente un prodotto scalare (e conseguentemente $|| \cdot ||_w$ una norma) su $L^2_w(\Omega)$. Per essere tale, devono essere soddisfatte le proprietà seguenti (si veda ad esempio [PS02]):

1. bilinearità: per ogni coppia $\alpha, \beta \in \mathbb{R}$

$$(\alpha u_1 + \beta u_2, v)_w = \int_0^R r^2 (\alpha u_1 + \beta u_2) v dr = \alpha (u_1, v)_w + \beta (u_2, v)_w$$

e

$$(u, \alpha v_1 + \beta v_2)_w = \int_0^R r^2 u (\alpha v_1 + \beta v_2) dr = \alpha (u, v_1)_w + \beta (u, v_2)_w;$$

2. simmetria: $(u, v)_w = \int_0^R r^2 uv dr = (v, u)_w;$

3. non-negatività: $(u, u)_w = \int_0^R r^2 u^2 dr \geq 0$. Inoltre, poiché il peso r^2 è positivo a meno di un insieme di misura nulla (il punto $r = 0$), $(u, u)_w = 0$ se e solo se $u = 0$.

Inoltre, si mostra che $(u, v)_w \leq ||u||_w ||v||_w$, per ogni $u, v \in L^2_w(0, R)$, e che $L^2_w(0, R)$ è uno spazio di Hilbert [Sal04].

Possiamo allora definire lo spazio[2]

$$H^1_w(0, R) \equiv \{w \in L^2(0, R) : w' \in L^2_w(0, R)\},$$

---

[2] La derivata va intesa nel senso delle distribuzioni [Sal04].

equipaggiandolo della norma $||u||^2_{H^1_w(0,R)} = ||u||^2_w + ||u'||^2_w$. Esso è uno spazio di Hilbert. Consideriamo inoltre il sottospazio

$$H^1_{0,w}(0,R) \equiv \left\{ v \in H^1_w(0,R) : v(R) = 0 \right\}.$$

Osserviamo che $H^1(0,R) \subset H^1_w(0,R)$, infatti

$$||f||^2_{H^1_w(0,R)} \leq R^2 \int_0^R u^2 + (u')^2 dx = R^2 ||u||^2_{H^1(0,1)}$$

quindi $||u||_{H^1(0,1)} < \infty \Rightarrow ||u||_{H^1_w(0,R)} < \infty$.

Scegliamo $V \equiv H^1_w(0,R)$. La forma bilineare $a(u,v)$ è continua su questo spazio (essendo continua su $H^1(0,R)$), ma in più essa è coerciva, in quanto

$$a(u,u) \geq \min(\mu,K)||u||^2_{H^1_w}, \quad \forall u \in H^1_w(0,R).$$

Siamo ora in grado di applicare il Corollario 2.1 al problema: trovare $u \in G + V \equiv \{w \in H^1_w(0,R) : w_{\Gamma_D} = g\}$ tale che

$$a(u,v) = 0, \quad \forall v \in V.$$

Tale problema è dunque ben posto.

Osserviamo anche che per $K = 0$ è possibile ricavare la forma analitica della soluzione (si veda [Sal04], pag. 97). L'integrale generale dell'equazione ha la forma

$$u(r) = \frac{C_1}{r} + C_2$$

con C_1 e C_2 costanti che dipendono dalle condizioni al bordo imposte. Nel nostro caso, volendo imporre la derivata prima nulla per $r = 0$, si ha $C_1 = 0, C_2 = u_{ext}$ ossia la soluzione è costante.

Approssimazione numerica

L'approssimazione numerica del problema (2.47) può essere fatta in modo standard, in quanto essendo $H_w(0,R)$ sottospazio di $H^1(0,R)$ elementi finiti H^1-conformi sono anche H^1_w-conformi.

Detto $W_h = \{v_h \in X^r_h : v_h(R) = u_{ext}\}$ e $V_h = \{v_h \in X^r_h : v_h(R) = 0\}$ il problema approssimato diventa: trovare $u_h \in W_h$ tale che

$$a(u_h, w_h) = F(w_h), \quad \forall v_h \in V_h.$$

Le caratteristiche della soluzione approssimata che si costruisce in questo modo rientrano nella teoria generale del metodo degli elementi finiti, più volte richiamata nel corso del presente capitolo. Tuttavia, vogliamo fare qualche considerazione "operativa", in particolare relativa al calcolo degli integrali per la costruzione della matrice di elementi $a_{ij} = a(\varphi_j, \varphi_i)$, che nel nostro caso sono dati da

$$a_{ij} = \int\limits_0^R \mu r^2 \frac{\partial \varphi_j}{\partial r} \frac{\partial \varphi_i}{\partial r} dr + \int\limits_0^R K r^2 \varphi_j \varphi_i dr.$$

Come noto, si usano di formule di quadratura per calcolare i vari integrali. Tuttavia, essendo i coefficienti quadratici in questo caso, è possibile valutare con precisione il grado di esattezza che dovrà avere una formula di quadratura affinché il calcolo non sia afflitto da errori dovuti alla integrazione numerica. Infatti, se si lavora con elementi finiti di grado r, la prima funzione integranda nel calcolo di a_{ij} sarà un polinomio di grado $2r$, mentre la seconda avrà grado $2r + 2$. Una formula di quadratura sarà dunque esente da errori per il problema in esame se avrà grado di esattezza 4 per elementi finiti lineari, 6 per quelli quadratici e 8 per quelli cubici (contro i gradi 2, 4 e 6 sufficienti nel caso di coefficienti costanti).

Analisi dei risultati

Impostando la simulazione con `fem1d` con i dati numerici proposti (usando elementi finiti P^2 e avendo cura di scegliere una formula di quadratura sufficientemente accurata) si trova il profilo di pressione parziale di Figura 2.22 a sinistra tracciata a tratto continuo. Evidentemente, una pressione parziale esterna di 5mmHg non garantisce al centro della cellula una pressione maggiore di 1mmHg. Questo potrebbe essere dannoso per l'isola pancreatica. Viceversa, una pressione esterna di 20mmHg (soluzione tratteggiata) mantiene l'ossigeno al centro della cellula a più di 3mmHg e quindi dà garanzie di funzionalità. La simulazione fornisce dunque indicazioni significative su come conservare la cellula in vista del trapianto.

In Figura 2.22 a destra riportiamo invece le differenze (nel caso di pressione esterna di 5mmHg) fra la soluzione calcolata con una formula di quadratura di Gauss-Lobatto a 7 e a 3 nodi, che hanno rispettivamente un grado di esattezza (si veda [QSS00b]) pari a 13 e a 5. La seconda formula non è esatta per il caso in esame e questo si ripercuote (anche se non in modo determinante in questo caso) sulla soluzione numerica calcolata.

Osservazione 2.2 Questo problema è stato studiato - usando un modello più aderente alle condizioni operative reali- presso centri di ricerca biomedica quali, ad esempio, l'Istituto M. Negri di Villa Camozzi, Ranica (Bg). In realtà, la cellula non è necessariamente sferica e il tasso di respirazione non è costante, ma viene descritto da una funzione dell'ossigeno stesso, non lineare e nota come *legge di Michaelis-Menten* (si veda ad esempio [AC97]). Il modello lineare può essere considerato una buona approssimazione solo per valori piccoli di pressione parziale dell'ossigeno. Inoltre la pressione parziale di ossigeno nel gel all'esterno della cellula non è in genere nota, ma deve essere calcolata a sua volta simulando un processo di diffusione, a partire dalla concentrazione esterna al gel. Un esempio di calcolo 3D su questo modello è riportato in Figura 2.23.

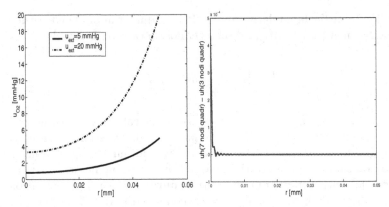

Figura 2.22. A sinistra: profili della pressione parziale di ossigeno per il problema della cellula: $u_{ext} = 5$ (a tratto continuo) e $u_{ext} = 20 \ mmHg$ (a punto e linea). La seconda soluzione permette all'isola pancreatica una corretta respirazione. A destra: differenze fra soluzioni del problema della cellula calcolate con diverse formule di quadratura. La formula di Gauss-Lobatto a 3 nodi nel caso in esame introduce un errore di quadratura

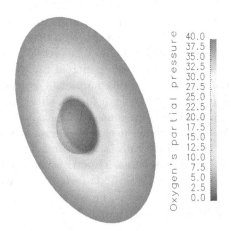

Figura 2.23. Simulazione del modello tridimensionale della cellula nel caso non lineare (modello di Michaelis Menten). Il codice di calcolo usato è `LifeV` (si veda [lif04])

3

Problemi di diffusione, trasporto e reazione

3.1 Considerazioni preliminari

Il metodo di Galerkin applicato a problemi ellittici nella forma: trovare $u \in V \subseteq H^1(\Omega)$ tale che

$$a(u, v) = F(v) \quad \forall v \in V,$$

dove $a(\cdot, \cdot)$ è una forma bilineare continua e coerciva su $V \times V$ e $F(\cdot)$ un funzionale lineare e continuo su V, fornisce una soluzione *stabile* e *convergente* in norma $H^1(\Omega)$, ossia

$$\|u_h\|_V \leq \frac{M}{\alpha}, \quad \|u - u_h\|_{H^1(\Omega)} \leq \frac{\gamma}{\alpha} \inf_{v_h \in V_h} \|u - v_h\|_{H^1(\Omega)},$$

dove M è la costante di continuità di $F(\cdot)$, α e γ rispettivamente le costanti di coercività e continuità di $a(\cdot, \cdot)$.

Nella pratica queste disuguaglianze possono essere di scarsa utilità se le costanti in gioco sono molto grandi. In particolare, se $\gamma \gg \alpha$, la seconda disuguaglianza, pur rimanendo valida, è poco significativa, a meno che $\inf_{v_h \in V_h} \|u - v_h\|_{H^1(\Omega)}$ non sia molto piccolo (ossia si scelga un sottospazio V_h molto grande) da rendere comunque accettabile l'errore. Tradotto in termini di "elementi finiti", questo accade per valori del passo di reticolazione h molto piccoli. Conseguentemente, l'elevato numero dei gradi di libertà rende il problema oneroso (se non intrattabile) dal punto di vista del costo computazionale.

I problemi di diffusione e trasporto *a trasporto dominante*, e di reazione e diffusione *a reazione dominante*, sono proprio problemi nei quali la costante di continuità γ (legata ai termini di trasporto e reazione) è molto più grande di quella di coercività (legata al termine diffusivo). In questi problemi (assai frequenti nelle applicazioni ingegneristiche), la soluzione numerica ottenuta con uno schema di tipo Galerkin con h non sufficientemente piccolo può avere comportamenti oscillatori inaccettabili e spesso la strada dell'infittimento della griglia non è percorribile a causa degli elevati costi computazionali. In tal caso, occorre usare tecniche numeriche specifiche. Seppur in maniera impropria, queste tecniche sono chiamate comunemente *stabilizzazioni*. In questo capitolo presentiamo alcuni esercizi per problemi di questo tipo, distinguendo il caso a trasporto dominante da quello a reazione dominante. Nel presente paragrafo proponiamo alcuni esercizi preliminari, finalizzati alla messa a punto delle tecniche di stabilizzazione.

Esercizio 3.1.1 Si scomponga nelle sue parti simmetrica e antisimmetrica l'operatore di diffusione-trasporto-reazione monodimensionale

$$\mathcal{L}u = -\mu u'' + bu' + \sigma u,$$

dove $u \in V \equiv H_0^1(0,1)$, μ e σ sono costanti assegnate, e b è una funzione assegnata.

Soluzione 3.1.1   Ricordiamo che un operatore $\mathcal{L} : V \to V'$, espresso tramite la forma bilineare associata $a(\cdot, \cdot)$, si dice simmetrico se

$$_{V'}< \mathcal{L}u, v >_V= a(u,v) = a(v,u) =_V< u, \mathcal{L}v >_{V'}$$

e antisimmetrico (o emisimmetrico) se

$$_{V'}< \mathcal{L}u, v >_V= a(u,v) = -a(v,u) = -_V < u, \mathcal{L}v >_{V'} .$$

Dato un generico operatore lineare $\mathcal{L}$, esso può essere sempre scomposto nella sua parte simmetrica (che indichiamo con $\mathcal{L}_S$) e antisimmetrica (che indichiamo con $\mathcal{L}_{SS}$ dal termine inglese *skew-symmetric*). Infatti, indicando con $\mathcal{L}^*$ l'operatore aggiunto, definito da

$$_{V'}< \mathcal{L}^*u, v >_V \equiv a(v,u) =_V< u, \mathcal{L}v >_{V'},$$

si ha

$$\mathcal{L} = \mathcal{L}_S + \mathcal{L}_{SS}, \quad \text{con} \quad \begin{cases} \mathcal{L}_S = \dfrac{1}{2}\left(\mathcal{L} + \mathcal{L}^*\right), \\[2mm] \mathcal{L}_{SS} = \dfrac{1}{2}\left(\mathcal{L} - \mathcal{L}^*\right). \end{cases}$$

Se consideriamo i soli termini di diffusione e di reazione, possiamo introdurre la seguente forma bilineare con argomenti in $H_0^1(0,1)$

$$\int_0^1 \left(-\mu u'' + \sigma u\right) v dx = \mu \int_0^1 u'v'dx + \int_0^1 \sigma u v dx \equiv a_{\text{DR}}(u,v).$$

Si noti come, ponendo $\mathcal{L}u = -\mu u'' + \sigma u$, l'integrale a sinistra vada inteso solo in senso formale, a significare $_{V'}< \mathcal{L}u, v >_V$.

Come conseguenza della commutatività del prodotto fra le funzioni u', v' e u, v si ha che $a_{DR}(\cdot, \cdot)$ è simmetrica.

Consideriamo ora il solo termine di trasporto. Per semplicità, assumiamo, per il momento, che b sia costante. In tal caso, la sua forma bilineare associata soddisfa

$$a_T(u,v) \equiv b \int_0^1 u'v \, dx = -b \int_0^1 uv' \, dx = -a_T(v,u). \tag{3.1}$$

Di conseguenza, se b è costante, l'operatore di trasporto è antisimmetrico, pertanto

$$\mathcal{L}_S u = -\mu u'' + \sigma u, \quad \mathcal{L}_{SS} u = bu'. \tag{3.2}$$

Consideriamo ora il caso in cui b non sia costante. In tal caso, si ha

$$a_T(u,v) = \int_0^1 bu'v \, dx = \frac{1}{2} \int_0^1 bu'v \, dx + \frac{1}{2} \int_0^1 (bu)' v \, dx - \frac{1}{2} \int_0^1 b'uv \, dx.$$

L'ultimo addendo è assimilabile a un termine reattivo e viene associato alla parte simmetrica dell'operatore. Per quanto concerne gli altri due addendi, applicando la formula di integrazione per parti

$$\frac{1}{2} \int_0^1 \left(bu' + (bu)' \right) v \, dx = -\frac{1}{2} \int_0^1 \left((bv)' + bv' \right) u \, dx.$$

Pertanto

$$\mathcal{L}_S = -\mu u'' + \left(\sigma - \frac{1}{2} b' \right) u, \quad \mathcal{L}_{SS} = \frac{1}{2} bu' + \frac{1}{2} (bu)'. \tag{3.3}$$

$\Diamond$

Esercizio 3.1.2 Si scomponga nelle sue parti simmetrica e antisimmetrica l'operatore di diffusione-trasporto-reazione in forma non di divergenza

$$\mathcal{L}u = -\mu \triangle u + \mathbf{b} \cdot \nabla u + \sigma u$$

con μ e σ costanti assegnate, $\mathbf{b}$ campo di moto assegnato e $u \in H_0^1(\Omega)$.

Soluzione 3.1.2   Osserviamo che

$$\mathbf{b} \cdot \nabla u = \frac{1}{2} \mathbf{b} \cdot \nabla u + \frac{1}{2} \nabla \cdot (\mathbf{b}u) - \frac{1}{2} (\nabla \cdot \mathbf{b}) u.$$

Possiamo quindi scrivere

$$_{V'} < \mathcal{L}u, v >_V \equiv \int_\Omega (-\mu\triangle u + \mathbf{b} \cdot \nabla u + \sigma u) \, v d\omega =$$

$$\int_\Omega \mu\nabla u \cdot \nabla v d\omega + \frac{1}{2} \int_\Omega (\mathbf{b} \cdot \nabla u) \, v d\omega + \frac{1}{2} \int_\Omega \nabla \cdot (\mathbf{b}u) v d\omega -$$

$$\frac{1}{2} \int_\Omega (\nabla \cdot \mathbf{b}) \, u v d\omega + \int_\Omega \sigma u v d\omega \equiv a(u, v).$$

La forma bilineare $a_S(u, v) \equiv \int_\Omega \mu\nabla u \cdot \nabla v d\omega + \int_\Omega (\sigma - \frac{1}{2}\nabla \cdot \mathbf{b}) u v d\omega$ è simmetrica per la commutatività del prodotto scalare e del prodotto di funzioni. Inoltre, per applicazione della formula di Green

$$a_{SS}(u, v) \equiv \frac{1}{2} \int_\Omega (\mathbf{b} \cdot \nabla u) \, v d\omega + \frac{1}{2} \int_\Omega \nabla \cdot (\mathbf{b}u) v d\omega =$$

$$-\frac{1}{2} \int_\Omega \nabla \cdot (\mathbf{b}v) u d\omega - \frac{1}{2} \int_\Omega (\mathbf{b} \cdot \nabla v) \, u d\omega = -a_{SS}(v, u).$$

La parte simmetrica dell'operatore è dunque $\mathcal{L}_S u = -\mu\triangle u - \frac{1}{2}(\nabla \cdot \mathbf{b})u + \sigma u$ mentre quella antisimmetrica è $\mathcal{L}_{SS} u = \frac{1}{2}(\mathbf{b} \cdot \nabla u) + \frac{1}{2}\nabla \cdot (\mathbf{b}u)$. $\diamond$

Esercizio 3.1.3 Si consideri il problema:

$$\begin{cases} -\sum_{i,j=1}^{2} \frac{\partial^2 u}{\partial x_i \partial x_j} + \beta \frac{\partial^2 u}{\partial x_1^2} + \gamma \frac{\partial^2 u}{\partial x_1 \partial x_2} + \delta \frac{\partial^2 u}{\partial x_2^2} + \eta \frac{\partial u}{\partial x_1} = f & \text{in} \quad \Omega, \\ u = 0 & \text{su} \quad \partial\Omega, \end{cases} \quad (3.4)$$

dove β, γ, δ e η sono coefficienti costanti assegnati e f è una funzione assegnata di $\mathbf{x} = (x_1, x_2) \in \Omega$.

1. Si trovino condizioni (sufficienti) sui dati che assicurano l'esistenza e l'unicità della soluzione debole.
2. Si indichi un'approssimazione con il metodo di Galerkin-elementi finiti e se ne analizzi la convergenza.
3. Sotto quali condizioni sui dati il problema è simmetrico (ossia ammette una forma bilineare simmetrica)? In questo caso, si indichino metodi opportuni per la risoluzione del sistema lineare algebrico associato.

Soluzione 3.1.3

Analisi matematica del problema

Il problema proposto si può rappresentare in forma compatta nel modo seguente

$$-\nabla \cdot (\mathcal{K}\nabla u) + \mathcal{B} \cdot \nabla u = f \tag{3.5}$$

in Ω, dove $\mathcal{K}$ e $\mathcal{B}$ sono rispettivamente una matrice (o più propriamente un tensore doppio) e un vettore così definiti

$$\mathcal{K} \equiv \begin{bmatrix} 1-\beta & \frac{1}{2}(1-\gamma) \\ \frac{1}{2}(1-\gamma) & 1-\delta \end{bmatrix}, \quad \mathcal{B} \equiv \begin{bmatrix} \eta \\ 0 \end{bmatrix}.$$

Alla (3.5) si associa la condizione al bordo $u = 0$ su $\partial\Omega$. L'operatore differenziale associato a questo problema è ellittico (secondo la definizione di [QV94], Cap. 6) se esiste una costante $\mu_0 > 0$ tale che per ogni vettore χ di $\mathbb{R}^2$ si abbia

$$\sum_{i,j=1}^{2} \mu\mathcal{K}_{ij}\chi_i\chi_j \geq \mu_0\|\chi\|^2. \tag{3.6}$$

Per imporre questo, imponiamo la condizione di definita positività della matrice (costante) $\mathcal{K}$, ricorrendo al criterio di Sylvester (si veda [QSS00a]), in base al quale una matrice è definita positiva se tutti i suoi minori principali sono positivi. Nel nostro caso, questo significa richiedere

$$1-\beta > 0, \quad (1-\beta)(1-\delta) - \frac{1}{4}(1-\gamma)^2 > 0. \tag{3.7}$$

Si noti che, in virtù della prima delle (3.7), la seconda si può scrivere

$$\delta < 1 - \frac{(1-\gamma)^2}{4(1-\beta)}. \tag{3.8}$$

Sotto queste condizioni, gli autovalori della matrice $\mathcal{K}$

$$\lambda_{0,1} = (2-\beta-\delta) \pm \sqrt{(\beta-\delta)^2 + (1-\gamma)^2}$$

sono entrambi positivi. Assumiamo dunque che le (3.7) siano soddisfatte. La costante μ_0 in (3.6) coincide con l'autovalore minimo (che si ottiene scegliendo il segno negativo davanti alla radice). Indicheremo con μ_1 l'autovalore massimo. Posto $V = H_0^1(\Omega)$, il problema in forma debole è: trovare $u \in V$ tale che per ogni $v \in V$

$$\int_\Omega (\mathcal{K}\nabla u) \cdot \nabla v d\omega + \int_\Omega (\mathcal{B} \cdot \nabla u) v d\omega = \int_\Omega f v d\omega.$$

L'ambientazione degli spazi funzionali scelta rende la forma bilineare

$$a(u,v) \equiv \int_\Omega (\mathcal{K}\nabla u) \cdot \nabla v d\omega + \int_\Omega \mathcal{B} \cdot \nabla u v d\omega$$

continua, in quanto $|a(u,v)| \leq (\mu_1 + |\eta|)||u||_V ||v||_V$. Per quanto riguarda il termine noto, assumiamo che f appartenga allo spazio duale di V, usualmente indicato come V'. Val la pena di ricordare che, in questo caso, la scrittura $\int_\Omega fvd\omega$ è solo formale e va intesa nel senso della dualità, ossia $\mathcal{F}(v) =_{V'}< f,v >_V$.

Per poter mostrare che la soluzione del problema esiste ed è unica dobbiamo mostrare ora che la forma bilineare è coerciva. Sfruttando le condizioni al bordo, l'identità $(\nabla u)u = \frac{1}{2}\nabla |u|^2$ e la disuguaglianza di Poincaré si ha

$$a(u,u) = \int_\Omega (\mathcal{K}\nabla u) \cdot \nabla u d\omega + \int_\Omega \mathcal{B} \cdot (\nabla u)u d\omega \geq$$

$$\mu_0 ||\nabla u||_{L^2}^2 + \frac{1}{2}\int_\Omega \nabla \cdot (\mathcal{B}u^2)\, d\omega \geq \alpha ||u||_V^2 + \int_{\partial\Omega} \mathcal{B}\cdot \mathbf{n}u^2 d\gamma = \alpha ||u||_V^2$$

dove $\alpha = \mu_0/(1+C_P^2)$ e C_P è la costante della disuguaglianza di Poincaré. La coercività è dunque provata e, per applicazione del Lemma di Lax-Milgram, esistenza e unicità della soluzione sono dimostrate.

Approssimazione numerica

Per il secondo punto dell'esercizio, procediamo scegliendo un sottospazio di V, $V_h \subset X_h^r$, dove X_h^r è lo spazio introdotto in (1.20) del Capitolo 1. In particolare, V_h sarà lo spazio delle funzioni di X_h^r nulle al bordo. La forma discreta del problema sarà dunque: trovare $u_h \in V_h$ tale che per ogni $v_h \in V_h$ si abbia $a(u_h, v_h) = \mathcal{F}(v_h)$. Il problema discreto è ben posto per immediata conseguenza dell'analisi fatta per il problema continuo. Si ricorda poi il seguente risultato di convergenza (si veda [Qua03], Cap. 3), valido se $u \in H^{s+1}(\Omega)$,

$$||u - u_h||_{H^1} \leq \frac{\gamma}{\alpha}Ch^q |u|_{H^{q+1}},$$

dove M è la costante di continuità della forma bilineare, C è una costante associata all'errore di interpolazione e $q = \min(r,s)$. In particolare, osserviamo che, nel nostro caso, $\gamma = \mu_1 + |\eta|$, per cui se $|\eta| \gg \mu_0$, ne consegue che $\gamma/\alpha \gg 1$ e la stima dell'errore diventerà poco significativa. In tal caso, il problema sarà a trasporto dominante e andrà opportunamente "stabilizzato".

Infine, osserviamo che se $\eta = 0$ la forma bilineare $a(u,v)$ è simmetrica (si veda l'Esercizio 3.1.2). In tal caso, infatti, essendo $\mathcal{K}$ simmetrica,

$$a(u,v) = \int_\Omega (\mathcal{K}\nabla u) \cdot \nabla v d\omega = \int_\Omega \nabla u \cdot (\mathcal{K}\nabla v)\, d\omega = a(v,u).$$

Il problema discreto richiede la risoluzione di un sistema lineare nella matrice di stiffness i cui coefficienti sono $A_{ij} = a(\varphi_j, \varphi_i)$ che per $\eta = 0$ è simmetrica, oltre che definita positiva, in virtù delle caratteristiche di simmetria e coercività della forma bilineare. Metodi adatti per la risoluzione di tale sistema lineare sono (per maggiori dettagli, si veda [QSS00a]):

1. fra i metodi diretti, il metodo basato sulla *fattorizzazione di Cholesky*; esso richiede tipicamente opportune operazioni preliminari di permutazione fra righe (*reordering*) per limitare il fenomeno del riempimento (*fill-in*). Infatti la matrice A è sparsa, ma i fattori generati dal metodo di Cholesky classico in generale non lo sono.

2. fra i metodi iterativi, il metodo del *gradiente coniugato*, precondizionato opportunamente, per esempio con una fattorizzazione Choleski incompleta (si veda [Saa03]);

$\diamond$

Esercizio 3.1.4 Si mostri che nel caso monodimensionale gli elementi finiti lineari, quadratici e cubici conducono sull'intervallo di riferimento alle seguenti matrici di massa condensate, ottenute sommando gli elementi di ciascuna riga e assegnando la somma al termine diagonale (*mass lumping*):

$$r = 1 \quad M_L = \frac{1}{2}\begin{bmatrix} 1 & 0 \\ 0 & 1 \end{bmatrix},$$

$$r = 2 \quad M_L = \frac{1}{6}\begin{bmatrix} 1 & 0 & 0 \\ 0 & 4 & 0 \\ 0 & 0 & 1 \end{bmatrix},$$

$$r = 3 \quad M_L = \frac{1}{8}\begin{bmatrix} 1 & 0 & 0 & 0 \\ 0 & 3 & 0 & 0 \\ 0 & 0 & 3 & 0 \\ 0 & 0 & 0 & 1 \end{bmatrix}.$$

Mostrare che la matrice diagonale $\widehat{M}$ ottenuta dalla matrice di massa M ponendo $\widehat{M}_{ii} = \dfrac{M_{ii}}{\sum_j M_{jj}}$ coincide con M_L per $r = 1, 2$, mentre per $r = 3$:

$$\widehat{M} = \frac{1}{1552}\begin{bmatrix} 128 & 0 & 0 & 0 \\ 0 & 648 & 0 & 0 \\ 0 & 0 & 648 & 0 \\ 0 & 0 & 0 & 128 \end{bmatrix} = \begin{bmatrix} \dfrac{8}{97} & 0 & 0 & 0 \\ 0 & \dfrac{81}{194} & 0 & 0 \\ 0 & 0 & \dfrac{81}{194} & 0 \\ 0 & 0 & 0 & \dfrac{8}{97} \end{bmatrix}.$$

Soluzione 3.1.4   Calcoliamo le matrici di massa complete nei vari casi, ricordando che $M_{ij} = \int_0^1 \varphi_i \varphi_j dx$. Per $r = 1$, le funzioni di base sull'intervallo di riferimento $(0, 1)$ sono $\varphi_0(x) = 1 - x$, $\varphi_1(x) = x$ e la matrice di massa risulta essere

$$M = \begin{bmatrix} \dfrac{1}{3} & \dfrac{1}{6} \\[2mm] \dfrac{1}{6} & \dfrac{1}{3} \end{bmatrix}. \tag{3.9}$$

A questo punto, operando il lumping, ponendo sulla diagonale la somma di tutti i coefficienti, riga per riga, e annullando i coefficienti extra-diagonali, si ottiene la matrice

$$M_L = \frac{1}{2} \begin{bmatrix} 1 & 0 \\ 0 & 1 \end{bmatrix}.$$

La stessa matrice si ottiene costruendo $\widehat{M}$. Infine, notiamo che si ottiene la stessa matrice se gli integrali $\int_0^1 \varphi_i \varphi_j dx$ vengono approssimati con il metodo del trapezio. In questo caso, il mass lumping può essere interpretato come l'effetto dell'applicazione di una formula di quadratura.

Nel caso $r = 2$, le funzioni di base sull'intervallo di riferimento sono

$$\varphi_0 = 2(1 - x)\left(\frac{1}{2} - x\right), \quad \varphi_1 = 4x(1 - x), \quad \varphi_2 = 2x\left(x - \frac{1}{2}\right).$$

Svolgendo i calcoli si trova

$$M = \begin{bmatrix} \dfrac{2}{15} & \dfrac{1}{15} & -\dfrac{1}{30} \\[2mm] \dfrac{1}{15} & \dfrac{8}{15} & \dfrac{1}{15} \\[2mm] -\dfrac{1}{30} & \dfrac{1}{15} & \dfrac{2}{15} \end{bmatrix}.$$

Sommando i coefficienti riga per riga nel termine diagonale si trova la matrice M_L indicata nel testo dell'esercizio, che di nuovo coincide con $\widehat{M}$. E' immediato verificare che la stessa matrice si ottiene effettuando gli integrali della matrice di massa con la formula di quadratura di Simpson. Poiché il grado di precisione della formula di Simpson è 3, anche in questo caso la sua applicazione comporta l'introduzione di un errore di quadratura, essendo il prodotto $\hat{\varphi}_i \hat{\varphi}_j$ un polinomio di grado 4.

Per il caso $r = 3$ si procede allo stesso modo: si tratta essenzialmente di svolgere calcoli piuttosto tediosi. Proponiamo in alternativa un frammento di istruzioni MATLAB (utilizzando il toolbox di calcolo simbolico per il calcolo degli integrali) che esegue quanto richiesto.

```
>> format rat; syms x
>> phi=[9/2*(1/3-x)*(2/3-x)*(1-x),27/2*x*(2/3-x)*(1-x),...
        27/2*x*(x-1/3)*(1-x),9/2*x*(x-1/3)*(x-2/3)'];
>> for i=1:4,
        for j=1:4, M(i,j)=int(phi(i)*phi(j),0,1); end;
   end;
>> for i=1:4,
        for j=1:4,
          ML(i,j)=sum(M(i,:))*(i==j);
        end;
   end;
>> Mhat=zeros(4);
>> T=trace(M);
>> for i=1:4,
     Mhat(i,i)=M(i,i)/T;
   end;
>> M

M =
[   8/105,   33/560,   -3/140, 19/1680]
[  33/560,    27/70, -27/560,   -3/140]
[  -3/140, -27/560,    27/70,  33/560]
[ 19/1680,   -3/140,   33/560,   8/105]

>> Mhat

Mhat =
     8/97            0             0             0
        0        81/194            0             0
        0            0         81/194            0
        0            0             0          8/97

>> ML

ML =
[ 1/8,   0,   0,   0]
[   0, 3/8,   0,   0]
[   0,   0, 3/8,   0]
[   0,   0,   0, 1/8]
```

Come si vede, in questo caso la matrice M_L (indicata con ML) non coincide con $\widehat{M}$ (indicata con Mhat).   ◇

3.2 Problemi a trasporto dominante

Esercizio 3.2.1 Si consideri il problema

$$
\begin{cases}
-\varepsilon u''(x) + bu'(x) = 1, \, 0 < x < 1, \\
\\
u(0) = \alpha, \qquad\qquad u(1) = \beta,
\end{cases}
\tag{3.10}
$$

dove $\varepsilon > 0$ e $\alpha, \beta, b \in \mathbb{R}$ sono dati. Se ne scriva la formulazione debole e l'approssimazione ad elementi finiti standard e con viscosità artificiale di tipo *upwind*. Si discutano le proprietà di stabilità e convergenza di tali schemi. Dopo aver calcolato la soluzione analitica, calcolare la sua approssimazione con femld, usando elementi finiti quadratici e assumendo $b = -1$, $\varepsilon = 10^{-3}$, $\alpha = 0, \beta = 1$. Si commentino i risultati. Quale valore del passo di griglia h è necessario per garantire che la soluzione numerica non oscilli?

Soluzione 3.2.1

Analisi matematica del problema

Come per tutti i problemi ellittici, la formulazione debole del problema si ottiene formalmente moltiplicando l'equazione (3.10) per una funzione v appartenente allo spazio $H_0^1(0,1)$ (che d'ora in avanti denoteremo con V), integrando sull'intervallo $(0,1)$ e applicando la formula di integrazione per parti. Si ottiene il problema: trovare $u \in H^1(0,1)$ tale che per ogni $v \in V$

$$
\varepsilon \int_0^1 u'v'\,dx + b \int_0^1 u'v\,dx = \int_0^1 v\,dx
$$

con $u(0) = \alpha$ e $u(1) = \beta$. Procedendo come indicato nel Capitolo 2, detto $G \in H^1(0,1)$ un rilevamento del dato di bordo, il problema proposto si riformula: trovare $u \in G + V$ tale che $a(u,v) = \mathcal{F}(v)$ per ogni $v \in V$, dove

$$
a(w,v) \equiv \varepsilon \int_0^1 w'v'\,dx + b \int_0^1 w'v\,dx, \quad \mathcal{F}(v) = \int_0^1 v\,dx.
$$

Il funzionale $\mathcal{F}(v)$ è continuo. La forma bilineare $a(\cdot,\cdot)$ è continua, la costante di continuità essendo data da $\gamma = \varepsilon + |b|$.

Inoltre, $a(\cdot,\cdot)$ è coerciva in $V \times V$. Infatti, per una qualsiasi funzione $w \in V$

$$
a(w,w) = \varepsilon \int_0^1 (w')^2\,dx + b \int_0^1 w'w\,dx = \varepsilon\|w'\|_{L^2}^2 + \frac{b}{2}\left[w^2\right]_0^1 = \varepsilon\|w'\|_{L^2}^2,
$$

in quanto w è nulla al bordo. Applicando la disuguaglianza di Poincaré, otteniamo $a(w,w) \geq \alpha \|w\|_V^2$ con costante $\alpha = \varepsilon/(1 + C_P^2)$ dove C_P è la costante della disuguaglianza di Poincaré. Il problema è dunque ben posto per applicazione del Corollario 2.1.

Peraltro, in questo caso, è possibile calcolare la soluzione analitica, trovando l'integrale generale e imponendo le condizioni al bordo. Un integrale particolare dell'equazione $(3.10)_1$ è dato da $u_P = x/b$. L'integrale generale dell'equazione è dunque dato da[1] $u_G = C_1 + C_2 e^{bx/\varepsilon} + x/b$, dove C_1 e C_2 si trovano risolvendo il sistema ottenuto imponendo le condizioni al bordo per u

$$\begin{cases} C_1 + C_2 = \alpha, \\ C_1 + C_2 e^{b/\varepsilon} + \dfrac{1}{b} = \beta. \end{cases}$$

La soluzione analitica del problema è dunque $u(x) = \dfrac{2(e^{10^5 x} - 1)}{e^{10^5} - 1} - x$.

Approssimazione numerica

Per approssimare questo problema con elementi finiti, introduciamo una suddivisione (che per semplicità assumiamo uniforme) di ampiezza h e introduciamo il sottospazio $V_h \subset X_h^r(0,1)$ di V dato dalle funzioni continue polinomiali di grado r su ogni sottointervallo, nulle al bordo. Detta u_h la soluzione numerica, il problema discretizzato è: trovare $u_h \in V_h$ tale che per ogni $v_h \in V_h$

$$a(u_h, v_h) = \mathcal{F}(v_h).$$

Dall'analisi teorica della convergenza del metodo degli elementi finiti si sa che

$$\|u - u_h\|_V \leq (1 + C_P^2)\frac{\varepsilon + |b|}{\varepsilon} h^q |u|_{q+1}, \tag{3.11}$$

valida nel caso in cui $u \in H^{s+1}(0,1)$ e con $q = \min(r,s)$. Si osservi che, se $|b| \gg \varepsilon$, la costante $\dfrac{\varepsilon + |b|}{\varepsilon}$ è $\gg 1$, rendendo di fatto poco utile la stima a meno di non avere valori del passo h molto piccoli. In effetti (si veda [Qua03]), l'approssimazione generata con elementi finiti lineari senza upwind presenta delle oscillazioni non fisiche se $\mathbb{Pe} > 1$, ove $\mathbb{Pe}$ indica il numero (adimensionale) di Péclet pari a $\dfrac{|b|h}{2\varepsilon}$. Le oscillazioni possono essere evitate nel metodo di Galerkin solo se si sceglie un passo di griglia sufficientemente piccolo da garantire $\mathbb{Pe} < 1$. Questa strategia può essere troppo onerosa dal punto di vista computazionale. Usando la tecnica *upwind* o

---

[1] L'integrale dell'equazione omogenea è dato dalla combinazione lineare di funzioni esponenziali: $u_O = C_1 e^{\lambda_1 x} + C_2 e^{\lambda_2 x}$, dove λ_1 e λ_2 sono le radici dell'equazione algebrica associata a quella differenziale $-\varepsilon x^2 + bx = 0$.

della *viscosità artificiale* (si veda [Qua03]), aumentiamo numericamente la viscosità associata al problema, aggiungendo un termine diffusivo (ossia di derivata seconda) della forma $-\dfrac{|b|h}{2}\widehat{u}'' = -\varepsilon\mathbb{P}e\widehat{u}''$.

In questo modo, la viscosità effettiva del problema numerico diventa $\varepsilon^* = \varepsilon\,(1 + \mathbb{P}e)$, e il numero di Pèclet effettivo è

$$\mathbb{P}e^* = \frac{|b|h}{2\varepsilon^*} = \frac{\mathbb{P}e}{1 + \mathbb{P}e},$$

che è minore di 1 per ogni valore di h. L'approssimazione con il metodo upwind, dunque, non presenta oscillazioni spurie qualunque sia il valore di h.

Per quanto riguarda l'analisi di accuratezza, non potendo ricorrere al Lemma di Céa, dal momento che il problema numerico non è più fortemente consistente con quello analitico, si fa riferimento al Lemma di Strang (si veda ad esempio [Qua03] Capitolo 4, Lemma 4.1). Posto:

$$a_h(u_h, v_h) \equiv a(u_h, v_h) + \frac{|b|h}{2}\int_0^1 u_h' v_h'\,dx,$$

in base a questo Lemma possiamo concludere che la soluzione numerica u_h è caratterizzata da un errore

$$||u - u_h||_V \le Kh^q|u|_{q+1} + \frac{1}{C\varepsilon}\inf_{w_h \in V_h}\sup_{v_h \in V_h\backslash 0}\frac{|a(w_h, v_h) - a_h(w_h, v_h)|}{||v_h||_V}$$

$$\le Kh^s|u|_{q+1} + \frac{|b|h}{2}||u_h||_V,$$

dove q è l'esponente che compare in (3.11), e $K = (1 + C_P^2)\dfrac{\varepsilon + |b|}{\varepsilon}$. Questa stima mostra come la perturbazione prodotta sulla forma bilineare dall'aggiunta della viscosità numerica degradi l'ordine di accuratezza della soluzione a uno, a prescindere dal grado degli elementi finiti scelto. Questo è il prezzo pagato dal metodo upwind per eliminare le oscillazioni spurie.

Analisi dei risultati

Procediamo con le verifiche numeriche. Impostando con `fem1d` il problema con elementi finiti quadratici e risolvendo con il metodo di Galerkin per valori del passo $h = 0.1$ e $h = 0.05$ si ottiene una soluzione inaccettabile a causa delle oscillazioni (si veda la Figura 3.1). Le oscillazioni si riducono al diminuire del passo di discretizzazione h (si veda la Figura 3.2) e scompaiono per $\mathbb{P}e < 1$, ossia quando

$$\frac{|b|h}{2\varepsilon} < 1 \Rightarrow h < \frac{2\varepsilon}{|b|} = 0.002.$$

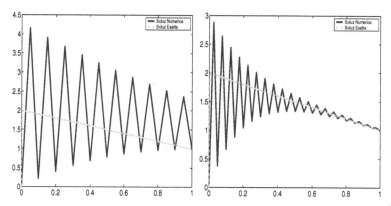

Figura 3.1. Risoluzione del problema proposto nell'Esercizio 3.2.1: metodo di Galerkin per valori del passo di griglia $h = 0.1$ e $h = 0.05$. La curva tracciata in grigio rappresenta la soluzione esatta

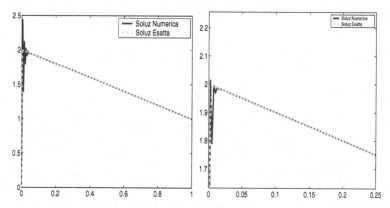

Figura 3.2. Risoluzione del problema proposto nell'Esercizio 3.2.1: metodo di Galerkin per valori del passo di griglia $h = 0.01$ e $h = 0.005$ (in questo caso è stato fatto uno zoom sui valori di ascissa vicini all'origine)

In effetti, con passo $h = 0.001$ si ottiene una soluzione ragionevolmente accurata (come si vede in Figura 3.3), al prezzo di un costo computazionale notevole (relativamente al problema in oggetto).

In Figura 3.4 riportiamo le soluzioni ottenute con il metodo upwind per valori di $\mathbb{P}e > 1$: come si vede, le oscillazioni sono state eliminate, anche se lo strato limite è sovradiffuso.

Infine, in Tab 3.1 riportiamo gli errori calcolati sia per la norma $L^2(0,1)$ che per la norma $H^1(0,1)$ con il metodo di Galerkin e con il metodo Upwind. Al diminuire di h è evidente l'ordine di accuratezza (asintotico) per il metodo di Galerkin puro, rispettivamente 3 e 2 nelle due norme. Per il metodo Upwind, l'ordine è 1.

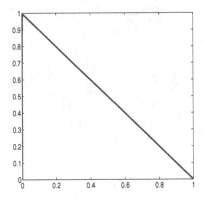

Figura 3.3. Risoluzione del problema proposto nell'Esercizio 3.2.1: metodo di Galerkin per passo di griglia $h = 0.001$

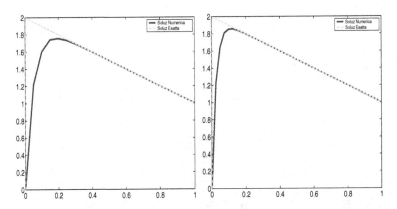

Figura 3.4. Risoluzione del problema proposto nell'Esercizio 3.2.1: metodo Upwind per valori del passo di griglia $h = 0.1$ e $h = 0.05$

h	Galerkin $L^2(0,1)$	Galerkin $H^1(0,1)$	Upwind $L^2(0,1)$	Upwind $H^1(0,1)$
0.01	0.042027	34.7604	0.084734	35.4435
0.005	0.013108	19.7796	0.052634	28.9093
0.0025	0.0028641	7.9463	0.030937	20.9863
0.001	0.00024082	1.5831	0.014131	11.5944
0.0005	3.1605e-05	0.41118	0.0074522	6.6747

Tabella 3.1. Errori associati al metodo di Galerkin e Upwind per il problema dell'Esercizio 3.2.1

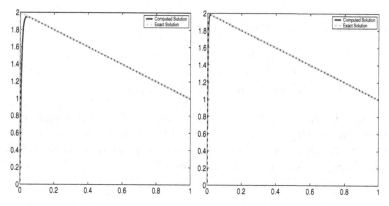

Figura 3.5. Risoluzione del problema proposto nell'Esercizio 3.2.1: metodo Upwind per valori del passo di griglia $h = 0.01$ e $h = 0.005$.

Un modo di stabilizzare che va a incidere meno sulla accuratezza, nel senso che, almeno per elementi finiti lineari nel problema monodimensionale in esame la soluzione ottenuta è esatta nei nodi, è quello di Scharfetter-Gummel (si veda[2] [Qua03] e l'Esercizio 3.2.2.). In Figura 3.6 vengono riportati i risultati ottenuti con questa tecnica, ove si evidenzia la minor sovradiffusione del metodo nonché la coincidenza con la soluzione esatta nei nodi di discretizzazione.

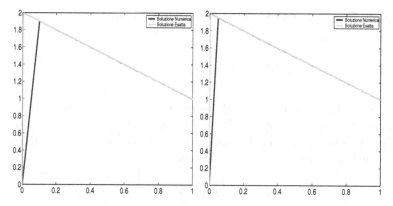

Figura 3.6. Risoluzione del problema proposto nell'Esercizio 3.2.1: metodo di Scharfetter-Gummel con elementi finiti lineari per valori del passo di griglia $h = 0.1$ e $h = 0.05$

---

[2] Nel problema in esame il termine forzante e i coefficienti sono costanti: questo garantisce la superconvergenza nei nodi del metodo di Scharfetter-Gummel.

Esercizio 3.2.2 Si consideri il problema

$$\begin{cases} -\varepsilon u''(x) + u'(x) = 1,\, 0 < x < 1, \\ u(0) = 0, \qquad\qquad u'(1) = 1, \end{cases} \tag{3.12}$$

con $\varepsilon > 0$ dato. Se ne scriva la formulazione debole e l'approssimazione di tipo Galerkin con elementi finiti. Si verifichi con `fem1d` per $\varepsilon = 10^{-6}$ che lo schema di Galerkin elementi finiti standard non produce soluzioni affette da oscillazioni spurie e si giustifichi tale risultato.

Soluzione 3.2.2

Analisi matematica del problema

La formulazione debole del problema si ottiene nel modo consueto. Lo spazio in cui ambientare la soluzione u e la funzione test v sarà $V \equiv \{v \in H^1(0,1), v(0) = 0\}$. La formulazione debole associata al problema si scrive: trovare $u \in V$ tale che per ogni $v \in V$

$$\varepsilon \int_0^1 u'v'\,dx + \int_0^1 u'v\,dx = \int_0^1 v\,dx + \varepsilon v(1).$$

Il funzionale $\mathcal{F}(v) \equiv \int_0^1 v\,dx + \varepsilon v(1)$ è continuo in quanto

$$\left| \int_0^1 v\,dx + \varepsilon v(1) \right| \le (1 + \varepsilon \gamma_T) \|v\|_V,$$

ove γ_T è la costante di continuità dell'operatore di traccia, si veda (A.12).

La forma bilineare $a(u,v) \equiv \varepsilon \int_0^1 u'v'\,dx + \int_0^1 u'v\,dx$ è continua e coerciva. La continuità si deduce dall'ambientazione funzionale scelta per u e v. Inoltre, per applicazione della disuguaglianza di Poincaré

$$a(u,u) = \varepsilon \|u'\|_{L^2}^2 + \frac{1}{2} u^2(1) \ge \varepsilon \|u'\|_{L^2}^2 \ge \varepsilon C \|u\|_V^2,$$

dove $C = 1/(1 + C_P^2)$, C_P essendo la costante della disuguaglianza di Poincaré.

Calcoliamo ora la soluzione analitica del problema proposto in (3.12). Procedendo come nell'esercizio precedente, si trova l'integrale generale dell'equazione differenziale $u_G = C_1 + C_2 e^{x/\varepsilon} + x$, dove C_1 e C_2 sono costanti da determinare in base alla condizioni al bordo.

Sviluppando i calcoli in modo simile a quanto fatto nell'esercizio precedente, si ricava che la soluzione esatta è $u(x) = x$.

Approssimazione numerica

Il problema numerico approssimante a elementi finiti lineari non stabilizzati si costruisce nel modo standard, introducendo una reticolazione (ad esempio uniforme) di passo h e prendendo come spazio V_h lo spazio di funzioni di X_h^1 nulle in $x = 0$. Pertanto, con la notazione introdotta, la formulazione di Galerkin-elementi finiti sarà: trovare $u_h \in V_h$ tale che per ogni $v_h \in V_h$

$$a(u_h, v_h) = \mathcal{F}(v_h).$$

Analisi dei risultati

La soluzione esatta, essendo lineare, sta nel sottospazio finito-dimensionale degli elementi finiti lineari (ma anche quadratici, cubici, ...). Come conseguenza del Lemma di Céa la soluzione ad elementi finiti coincide con la soluzione esatta. Le oscillazioni spurie sono pertanto assenti per ogni valore del numero $\mathbb{P}$e.

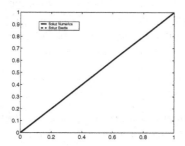

Figura 3.7. Risoluzione del problema proposto nell'Esercizio 3.2.2: metodo di Galerkin con elementi finiti lineari per un passo di griglia $h = 0.1$. L'errore è dell'ordine di 10^{-15}

In Figura 3.7 riportiamo la soluzione ottenuta con il metodo di Galerkin e un passo di $h = 0.1$. La soluzione coincide a meno dell'epsilon macchina con la soluzione esatta, nonostante il numero di Péclet sia 0.5×10^6.   ◇

Esercizio 3.2.3 Si consideri il seguente problema

$$\begin{cases} -\dfrac{d}{dx}\left(\mu(x)\dfrac{du}{dx}\right) + \beta(x)\dfrac{du}{dx} + \sigma u = 0, & a < x < b \\ u(a) = 0, \quad u(b) = 1, \end{cases}$$

dove $\beta(x)$ e $\mu(x)$ sono funzioni date, con $\mu(x) \geq \mu_0 > 0$ per ogni $x \in [a,b]$ e σ è una costante positiva.

1. Scrivere la formulazione debole del problema e dare opportune ipotesi sui dati che ne garantiscano la buona posizione.
2. Posto $\beta = 10^3, \sigma = 0$, $\mu(x) = x$ calcolare la soluzione analitica in funzione di a e b.
3. Discutere l'accuratezza delle soluzioni numeriche ottenute con il metodo Galerkin per $a = 1, b = 2$ e $a = 10^3, b = 10^3 + 1$. Indicare possibili rimedi a eventuali inaccuratezze del metodo.
4. Verificare la risposta data al punto precedente, riportando le soluzioni numeriche ottenute nei due casi con elementi finiti lineari. Si usino i metodi Upwind e Scharfetter-Gummel ($h = 0.05$), riportando le diverse soluzioni ottenute.

Soluzione 3.2.3

Analisi matematica del problema

Riscriviamo il problema in forma debole. In considerazione delle condizioni al bordo, introduciamo lo spazio funzionale $V \equiv H_0^1(a, b)$ delle funzioni di $H^1(a, b)$ a traccia nulla agli estremi. Introduciamo la forma bilineare

$$a(w, v) \equiv \int_a^b \left(\mu w' v' + \beta w' v + \sigma w v \right) dx,$$

e una funzione di rilevamento $G \in H^1(a, b)$ tale che $G(0) = 0$ e $G(1) = 1$. La forma debole del problema diventa allora: trovare $u \in G + V$ tale che $a(u, v) = 0$ per ogni $v \in V$.

Per studiare la buona posizione introduciamo opportune ipotesi che garantiscano la continuità della forma bilineare in $H^1(a, b)$ e la sua coercività in V. Una possibilità[3] è assumere che $\mu \in L^\infty(a, b)$, $\beta \in L^\infty(a, b)$. Infatti, sotto queste ipotesi, si ha $|a(w, v)| \leq \max(||\mu||_{L^\infty}, ||\beta||_{L^\infty}, \sigma)||w||_V ||v||_V$.

Studiamo ora la coercività della forma bilineare. Detta w una generica funzione di V, si ha

$$a(w, w) = \int_a^b \left(\mu \left(w' \right)^2 + \beta w' w + \sigma w^2 \right) dx \geq$$

$$\min(\mu_0, \sigma)||w||_V^2 + \int_a^b \beta w' w \, dx.$$

---

[3] Non si tratta delle ipotesi più generali possibili per garantire continuità. Ad esempio, dal momento che per il Teorema di immersione di Sobolev in una dimensione le funzioni di $H^1(a, b)$ sono limitate, si potrebbe assumere $\beta(x) \in L^2(a, b)$ garantendo comunque la continuità. Facciamo comunque riferimento a ipotesi più restrittive, ancorché ragionevoli in molti contesti pratici.

D'altra parte

$$\int\limits_a^b \beta w' w \, dx = \frac{1}{2} \int\limits_a^b \beta \frac{d\,(w^2)}{dx} dx = \frac{1}{2}[\beta w]_a^b - \frac{1}{2} \int\limits_a^b \beta' w^2 dx = -\frac{1}{2} \int\limits_a^b \beta' w^2 dx.$$

L'ultima uguaglianza segue dal fatto che $w(a) = w(b) = 0$. Se assumiamo come ipotesi che $\beta' \leq 0$, concludiamo che la forma bilineare è coerciva e dunque il problema è ben posto. Osserviamo che possiamo trovare un'altra possibile costante di coercività che non sfrutti la condizione $\sigma > 0$, applicando la disuguaglianza di Poincaré, sin qui non utilizzata. La costante di coercività α, pertanto, può essere precisata meglio come segue,

$$\alpha = \max\left(\frac{\mu_0}{1 + C_P^2}, \min(\mu_0, \sigma)\right),$$

dove C_P è la costante della disuguaglianza di Poincaré. Pertanto, la coercività si ha anche se $\sigma = 0$. La buona posizione segue pertanto dal Corollario 2.1.

Consideriamo ora il calcolo della soluzione analitica per $\mu = x$, $\beta = 10^3$ e $\sigma = 0$. Il problema, in forma forte, diventa

$$-xu'' + \beta u' = 0.$$

Il calcolo della soluzione analitica si può svolgere, ad esempio, ponendo $v = u'$ e studiando l'equazione ausiliaria

$$-xv' + \beta v = 0.$$

Per separazione delle variabili si ottiene $\frac{dv}{v} = \frac{\beta dx}{x}$. Integrando, otteniamo $\log v = \log x^\beta + C_0$, da cui $v = C_0 x^\beta$ con C_0 costante. Integrando nuovamente $u = \frac{C_0}{\beta+1} x^{\beta+1} + C_1$ con C_1 costante. Imponendo le condizioni al bordo, calcoliamo in definitiva la soluzione

$$u = \frac{x^{\beta+1} - a^{\beta+1}}{b^{\beta+1} - a^{\beta+1}}.$$

Approssimazione numerica

Per quanto riguarda il terzo punto dell'esercizio, osserviamo che se $a = 1, b = 2$ tutte le ipotesi fatte per avere buona posizione sono soddisfatte e, in particolare, $\mu_0 = 1$. Se $a = 10^3, b = 10^3 + 1$ le ipotesi sono pure tutte soddisfatte, ma in questo caso $\mu_0 = 10^3$. Nel primo caso, il numero di Péclet associato al problema è: $\mathbb{P}e = \dfrac{\beta h}{2\mu_0} = 500h$ pertanto, volendo usare elementi finiti senza alcuna forma di stabilizzazione, per rimuovere le oscillazioni numeriche si dovrà imporre $h < 1/500$. Nel secondo caso si ha $\mathbb{P}e = 1000h/2000 \Rightarrow h < 2$, che sicuramente è verificato, avendosi $b - a = 1$. Nel primo caso, invece, sarà necessario ricorrere a tecniche di stabilizzazione per non dover usare passi di griglia molto piccoli. Una possibilità è quella di stabilizzare usando il metodo *upwind*, come già visto nell'esercizio precedente, che corrisponde a modificare la viscosità μ ponendo al suo posto $\mu_{upwind} = \mu\,(1 + \mathbb{P}e)$. Più in generale, la viscosità può essere modificata ponendo $\mu^* = \mu\,(1 + \phi(\mathbb{P}e))$, ove la funzione $\phi(\cdot)$ soddisfa i seguenti requisiti

$$\phi(x) > 0 \quad \forall x > 0, \qquad \phi(0) = 0.$$

Il primo vincolo garantisce che lo schema aggiunge (e non sottrae) viscosità numerica, permettendo di stabilizzare il calcolo per valori di h grandi. Il secondo vincolo garantisce la consistenza del problema numerico stabilizzato con il problema originale, dato che per $h \to 0$ (ossia per $\mathbb{P}e \to 0$), la perturbazione introdotta si annulli. Una possibilità basata sul cosiddetto *fitting esponenziale* è quella data dalla funzione

$$\phi(\tau) = \tau - 1 + \frac{2\tau}{e^{2\tau} - 1}, \quad \text{per} \quad \tau > 0.$$

corrispondente alla *stabilizzazione di Scharfetter-Gummel*.

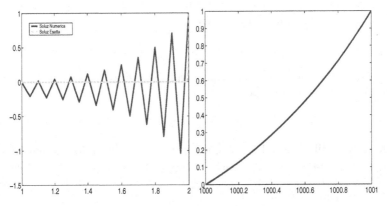

Figura 3.8. Soluzione del problema proposto nell'Esercizio 3.2.3 con il metodo di Galerkin standard, per $a = 1$ e $b = 2$ a sinistra e per $a = 1000$, $b = 1001$ a destra; il passo di griglia è $h = 0.05$ in entrambi i casi. Come atteso, il primo caso presenta oscillazioni numeriche, il secondo no

---

Analisi dei risultati

In Figura 3.8 vengono riportate le soluzioni numeriche generate dal metodo di Galerkin standard e passo di griglia $h = 0.05$ per il caso $a = 1$, $b = 2$ (sinistra) e $a = 1000$, $b = 1001$ (destra). Come atteso, il primo caso è affetto da oscillazioni spurie, mentre il secondo no. In Figura 3.9, invece, riportiamo le soluzioni relative al caso $a = 1$, $b = 2$ sempre con $h = 0.05$ e stabilizzazioni di tipo Upwind (a sinistra) e Scharfetter-Gummel (a destra).

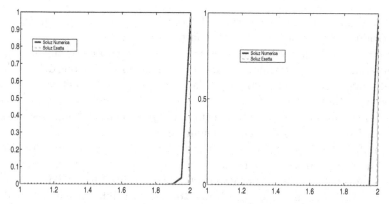

Figura 3.9. Soluzione del problema proposto nell'Esercizio 3.2.3 per $a = 1$ e $b = 2$ con il metodo Upwind e il metodo di Scharfetter-Gummel. Il confronto con la soluzione esatta (tratteggiata) mostra come il secondo metodo sia meno sovradiffusivo

È evidente come il secondo metodo introduca minor dissipazione numerica. Infatti, lo *strato limite*, ossia l'intervallo sull'asse delle ascisse dove la soluzione passa da valori prossimi a 0 al valore 1 imposto al bordo, che per la soluzione analitica è molto piccolo, viene chiaramente sovrastimato da entrambe le soluzioni numeriche. Questo è l'effetto negativo dell'aver aumentato la viscosità del problema. Tuttavia, il metodo di Scharfetter-Gummel introduce una minore sovradiffusione, con uno strato limite più vicino a quello reale.

Di fatto, tenuto conto che la soluzione è lineare a tratti e che l'ultimo nodo interno più vicino al bordo $x = 2$ è posto in $x = 1.95$, si osserva come la soluzione ottenuta con il metodo di Scharfetter-Gummel generi un'ottima approssimazione dello strato limite per il tipo di discretizzazione spaziale scelto.

$\Diamond$

Esercizio 3.2.4 Si consideri il problema di diffusione-trasporto monodimensionale

$$\begin{cases} -(\mu u' - \psi'u)' = 1, & 0 < x < 1, \\ u(0) = u(1) = 0, \end{cases} \tag{3.13}$$

dove μ è una costante positiva e ψ una funzione assegnata.

1. Si studino esistenza ed unicità della soluzione debole del problema (3.13) introducendo opportune ipotesi sulla funzione ψ.
2. Si consideri il cambio di variabile $u = \rho e^{\psi/\mu}$, essendo ρ una funzione incognita ausiliaria. Si studino esistenza ed unicità della soluzione del problema nella nuova incognita ρ. Si calcoli la soluzione analitica nel caso $\psi = \alpha x$, con α costante reale.
3. Per entrambi i problemi proposti (in u e in ρ) si fornisca l'approssimazione numerica con il metodo degli elementi finiti.
4. Si confrontino i due approcci proposti in 1 e 2, sia dal punto di vista teorico che numerico. In particolare, per $\psi = \alpha x$ si calcoli la soluzione numerica seguendo entrambi gli approcci proposti per $\mu = 0.1, \mu = 0.01$, $\alpha = 1$ e $\alpha = -1$. Si commentino i risultati ottenuti su griglie di passo $h = 0.1$ e $h = 0.01$.

Soluzione 3.2.4

Analisi matematica del problema

L'analisi teorica del problema può essere condotta nel modo usuale: di fatto, se assumiamo che ψ sia sufficientemente regolare, otteniamo il problema equivalente

$$-\left(\mu u'\right)' + \psi' u' + \psi'' u = 1,$$

per $x \in (0,1)$, con le condizioni al bordo $u(0) = u(1) = 0$. Una forma debole del problema è: trovare $u \in V \equiv H_0^1(0,1)$ tale che

$$a(u,v) \equiv \int_0^1 \mu u' v' dx + \int_0^1 \psi' u' v dx + \int_0^1 \psi'' u v dx = \int_0^1 v dx,$$

per ogni $v \in V$. Ai fini della continuità della forma bilineare, assumiamo che $\psi \in H^2(0,1)$. In base al Teorema di immersione di Sobolev sappiamo che $v, \psi, \psi' \in L^\infty(0,1)$ e che valgono le seguenti disuguaglianze (ove C è la costante del Teorema di immersione di Sobolev):

$$\left| \int_0^1 \psi' u' v dx \right| \leq \|\psi'\|_{L^\infty} \|u'\|_{L^2} \|v\|_{L^2} \leq \|\psi'\|_{L^\infty} \|u\|_V \|v\|_V,$$

$$\left| \int_0^1 \psi'' u v dx \right| \leq \|\psi''\|_{L^2} \|u\|_{L^\infty} \|v\|_{L^\infty} \leq C^2 \|\psi''\|_{L^2} \|u\|_V \|v\|_V.$$

Verifichiamo ora sotto quali ipotesi la forma bilineare associata al problema è coerciva. Svolgendo i calcoli, tenendo conto delle condizioni al bordo e applicando la formula di integrazione per parti per l'integrale di $\psi' u' u$ si ha

$$a(u,u) = \int_0^1 \mu\,(u')^2\,dx + \int_0^1 \psi'u'u\,dx + \int_0^1 \psi''u^2dx = \int_0^1 \mu\,(u')^2dx +$$

$$\frac{1}{2}\int_0^1 \psi'\frac{d(u^2)}{dx}dx + \int_0^1 \psi''u^2dx = \int_0^1 \mu\,(u')^2\,dx - \frac{1}{2}\int_0^1 \psi''u^2dx + \int_0^1 \psi''u^2dx =$$

$$\int_0^1 \mu\,(u')^2\,dx + \frac{1}{2}\int_0^1 \psi''u^2dx \geq \frac{\mu_0}{1+C_P^2}\|u\|_V^2 + \frac{1}{2}\int_0^1 \psi''u^2dx,$$

dove C_P è la costante associata alla disuguaglianza di Poincaré. Se $\psi'' \geq 0$, la forma bilineare è evidentemente coerciva. In caso contrario, indichiamo con $\psi''_{min} = \min(\psi'')$. Dalla precedente disuguaglianza si ottiene

$$a(u,u) \geq \left(\frac{\mu_0}{1+C_P^2} - |\psi''_{min}|\right)\|u\|_V^2,$$

da cui si deduce che la forma bilineare è coerciva purché si abbia

$$\frac{\mu_0}{1+C_P^2} - |\psi''_{min}| > 0.$$

D'ora in poi, assumeremo che se $\min\psi'' < 0$, sia soddisfatta questa ipotesi.

Consideriamo ora la formulazione del problema in ρ. Se poniamo $u = \rho e^{\psi/\mu}$ abbiamo

$$u' = \rho'e^{\psi/\mu} + \rho e^{\psi/\mu}\frac{\psi'}{\mu} \Rightarrow \mu u' = \mu\rho'e^{\psi/\mu} + \psi'u.$$

Inoltre, in virtù della condizioni al bordo per u, si ha

$$u(0) = u(1) = 0 \Rightarrow \rho(0) = \rho(1) = 0.$$

Il problema in ρ diventa pertanto un problema di pura diffusione

$$\begin{cases} -\left(\mu e^{\psi/\mu}\rho'\right)' = 1 & x \in (0,1), \\ \rho(0) = 0, \qquad \rho(1) = 0, \end{cases}$$

La formulazione debole associata a questo problema è: trovare $\rho \in V$ tale che

$$\mu\int_0^1 e^{\psi/\mu}\rho'v'dx = \int_0^1 v\,dx \quad \forall v \in V.$$

La forma bilineare è continua purché $\psi \in L^\infty(0,1)$, ipotesi meno restrittiva di quella che abbiamo dovuto assumere per la formulazione precedente. D'altra parte, la coercività è una immediata conseguenza del fatto che $\mu > 0$ e che, avendosi condizioni al bordo di Dirichlet, si può applicare la disuguaglianza di Poincaré.

Calcoliamo infine la soluzione analitica nel caso in cui $\psi = \alpha x$. Consideriamo la seconda formulazione (forte) del problema

$$-\mu \left(e^{\alpha x/\mu} \rho' \right)' = 1 \quad \text{da cui} \quad \rho' = \left(C_1 - \frac{x}{\mu} \right) e^{-\alpha x/\mu},$$

dove C_1 è una costante di integrazione. Integrando nuovamente si ottiene

$$\rho = -C_1 \frac{\mu}{\alpha} e^{-\alpha x/\mu} + \frac{x}{\alpha} e^{-\alpha x/\mu} + \frac{\mu}{\alpha^2} e^{-\alpha x/\mu} + C_2,$$

dove C_2 è una seconda costante di integrazione. Le costanti C_1 e C_2 vengono determinate imponendo le condizioni al bordo. Così facendo si ottiene la soluzione

$$\rho = \frac{1}{\alpha} \left[\frac{1 - e^{-\alpha x/\mu}}{1 - e^{\alpha/\mu}} + x e^{-\alpha x/\mu} \right] \Rightarrow u = \frac{1}{\alpha} \left[x - \frac{e^{\alpha x/\mu} - 1}{e^{\alpha/\mu} - 1} \right].$$

Approssimazione numerica

Trattandosi di un problema di diffusione, trasporto e reazione, al fine di avere una approssimazione numerica priva di oscillazioni spurie bisogna considerare i numeri adimensionali (si veda anche il Paragrafo 3.3):

$$\frac{||\psi'||_{L^\infty(0,1)} h}{2\mu} \quad \text{e} \quad \frac{||\psi''||_{L^\infty(0,1)} h^2}{6\mu}.$$

Se dunque assumiamo verificate la condizioni

$$h < \frac{2\mu}{||\psi'||_{L^\infty(0,1)}}, \quad h < \sqrt{\frac{6\mu}{||\psi''||_{L^\infty(0,1)}}} \tag{3.14}$$

l'approssimazione ad elementi finiti lineari non produce oscillazioni spurie. In caso contrario, si possono adottare i seguenti rimedi:

1. *Upwind* nel caso in cui la prima delle (3.14) non sia verificata, ossia "aumentare" la viscosità del problema

$$\mu \to \mu^* = \mu \left(1 + \frac{|\psi'| h}{2\mu} \right).$$

Questo elimina le oscillazioni spurie, anche se riduce l'accuratezza, che diventa di ordine 1 indipendentemente dal grado di elementi finiti usato (si veda l'Esercizio 3.2.1).

2. *Mass lumping* per il termine di reazione nel caso in cui la seconda delle (3.14) non sia verificata. *Se il mass-lumping viene effettuato in maniera opportuna*, l'accuratezza della soluzione non viene degradata: ad esempio, con elementi finiti lineari, usando la matrice considerata nell'Esercizio 3.1.4, l'accuratezza della soluzione numerica (in norma H^1) rimane di ordine 1. In generale, però, il mass lumping può indurre una riduzione della accuratezza.

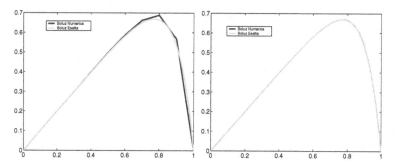

Figura 3.10. Calcolo di u con $\mu = 0.1$, $\alpha = 1$, $h = 0.1$ (a sinistra) e $h = 0.01$ (a destra). La soluzione esatta, in linea più chiara, è riportata come riferimento

Consideriamo ora il problema riformulato dopo il cambio di variabile in ρ. Sotto il profilo numerico, *per il calcolo di ρ* questa seconda formulazione sembra senz'altro molto vantaggiosa: trattandosi di un problema di pura diffusione, infatti, teoricamente non si hanno problemi di oscillazioni indesiderate della soluzione. Tuttavia, va osservato che al termine del processo di discretizzazione, bisogna risolvere un sistema lineare la cui matrice A ha coefficienti $A_{ij} = \mu \int_0^1 e^{\psi/\mu} \varphi'_j \varphi'_i dx$, dove le $\{\varphi_i\}$ sono le funzioni di base di V_h. A seconda della funzione ψ, i coefficienti della matrice possono essere molto diversi tra loro, determinando così un possibile peggioramento, anche significativo, del numero di condizionamento. Questo può rifletersi in una notevole difficoltà nel calcolo accurato di ρ.

A ciò si aggiunga il fatto che il problema richiede infine il calcolo di u, non di ρ. Quindi, anche supponendo che ρ sia approssimato dalla soluzione numerica ρ_h in modo accurato, il calcolo di u_h, approssimazione di u, richiede di valutare la funzione $u_h = \rho_h e^{\psi/\mu}$. Ora, se $\psi \gg \mu$, allora $e^{\psi/\mu} \gg 1$ sicché il termine moltiplicativo diventa un fattore di amplificazione degli errori, che può rendere u_h molto inaccurata. In particolare, posto $\delta\rho = \rho - \rho_h$, si ha (in assenza di altre sorgenti di errore) $u_h = \rho_h e^{\psi/\mu} = (\rho + \delta\rho)e^{\psi/\mu} = \rho e^{\psi/\mu} + \delta\rho e^{\psi/\mu} = u + \delta u$, con $\delta u \equiv \delta\rho e^{\psi/\mu}$. Se $\psi \gg \mu$ il fattore moltiplicativo $e^{\psi/\mu}$ amplifica dunque l'errore assoluto $\delta\rho$. Gli errori relativi su u e ρ sono, invece, dello stesso ordine, in quanto

$$\frac{\delta u}{u} = \frac{\delta\rho e^{\psi/\mu}}{\rho e^{\psi/\mu}} = \frac{\delta\rho}{\rho}.$$

Riassumendo, benché la seconda formulazione, oltre ad avere il pregio di richiedere meno regolarità su ψ, sembri vantaggiosa anche sotto il profilo numerico, essa nasconde due insidie, soprattutto se il rapporto ψ/μ è elevato:

1. *malcondizionamento del sistema lineare associato*, che può portare a generare soluzioni molto inaccurate;
2. *errori nel calcolo di u_h* a partire da ρ_h.

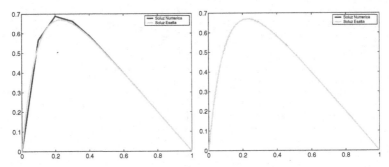

Figura 3.11. Calcolo di u con $\mu = 0.1, \alpha = -1$, $h = 0.1$ (a sinistra) e $h = 0.01$ (a destra). La soluzione esatta, in linea più chiara, è riportata come riferimento

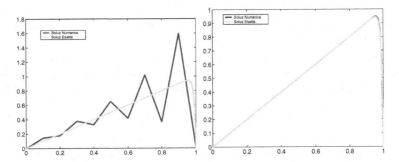

Figura 3.12. Calcolo di u con $\mu = 0.01, \alpha = 1$, $h = 0.1$ (a sinistra) e $h = 0.01$ (a destra). La soluzione esatta, in linea più chiara, è riportata come riferimento

Analisi dei risultati

Procediamo ora con le simulazioni numeriche. Cominciamo a considerare il caso $\mu = 0.1$, $\psi = \alpha x$ con $\alpha = 1$, con la prima formulazione (in u).

In Figura 3.10 viene riportato il risultato ottenuto per $\mu = 0.1$ e due diversi valori del passo di griglia. In questo caso, il numero di Péclet vale $5h$ quindi in entrambi i casi riportati in figura si hanno soluzioni accettabili (Péclet $= 0.5$ e 0.05 rispettivamente). Nel passare da $h = 0.1$ a $h = 0.01$ il numero di condizionamento della matrice associata passa da 20.4081 a 2014.9633. Gli errori in norma L^2 passano da 0.015137 a 0.00015581 dividendosi di un fattore 100, mentre in norma H^1 passano da 0.62769 a 0.064534, dividendosi di un fattore 10. Tutti questi valori sono in accordo con la teoria.

Il caso con $\alpha = -1$ non presenta sostanziali differenze sotto il profilo dell'errore e della qualità della approssimazione trovata con la prima formulazione (si veda la Figura 3.11).

Nel caso $\mu = 0.01$, il numero di Péclet è pari a $50h$. Per $h = 0.1$ non è dunque minore di 1 e la soluzione oscilla (grafico di Figura 3.12 a sinistra). Per $h = 0.01$,

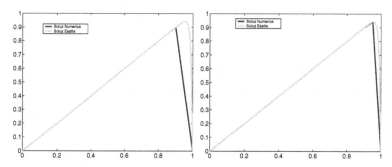

Figura 3.13. Soluzione del problema come in Figura 3.12, per $h = 0.1$ (sinistra) e $h = 0.05$ (destra) e stabilizzazione alla Scharfetter-Gummel

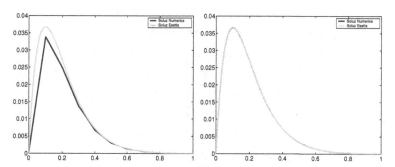

Figura 3.14. Calcolo di ρ con $\mu = 0.1, \alpha = 1$, $h = 0.1$ (a sinistra) e $h = 0.01$ (a destra). La soluzione esatta è riportata in linea più chiara come riferimento

	$h = 0.1$	$h = 0.01$
$K(A)$	5584.9988	1743198.1509
e_{L^2}	0.0034376	3.9454e-05
e_{H^1}	0.091554	0.010192

Tabella 3.2. Numero di condizionamento ed andamento dell'errore nel calcolo di ρ per il caso $\mu = 0.1$, $\alpha = 1$

viceversa, la soluzione non oscilla (grafico di Figura 3.12 a destra). Per poter usare passi di griglia "grandi" è necessario stabilizzare. Ad esempio, in Figura 3.13 riportiamo i risultati ottenuti stabilizzando con il metodo di Scharfetter-Gummel con $h = 0.1$ e $h = 0.05$.

Anche in questo caso, risultati analoghi si ottengono, sotto il profilo della qualità delle soluzioni numeriche per $\alpha = -1$.

Passiamo ora a considerare la seconda formulazione in ρ. In Figura 3.14 riportiamo il caso con $\mu = 0.1$, $\alpha = 1$, $h = 0.1$ e 0.01. Il numero di condizionamento passa in questo caso da circa 5585 per $h = 0.1$ a circa 1.74×10^6 per $h = 0.01$.

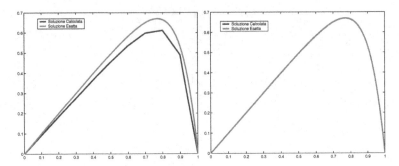

Figura 3.15. Calcolo di u a partire dalla ρ calcolata in Figura 3.14 ($h = 0.1$ nel grafico a sinistra, $h = 0.01$ nel grafico a destra)

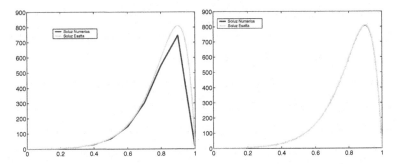

Figura 3.16. Calcolo di ρ con $\mu = 0.1, \alpha = -1$, $h = 0.1$ (a sinistra) e $h = 0.01$ (a destra). Per $h = 0.01$ la soluzione numerica è completamente sovrapposta a quella esatta

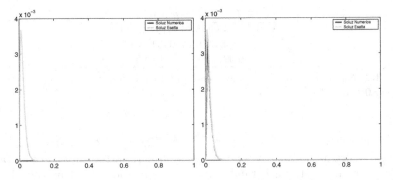

Figura 3.17. Calcolo di ρ con $\mu = 0.01, \alpha = 1$, $h = 0.1$ (a sinistra) e $h = 0.01$ (a destra). Si noti come per $h = 0.1$ la soluzione numerica sia praticamente tutta nulla

	$h = 0.1$	$h = 0.01$	$h = 0.001$
$K(A)$	5584.9988	1743198.1509	224080749.234
e_{L^2}	75.7181	0.86903	0.0087028
e_{H^1}	2016.603	224.4889	22.4743

Tabella 3.3. Numero di condizionamento ed andamento dell'errore nel calcolo di ρ per il caso $\mu = 0.1$, $\alpha = -1$

La ricostruzione di u a partire da ρ dà, in questo caso, risultati accettabili (Figura 3.15) e l'errore in norma L^2 associato al calcolo di u a partire da ρ è dell'ordine di 5×10^{-4}.

Nel caso $\alpha = -1$ (Figura 3.16) la soluzione ρ esatta assume valori compresi in un intervallo più ampio. Anche se il numero di condizionamento della matrice associata è lo stesso del caso $\alpha = 1$, gli errori assoluti sono molto più grandi (si vedano le Tabelle 3.2 e 3.3), sebbene rispettino le stime teoriche di convergenza.

Se $\mu = 0.01$ e $\alpha = 1$ si osserva che il calcolo di ρ è completamente inaccurato per $h = 0.1$: in tal caso, infatti, il picco presente nella soluzione esatta viene completamente "azzerato" non essendoci un numero sufficiente di punti di griglia. La soluzione diventa accettabile per $h = 0.01$, si veda la Figura 3.17.

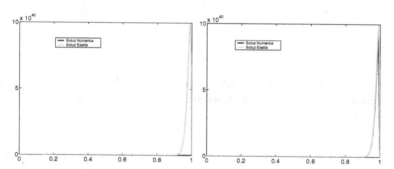

Figura 3.18. Calcolo di ρ con $\mu = 0.01, \alpha = -1$, per $h = 0.1$ (a sinistra) e $h = 0.01$ (a destra)

Qualitativamente, si può ripetere un discorso simile per $\alpha = -1$, anche se, di nuovo, la soluzione varia su un intervallo di valori così ampio che si hanno errori assoluti molto grandi (Tabelle 3.4, 3.5 e Figura 3.18). Dalla Tabella 3.5 si osserva come il numero di condizionamento abbia valori enormi, come atteso. Le stime indicano una riduzione dell'errore con h, anche se sono necessari valori di h più piccoli per avere stime significative dell'ordine di convergenza.

Quando si ricostruisce u a partire da ρ nel caso $\mu = 0.01$, ossia quando il rapporto ψ/μ in valore assoluto è "grande", il cattivo condizionamento della matrice per il calcolo di ρ rende praticamente impossibile una ricostruzione di u accurata: quando $\alpha > 1$ gli errori su ρ sono piccoli, ma vengono amplificati nel passaggio

	$h = 0.1$	$h = 0.01$	$h = 0.001$
$K(A)$	$3.917901e + 34$	$3.526591e + 42$	$1.282097e + 44$
e_{L^2}	0.00049809	0.00010876	$1.2482e - 06$
e_{H^1}	0.049641	0.02894	0.0032238

Tabella 3.4. Numero di condizionamento ed andamento dell'errore nel calcolo di ρ per il caso $\mu = 0.01$, $\alpha = 1$

	$h = 0.1$	$h = 0.01$	$h = 0.001$
$K(A)$	$3.917901e+34$	$6.817663e+42$	$4.308279e+46$
e_{L^2}	$1.338915e+40$	$2.923572e+39$	$2.229314e+33$
e_{H^1}	$1.334419e+42$	$7.779454e+41$	$2.115080e+37$

Tabella 3.5. Numero di condizionamento ed andamento dell'errore nel calcolo di ρ per il caso $\mu = 0.01$, $\alpha = -1$

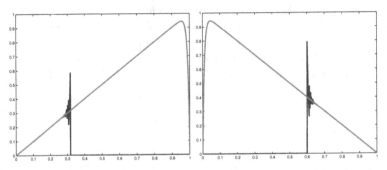

Figura 3.19. Calcolo di u a partire dalla ρ per $\mu = 0.01$, $h = 0.001$, $\alpha = 1$ (sinistra) e $\alpha = -1$ (destra). La soluzione esatta è tracciata in grigio, quella numerica, completamente inaccurata, è in nero

da ρ a u. Viceversa, quando $\alpha = -1$ gli errori su ρ sono più elevati e il calcolo di u rimane irrimediabilmente compromesso. In entrambi i casi, gli effetti di cancellazione numerica fanno sì che la soluzione u calcolata sia praticamente nulla su parte del dominio di calcolo e presenti comunque oscillazioni inaccettabili, come si vede in Figura 3.19.

$\diamondsuit$

Osservazione. Nello studio di alcuni modelli semplificati per i semiconduttori (equazioni di *drift-diffusion*) si incontrano problemi simili a quelli trattati in questo esercizio (tipicamente non lineari). In questo contesto, il cambio di variabile proposto, ove ρ prende il nome di *variabile di Slotboom*, è descritto in [Slo73]. S. Selberherr in [Sel84] Cap. 5.2 avverte: "Tuttavia, il difetto più grande di queste variabili sta nell'enorme intervallo di numeri reali richiesto per rappresentarle in calcoli effettivi". Di fatto, l'uso delle variabili di Slotboom è utile come un metodo di indagine analitica, più che numerica, come peraltro riscontrato nel presente esercizio.

Esercizio 3.2.5 Si consideri il problema di diffusione-trasporto-reazione

$$\begin{cases} -\Delta u + \nabla \cdot (\beta u) + u = 0 \text{ in } \quad \Omega \subset \mathbb{R}^2, \\[2mm] u = \varphi \qquad\qquad\qquad\quad \text{su } \varGamma_D, \\[2mm] \nabla u \cdot \mathbf{n} = \beta \cdot \mathbf{n} u \qquad\quad \text{su } \varGamma_N, \end{cases} \qquad (3.15)$$

dove Ω è un aperto limitato, $\partial\Omega = \varGamma_D \cup \varGamma_N$, $\varGamma_D \cap \varGamma_N = \emptyset$, $\varGamma_D \neq \emptyset$. Si provino esistenza ed unicità della soluzione del problema (formulato in modo debole) facendo opportune ipotesi di regolarità sui dati $\beta = (\beta_1(x,y), \beta_2(x,y))^T$ e $\varphi = \varphi(x,y)$.
Nel caso in cui $\|\beta\|_{L^\infty(\Omega)} \gg 1$ si approssimi il problema con il metodo viscosità artificiale-elementi finiti e con il metodo SUPG-elementi finiti, discutendone vantaggi e svantaggi rispetto al metodo di Galerkin-elementi finiti.
Infine, si consideri $\Omega = (0,1) \times (0,1)$, $\beta = (10^3, 10^3)^T$, $\varGamma_D = \partial\Omega$ e

$$\varphi = \begin{cases} 1 \quad \text{per} \quad x = 0 \quad 0 < y < 1, \\[2mm] 1 \quad \text{per} \quad y = 0 \quad 0 < x < 1, \\[2mm] 0 \text{ altrove.} \end{cases}$$

Si verifichi che le ipotesi che rendono ben posto il problema sono soddisfatte e e lo si risolva numericamente usando le diverse tecniche di stabilizzazione proposte.

Soluzione 3.2.5

Analisi matematica del problema

Per dimostrare esistenza e unicità della soluzione procediamo in modo consueto, moltiplicando l'equazione per una funzione test $v \in V \equiv H^1_{\varGamma_D}(\Omega)$. Integrando per parti (formula di Green) sia il termine di secondo grado che quello di primo, otteniamo

$$\int_\Omega \nabla u \cdot \nabla v \, d\omega - \int_{\partial\Omega} \nabla u \cdot \mathbf{n} v \, d\gamma + \int_{\partial\Omega} \beta \cdot \mathbf{n} u v \, d\gamma - \int_\Omega \beta \cdot \nabla v u \, d\omega + \int_\Omega u v \, d\omega = 0.$$

Consideriamo in particolare gli integrali di bordo su $\varGamma_D$ e $\varGamma_N$ separatamente

$$-\int_{\partial\Omega} \nabla u \cdot \mathbf{n}v d\gamma + \int_{\partial\Omega} \boldsymbol{\beta} \cdot \mathbf{n}uv d\gamma =$$

$$-\int_{\Gamma_D} (\nabla u \cdot \mathbf{n} + \boldsymbol{\beta} \cdot \mathbf{n}u) v d\gamma - \int_{\Gamma_N} (\nabla u \cdot \mathbf{n} + \boldsymbol{\beta} \cdot \mathbf{n}u) v d\gamma.$$

L'integrale su Γ_N si annulla, essendo $\nabla u \cdot \mathbf{n} - \boldsymbol{\beta} \cdot \mathbf{n}u = 0$ su Γ_N. Questo giustifica l'integrazione per parti del termine convettivo, che permette il trattamento "naturale" della condizione assegnata su Γ_N. Su Γ_D l'integrale di bordo si annulla, essendo $v = 0$. Inoltre, sia $G(x,y)$ una funzione in $H^1(\Omega)$ tale che $G(x,y) = \varphi(x,y)$ su Γ_D. Affinché G esista, è necessario supporre che $\varphi \in H^{1/2}(\Gamma_D)$ e che il dominio Ω sia sufficientemente regolare, ad esempio un dominio poligonale. Assumiamo verificate tali ipotesi. Il problema in forma debole si può pertanto riscrivere come: trovare $u \in G + V$ tale che per ogni $v \in V$

$$a(u,v) = 0,$$

avendo posto

$$a(u,v) \equiv \int_\Omega \nabla u \cdot \nabla v d\omega - \int_\Omega \boldsymbol{\beta} \cdot \nabla v u d\omega + \int_\Omega uv d\omega.$$

Per l'analisi di buona posizione facciamo riferimento al Lemma 2.1. Assumiamo che le componenti di $\boldsymbol{\beta}$ siano funzioni di $L^\infty(\Omega)$. Con questa ipotesi, come visto negli esercizi precedenti, si dimostra che la forma bilineare è continua in $H^1(\Omega)$. Studiamo ora la coercività in V, prendendo una generica funzione $w \in V$,

$$a(w,w) = ||\nabla w||^2_{L^2(\Omega)} - \frac{1}{2}\int_\Omega \boldsymbol{\beta} \cdot \nabla w^2 d\omega + ||w||^2_{L^2(\Omega)}.$$

Il primo e il terzo addendo, sommati, corrispondono a $||w||^2_V$. Studiamo il segno del secondo addendo. Per applicazione della formula di Green e usando la condizione al bordo

$$-\frac{1}{2}\int_\Omega \boldsymbol{\beta} \cdot \nabla w^2 d\omega = -\frac{1}{2}\int_{\Gamma_N} \boldsymbol{\beta} \cdot \mathbf{n}w^2 d\gamma + \frac{1}{2}\int_\Omega \nabla \cdot \boldsymbol{\beta} w^2 d\omega.$$

Se assumiamo che

$$\nabla \cdot \boldsymbol{\beta} \geq 0 \quad \text{in} \quad \Omega \quad \text{e} \quad \boldsymbol{\beta} \cdot \mathbf{n} \leq 0 \quad \text{su} \quad \Gamma_N, \tag{3.16}$$

si conclude che la forma bilineare è coerciva e dunque il problema è ben posto[4].

---

[4] Val la pena di notare che se $\boldsymbol{\beta}$ rappresenta il campo di velocità di un fluido incomprimibile, $\nabla \cdot \boldsymbol{\beta} = 0$. La seconda delle condizioni (3.16) corrisponde a chiedere che le condizioni di Neumann si applichino a porzioni di bordo da cui il fluido "esce" (outflow).

Approssimazione numerica

La discretizzazione numerica ad elementi finiti si ottiene introducendo il sottospazio finito-dimensionale $V_h \subset X_h^r$ (spazio introdotto in (1.20)) delle funzioni nulle su Γ_D, nel quale cercare la soluzione numerica u_h tale che per ogni $v_h \in V_h$ si abbia

$$a(u_h, v_h) = \mathcal{F}(v_h).$$

Il numero di Péclet locale[5] è $\mathbb{Pe} \equiv \dfrac{\|\beta\|_{L^\infty} h}{2\mu} = \dfrac{\|\beta\|_{L^\infty} h}{2}$.

Per evitare che la soluzione presenti oscillazioni spurie si dovrà avere $\mathbb{Pe} < 1$. Alternativamente, si può ricorrere a un metodo di tipo "stabilizzato", nella classe dei metodi *Galerkin Generalizzati*. Una prima possibilità è quella di introdurre viscosità numerica come immediata estensione del caso monodimensionale in modo isotropo in tutte le direzioni. La forma bilineare viene modificata nel modo seguente (si veda [Qua03], Cap. 5):

$$a_h(u_h, v_h) = a(u_h, v_h) + \frac{h}{\|\beta\|_\infty} \left(\nabla u_h, \nabla v_h \right).$$

Questa modifica ha il difetto di introdurre una stabilizzazione alla forma bilineare lungo tutte le direzioni, compresa quella ortogonale a quella del trasporto (direzione *crosswind*) lungo la quale non ci sarebbe bisogno di sovradiffusione numerica. In base al Lemma di Strang, l'accuratezza dello schema risulterà di ordine 1, indipendentemente dal grado degli elementi finiti usato, così come nel caso monodimensionale (Esercizio 3.2.1).

Un metodo che degrada meno l'accuratezza dello schema, introducendo viscosità artificiale solo nella direzione del trasporto, per di più preservando la consistenza forte dei metodi di tipo Galerkin, è lo *Streamline Upwind-Petrov Galerkin (SUPG)*. Indichiamo con $\mathcal{L}$ l'operatore differenziale associato al problema dato

$$\mathcal{L}u = -\triangle u + \nabla \cdot (\beta u) + u,$$

e consideriamone la parte emi-simmetrica, data da (si veda l'Esercizio 3.1.2)

$$\mathcal{L}_{SS}u = \frac{1}{2} \left(\beta \cdot \nabla u \right) + \frac{1}{2} \nabla \cdot (\beta u).$$

Essendo il termine forzante nullo, la forma bilineare stabilizzata secondo il metodo SUPG risulta essere

$$a_h(\widehat{u}_h, v_h) = a(\widehat{u}_h, v_h) + \sum_{K \in \mathcal{T}_h} \delta \left(\mathcal{L}\widehat{u}_h, \frac{h_K}{|\beta|} \mathcal{L}_{SS} v_h \right),$$

---

[5] La definizione di $\mathbb{Pe}$ che diamo è cautelativa. In realtà si potrebbe dare una definizione elemento per elemento, che è orientata all'adattività di griglia: $\mathbb{Pe}_{loc} = \max_i \left(\dfrac{\|\beta\|_{L^\infty(K_i)} h_i}{2\mu} \right.$, ove K_i è l'intervallo i-esimo di ampiezza h_i.

dove K è un generico elemento della reticolazione $\mathcal{T}_h$ e δ è un parametro da specificare opportunamente.

I prodotti scalari nella sommatoria hanno senso anche se gli operatori differenziali sono applicati nella forma forte in quanto vengono applicati elemento per elemento, dunque a funzioni polinomiali e conseguentemente regolari.

Rispetto al precedente, questo metodo di "stabilizzazione" ha il pregio di introdurre una perturbazione consistente con la soluzione esatta. Infatti, in corrispondenza della soluzione esatta, la perturbazione si annulla, essendo proporzionale al residuo del problema in forma forte. Inoltre esiste una norma opportuna rispetto alla quale si può dimostrare che, se la soluzione esatta è sufficientemente regolare, la soluzione numerica ha accuratezza dell'ordine di $h^{r+1/2}$, essendo r il grado degli elementi finiti usato.

Se consideriamo in particolare il problema numerico proposto, osserviamo che è ben posto, dal momento che $\nabla \cdot \boldsymbol{\beta} = 0$ e $\text{meas}(\Gamma_N) = 0$, per cui le ipotesi (3.16) sono sicuramente verificate.

Nel Programma 4 riportiamo la codifica in **FreeFem** del problema stabilizzato con il metodo della viscosità artificiale. La codifica del problema stabilizzato secondo SUPG è invece riportata nel Programma 5.

Programma 4 - adv-diff2d-va : Problema di diffusione e trasporto in 2D con il metodo della viscosità artificiale

```
mesh Th=square(50,50);
fespace Vh(Th,P1);
Vh u=0,v;
real mu=1;
int i=0;
real betax=-1000;
real betay=-1000;
real sigma=1;
real modbeta = sqrt(betax^2+betay^2);
real betalinfty = 1000;
problem adv_diff2D(u,v,solver=GMRES,init=i,eps=-1.0e-6) =
    int2d(Th)( mu*(dx(u)*dx(v) + dy(u)*dy(v)))
//stabilizzazione:
    + int2d(Th)( betalinfty*hTriangle*(dx(u)*dx(v) + dy(u)*dy(v)))
    + int2d(Th) ( betax*dx(u)*v + betay*dy(u)*v )
    + int2d(Th) (sigma*u*v)
    + on(1,4,u=1)
    + on(2,3,u=0)   ;
adv_diff2D;
plot(u,value=true,nbiso=30,ps="stabva.eps");
```

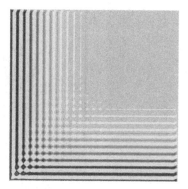

Figura 3.20. Isolinee della soluzione del problema dell'Esercizio 3.2.5 con il metodo di Galerkin standard. Il passo di griglia è $h = 1/50$ e $\mathbb{P}e = 10$. Sono evidenti le oscillazioni spurie

Programma 5 - adv-diff2d-supg : Problema di diffusione e trasporto in 2D con il metodo SUPG

```
real delta = 1.0;
fespace Nh(Th,P0);
real modbeta = sqrt(betax^2+betay^2);
Nh tau = hTriangle/sqrt(betax^2+betay^2);
problem adv_diff2Dsupg(u,v,solver=GMRES,init=i,eps=-1.0e-6) =
    int2d(Th)( mu*dx(u)*dx(v) + mu*dy(u)*dy(v))
  + int2d(Th) ( betax*dx(u)*v + betay*dy(u)*v ) + int2d(Th) (sigma*u*v)
  + int2d(Th)( delta*(-mu*(dxx(u)+dyy(u))+betax*dx(u)
    +betay*dy(u)+sigma*u)*tau*(betax*dx(v) + betay*dy(v)) )
  + on(1,4,u=1) + on(2,3,u=0)   ;
adv_diff2Dsupg;
```

Analisi dei risultati

La Figura 3.20 mostra le isolinee della soluzione numerica ottenuta con il metodo di Galerkin a elementi finiti lineari e un passo di griglia $h = 1/50$, per il quale il numero di Péclet è pari a 10. La soluzione è evidentemente inaccettabile.

In Figura 3.21 a sinistra riportiamo la soluzione ottenuta con il metodo della viscosità artificiale su una griglia di passo $h = 0.1$. Si apprezza l'assenza di oscillazioni rispetto alla Figura 3.20.

Infine in Figura 3.21 a destra viene riportata la soluzione generata con il metodo SUPG, della quale si noti la minor diffusività numerica e il calcolo di uno strato limite più "ripido".   ◇

Figura 3.21. Isolinee della soluzione del problema dell'Esercizio 3.2.5 con il metodo della viscosità artificiale (a sinistra) e SUPG (a destra). Il passo di griglia è $h = 1/50$. È evidente come il termine stabilizzante elimini le oscillazioni in entrambe le soluzioni, e la minor diffusività della soluzione SUPG rispetto a quella della viscosità artificiale, visibile nel calcolo di uno strato limite ripido

Esercizio 3.2.6 Si consideri il seguente problema

$$\begin{cases} -\Delta u + \dfrac{\partial}{\partial x}\left(\dfrac{1}{2}x^2 y^2 u\right) - \dfrac{\partial}{\partial y}\left(\dfrac{1}{3}xy^3 u\right) = f & \text{in} \quad \Omega \subset \mathbb{R}^2, \\[2mm] u = 0 & \text{su} \quad \Gamma_D, \\[2mm] \dfrac{\partial u}{\partial \mathbf{n}} + u = 0 & \text{su} \quad \Gamma_N, \end{cases} \qquad (3.17)$$

dove $\partial\Omega = \Gamma_D \cup \Gamma_N$, $\Gamma_D \cap \Gamma_N = \emptyset$. Il dominio Ω è un cerchio avente centro in un punto generico di coordinate $\widetilde{x}, \widetilde{y}$ e raggio $r = 1$.

1. Introducendo opportuni spazi funzionali, scrivere la formulazione debole del problema (3.17); fornire ipotesi sui dati che garantiscano esistenza e unicità della soluzione debole; in particolare, fornire dei vincoli geometrici su Γ_N per garantire la buona posizione; calcolare esplicitamente tali vincoli per $\widetilde{x} = \widetilde{y} = 0$;
2. discretizzare il problema utilizzando il metodo di Galerkin-elementi finiti;
3. discutere l'accuratezza della soluzione numerica ottenuta quando $\widetilde{x} = \widetilde{y} = 0$ e $\widetilde{x} = \widetilde{y} = 1000$, indicando quali rimedi numerici possano essere adoperati per evitare inaccuratezze. Verificare numericamente la risposta data (con FreeFem) per $f(x,y) = \sqrt{\left(\dfrac{1}{2}x^2 y^2\right)^2 + \left(-\dfrac{1}{3}xy^3\right)^2}$.

Soluzione 3.2.6

Osserviamo innanzitutto che, posto $\boldsymbol{\beta} = \left[\frac{1}{2}x^2y^2, -\frac{1}{3}xy^3\right]^T$, il termine di trasporto in (3.17) può essere riscritto come

$$\frac{\partial}{\partial x}\left(\frac{1}{2}x^2y^2u\right) - \frac{\partial}{\partial y}\left(\frac{1}{3}xy^3u\right) = \nabla \cdot (\boldsymbol{\beta}u) = \boldsymbol{\beta} \cdot \nabla u,$$

dato che $\boldsymbol{\beta}$ è un vettore a divergenza nulla.

Per ricavare la formulazione debole del problema procediamo nel modo formale consueto: moltiplichiamo l'equazione per una funzione test v appartenente allo spazio funzionale $V \equiv H^1_{\Gamma_D}(\Omega)$ delle funzioni di $H^1(\Omega)$ con traccia nulla su Γ_D. Integrando su Ω, per applicazione della formula di Green, otteniamo:

$$\int_\Omega \nabla u \cdot \nabla v d\omega - \int_{\Gamma_N} \nabla u \cdot \mathbf{n}v d\gamma + \int_\Omega \boldsymbol{\beta} \cdot \nabla u v d\omega = \int_\Omega fv d\omega.$$

Tenendo conto delle condizioni al bordo su Γ_N, si ottiene la formulazione debole: trovare $u \in V$ tale che, per ogni $v \in V$,

$$\int_\Omega \nabla u \cdot \nabla v d\omega + \int_{\Gamma_N} uv d\gamma + \int_\Omega \nabla \cdot (\boldsymbol{\beta}u)v d\omega = \int_\Omega fv d\omega. \tag{3.18}$$

Per dimostrare che il problema è ben posto, verifichiamo che la forma bilineare

$$a(u,v) \equiv \int_\Omega \nabla u \cdot \nabla v d\omega + \int_{\Gamma_N} uv d\gamma + \int_\Omega \boldsymbol{\beta} \cdot (\nabla u)v d\omega$$

è continua e coerciva. La continuità si mostra in base alle seguenti considerazioni:

1. gli integrali in Ω sono ben definiti per l'ambientazione di u e v in V;
2. l'integrale su Γ_N è ben definito dal momento che la traccia di u e v su Γ_N appartiene a $L^2(\Gamma_N)$ (si veda l'Appendice A).

Per quanto riguarda la coercività,

$$a(u,u) = \|\nabla u\|^2_{L^2} + \int_{\Gamma_N} u^2 d\gamma + \frac{1}{2}\int_\Omega \boldsymbol{\beta} \cdot \nabla u^2 d\omega \geq \|\nabla u\|^2_{L^2} + \frac{1}{2}\int_{\Gamma_N} (\boldsymbol{\beta} \cdot \mathbf{n})u^2 d\gamma.$$

Come proposto nell'esercizio precedente, l'introduzione dell'ipotesi

$$\boldsymbol{\beta} \cdot \mathbf{n} \geq 0 \qquad \text{su} \qquad \Gamma_N, \tag{3.19}$$

con la quale chiediamo che *il bordo* Γ_N sia un bordo di *outflow* per il dominio Ω è sufficiente a garantire che la forma bilineare è coerciva. Va osservato che se meas$(\Gamma_N) = 0$ (ossia vi sono solo condizioni di Dirichlet), il problema è sicuramente ben posto.

Per completare la dimostrazione di buona posizione, basta osservare che il secondo membro di (3.18) è un funzionale lineare e continuo in V, purché $f \in V'$, lo spazio duale di V. Una condizione più restrittiva, ma molto comune in pratica è porre $f \in L^2(\Omega)$.

L'ipotesi (3.19) si può tradurre esplicitamente per il problema in esame in un vincolo su Γ_N. Infatti il vettore normale uscente al dominio formato dai punti interni alla curva $(x - \tilde{x})^2 + (y - \tilde{y})^2 = 1$ è

$$\mathbf{n} = [n_1, n_2]^T \quad \text{con} \quad n_1 = x - \tilde{x}, \quad n_2 = y - \tilde{y}.$$

Il vincolo geometrico diventa pertanto

$$\frac{1}{2}x^2 y^2 (x - \tilde{x}) - \frac{1}{3}xy^3(y - \tilde{y}) \geq 0.$$

Nel caso $\tilde{x} = \tilde{y} = 0$, studiando questa disequazione si ottengono le condizioni:

$$|y| \leq \sqrt{\frac{3}{2}}x \quad \text{per} \quad x \geq 0, \qquad |y| \geq \sqrt{\frac{3}{2}}|x| \quad \text{per} \quad x \leq 0,$$

corrispondenti ai segmenti a tratto continuo in Figura 3.22. Il vincolo (3.19) equivale pertanto a chiedere che Γ_N sia un sottoinsieme di questa regione del bordo di Ω.

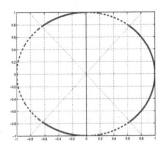

Figura 3.22. Dominio Ω per $\tilde{x} = \tilde{y} = 0$ per l'Esercizio 3.2.6. Il bordo a tratto continuo è quello del quale il bordo di outflow deve essere un sottoinsieme per avere buona posizione. Le rette tratteggiate corrispondono alle equazioni $y = \pm\sqrt{3/2}x$

Approssimazione numerica

L'approssimazione mediante elementi finiti cerca la soluzione in un sottospazio V_h finito-dimensionale di V: trovare $u_h \in V_h$ tale che, per ogni $v_h \in V_h$, si abbia

$$\int_{\Omega} \nabla u_h \cdot \nabla v_h \, d\omega + \int_{\Gamma_N} u_h v_h \, d\gamma + \int_{\Omega} \nabla \cdot (\beta u_h) \, v_h \, d\omega = \int_{\Omega} f v_h \, d\omega. \qquad (3.20)$$

Se si introduce una reticolazione (conforme) del dominio Ω, ad esempio mediante triangoli, possibili candidati per lo spazio V_h sono ovviamente gli spazi X_h^r introdotti in (1.20).

Il numero di Peclét locale associato al problema è $\mathbb{P}e = \dfrac{||\beta||_{L^\infty} h}{2}$. Nel caso in cui $\tilde{x} = \tilde{y} = 0$, si osserva che $||\beta||_{L^\infty} < \frac{1}{2}$, per cui valori anche grandi di h possono garantire soluzioni non oscillanti. Viceversa, per $\tilde{x} = \tilde{y} = 1000$, $||\beta||_{L^\infty} \approx \frac{1}{2} \times 10^{12}$, pertanto il metodo di Galerkin dà soluzioni non oscillanti solo per valori di h molto piccoli (dell'ordine di 10^{-11}). In alternativa, possono essere usati metodi di stabilizzazione fortemente consistenti evitando le oscillazioni spurie, senza sacrificare la consistenza forte del metodo di Galerkin.

Analisi dei risultati

La codifica del problema proposto con FreeFem è riportata nel Programma 6.

Programma 6 - ad-cerchio : Risoluzione di un problema di diffusione e trasporto su un cerchio

```
real xbar=1000,ybar=1000;
border a(t=0, 2*pi){x = cos(t)+xbar; y = sin(t)+ybar; };
mesh th = buildmesh(a(100));
fespace Vh(th,P1);
Vh u=0,v;
real mu=1;
Vh betax=1./2*x^2*y^2;
Vh betay=-1./3*x*y^3;
Vh f=sqrt(betax*betax+betay*betay);
int i=0;
real betainfty=0.5*1001.^2;
problem Cerchio(u,v,solver=GMRES,init=i,eps=-1.0e-8) =
    int2d(th)( (mu)*(dx(u)*dx(v) + dy(u)*dy(v)))
  + int2d(th) ( betax*dx(u)*v + betay*dy(u)*v )
  + int2d(th)(-f*v)  + on(1,u=0)  ;
Cerchio;
```

I risultati della Figura 3.23, ottenuti per centro del dominio in $(0,0)$ (a sinistra) e $(1000, 1000)$ (a destra) confermano quanto previsto: nel secondo caso, la soluzione numerica oscilla fortemente, tanto che le oscillazioni la dominano completamente rendendola priva di senso.

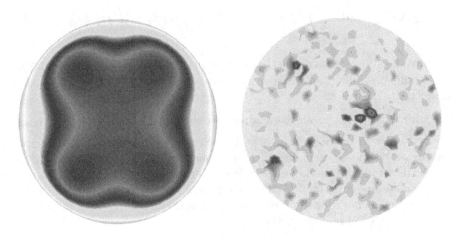

Figura 3.23. Simulazione del problema proposto nell'Esercizio 3.2.6. A sinistra il caso con dominio centrato nell'origine e passo di griglia $h \approx 0.05$ (isolinee della soluzione); come atteso il trasporto non è dominante, la soluzione non oscilla. A destra il caso con dominio centrato in $(1000, 1000)$ e passo di griglia $h \approx 0.05$ (isolinee della soluzione); in questo caso, il trasporto è dominante, la soluzione oscilla

3.3 Problemi a reazione dominante

Esercizio 3.3.1 Si consideri il problema di diffusione-reazione

$$-\mu u'' + \sigma u = 0 \qquad x \in (0, 1)$$

con $u(0) = 0$ e $u(1) = 1$, μ, σ costanti positive.

1. Mostrare l'esistenza e unicità della soluzione debole del problema proposto.
2. Ricavare la discretizzazione a elementi finiti lineari del problema, indicando la generica equazione del sistema lineare associato.
3. Quando questo problema si dice a *reazione dominante*? Quali soluzioni produce il metodo di Galerkin in tal caso? Sotto quale condizione la soluzione numerica non oscilla? Fare un confronto con le condizioni richieste per rendere non oscillante la soluzione di un problema a trasporto dominante.
4. Indicare una strategia di stabilizzazione per il problema in oggetto.
5. Si consideri il caso $\mu = 1$, $\sigma = 10^4$. Si calcoli la soluzione esatta e si simuli il problema con `fem1d` usando elementi finiti lineari, e si verifichino le risposte date al punto precedente.

Soluzione 3.3.1

Analisi matematica del problema

Indichiamo con G una funzione di $H^1(0,1)$ tale che $G(0) = 0$ e $G(1) = 1$ (ad esempio la funzione $G(x) = x$). Inoltre, posto $a(u,v) \equiv \int_0^1 \mu u'v' + \sigma uv\,dx$ e procedendo nel modo consueto, la forma debole del problema si può scrivere: trovare $u \in G + V \equiv H_0^1(0,1)$ tale che $a(u,v) = 0$ per ogni $v \in V$. La continuità della forma bilineare $a(\cdot,\cdot)$ è conseguenza dell'ambientazione funzionale scelta. La coercività della forma bilineare segue dalla positività di μ e σ, infatti

$$a(u,u) = \int_0^1 \mu u'u' + \sigma u^2 dx \geq \min(\mu,\sigma)\|u\|_V^2,$$

per cui la buona posizione del problema si ottiene per applicazione del Lemma 2.1.

In questo caso semplice, la soluzione può essere calcolata esplicitamente. L'integrale generale è $u(x) = C_1 e^{\rho_1 x} + C_2 e^{\rho_2 x}$, dove ρ_1 e ρ_2 sono le radici dell'equazione associata $-\mu t^2 + \sigma t = 0$. Imponendo le condizioni al bordo, si ottiene la soluzione particolare

$$u(x) = \frac{e^{\sqrt{\sigma/\mu}x} - e^{-\sqrt{\sigma/\mu}x}}{e^{\sqrt{\sigma/\mu}} - e^{-\sqrt{\sigma/\mu}}}.$$

Approssimazione numerica

L'approssimazione finito-dimensionale del problema proposto secondo il metodo Galerkin è: trovare $u_h \in V_h$ tale che per ogni $v_h \in V_h$

$$a(u_h, v_h) = \mathcal{F}(v_h). \tag{3.21}$$

Nel caso di elementi finiti lineari a tratti, V_h sarà il sottoinsieme di X_h^1 delle funzioni nulle agli estremi, e le funzioni di base φ_i (per $i = 1, 2, \ldots, N$, essendo N la dimensione dello spazio finito-dimensionale) saranno quelle date nella (1.17). La forma algebrica di (3.21) si ottiene scegliendo le funzioni di base come funzioni test e si può scrivere come

$$(\mu K + \sigma M)\,U = F,$$

dove per $i, j = 1, 2, \ldots N$,

$$K_{ij} = \int_0^1 \varphi_j' \varphi_i' dx, \quad M_{ij} = \int_0^1 \varphi_j \varphi_i dx, \quad F_i = \mathcal{F}(\varphi_i)$$

e U è il vettore dei valori nodali $U_i = u_h(x_i)$. Svolgendo i calcoli si trova che l'equazione i−esima è data da

$$\mu\frac{-u_{i-1}+2u_i-u_{i+1}}{h}+\sigma h\left(\frac{1}{6}u_{i-1}+\frac{2}{3}u_i+\frac{1}{6}u_{i+1}\right)=\mathbf{F}_i.$$

La soluzione dell'equazione alle differenze ottenuta, considerando le condizioni al bordo, è (si veda [Qua03], Capitolo 5)

$$u_i=\frac{\rho_1^i-\rho_2^i}{\rho_1^N-\rho_2^N},\quad i=1,2,\ldots,N$$

con

$$\rho_j=\frac{1+2\dfrac{\sigma h^2}{6\mu}+(-1)^j\sqrt{3\dfrac{\sigma h^2}{6\mu}(\dfrac{\sigma h^2}{6\mu}+2)}}{1-\dfrac{\sigma h^2}{6\mu}},\quad j=1,2.$$

Se $\dfrac{\sigma h^2}{6\mu}>1$, il denominatore è negativo, e poichè il numeratore è sempre positivo, ρ_j^i assume valori positivi o negativi a seconda della parità dell'esponente e la soluzione numerica oscilla. Il numero adimensionale $\dfrac{\sigma h^2}{6\mu}$ viene chiamato *numero di Péclet* associato al problema di reazione-diffusione, per estensione rispetto al caso dei problemi di diffusione-trasporto. Come per i problemi di diffusione e trasporto, anche per i problemi di diffusione-reazione il numero di Pèclet deve essere inferiore a 1 per non avere oscillazioni spurie sulla soluzione calcolata. Questo è possibile scegliendo un passo di griglia opportunamente piccolo, ossia

$$h<\sqrt{\frac{6\mu}{\sigma}}.$$

Se il vincolo sul numero di Péclet non può essere soddisfatto, una strategia stabilizzante, mutuata dal metodo delle differenze finite, è quella di ricorrere al *mass-lumping*, ossia ad una approssimazione della matrice di massa M con una matrice diagonale (si veda l'Esercizio 3.1.4). Tale approssimazione fa sì che il metodo ottenuto non sia più inquadrabile in un metodo di Galerkin classico, ma di Galerkin generalizzato nella forma

$$a_h(u_h,v_h)=\mathcal{F}(v_h),$$

essendo la differenza $a_h(u_h,v_h)-a(u_h,v_h)$ indotta proprio dall'approssimazione della matrice di massa. L'analisi di questo problema si può svolgere facendo riferimento al Lemma di Strang (si veda [Qua03], Capitolo 4), in base al quale si osserva che con elementi finiti lineari il metodo ottenuto con mass-lumping è ancora accurato di ordine 1 (in norma H^1).

Analisi dei risultati

Verifichiamo tutte queste considerazioni con una simulazione numerica con `fem1d`.

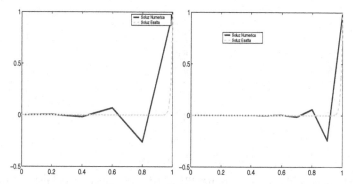

Figura 3.24. Calcolo della soluzione per l'Esercizio 3.3.1 nel caso del metodo di Galerkin per $h = 0.2$ (sinistra) e $h = 0.1$ (destra)

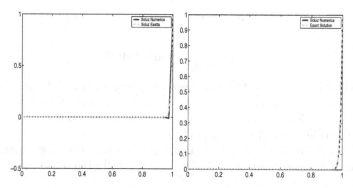

Figura 3.25. Calcolo della soluzione per l'Esercizio 3.3.1 nel caso del metodo di Galerkin per $h = 0.025$ (sinistra) e $h = 0.01$ (destra)

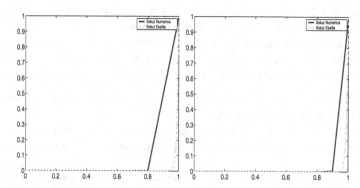

Figura 3.26. Calcolo della soluzione per l'Esercizio 3.3.1 nel caso del metodo di Galerkin generalizzato con mass lumping per $h = 0.2$ (sinistra) e $h = 0.1$ (destra)

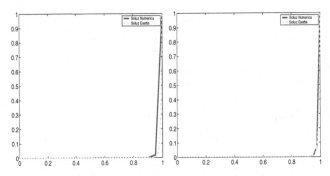

Figura 3.27. Calcolo della soluzione per l'Esercizio 3.3.1 nel caso del metodo di Galerkin generalizzato con mass lumping per $h = 0.05$ (sinistra) e $h = 0.025$ (destra)

Nel caso in esame, imporre che il numero di Péclet sia minore di 1 significa imporre

$$h < \sqrt{\frac{6}{10000}} = 0.024494897. \tag{3.22}$$

I grafici delle Figure 3.24 e 3.25 mostrano le soluzione numeriche ottenute con il metodo di Galerkin per diversi valori di h. Come si vede, la soluzione oscilla tranne che per $h = 0.01$ (Figura 3.25 a destra). Nel caso $h = 0.025$ (valore molto vicino al limite (3.22)) le oscillazioni sono molto ridotte.

Le simulazioni ottenute con mass lumping sono riportate nelle Figura 3.26 e 3.27. L'effetto del mass lumping nell'eliminare le oscillazioni è evidente.

◇

Esercizio 3.3.2 (*) Una fabbrica immette un agente inquinante nel fiume Ω schematizzato in Figura 3.28. La concentrazione a cui viene immesso l'inquinante attraverso la sezione Γ_{in} è costante e pari a C_{in}. L'inquinante galleggia sul fiume, sicchè è confinato in uno strato superficiale, per cui si trascura la dipendenza della sua concentrazione con la profondità. Si suppone che:

a) nella sezione Γ_{up} a monte del dominio considerato, l'inquinante arrivi con una concentrazione "fisiologica" costante C_f;
b) la sezione a valle Γ_{down} sia sufficientemente lontana da ritenere nulla la variazione della concentrazione nella direzione del flusso (normale al bordo);
c) il tasso di deposito di inquinante sulla riva sia proporzionale alla differenza fra una concentrazione "naturale" data C_{dry} e la concentrazione nel fiume in prossimità della riva stessa.

Inoltre:

1. la diffusività dell'inquinante nel fiume è isotropa e costante (quindi rappresentata da uno scalare μ);
2. il campo di velocità alla superficie del fiume può essere considerato costante in tempo e a divergenza nulla;
3. un batterio presente nel fiume "consuma" inquinante con un tasso σ;
4. il problema è stazionario.

Si chiede di

1. scrivere un modello a derivate parziali per lo studio della concentrazione C nel dominio Ω;
2. discuterne la buona posizione;
3. scrivere una discretizzazione del problema mediante elementi finiti; in particolare, supponendo che la regolarità della soluzione sia $C \in H^2(\Omega)$ (e $C \notin H^3(\Omega)$), indicare il grado di elementi finiti scelto per la discretizzazione, motivando la risposta;
4. discutere l'accuratezza della soluzione numerica al variare dei parametri.
5. Si consideri un tratto di fiume rettilineo di lunghezza 10 m e larghezza 2 m. Si assumano i seguenti dati: la velocità del fiume sia $\mathbf{u} = [ux, \quad uy]^T$ con $ux = u_M(2 - y)y$ m/s, $uy = 0$, $C_{up} = 10g/m^3$, $C_{in} = 100g/m^3$, $C_{dry} = 1g/m^3$, $\alpha = 0.1$. Usando una griglia con passo $h = 0.1$, si simulino i seguenti casi:
   i) $\sigma = 0.5$, $\mu = 10^{-6}$, $u_M = 10$;
   ii) $\mu = 0.1$, $\sigma = 300$, $u_M = 2$;
   con il metodo di Galerkin-elementi finiti lineari, e con i metodi Streamline Diffusion per il caso a trasporto dominante e mass lumping per il calcolo a reazione dominante.

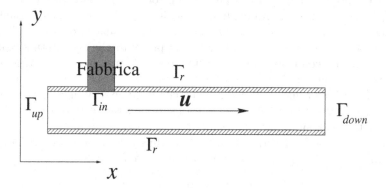

Figura 3.28. Schema del fiume per l'Esercizio 3.3.2

Soluzione 3.3.2

Formulazione del modello matematico

Seguendo la notazione proposta nel testo dell'esercizio, indichiamo con $C = C(x, y)$ la concentrazione di inquinante nel fiume. L'inquinante è interessato da tre processi:

1. la *diffusione* nell'acqua; questo processo, come suggerisce il testo, avviene in maniera isotropa;
2. il *trasporto* indotto dal moto del fiume; indichiamo con $\mathbf{u}$ la velocità del fiume, della quale, nelle ipotesi del testo, si suggerisce che $\nabla \cdot \mathbf{u} = 0$;
3. la *reazione* dovuta al consumo di inquinante indotto dalla presenza del batterio.

Se si fa un bilancio dell'inquinante in un generico volume di fiume, per la conservazione della massa, si ottiene in generale (si veda ad esempio [Sal04], Capitolo 2, Paragrafi 5.2, 5.3, 7) che la variazione nel tempo di C nel volume è

$$\frac{\partial C}{\partial t} = -\nabla \cdot (q_t + q_d) - \sigma C,$$

dove:

1. q_t è il flusso di massa legato al trasporto, governato dalla corrente del fiume, ossia $q_t = \mathbf{u}C$;
2. q_d è il flusso diffusivo, che in base alla legge di Fick può essere scritto come $q_d = -\mu \nabla C$, essendo μ la diffusività dell'inquinante nel fiume.

Poiché nel nostro caso il problema è stazionario, questa legge di bilancio si riduce a

$$\nabla \cdot (\mathbf{u}C - \mu \nabla C) + \sigma C = 0. \tag{3.23}$$

Il bordo del fiume può essere così suddiviso:

1. Γ_{in} è il tratto in cui entra inquinante alla concentrazione C_{in}: su questo tratto assumeremo assegnata pertanto una condizione di tipo Dirichlet;
2. Γ_{down} è la sezione di uscita del fiume, che, in base alle ipotesi date, è sufficientemente lontana da Γ_{in} da poter ritenere nulle le variazioni di C nella direzione del flusso, normale a Γ_{down}. Assumeremo pertanto che su questa sezione sia assegnata una condizione di tipo Neumann $\nabla C \cdot \mathbf{n} = 0$, essendo $\mathbf{n}$ il versore uscente al dominio;
3. Γ_{up} è la sezione a monte ove si assume che il fiume contenga una concentrazione fisiologica di inquinante; su questa sezione assumeremo pertanto che sia assegnata una condizione di Dirichlet C_f;
4. la riva del fiume Γ_r è caratterizzata da un flusso di inquinante proporzionale alla differenza di concentrazione fra il fiume e la spiaggia

$$\mu \nabla C \cdot \mathbf{n} = \alpha \left(C_{dry} - C \right), \tag{3.24}$$

dove α verrà assunto costante e positivo.

In definitiva, il problema differenziale che descrive la dinamica (stazionaria) dell'inquinante nel fiume sarà:

$$
\begin{cases}
-\mu\triangle C + \nabla\cdot(\mathbf{u}C) + \sigma C = 0 & (x,y)\in\Omega, \\
C = C_{in} & \text{su } \Gamma_{in}, \\
C = C_f & \text{su } \Gamma_{up}, \\
\mu\nabla C\cdot\mathbf{n} = 0 & \text{su } \Gamma_{down}, \\
\mu\nabla C\cdot\mathbf{n} + \alpha C = \alpha C_{dry} & \text{su } \Gamma_r.
\end{cases}
\tag{3.25}
$$

Analisi matematica del problema

Prima di discutere la buona posizione di questo problema, ne diamo la formulazione debole. Indichiamo con $\Gamma_D = \Gamma_{in}\cup\Gamma_{up}$ il bordo sul quale sono assegnate condizioni di tipo Dirichlet. Sia inoltre $V\equiv H^1_{\Gamma_D}(\Omega)$ lo spazio delle funzioni in $H^1(\Omega)$ a traccia nulla su Γ_D. Moltiplichiamo l'equazione (3.25)$_1$ per una generica funzione $v\in V$. Integrando su Ω e applicando la formula di integrazione per parti otteniamo il problema: trovare $C\in H^1(\Omega)$ soddisfacente le condizioni (3.25)$_2$ e (3.25)$_3$, tale che

$$
\mu\int_\Omega \nabla C\nabla v\,d\omega + \int_{\Gamma_r}\alpha C v\,d\gamma + \int_\Omega \nabla\cdot(\mathbf{u}C)\,v\,d\omega + \sigma\int_\Omega C v\,d\omega = \alpha\int_{\Gamma_r} C_{dry} v\,d\gamma,
$$

dove sono state considerate le condizioni su Γ_{down} e Γ_r e il fatto che v sia nulla su Γ_D. Introduciamo una funzione $R(x,y)$ tale che

$$
R_{\Gamma_{in}} = C_{in} \qquad \text{e} \qquad R_{\Gamma_{up}} = C_f.
$$

In generale, per un dominio rettangolare, se $C_{in}\in H^{1/2}(\Gamma_{in})$ e $C_f\in H^{1/2}(\Gamma_{up})$, l'esistenza di R è garantita (si veda il paragrafo A.5 in Appendice). Nel nostro caso, i dati C_{in} e C_f soddisfano sicuramente questa ipotesi, essendo costanti.

Introduciamo la forma bilineare

$$
a(C,v)\equiv \mu\int_\Omega \nabla C\nabla v\,d\omega + \int_{\Gamma_r}\alpha C v\,d\gamma + \int_\Omega \nabla\cdot(\mathbf{u}C)\,v\,d\omega + \sigma\int_\Omega C v\,d\omega
\tag{3.26}
$$

e il funzionale

$$
\mathcal{F}(v)\equiv \alpha C_{dry}\int_{\Gamma_r} v\,d\gamma.
\tag{3.27}
$$

Il problema si riformula come: trovare $C\in R+V$ tale che per ogni $v\in V$

$$
a(C,v) = \mathcal{F}(v).
$$

Analizziamo la continuità della forma bilineare e del funzionale introdotti. Per quanto riguarda la continuità della prima, studiamo separatamente ogni addendo. In base alla disuguaglianza di Cauchy-Schwarz, si ha

$$|\mu \int_{\Omega} \nabla w \nabla v d\omega| \le \mu ||w||_V ||v||_V.$$

Il secondo addendo in (3.26) è continuo grazie al teorema che garantisce che l'operatore di traccia da $H^1(\Omega)$ a $H^{1/2}(\Gamma_r)$ è continuo, quindi

$$| \int_{\Gamma_r} \alpha C v | \le \alpha ||C||_{H^{1/2}(\Gamma_r)} ||v||_{H^{1/2}(\Gamma_r)} \le \alpha^* ||C||_V ||v||_V,$$

dove α^* include la costante della disuguaglianza di traccia.

Il terzo addendo di (3.26), in virtù della ipotesi di solenoidalità di **u** può essere riscritto:

$$\int_{\Omega} (\mathbf{u} \cdot \nabla w) \, v d\omega.$$

Ai fini della continuità, dobbiamo formulare un'ipotesi addizionale su **u**. Ricordiamo che se $v \in V$, in base al Teorema di immersione di Sobolev, in due e tre dimensioni si ha che[6] $v \in L^4(\Omega)$. Il prodotto di due funzioni di $L^4(\Omega)$ appartiene a $L^2(\Omega)$, sicché detta u_i la generica componente di **u**, $u_i v \in L^2(\Omega)$. Inoltre $\nabla C \in L^2(\Omega)$, pertanto, affinché la funzione integranda sia sommabile, è sufficiente richiedere che le componenti del vettore **u** siano funzioni di $L^4(\Omega)$. In base allo stesso Teorema, questo è verificato se $\mathbf{u} \in H^1(\Omega)$. Questo è ragionevole, dal momento che possiamo pensare che **u** sia a sua volta soluzione di un problema differenziale (si veda il Capitolo 7). Sotto questa ipotesi, si può concludere che

$$| \int_{\Omega} (\mathbf{u} \cdot \nabla C) \, v d\omega| \le ||\mathbf{u}||_{H^1} ||C||_{H^1} ||v||_V.$$

La continuità dell'ultimo addendo, essendo σ costante, è una immediata conseguenza della continuità del prodotto scalare di $L^2(\Omega)$ per funzioni in V. La continuità di $\mathcal{F}(v)$ segue dalla continuità del termine $\int_{\Gamma_r} \alpha C_{dry} v d\gamma$, che è garantita purché $C_{dry} \in H^{1/2}(\Gamma_r)$, ipotesi verificata nel nostro caso, in cui C_{dry} è costante.

Studiamo ora la coercività della forma bilineare

$$a(w,w) = \mu ||\nabla w||_{L^2}^2 + \alpha \int_{\Gamma_r} w^2 d\gamma + \frac{1}{2} \int_{\Omega} \nabla \cdot (\mathbf{u}w^2) \, d\omega + \sigma \int_{\Omega} w^2 d\omega.$$

In particolare, osserviamo che

$$\int_{\Omega} \nabla \cdot (\mathbf{u}w^2) \, d\omega = \int_{\Gamma_r} \mathbf{u} \cdot \mathbf{n} w^2 d\gamma + \int_{\Gamma_{down}} \mathbf{u} \cdot \mathbf{n} w^2 d\gamma.$$

---

[6] In realtà in due dimensioni il Teorema garantisce addirittura che $v \in L^6(\Omega)$.

Essendo nulla la velocità del fiume sulla riva $\mathbf{u} \cdot \mathbf{n} = 0$ su Γ_r, mentre assumiamo $\mathbf{u} \cdot \mathbf{n} \geq 0$ su Γ_{down}, che è ragionevole, essendo Γ_{down} la sezione di uscita del fiume. Sotto queste ipotesi

$$a(w, w) \geq \min(\sigma, \mu) \|w\|_V^2.$$

Avendo dimostrato che la forma bilineare è continua e coerciva, e che $\mathcal{F}$ è continuo possiamo concludere che il problema, sotto le ipotesi specificate, è ben posto grazie al Lemma 2.1.

Approssimazione numerica

Per introdurre una versione discreta di questo problema, introduciamo un sottospazio finito-dimensionale $V_h \subset V$ nel quale cercare la soluzione w_h risolvendo per ogni $v_h \in V_h$ $a(w_h, v_h) = \mathcal{F}(v_h)$. In particolare, se si introduce una suddivisione $\mathcal{T}_h$ del dominio Ω in triangoli, e si pone V_h lo spazio delle funzioni di X_h^r nulle su Γ_D, si ottiene una discretizzazione agli elementi finiti. In base alla stima di accuratezza degli elementi finiti, se la soluzione appartiene[7] a $H^2(\Omega)$, detta h una misura indicativa della dimensione degli elementi della triangolazione, l'errore è tale che $\|u - u_h\|_V \leq Ch|u|_2$ indipendentemente dal grado $r(\geq 1)$ di elementi finiti scelto. Per contenere i costi computazionali, converrà pertanto usare elementi finiti lineari ($r = 1$).

Trattandosi di un problema di diffusione-trasporto-reazione, la qualità della soluzione numerica dipende fortemente dal rapporto tra i coefficienti di trasporto e reazione rispetto a quello di diffusione. In particolare, per non avere oscillazioni spurie, h dovrà soddisfare i vincoli

$$\frac{\|\mathbf{u}\|_{L^\infty(\Omega)} h}{2\mu} < 1 \quad \text{e} \quad \frac{|\sigma| h^2}{6\mu} < 1,$$

a meno di non usare tecniche di stabilizzazione come quelle viste negli esercizi precedenti. Queste saranno indispensabili nel caso in cui i vincoli su h dovessero essere troppo costosi da soddisfare.

In particolare, consideriamo la stabilizzazione Streamline Diffusion. Poiché la velocità del fiume è solo in direzione x, di fatto il trasporto è dominante solo lungo la direzione delle ascisse. Pertanto, la stabilizzazione si rende necessaria solo in questa direzione. In sostanza, si tratta di introdurre un termine diffusivo aggiuntivo nella forma

$$-\frac{\|\mathbf{u}\|_{L^\infty(\Omega)} h}{2} \frac{\partial^2 C}{\partial x^2} = -\mu \mathbb{P}\mathrm{e} \frac{\partial^2 C}{\partial x^2}.$$

La forma bilineare stabilizzata diventerà

---

[7] Va osservato che problemi come quello qui proposto con condizioni al bordo miste, ossia diverse su diversi lati di bordo sono quasi sempre caratterizzati da soluzioni poco regolari.

$$a_h(C,v) = a(C,v) + \frac{\|\mathbf{u}\|_{L^\infty(\Omega)}h}{2} \int_\Omega \frac{\partial C}{\partial x}\frac{\partial v}{\partial x}d\omega.$$

In generale, se il campo di trasporto non è allineato lungo uno degli assi, il termine stabilizzante, secondo la tecnica Streamline Diffusion, è (si veda [Qua03], Paragrafo 5.7.3) $-\frac{h}{2\|\mathbf{u}\|_{L^\infty(\Omega)}}\nabla\cdot[(\mathbf{u}\cdot\nabla C)\,\mathbf{u}]$ corrispondente alla forma bilineare

$$a_h(C,v) = a(C,v) + \frac{1}{\|\mathbf{u}\|_{L^\infty(\Omega)}h}\int_\Omega (\mathbf{u}\cdot\nabla C)\,(\mathbf{u}\cdot\nabla v)\,d\omega.$$

La codifica in `FreeFem` del problema risolto con il metodo di Galerkin è data nel Programma 7. Nel Programma 8 viene riportata la codifica della formulazione del problema con la stabilizzazione Streamline Diffusion. Nello stesso codice si riporta la codifica del trattamento del termine reattivo mediante mass lumping.

Programma 7 - fiume1 : Problema del fiume con il metodo di Galerkin standard

```
// Costruzione della Mesh
border floor(t=0,10){ x=t; y=0; label=10;}; //lato y=0 (Gamma_r)
border right(t=0,2){ x=10; y=t; label=5;}; // lato x=10 (Gamma_n)
border ceiling1(t=10,3){ x=t; y=2; label=10;}; // lato y=2 (Gamma_r)
border ceiling2(t=3,1){ x=t; y=2; label=2;}; // lato y=2 (Gamma_d)
border ceiling3(t=1,0){ x=t; y=2; label=10;}; //lato y=2 (Gamma_r)
border left(t=2,0){ x=0; y=t; label=1;}; // lato x=0 (Gamma_d)
mesh Th= buildmesh(floor(100)+right(20)+ceiling1(70)+
        ceiling2(20)+ceiling3(10)+left(20));
// Specifica dei parametri
real mu=1.e-6;
real sigma=0.5;
real umax = 10;
func ux=umax*(2-y)*y;
func uy=0;
real Cin = 100;
real Cup = 10;
real Cdry = 1;
real alpha = 0.1;
// Il problema in forma variazionale
fespace Vh(Th,P1);
Vh C,v;
C=0;
problem ADRFiume(C,v) =
    int2d(Th)(   mu*dx(C)*dx(v) + mu*dy(C)*dy(v))
  + int2d(Th)(   ux*dx(C)*v + uy*dy(C)*v)
  + int2d(Th)(   sigma*C*v )
  + int1d(Th,10)( alpha*C*v )
  + int1d(Th,10)( -alpha*Cdry*v )
```

```
 + on(1,C=Cup)
 + on(2,C=Cin) ;
// Soluzione
ADRFiume;
```

Programma 8 - fiume2.edp : Formulazione del problema del fiume con stabilizzazione Streamline Diffusion e mass lumping

```
 problem ADRFiume(C,v) =
    int2d(Th)(  mu*dx(C)*dx(v) + mu*dy(C)*dy(v))
  + int2d(Th)(  umax*hTriangle*(dx(C)*dx(v)))
  + int2d(Th)(  ux*dx(C)*v + uy*dy(C)*v)
  + int2d(Th,qft=qf1pTlump)( sigma*C*v )
  + int1d(Th,10)( alpha*C*v )
  + int1d(Th,10)( -alpha*Cdry*v )
  + on(1,C=Cup)
  + on(2,C=Cin) ;
```

Analisi dei risultati

Nel primo caso proposto da simulare abbiamo una diffusività dell'inquinante molto piccola rispetto al trasporto, con

$$\mathbb{P}e = \frac{10 \times 0.1}{2 \times 10^{-6}} = 5 \times 10^5.$$

Se non si introducono forme di stabilizzazione, ci si aspetta una soluzione numerica oscillante. In effetti, in Figura 3.29 si osserva come la soluzione oscilli, assumendo inoltre valori negativi privi di senso per un'incognita come la concentrazione che è per definizione positiva.

In Figura 3.30 riportiamo la soluzione ottenuta dallo schema stabilizzato con Streamline Diffusion: la soluzione non oscilla e non assume valori negativi.

Nel secondo caso proposto nell'esercizio si assume che il batterio consumi in maniera molto rilevante l'inquinante. A livello numerico, avendosi $\mathbb{P}e = 2000 \times 0.01/(6 \times 0.1) \approx 33.3$, ci aspettiamo problemi di stabilità (Figura 3.31).

Figura 3.29. Mappa di concentrazione del problema dell'Esercizio 3.3.2 con $\mu = 10^{-6}$ e $\sigma = 0.5$ nel caso di metodo di Galerkin standard. La soluzione varia da -30 a 100

Figura 3.30. Mappa di concentrazione nel problema dell'Esercizio 3.3.2 con $\mu = 10^{-8}$ e $\sigma = 1$ nel caso di metodo stabilizzato mediante Streamline Diffusion. La soluzione assume solo valori positivi. Subito a valle del bordo Γ_{in} è evidente la sovrapposizione dei due flussi di inquinante, quello fisiologico e quello introdotto dalla fabbrica

Figura 3.31. Isolinee di concentrazione nel problema dell'Esercizio 3.3.2 con $\mu = 0.1$ e $\sigma = 300$ nel caso di metodo Galerkin standard. La zona chiara intorno al bordo Γ_{in} corrisponde a valori negativi. La soluzione varia da -26 a 100

Le oscillazioni numeriche vengono evitate se si introduce il mass lumping nel trattamento del termine di trasporto, come si vede in Figura 3.32. Si osservi come il batterio consumi drasticamente l'inquinante confinandone la presenza a un piccolo strato attorno alla sezione Γ_{in}.

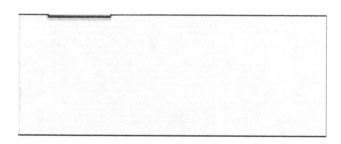

Figura 3.32. Isolinee di concentrazione nel problema dell'Esercizio 3.3.2 con $\mu = 0.1$ e $\sigma = 300$ nel caso di metodo stabilizzato mediante mass lumping. La soluzione ha valori positivi compresi fra 1 e 100. Ovviamente, a causa dell'intensa azione del batterio, l'inquinante rimane confinato nelle zone di ingresso Γ_{in}

Il metodo delle differenze finite

Il metodo delle differenze finite è una delle tecniche di discretizzazione più popolari ed è particolarmente attraente per problemi posti su geometrie semplici. Sul dominio computazionale nel quale si deve risolvere l'equazione differenziale viene prima generata una griglia i cui vertici costituiscono l'insieme dei *nodi* di discretizzazione. In essi viene valutata (*collocata*) l'equazione differenziale che si intende approssimare. Infine, ogni derivata che compare nell'operatore differenziale dell'equazione viene approssimata con opportuni rapporti incrementali. In questo capitolo, proponiamo prima (Paragrafo 4.1) alcuni esercizi sulla formulazione e sulla accuratezza della approssimazione di derivate mediante rapporti incrementali. Successivamente, consideriamo problemi differenziali risolti mediante questo metodo, in una dimensione (Paragrafo 4.2) e in più dimensioni (Paragrafo 4.3). In geometrie semplici, l'applicazione delle differenze finie in più dimensioni avviene sovente mediante replica dei rapporti incrementali in una dimensione rispetto a ciascuna direzione degli assi (cartesiani).

4.1 Rapporti incrementali in una dimensione

Riportiamo alcuni esercizi relativi alla determinazione di approssimazioni di vario ordine di accuratezza delle derivate di una funzione $u : \mathbb{R} \to \mathbb{R}$. Denoteremo con u_i il valore $u(x_i)$ dove $x_i = ih$ ($i \in \mathbb{Z}$) è l'i-esimo nodo di discretizzazione e $h > 0$ è il passo di discretizzazione. Considereremo prima l'approssimazione delle derivate su tutto $\mathbb{R}$, per passare poi nel Paragrafo 4.2 al caso di intervalli limitati. Per semplicità di notazioni porremo $D^p u_i \equiv d^p u/dx^p(x_i)$ e $\delta u_i \equiv u_{i+1} - u_{i-1}$. Quando non vi sia ambiguità sull'argomento della derivata, porremo $D_i^p \equiv D^p u_i$. Inoltre, indichiamo con $\|\mathbf{u}\|_{\Delta,\infty} \equiv \max_i |u_i|$ la norma infinito discreta (si veda l'Appendice A).

Ricordiamo che l'approssimazione numerica della derivata di una funzione f può essere eseguita seguendo sostanzialmente due diverse "filosofie":

1. utilizzo di opportuni troncamenti dello sviluppo in serie di Taylor di f;

2. sostituzione di f con un opportuno polinomio interpolatore Πf ed approssimazione di f' con la derivata esatta di Πf.

La prima strategia richiede la minimizzazione dell'errore di troncamento con il metodo dei coefficienti indeterminati (si vedano gli Esercizi 4.1.1-4.1.4), mentre l'esempio più notevole della seconda strategia è dato dalla cosiddetta *derivata pseudo-spettrale* (si veda l'Esercizio 4.1.5) nella quale la derivata di una funzione viene approssimata dalla derivata del polinomio interpolatore di Lagrange su una distribuzioni di nodi di interpolazione di tipo Gauss.

Rimandiamo per i risultati teorici a [QSS00a], Capitolo 9 e [Str04].

Esercizio 4.1.1 Si giustifichino le seguenti approssimazioni della derivata prima di una funzione u e si verifichi che sono accurate di ordine 2 e 4, rispettivamente, rispetto al passo di discretizzazione h

$$Du_i \simeq \frac{1}{2h}(-u_{i+2} + 4u_{i+1} - 3u_i),$$

$$Du_i \simeq \frac{1}{12h}(-u_{i+2} + 8u_{i+1} - 8u_{i-1} + u_{i-2}).$$

(4.1)

Se ne verifichi sperimentalmente l'accuratezza nella norma del massimo discreta per l'approssimazione della derivata prima della funzione $u(x) = \sin(2\pi x)$ nell'intervallo $(0, 1)$ al variare di h.

Soluzione 4.1.1

Approssimazione numerica

Consideriamo i seguenti sviluppi in serie di Taylor, possibili se $u \in C^5(\mathbb{R})$

$$u_{i\pm1} = u_i \pm hD_i + \frac{h^2}{2}D_i^2 \pm \frac{h^3}{6}D_i^3 + \frac{h^4}{24}D^4u_i \pm \frac{h^5}{120}D_i^5 + \wr(h^5),$$

$$u_{i\pm2} = u_i \pm 2hD_i + 2h^2D_i^2 \pm \frac{4h^3}{3}D_i^3 + \frac{2h^4}{3}D_i^4 \pm \frac{4h^5}{15}D_i^5 + \wr(h^5),$$

(4.2)

dove abbiamo posto $D_i^p \equiv D^p u_i$. La (4.1)$_1$ si ottiene allora combinando tra loro le (4.2) in quanto

$$-u_{i+2} + 4u_{i+1} - 3u_i = 2hDu_i - \frac{2}{3}h^3\frac{d^3u}{dx^3}(\xi),$$

dove $\xi \in (x_i, x_i + 2h)$ e $u \in C^3$. Analogamente, notando che

$$u_{i+2} - u_{i-2} = 4hDu_i + \frac{8}{3}h^3D^3u_i + \zeta(h^5),$$

(4.3)

$$u_{i+1} - u_{i-1} = 2hDu_i + \frac{1}{3}h^3D^3u_i + \zeta(h^5).$$

si trova la (4.1)$_2$ in quanto

$$u_{i-2} - u_{i+2} + 8(u_{i+1} - u_{i-1}) = 12hDu_i - \frac{2}{5}h^5\frac{d^5u}{dx^5}(\bar\xi),$$

dove $\bar\xi \in (x_i - 2h, x_i + 2h)$. Se u è sufficientemente regolare i due metodi proposti sono dunque accurati di ordine 2 e 4 rispetto a h, in quanto l'errore di troncamento è pari rispettivamente a $h^2/3d^3u(\xi)/dx^3$ e $h^4/30d^5u(\bar\xi)/dx^5$.

Analisi dei risultati

La funzione $u(x) = \sin(2\pi x)$ è periodica di periodo 1. Di conseguenza, il calcolo approssimato della derivata prima può essere fatto usando le (4.1) in tutto l'intervallo $[0,1]$, sfruttando la periodicità.

Il Programma 9 (del quale riportiamo solo la spiegazione d'uso (sinopsi) presente nel codice e che viene ottenuta in linea dal comando MATLAB `help fddudx`) restituisce, nel vettore `dfdxp`, i valori approssimati della derivata di ordine p di una funzione (precisata nella stringa o nella funzione *inline* `fun` e supposta periodica nell'intervallo di definizione) in `nh+1` nodi di discretizzazione equispaziati dell'intervallo (`xspan(1)`,`xspan(2)`). I nodi sono memorizzati in *output* nel vettore `x` supponendo che `x(1)` = `xspan(1)` e `x(nh+1)=xspan(2)`. Il metodo di approssimazione considerato nel Programma 9 è della forma generale

$$Du_i \simeq \frac{1}{h^p}\sum_{k=i-N}^{i+N}c_ku_k,$$

dove i valori dei coefficienti $\{c_k\}$ devono essere precisati in ingresso nel vettore `coeff`.

Programma 9 - fddudx : Approssimazione alle differenze finite della derivata di ordine p di una funzione periodica

```
function [x,dfdxp]=fddudx(xspan,nh,coeff,p,fun,varargin)
%FDDUDX Valuta numericamente la derivata p-esima di una funzione
%   periodica
%   [X,DFDXP]=FDDUDX(XSPAN,NH,COEFF,P,FUN) approssima la derivata di
%   ordine P della funzione FUN in NH+1 nodi equispaziati contenuti
%   nell'intervallo [XSPAN(1),XSPAN(2)] con un metodo della forma
%
%       DFDX(X(I)) = (1/H^P)*SUM(COEFF.*FUNXI)
%
```

```
%   dove FUNXI e' il vettore contenente le valutazioni di FUN nei
%   nodi X(I-(NC-1)/2:I+(NC+1)/2), essendo NC un numero dispari pari
%   alla lunghezza di COEFF.
%
%   [X,DFDXP]=FDDUDX(XSPAN,NH,COEFF,P,FUN,P1,P2,...) passa
%   i parametri addizionali P1,P2, ... alla funzione FUN(X,P1,P2,...).
```

Utilizziamo tale programma per verificare le proprietà dei metodi analizzati in questo esercizio. Basterà scrivere le seguenti istruzioni[1]

```
>> nh=10; fun=inline('sin(2*pi*x)');
for n=1:6
  [x,dfdx1]=fddudx([0,1],nh,coeff,1,fun);
  error(n) = norm(dfdx1-2*pi*cos(2*pi*x),inf);
  nh=2*nh;
end
```

dove il vettore coeff è pari a [0 0 -3/2 2 -1/2] per la formula $(4.1)_1$ e [1/12 -2/3 0 2/3 -1/12] per la $(4.1)_2$. Con l'istruzione

```
>> q=log(error(1:end-1)./error(2:end))/log(2);
```

calcoliamo inoltre una stima dell'ordine di convergenza q della formula in esame.

In Tabella 4.1 riportiamo i risultati ottenuti: come si vede, al dimezzarsi di h, nel primo caso l'errore si divide per 4, nel secondo caso per 16, a conferma delle proprietà teoriche delle due formule considerate.   ◇

h	1/10	1/20	1/40	1/80	1/160	1/320
E_1	7.9e-01	2.1e-01	5.2e-02	1.3e-02	3.2e-03	8.1e-04
$q(E_1)$	–	1.95698	1.98930	1.99733	1.99933	1.99983
E_2	3.1e-02	2.0e-03	1.3e-04	8.0e-06	5.0e-07	3.1e-08
$q(E_2)$	–	3.94912	3.98729	3.99682	3.99921	3.99980

Tabella 4.1. Andamento dell'errore in norma infinito discreta rispetto al passo di discretizzazione h e stima dell'ordine di accuratezza q per le formule $(4.1)_1$ (righe E_1 e $q(E_1)$) e $(4.1)_2$ (righe E_2 e $q(E_2)$)

---

[1] Il comando inline(expr) dichiara la stringa expr come una funzione che può essere valutata in MATLAB.

Esercizio 4.1.2 Si considerino le seguenti approssimazioni della derivata seconda di una funzione u nei punti $x_i = ih$, $i \in \mathbb{Z}$ $(h > 0)$

$$D^2 u_i \simeq a_0 u_i + a_1 u_{i-1} + a_2 u_{i-2},$$

$$(4.4)$$

$$D^2 u_i \simeq b_0 u_i + b_1 u_{i-1} + b_2 u_{i-2} + b_3 u_{i-3}.$$

Usando il metodo dei coefficienti indeterminati, si trovino i valori dei coefficienti che garantiscono il massimo ordine di accuratezza, sotto opportune ipotesi di regolarità su u. Se ne verifichi quindi sperimentalmente l'accuratezza impiegandole nell'approssimazione della derivata seconda della funzione $u(x) = \sin(2\pi x)$ per $x \in (0, 1)$.

Soluzione 4.1.2

Approssimazione numerica

Consideriamo la $(4.4)_1$. Sviluppando i termini in serie di Taylor ed ipotizzando $u \in C^3(\mathbb{R})$ si trova

$$D^2 u_i \simeq a_0 u_i + a_1 \left(u_i - h D u_i + \frac{h^2}{2} D^2 u_i - \frac{h^3}{6} D^3 u_i + \dots \right)$$

$$+ a_2 \left(u_i - 2h D u_i + 2h^2 D^2 u_i - \frac{4h^3}{3} D^3 u_i + \dots \right).$$

Raccogliamo i coefficienti relativi a termini differenziali dello stesso ordine, ottenendo

$$D^2 u_i \simeq (a_0 + a_1 + a_2) u_i - h(a_1 + 2a_2) D u_i + \frac{h^2}{2}(a_1 + 4a_2) D^2 u_i$$

$$(4.5)$$

$$- \frac{h^3}{6}(a_1 + 8a_2) D^3 u_i + \dots$$

Per calcolare un'approssimazione della derivata seconda, richiediamo che i coefficienti relativi a u_i e $D u_i$ siano nulli e che quello di $D^2 u_i$ sia pari a 1. In questo modo si giunge al seguente sistema lineare quadrato nei coefficienti $\{a_i\}$ (di matrice non singolare, come si può facilmente verificare)

$$\begin{cases} a_0 + a_1 + a_2 = 0, \\ a_1 + 2a_2 = 0, \\ a_1 + 4a_2 = \dfrac{2}{h^2}, \end{cases}$$

la cui soluzione è $a_0 = a_2 = 1/h^2$, $a_1 = -2/h^2$. La formula cercata (che è un'approssimazione decentrata all'indietro della derivata seconda) è dunque data da

$$D^2 u_i \simeq \frac{1}{h^2}(u_i - 2u_{i-1} + u_{i-2}).\qquad(4.6)$$

Essa è accurata di ordine 1 (se $u \in C^3(\mathbb{R})$) in quanto il coefficiente di h^3, $a_1 + 8a_2$, nella (4.5) non è nullo per i valori di a_0, a_1, a_2 trovati.

Passiamo alla (4.4)$_2$. Con calcoli del tutto analoghi troviamo

$$D^2 u_i \simeq b_0 u_i + b_1 \left(u_i - hDu_i + \frac{h^2}{2}D^2 u_i - \frac{h^3}{6}D^3 u_i + \dots \right)$$

$$+ b_2 \left(u_i - 2hDu_i + 2h^2 D^2 u_i - \frac{4h^3}{3}D^3 u_i + \dots \right) \qquad (4.7)$$

$$+ b_3 \left(u_i - 3hDu_i + \frac{9}{4}h^2 D^2 u_i - \frac{27h^3}{6}D^3 u_i + \dots \right)$$

ed il corrispondente sistema lineare (che ora è sottodeterminato)

$$\begin{cases} b_0 + b_1 + b_2 + b_3 = 0, \\ b_1 + 2b_2 + 3b_3 = 0, \\ b_1 + 4b_2 + \dfrac{9}{2}b_3 = \dfrac{2}{h^2}. \end{cases}$$

Utilizziamo il "grado di libertà" ancora a disposizione per determinare lo schema di ordine massimo, richiedendo che anche il coefficiente relativo a $D^3 u_i$ nella (4.7) sia nullo. Giungiamo all'equazione addizionale seguente $b_1 + 8b_2 + 27b_3 = 0$ che, messa a sistema con le tre precedenti, fornisce i seguenti valori per i coefficienti

$$b_0 = \frac{2}{h^2},\ b_1 = -\frac{5}{h^2},\ b_2 = \frac{4}{h^2},\ b_3 = -\frac{1}{h^2}.$$

L'approssimazione corrispondente, data allora da

$$D^2 u_i \simeq \frac{1}{h^2}(2u_i - 5u_{i-1} + 4u_{i-2} - u_{i-3}) \qquad (4.8)$$

è accurata di ordine 2 se $u \in C^4(\mathbb{R})$.

Analisi dei risultati

Per verificare l'ordine di accuratezza rispetto a h delle formule usate usiamo nuovamente il Programma 9 ponendo p=2 e precisando i coefficienti dello schema nel vettore coeff. Per il primo schema porremo coeff=[1 -2 1 0 0], mentre per il secondo avremo coeff=[-1 4 -5 2 0 0 0]. Con le seguenti istruzioni

```
>> nh=10; u=inline('sin(2*pi*x)');
for n=1:6, [x,dfdx]=fddudx([0,1],nh,coeff,2,u);
   error(n) = norm(dfdx+4*pi^2*sin(2*pi*x),inf);   nh=2*nh;
end, q=log(error(1:end-1)./error(2:end))/log(2);
```

generiamo i risultati riportati in Tabella 4.2 che confermano l'analisi teorica per entrambi gli schemi.   ◇

h	1/10	1/20	1/40	1/80	1/160	1/320
E_1	2.3e+01	1.2e+01	6.2e+00	3.1e+00	1.6e+00	7.8e-01
$q(E_1)$	–	0.92760	0.98213	0.99555	0.99889	0.99972
E_2	1.3e+01	3.6e+00	8.9e-01	2.2e-01	5.6e-02	1.4e-02
$q(E_2)$	–	1.89634	1.98575	1.99644	1.99911	1.99978

Tabella 4.2. Andamento dell'errore in norma infinito discreta rispetto al passo di discretizzazione h e dell'ordine di accuratezza q per le formule (4.6) (righe E_1 e $q(E_1)$) e (4.8) (righe E_2 e $q(E_2)$)

Esercizio 4.1.3 Per l'approssimazione delle derivate seconda e quarta di una funzione u si determinino i coefficienti delle formule

$$D^2 u_i \simeq a_0 u_{i+1} + a_1 u_i + a_2 u_{i-1},$$

$$D^4 u_i \simeq a_0 u_{i-2} + a_1 u_{i-1} + a_2 u_i + a_3 u_{i+1} + a_4 u_{i+2}, \tag{4.9}$$

in modo da ottenere l'ordine di accuratezza massimo possibile (nella norma $\|\cdot\|_{\Delta,\infty}$. Si verifichi sperimentalmente il risultato per l'approssimazione delle derivate seconda e quarta della funzione $u(x) = \sin(2\pi x)$ nell'intervallo $(0, 1)$.

Soluzione 4.1.3

Approssimazione numerica

La soluzione di questo esercizio ricalca quella degli esercizi precedenti. Partiamo dalla $(4.9)_1$: imponendo che tale formula approssimi la derivata seconda in x_i si giunge al seguente sistema lineare nei coefficienti

$$\begin{cases} a_0 + a_1 + a_2 = 0, \\ a_0 - a_2 = 0, \\ a_0 + a_2 = \dfrac{2}{h^2}, \end{cases}$$

che ha come soluzione $a_0 = a_2 = h^{-2}$, $a_1 = -2h^{-2}$. Riconosciamo quindi nello schema trovato,

$$D^2 u_i \simeq \frac{1}{h^2}(u_{i-1} - 2u_i + u_{i+1}), \tag{4.10}$$

la tradizionale approssimazione della derivata seconda di una funzione, accurata di ordine 2 rispetto a h, se $u \in C^4(\mathbb{R})$.

Passiamo alla derivata quarta. Con calcoli analoghi si perviene al sistema lineare seguente

$$\begin{cases} a_0 + a_1 + a_2 + a_3 + a_4 = 0, \\ 2a_0 + a_1 - a_3 - 2a_4 = 0, \\ 4a_0 + a_1 + a_3 + 4a_4 = 0, \\ 8a_0 + a_1 - a_3 - 8a_4 = 0, \\ 16a_0 + a_1 + a_3 + 16a_4 = \dfrac{24}{h^4}, \end{cases}$$

che ha soluzione data da $a_0 = a_4 = h^{-4}$, $a_1 = a_3 = -4h^{-4}$, $a_2 = 6h^{-4}$. Lo schema corrispondente

$$D^4 u_i \simeq \frac{1}{h^4}(u_{i-2} - 4u_{i-1} + 6u_i - 4u_{i+1} + u_{i+2}), \qquad (4.11)$$

è di ordine 2 rispetto a h, se $u \in C^6(\mathbb{R})$, come si desume ricavando l'errore di troncamento.

Analisi dei risultati

La verifica dell'ordine viene eseguita richiamando il Programma 9 con p=2, coeff = [0 1 -2 1 0] nel primo caso e p=4, coeff = [1 -4 6 -4 1] nel secondo. I risultati ottenuti, riportati in Tabella 4.3 confermano sostanzialmente le attese teoriche (ordine 2 per entrambe le formule (4.10) e (4.11)).

h	1/10	1/20	1/40	1/80	1/160	1/320
E_1	1.2e+00	3.2e-01	8.1e-02	2.0e-02	5.1e-03	1.3e-03
$q(E_1)$	–	1.91337	1.99644	1.99911	1.99978	1.99994
E_2	9.5e+01	2.5e+01	6.4e+00	1.6e+00	4.0e-01	1.0e-01
$q(E_2)$	–	1.89568	1.99200	1.99800	1.99950	1.99993

Tabella 4.3, Andamento dell'errore in norma infinito rispetto al passo di discretizzazione h e dell'ordine di accuratezza q per le formule (4.10) (righe E_1 e $q(E_1)$) e (4.11) (righe E_2 e $q(E_2)$)

Facciamo notare che riducendo ulteriormente h cominciano a manifestarsi gli errori di arrotondamento che degradano l'accuratezza dello schema (4.11), come dimostrano i grafici riportati nella Figura 4.1.   ◇

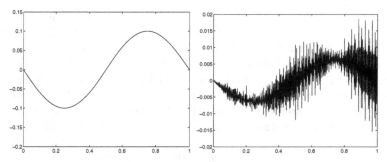

Figura 4.1. Andamento dell'errore $D^4 u_i - d^4 u/dx^4(x_i)$ per la formula (4.11) per $h = 1/320$ (a sinistra) e $h = 1/1280$ (a destra). Si noti l'insorgere degli errori di arrotondamento nel secondo grafico

---

Esercizio 4.1.4 Si considerino i valori D_i della derivata prima di una funzione u in $x_i = ih$ per $i \in \mathbb{Z}$ e $h > 0$. Si vogliono calcolare tali valori tramite la seguente formula

$$a_1 D_{i-1} + a_0 D_i + a_1 D_{i+1} = b_1 u_{i+1} + b_0 u_i - b_1 u_{i-1}. \qquad (4.12)$$

Si determinino i coefficienti a_0, a_1, b_0, b_1 in modo che l'ordine di accuratezza sia massimo e si verifichi l'ordine approssimando la derivata prima della funzione $f(x) = \sin(2\pi x)$ per $x \in (0, 1)$.

Soluzione 4.1.4

Approssimazione numerica

Per determinare i coefficienti che garantiscano il massimo ordine di accuratezza, calcoliamo l'*errore di troncamento*. Esso è l'errore che si commette obbligando la soluzione esatta a soddisfare lo schema numerico ed ha quindi nel nostro caso la seguente espressione

$$\tau_i(u) = a_1(D_{i-1} + D_{i+1}) + a_0 D_i - b_1(u_{i+1} - u_{i-1}) - b_0 u_i.$$

Ricordando gli sviluppi in serie $(4.2)_1$ e

$$Du_{i\pm 1} = D_i \pm h D_i^2 + \frac{h^2}{2} D_i^3 \pm \frac{h^3}{6} D_i^4 + \frac{h^4}{24} D_i^5 + \frac{h^5}{120} D_i^6 + \wr(h^5),$$

si trova

$$\tau_i(u) = -b_0 u_i + (2a_1 + a_0 - 2hb_1)D_i + \left(a_1 h^2 - \frac{h^3}{3}b_1\right) D_i^3 +$$
$$\left(a_1 \frac{h^4}{12} - b_1 \frac{h^5}{60}\right) D_i^5 + \wr(h^5).$$

Affinché lo schema sia consistente (cioè τ_i tendente a 0 per h che tende a 0) è necessario richiedere $b_0 = 0$. Per aumentare l'ordine di accuratezza, annulliamo a questo punto più termini possibili nell'errore di troncamento. Ci si rende conto facilmente che il sistema lineare nei coefficienti incogniti che si ottiene richiedendo l'annullamento di tutti i termini fino a quello relativo alla derivata quinta è impossibile (un'equazione richiederebbe $b_1 = 3a_1$, l'altra $b_1 = 5a_1$). Il meglio che possiamo fare è "accontentarci" di annullare i termini fino a quello associato alla derivata terza. Perveniamo allora al seguente sistema (sottodeterminato)

$$\begin{cases} 2a_1 + a_0 - 2hb_1 = 0, \\ a_1 h^2 - \dfrac{h^3}{3} b_1 = 0. \end{cases}$$

Risolvendolo in funzione di a_0 si trovano i coefficienti $a_1 = a_0/4$, $b_1 = 3/4ha_0$, che, introdotti nella (4.12), con la scelta $a_0 = 4$ forniscono lo schema alle differenze finite cercato

$$D_{i-1} + 4D_i + D_{i+1} = \frac{3}{h}(u_{i+1} - u_{i-1}). \qquad (4.13)$$

Tenendo conto dell'espressione dell'errore di troncamento, si trova che lo schema (4.13) è accurato[2] di ordine 4 rispetto a h.

La (4.12) è un esempio di *differenza finita compatta*. L'aggettivo compatto è motivato dal fatto che il supporto richiesto (detto anche *stencil*), cioè il numero di nodi necessari per ottenere un certo ordine di accuratezza, è molto minore di quello richiesto da un metodo alle differenze finite tradizionale (si pensi ad esempio a $(4.1)_2$). Il prezzo da pagare è che il calcolo della derivata richiede ora la risoluzione di un sistema lineare in quanto la (4.13) equivale a calcolare il vettore $\mathbf{d}_1 = (D_i)$ soluzione di

$$\mathrm{C}\mathbf{d}_1 = \frac{1}{h}\mathrm{M}_1\mathbf{u}, \qquad (4.14)$$

dove $\mathbf{u} = (u_i)$. Le due matrici C e M_1 sono tridiagonali ed hanno sulla sotto e sopra diagonale elementi pari a 1 e ∓ 3, rispettivamente, e sulla diagonale principale pari a 4 e 0, rispettivamente.

Abbiamo ricavato il sistema (4.14) per un generico indice $i \in \mathbb{Z}$. Naturalmente, se i variasse in un sottoinsieme di $\mathbb{Z}$ (ad esempio, fra 0 e n) dovremmo porci il problema di costruire approssimazioni di ordine 4 anche per i nodi di bordo, x_0 e x_n, ai quali non potremmo evidentemente applicare lo schema trovato. Si cercano in tal caso approssimazioni compatte decentrate. Ad esempio in x_0 costruiremo uno schema del seguente tipo $a_0 D_0 + a_1 D_1 = b_0 u_1 + b_1 u_2 + b_2 u_3 + b_3 u_4$. Esso è accurato di ordine 4 se tra i coefficienti (lo si verifichi) valgono le seguenti relazioni

---

[2] Ricordiamo che l'ordine di accuratezza di uno schema è l'ordine di infinitesimo di $\tau = \max_i \tau_i$ rispetto a h.

$$a_0 = 1, \ b_0 = -\frac{3 + a_1 + 2b_3}{2}, \ b_1 = 2 + 3b_3, \ b_2 = -\frac{1 - a_1 + 6b_3}{2}.$$

In modo analogo si procederà per il nodo di discretizzazione x_n.

Fanno eccezione le funzioni periodiche: per esse si può infatti imporre la periodicità della funzione e delle sue derivate. richiedendo che $u_i = u_{i+n}$ e $D_i = D_{i+n}$ per ogni $i \in \mathbb{Z}$, completando in tal modo il sistema (4.14). Questo è proprio quanto viene fatto nel Programma 10 nel quale si calcola un'approssimazione della derivata p-esima di una funzione u periodica usando un metodo alle differenze finite compatte della forma generale seguente

$$\sum_{k=-r}^{r} a_k D_{i+k}^p = \frac{1}{h^p} \sum_{k=-s}^{s} b_k u_{i+k}$$

con r, s e p interi positivi. I coefficienti $\{a_k\}_{k=-r}^{r}$ e $\{b_k\}_{k=-s}^{s}$ devono essere precisati in tale ordine nei vettori d'ingresso coeffC e coeffM, rispettivamente. Il programma richiede inoltre il vettore xspan, lo scalare nh e la funzione fun precisati come per il Programma 9.

Programma 10 - fdcompatte : Approssimazione alle differenze finite compatte della derivata di una funzione

```
%FDCOMPATTE approssima la derivata p-esima di una funzione periodica.
%   [X,DU]=FDCOMPATTE(XSPAN,NH,COEFFC,COEFFM,FUN,P) approssima la derivata
%   P-esima della funzione FUN in NH+1 nodi equispaziati contenuti nello
%   intervallo [XSPAN(1),XSPAN(2)] con  un metodo alle differenze finite
%   compatte della forma SUM(COEFFC.*DU) = (1/H^P)*SUM(COEFFM.*FUNXI),
%   dove FUNXI e' il vettore contenente le valutazioni di FUN nei nodi
%   X(I-(NC-1)/2:I+(NC+1)/2), essendo NC un numero dispari pari alla lunghezza
%   di COEFFM. [X,DU]=FDCOMPATTE(XSPAN,NH,COEFFC,COEFFM,FUN,P,P1,P2,...) passa
%   i parametri addizionali P1,P2,.. alla funzione FUN(X,P1,P2,..).
```

A questo punto, il calcolo della differenza finita compatta per la funzione $f(x) = \sin(2\pi x)$, nonché la verifica sperimentale dell'ordine possono essere effettuati con le istruzioni seguenti

```
>> fun=inline('sin(2*pi*x)');
>> nh = 10;
>> for n=1:6
    [x,dfdx]=fdcompatte([0,1],nh,[1 4 1],[-3 0 3],fun,1);
    error(n) = norm(dfdx'-2*pi*cos(2*pi*x),inf);
    nh=2*nh;
   end
>> log(error(1:end-1)./error(2:end))/log(2)
```

Analisi dei risultati

I risultati riportati in Tabella 4.4 confermano l'ordine di accuratezza 4 dello schema. Si osservi come lo schema alle differenze finite compatte, pur avendo uno *stencil* più piccolo, risulti più accurato del metodo $(4.1)_2$ introdotto nell'Esercizio 4.1.1, anche se entrambi i metodi hanno lo stesso ordine di accuratezza. $\Diamond$

h	1/10	1/20	1/40	1/80	1/160	1/320
E	5.7e-03	3.4e-04	2.1e-05	1.3e-06	8.3e-08	5.2e-09
q	–	4.0508	4.0127	4.0032	4.0008	4.0002

Tabella 4.4. Andamento dell'errore E in norma infinito discreta rispetto al passo di discretizzazione h per le formula compatta (4.13) e la corrispondente stima dell'ordine q di convergenza rispetto a h

Esercizio 4.1.5 Si calcoli la derivata pseudo-spettrale delle seguenti funzioni

$$f(x) = e^x, \quad g(x) = \begin{cases} 0 & x \in [-1, 1/3], \\ -27x^3 + 27x^2 - 9x + 1 & x \in (1/3, 1]. \end{cases}$$

Si riporti l'andamento dell'errore in norma infinito discreta al crescere di n nei due casi e si commentino i risultati ottenuti.

Soluzione 4.1.5

Approssimazione numerica

Con i Programmi 11 e 12 costruiamo gli $\mathbb{N}(= n + 1)$ nodi di Gauss-Chebyshev-Lobatto e la matrice di derivazione pseudo-spettrale D corrispondente (data nella (4.31)). È sufficiente dare le seguenti istruzioni `x = xwglc(N); D = derglc(x,N);`. A questo punto per calcolare la derivata pseudo-spettrale della funzione f basta porre `df=D*exp(x)`. Analogamente, per la funzione g.

Programma 11 - xwglc : Nodi di Gauss-Chebyshev-Lobatto

```
%XWGLC Nodi della formula di Gauss-Lobatto-Chebyshev
%   [X]=XWGLC(NP,A,B) calcola i nodi nel generico intervallo [A,B].
```

Programma 12 - derglc : Matrice di derivazione pseudo-spettrale nei nodi di Gauss-Chebyshev-Lobatto

```
%DERGLL Matrice di derivazione pseudo-spettrale nei nodi
%    di Gauss-Chebyshev-Lobatto.
%
%    [D]=DERGLC(X,NP) calcola la matrice di derivazione
%    pseudo spettrale D nei nodi X di Gauss-Chebyshev-Lobatto.
%    distribuiti all'interno dell'intervallo [-1,1].
%
%    NP+1 e' il grado del polinomio usato.
%
```

Analisi dei risultati

In Figura 4.2 riportiamo l'andamento dell'errore in funzione di n per f e g.

Come si nota nel primo caso, essendo la funzione infinitamente derivabile con continuità, l'errore decresce, al crescere di n, più velocemente di una qualsiasi potenza di n fino al raggiungimento dello "zero macchina".

Per la funzione g, che appartiene solo allo spazio funzionale $C^2([-1,1])$, l'errore si comporta invece come n^{-2}, come atteso dalla teoria (si veda ad esempio [Qua03], Capitolo 4). $\diamond$

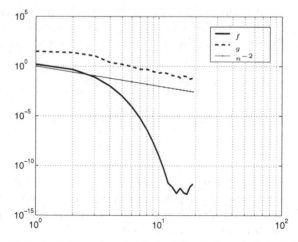

Figura 4.2. Andamento dell'errore nel calcolo della derivata prima delle funzioni f e g. Per comodità riportiamo il grafico di n^{-2} (in linea continua con dei pallini)

4.2 Approssimazione di problemi ai limiti

Esercizio 4.2.1 Si proponga un'approssimazione accurata di ordine 2, opportunamente decentrata, per l'approssimazione con il metodo delle differenze finite del problema ai limiti:
trovare $u : (0,1) \to \mathbb{R}$ tale che

$$\begin{cases} -0.01\dfrac{d^2u}{dx^2} - \dfrac{du}{dx} = 0 \text{ per } x \in (0,1), \\ u(0) = 0, \qquad\qquad u(1) = 1. \end{cases} \qquad (4.15)$$

Si consideri una griglia uniforme di passo h formata da $n+1$ nodi.

Soluzione 4.2.1

Approssimazione numerica

Il problema in esame è di diffusione-trasporto a trasporto dominante (si veda il Capitolo 3): si ha infatti che il numero di Péclet globale (cioè calcolato in base alla lunghezza del dominio) è pari a 50. Per ottenere soluzioni prive di oscillazioni spurie si deve soddisfare la condizione $\mathbb{P}\mathrm{e} = 50h < 1$. Alternativamente, come indicato nel testo, si deve decentrare lo schema. Il decentramento di tipo *upwind* limita però l'ordine di accuratezza dello schema al prim'ordine. Per garantire il mantenimento dell'ordine 2 utilizziamo allora l'approssimazione decentrata $(4.1)_1$ che abbiamo già dimostrato essere accurata di ordine 2. Lo schema alle differenze finite sarà allora

$$\begin{cases} -0.01\dfrac{u_{i+1} - 2u_i + u_{i-1}}{h^2} - \dfrac{-u_{i+2} + 4u_{i+1} - 3u_i}{2h} = 0 \\ \qquad\qquad\qquad\qquad\qquad \text{per } i = 1, \dots, n-2, \qquad (4.16) \\ u_0 = 0, \qquad\qquad\qquad\qquad\qquad u_n = 1. \end{cases}$$

Resta da precisare l'equazione relativa al nodo x_{n-1}: per esso infatti non possiamo utilizzare l'approssimazione $(4.1)_1$ perché coinvolgerebbe il valore di u nel nodo x_{n+1}, esterno al dominio considerato. Una prima possibilità consiste nell'impiegare un rapporto incrementale centrato accurato di ordine 2 (come ad esempio $(u_n - u_{n-2})/(2h)$), venendo però meno il decentramento dello schema nel nodo x_{n-1}. Un'altra possibilità è quella di includere nello schema l'incognita fittizia u_{n+1} in modo da poter utilizzare anche nel nodo x_{n-1} il rapporto incrementale $(4.1)_1$; il problema risiede nell'individuare un valore appropriato da assegnare a u_{n+1}. Una soluzione possibile consiste nell'utilizzare una estrapolazione di ordine opportuno, ottenuta a partire dai valori u_n, u_{n-1}, u_{n-2},.... Evidentemente, non basterà una estrapolazione di ordine 2, poiché questa poi verrà usata nell'approssimazione della derivata, che comporta una divisione per h riducendo al primo ordine l'errore dovuto alla estrapolazione. Dovremo usare un'approssimazione di ordine 3. Ad esempio, ponendo $u_{n+2} \simeq 3u_{n+1} - 3u_n + u_{n-1}$, lo schema (4.16) per $i = n - 1$ diverrà

$$-0.01 \frac{u_n - 2u_{n-1} + u_{n-2}}{h^2} - \frac{u_{n+1} - u_{n-1}}{2h} = 0.$$

In questa approssimazione riconosciamo uno schema centrato di ordine 2. Poichè adottiamo uno schema centrato solo in un punto, questo non inibisce l'azione stabilizzante delle derivate decentrate.

Analisi dei risultati

Nel Programma 13, lo schema proposto viene implementato su una griglia uniforme di passo h per la risoluzione del problema più generale

$$\begin{cases} -\mu u''(x) + \beta u'(x) + \sigma u(x) = f(x) & x \in (a,b), \\ u(a) = g_D(a), \qquad u(b) = g_D(b), \end{cases}$$

Programma 13 - diff1Dfd : Approssimazione con differenze finite di ordine 2 per un problema ai limiti del second'ordine

```
%DIFF1DFD Differenze finite per il problema ai limiti di ordine 2.
%   [UH,X]=DIFF1DFD(XSPAN,NH,MU,BETA,SIGMA,GD,F) risolve il problema
%     - MU*U'' + BETA*U'+SIGMA*U = F in (XSPAN(1),XSPAN(2)
%     U(XSPAN(1))=GD(XSPAN(1)),   U(XSPAN(2))=GD(XSPAN(2))
%   su una griglia uniforme di passo H=(XSPAN(2)-XSPAN(1))/NH usando
%   differenze finite di ordine 2 dove MU, BETA e SIGMA sono delle
%   costanti e F e GD delle inline functions.
%   Se PE=0.5*ABS(BETA)*H/MU e' maggiore di 1 viene usato uno schema
%   decentrato sempre di ordine 2.
```

In Figura 4.3 a sinistra riportiamo la soluzione che si trova con lo schema decentrato con $h = 1/10$ (linea continua) e con lo schema decentrato per $h = 1/100$ (linea tratteggiata). Come atteso, l'aver scelto uno schema decentrato ha permesso di eliminare oscillazioni spurie anche per h "grandi". A destra, nella stessa Figura, riportiamo l'andamento dell'errore in norma $L^\infty(0,1)$ in scala logaritmica al variare di h, ricordando che la soluzione esatta è $u_{ex} = \left(e^{-100x} - 1\right) / \left(e^{-100} - 1\right)$. Per h sufficientemente piccolo, la soluzione è accurata con ordine 2. Nel problema in esame per i valori di h per i quali effettivamente la convergenza ha ordine 2, il numero $\mathbb{P}e$ è minore di 1.

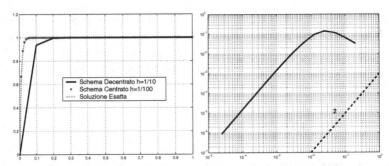

Figura 4.3. A sinistra: Soluzione ottenuta con lo schema (4.16) per $h = 1/10$ in linea continua. In linea tratteggiata la soluzione esatta, mentre i valori marcati con × si riferiscono alla soluzione ottenuta per $h = 1/100$ con lo schema centrato. A destra: grafico dell'errore in norma $L^\infty(0,1)$ in scala logaritmica per lo schema decentrato al variare di h (in ascissa). La curva tratteggiata rappresenta l'andamento corrispondente all'ordine 2. Si noti che se si usassero valori ancora più piccoli di h si manifesterebbe l'effetto degli errori di arrotondamento

Esercizio 4.2.2 Usando uno schema compatto della forma

$$a_1 D_{i-1}^2 + a_0 D_i^2 + a_1 D_{i+1}^2 = b_1 u_{i+1} + b_0 u_i + b_1 u_{i-1}, \qquad (4.17)$$

si risolva il seguente problema ai limiti: trovare $u : (0,1) \to \mathbb{R}$ tale che

$$\begin{cases} -\dfrac{d^2 u}{dx^2} = 4\pi^2 \sin(2\pi x) \text{ per } x \in (0,1), \\ u(0) = u(1) = 0. \end{cases}$$

Se ne verifichi sperimentalmente l'ordine di accuratezza tenendo conto che la soluzione analitica è $u(x) = \sin(2\pi x)$.

Soluzione 4.2.2

Approssimazione numerica

Cerchiamo un'approssimazione della derivata seconda della forma (4.17) minimizzando l'errore di consistenza

$$\tau_i(u) = a_1(D^2 u_{i-1} + D^2 u_{i+1}) + a_0 D^2 u_i - b_1(u_{i+1} + u_{i-1}) - b_0 u_i.$$

Utilizzando gli sviluppi in serie $(4.2)_1$ e

$$D^2 u_{i\pm 1} = D^2 u_i \pm h D^3 u_i + \frac{h^2}{2} D^4 u_i \pm \frac{h^3}{6} D^5 u_i + \frac{h^4}{24} D^6 u_i + \wr(h^4),$$

si trova

$$\tau_i(u) = -(b_0 + 2b_1)u_i + (2a_1 + a_0 - h^2 b_1)D^2 u_i + \left(a_1 h^2 - \frac{h^4}{12}b_1\right)D^4 u_i + \ldots$$

Imponendo che $\tau_i(u)$ sia nullo fino al termine relativo a $D^4 u_i$ si determinano i valori dei coefficienti (in funzione di a_0)

$$a_1 = \frac{a_0}{10}, \; b_0 = -\frac{12}{5h^2}a_0, \; b_1 = \frac{6}{5h^2}a_0,$$

e, conseguentemente, il seguente schema alle differenze finite compatte (accurato di ordine 4 rispetto a h)

$$\frac{1}{12}(D^2_{i-1} + 10D^2_i + D^2_{i+1}) = \frac{u_{i+1} - 2u_i + u_{i-1}}{h^2}.$$

Se indichiamo con D la matrice tridiagonale di elementi diagonali pari a 10 ed elementi extradiagonali pari a 1 e con T la matrice tridiagonale di elementi diagonali pari a -2 ed extradiagonali unitari, l'approssimazione a differenze finite compatte della derivata seconda di u, nei nodi interni, soddisferà il seguente sistema lineare

$$\mathrm{Dd} = \frac{12}{h^2}\mathrm{Tu},$$

dove $\mathbf{d} = (D^2_i)$ e $\mathbf{u} = (u_i)$.

L'approssimazione del problema ai limiti nei nodi interni sarà allora

$$-\mathbf{d} = \mathbf{f} \Rightarrow -\frac{12}{h^2}\mathrm{D}^{-1}\mathrm{Tu} = \mathbf{f} \Rightarrow -\frac{1}{h^2}\mathrm{Tu} = \frac{1}{12}\mathrm{Df}, \qquad (4.18)$$

avendo posto $\mathbf{f} = (f(x_i))$. Osserviamo inoltre che

$$\mathrm{D} = 12\mathrm{I} - 12\mathrm{I} + \mathrm{D} = 12\mathrm{I} + \mathrm{T}.$$

Di conseguenza, indicando con δ^2 l'operatore di derivata seconda discreta, la (4.18) diventa

$$-\frac{1}{h^2}\delta^2 u = \left(1 + \frac{\delta^2}{12}\right)f \qquad (4.19)$$

o, equivalentemente, seppur in modo formale,

$$-\frac{1}{h^2}\left(1 + \frac{\delta^2}{12}\right)^{-1}\delta^2 u = f.$$

La (4.19) può essere anche ottenuta osservando che

$$\frac{d^2 u}{dx^2} = \frac{1}{h^2}\delta^2 u - \frac{h^2}{12}\frac{d^4 u}{dx^4} + \mathcal{O}(h^4).$$

Differenziando due volte l'equazione di partenza si trova $-d^4u/dx^4 = d^2f/dx^2$ e, di conseguenza,

$$h^2 \frac{d^4u}{dx^4} = -\delta^2 f + \mathcal{O}(h^4), \tag{4.20}$$

da cui la (4.19) trascurando i termini di ordine maggiore o uguale a 4.

Per quanto riguarda l'implementazione in MATLAB a titolo di suggerimento indichiamo le istruzioni per costruire le matrici in gioco.

```
h = (xspan(2) - xspan(1))/nh;nh = nh + 1;e = ones(nh,1);
T = - spdiags([e -2*e e],-1:1,nh,nh)/h^2;
D = spdiags([e 10*e e],-1:1,nh,nh)/12;
```

avendo nel nostro caso posto `xspan=[0 1]` ed avendo indicato con `nh` il numero di intervalli equispaziati nel quale è stato decomposto l'intervallo $(0, 1)$. Tali istruzioni potrebbero essere usati per rimpiazzare la costruzione delle matrici nel Programma 13 dell'esercizio precedente.

Analisi dei risultati

Il calcolo dell'errore in norma $\| \cdot \|_{\Delta,\infty}$ `error` e la verifica sperimentale dell'ordine di accuratezza (`q`), per h che varia da $1/10$ a $1/160$, forniscono i seguenti valori che rispecchiano l'ordine 4 atteso dalla teoria

```
>> error =
   6.1191e-04 3.9740e-05 2.4765e-06 1.5466e-07 9.6648e-09
>> q =
   3.9447  4.0042  4.0011  4.0003
```

$\Diamond$

Esercizio 4.2.3 Utilizzando le formule (4.10) e (4.11) si risolva il seguente problema ai limiti del quart'ordine: trovare $u : [0, 1] \to \mathbb{R}$ tale che

$$\begin{cases} \dfrac{d^4u}{dx^4} - \dfrac{d^2u}{dx^2} + u = (4\pi^2(4\pi^2 + 1))\sin(2\pi x) & \text{in } (0,1), \\[2mm] u(0) = u(1) = 0, \\[2mm] \dfrac{du}{dx}(0) = \dfrac{du}{dx}(1) = 2\pi. \end{cases} \tag{4.21}$$

Si introducano formule opportune per l'approssimazione delle derivate al bordo. Si stimi sperimentalmente l'ordine di convergenza rispetto a h del metodo considerato sapendo che la soluzione esatta è $u(x) = \sin(2\pi x)$.

Soluzione 4.2.3

Approssimazione numerica

Introdotta una discretizzazione di passo h uniforme dell'intervallo $(0, 1)$ di nodi x_i, $i = 0, \ldots, n$, la discretizzazione a differenze finite centrate di (4.21) è data, per $i = 2, \ldots, n - 2$, da

$$\frac{u_{i-2} - 4u_{i-1} + 6u_i - 4u_{i+1} + u_{i+2}}{h^4} - \frac{u_{i-1} - 2u_i + u_{i+1}}{h^2} + u_i$$
$$= 4\pi^2(4\pi^2 + 1)\sin(2\pi x_i) + \sin(2\pi x_i). \tag{4.22}$$

Si tratta di completarla imponendo le condizioni al contorno su u e sulla sua derivata prima. In particolare, per queste ultime impieghiamo il rapporto incrementale decentrato $(4.1)_1$ che è accurato di ordine 2, esattamente come (4.10) e (4.11). Aggiungiamo dunque le due equazioni seguenti

$$-\frac{-3u_n + 4u_{n-1} - u_{n-2}}{2h} = 2\pi, \quad \frac{-3u_0 + 4u_1 - u_2}{2h} = 2\pi. \tag{4.23}$$

Analisi dei risultati

La determinazione di $\{u_i\}$ passa pertanto attraverso la risoluzione di un sistema lineare con matrice pentadiagonale. Per la verifica dell'ordine di convergenza dello schema si può utilizzare il Programma 14, che risolve, con i rapporti incrementali indicati, un problema generale della forma

$$\begin{cases} \alpha \dfrac{d^4u}{dx^4} + \beta \dfrac{d^2u}{dx^2} + \sigma u = f \text{ per } x \in (a, b), \\ u(a) = g_D(a), \qquad u(b) = g_D(b), \\ \dfrac{du}{dx}(a) = g_N(a), \qquad \dfrac{du}{dx}(b) = g_N(b), \end{cases} \tag{4.24}$$

dove $\alpha, \beta, \sigma \in \mathbb{R}$ mentre f, g_D e g_N sono delle funzioni di x. I parametri d'ingresso sono:

- xspan: un vettore di componenti xspan(1)=a, xspan(2)=b;
- nh: un intero pari al numero di intervalli equispaziati nei quali è diviso l'intervallo (a, b);
- alpha, beta, sigma: i valori delle costanti α, β e σ che compaiono in (4.24);
- fun, gD, gN: i nomi delle *inline functions* che precisano le funzioni f, g_D e g_N.

In *output* viene restituito il vettore x dei nodi di discretizzazione ed il corrispondente vettore uh dei valori $\{u_i\}$ calcolati.

Programma 14 - bvp4fd : Approssimazione alle differenze finite di un problema del quart'ordine

```
function [x,uh]=bvp4fd(xspan,nh,alpha,beta,sigma,fun,gD,gN,varargin)
%BVP4FD risolve un problema ai limiti di ordine 4
%   [X,UH]=BVP4FD(XSPAN,NH,ALPHA,BETA,SIGMA,FUN,GD,GN) risolve
%   con il metodo delle differenze finite centrato di ordine 2
%   il problema
%    ALPHA D^4U + BETA D^2U + SIGMA U = FUN  in (XSPAN(1),XSPAN(2))
%    U(XSPAN(:))  = GD(XSPAN(:))
%    DU(XSPAN(:)) = GN(XSPAN(:))
%
%   ALPHA, BETA e SIGMA sono dei numeri reali, FUN, GD e GN delle
%   inline functions.
%
%   [X,UH]=BVP4FD(XSPAN,NH,ALPHA,BETA,SIGMA,FUN,GD,GN,P1,P2,...)
%   passa i parametri opzionali P1,P2,.. alle funzioni FUN,GD,GN.
```

Verifichiamo allora l'ordine di convergenza nella norma del massimo discreta con le seguenti istruzioni

```
>> fun=inline('(4*pi^2+1)*4*pi^2*sin(2*pi*x)+sin(2*pi*x)');
>> gD=inline('sin(2*pi*x)');
>> gN=inline('2*pi*cos(2*pi*x)');
>> xspan=[0 1]; alpha = 1; beta = -1; sigma = 1;
>> nh=10;
>> for n=1:6
       [x,uh]=bvp4fd(xspan,nh,alpha,beta,sigma,fun,gD,gN);
       error(n) = norm(uh-sin(2*pi*x)',inf);
       nh=2*nh;
end
q=log(error(1:end-1)./error(2:end))/log(2)
q =
   1.9359  1.9890  1.9956  1.9996  1.9994
```

Abbiamo fatto variare h da $1/10$ a $1/320$. L'ordine 2 è confermato (se prendessimo h più piccolo comincerebbero a manifestarsi errori dovuti alla propagazione degli errori di arrotondamento, come già visto nell'Esercizio 4.1.3). ◇

Esercizio 4.2.4 Si introduca un'approssimazione alle differenze finite con uno *stencil* a 3 nodi per il problema

$$
\begin{cases}
-\dfrac{d^2u}{dx^2} - \dfrac{1}{x}\dfrac{du}{dx} = 1 + \dfrac{1}{2}\left(\dfrac{x}{R}\right)^2, \; x \in (0, R), \\[2mm]
\dfrac{du}{dx}(0) = 0, \qquad\qquad\qquad u(R) = U,
\end{cases}
\tag{4.25}
$$

dove u rappresenta la distribuzione della temperatura in una sezione di un elemento cilindrico di combustibile di raggio R posto all'interno di un reattore nucleare. Sulla parete laterale del cilindro è assegnata la temperatura U, mentre la condizione in $x = 0$ deriva dall'ipotesi di simmetria cilindrica. Si eseguano i calcoli utilizzando una distribuzione di nodi di discretizzazione della forma $x_i = R\sin(\pi i/(2n))$ per $i = 0, \ldots, n$ e ponendo $R = 1$, $U = 1$.

Soluzione 4.2.4

Analisi matematica del problema

Calcoliamo la soluzione analitica del problema in esame cercando una soluzione polinomiale della forma (si veda ad esempio [PS02])

$$
u(x) = a_0 x^4 + a_1 x^3 + a_2 x^2 + a_3 x + a_4. \tag{4.26}
$$

Notiamo subito che la condizione $du/dx(0) = 0$ è soddisfatta se $a_3 = 0$. Chiediamo che (4.26) soddisfi l'equazione differenziale. Otteniamo

$$
-16a_0 x^2 - 9a_1 x - 4a_2 = 1 + \frac{1}{2R^2}x^2,
$$

da cui, $a_0 = -\frac{1}{32R^2}$, $a_1 = 0$ e $a_2 = -1/4$. Imponendo la condizione di Dirichlet in $x = R$ si trova infine $a_4 = U + 9R^2/32$. Di conseguenza, la soluzione analitica del problema dato è

$$
u(x) = -\frac{1}{32}\frac{x^4}{R^2} - \frac{1}{4}x^2 + U + \frac{9}{32}R^2.
$$

Approssimazione numerica

L'esercizio richiede di implementare il metodo delle differenze finite su una griglia non uniforme. Poniamo quindi

$$
x_{i+1} = x_i + h_i, \qquad i = 0, \ldots, n - 1,
$$

dove gli $h_i > 0$ sono assegnati, ad esempio in modo che gli x_i verifichino la legge proposta nel testo dell'esercizio.

Per determinare uno schema che approssimi con 3 nodi D_i^2 in questo caso usiamo il metodo dei coefficienti indeterminati. Cerchiamo dunque un'approssimazione della derivata prima nella forma seguente

$$\frac{du}{dx}(x_i) \simeq a_0 u_{i-1} + a_1 u_i + a_2 u_{i+1}. \tag{4.27}$$

Introducendo gli sviluppi in serie

$$u_{i+1} = u_i + h_i Du_i + \frac{h_i^2}{2} D^2 u_i + \frac{h_i^3}{6} \frac{d^3 u}{dx^3}(\xi_+),$$

$$u_{i-1} = u_i - h_{i-1} Du_i + \frac{h_{i-1}^2}{2} D^2 u_i - \frac{h_{i-1}^3}{6} \frac{d^3 u}{dx^3}(\xi_+),$$

troviamo

$$a_0 u_{i-1} + a_1 u_i + a_2 u_{i+1} = u_i(a_0 + a_1 + a_2)$$

$$+ Du_i(-a_0 h_{i-1} + a_2 h_i) + \frac{1}{2} D^2 u_i(a_0 h_{i-1}^2 + a_2 h_i^2) + \wr(h_{i-1}^2 + h_i^2).$$

Richiediamo che lo schema cercato approssimi la derivata prima di u in x_i. Dovremo imporre le seguenti condizioni sui coefficienti

$$\begin{cases} a_0 + a_1 + a_2 = 0, \\ -a_0 h_{i-1} + a_2 h_i = 1, \\ a_0 h_{i-1}^2 + a_2 h_i^2 = 0. \end{cases}$$

La soluzione di questo sistema (calcolata a mano) è

$$a_0 = -\frac{h_i}{h_{i-1}(h_i + h_{i-1})}, \ a_1 = \frac{h_i^2 - h_{i-1}^2}{h_{i-1} h_i(h_i + h_{i-1})}, \ a_2 = \frac{h_{i-1}}{h_i(h_i + h_{i-1})}$$

e, conseguentemente, abbiamo

$$Du_i \simeq \frac{(h_{i-1}/h_i)(u_{i+1} - u_i) - (h_i/h_{i-1})(u_{i-1} - u_i)}{h_i + h_{i-1}} \tag{4.28}$$

che è accurato di ordine 2 in quanto l'errore si comporta (a meno di infinitesimi di ordine superiore) come $\frac{h_{i-1} h_i}{6} d^3 u/dx^3 u(\xi)$ con $\xi \in (x_{i-1}, x_{i+1})$. Abbiamo chiaramente ipotizzato che u sia derivabile con continuità 3 volte.

Con calcoli del tutto analoghi possiamo determinare la seguente approssimazione della derivata seconda

$$D^2 u_i \simeq \frac{2u_{i-1}}{h_{i-1}(h_i + h_{i-1})} - \frac{2u_i}{h_{i-1}h_i} + \frac{2u_{i+1}}{h_i(h_i + h_{i-1})} \tag{4.29}$$

che è però accurata solo di ordine 1 qualora $h_i \neq h_{i-1}$, in quanto l'errore si comporta come $(h_i - h_{i-1})/3d^3 u(\xi)/dx^3$ con $\xi \in (x_{i-1}, x_{i+1})$ (sempre nell'ipotesi che $u \in C^3$).

Per quanto riguarda i nodi interni lo schema alle differenze finite condurrà dunque alle seguenti equazioni lineari per $i = 1, \ldots, n-1$

$$\frac{u_{i-1}}{h_{i-1}(h_i + h_{i-1})} \left(-2 + \frac{h_i}{x_i} \right) + \frac{u_i}{h_i h_{i-1}} \left(2 - \frac{h_i - h_{i-1}}{x_i} \right)$$

$$+ \frac{u_{i+1}}{h_i(h_i + h_{i-1})} \left(-2 - \frac{h_{i-1}}{x_i} \right) = 1 + \frac{1}{2} \left(\frac{x_i}{R} \right)^2$$

cui vanno aggiunte le equazioni nei nodi $x_0 = 0$ e $x_n = R$ relative all'imposizione delle condizioni al contorno. Mentre l'imposizione della condizione di Dirichlet $(u(R) = U)$ non presenta problemi (basterà infatti porre $u_n = U$), l'imposizione della condizione di Neumann omogenea in $x = 0$ è più problematica. Introduciamo un rapporto incrementale decentrato nel nodo x_0, sempre con uno *stencil* ristretto a tre nodi, sulla griglia non equispaziata. Con calcoli basati sulle stesse considerazioni svolte in precedenza si trova che l'approssimazione desiderata ha la forma seguente (si noti che coincide con la (4.1) non appena $h_0 = h_1 = h$)

$$\frac{du}{dx}(x_0) \simeq -\frac{2h_0 + h_1}{h_0(h_1 + h_0)} u_0 + \frac{h_1 + h_0}{h_1 h_0} u_1 - \frac{h_0}{h_1(h_1 + h_0)} u_2. \tag{4.30}$$

La condizione al contorno verrà allora imposta ponendo il secondo membro della (4.30) uguale a zero.

Analisi dei risultati

La realizzazione di un codice di calcolo nel caso non uniforme è leggermente più complessa rispetto al caso uniforme non potendo più trarre vantaggio dal fatto che i coefficienti della matrice sono indipendenti dalla riga in esame. Potrà essere effettuata comunque attraverso un opportuno ciclo di aggiornamento (Programma 15). In ingresso, nel vettore x deve essere precisata la distribuzione dei nodi, nello scalare R l'ampiezza dell'intervallo e nello scalare U la temperatura da assegnare per $x = R$. In uscita troviamo la distribuzione di temperatura calcolata, memorizzata nel vettore uh.

Programma 15 - FDnonunif : Differenze finite su una griglia non uniforme

```
function uh=FDnonunif(x,R,U)
%FDNONUNIF risolve il problema (2.28) su una griglia non uniforme.
%   UH=FDNONUNIF(X,R,U) calcola la soluzione UH con un metodo alle
```

```
%    differenze finite a tre nodi su una griglia non uniforme
%    precisata nel vettore X. R e' il raggio del cilindro di
%    materiale radioattivo, U la temperatura assegnata per x=R.
```

Calcoliamo dunque la soluzione su una griglia rada di 21 nodi distribuiti come richiesto nel testo. Basta dare le seguenti istruzioni

```
>> R=1; U=1; n=20; i=[0:n]; xnu=R*(sin(pi*i/(2*n)));
>> uhnu=FDnonunif(xnu,R,1);
```

Il grafico, riportato in Figura 4.4, mostra come la soluzione calcolata sia graficamente indistinguibile da quella analitica.   ◇

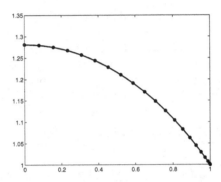

Figura 4.4. Confronto fra la soluzione calcolata su una griglia non uniforme (in tratteggio con i pallini) e la soluzione analitica

Esercizio 4.2.5 Si proponga un'approssimazione con il metodo di collocazione spettrale sulla griglia di Gauss-Chebyshev-Lobatto per il problema differenziale dell'Esercizio 4.2.2. Si analizzi l'andamento dell'errore in norma infinito discreta al crescere del numero di nodi utilizzato.

Soluzione 4.2.5

Approssimazione numerica

Ricordiamo che se consideriamo i nodi di Gauss-Chebyshev-Lobatto $x_j = -\cos(\pi j/n)$ per $j = 0,\dots,n$ nell'intervallo $[-1,1]$, l'approssimazione pseudo-spettrale della derivata prima di f in tali punti si ottiene calcolando $\mathbf{v} = D\mathbf{f}$, essendo $\mathbf{f}$ il vettore di componenti $f(x_j)$ e D la matrice di coefficienti

$$
d_{lj} = \begin{cases}
\dfrac{d_l}{d_j} \dfrac{(-1)^{l+j}}{x_l - x_j}, & l \neq j, \\[3mm]
\dfrac{-x_j}{2(1 - x_j^2)}, & 1 \leq l = j \leq n - 1, \\[3mm]
-\dfrac{2n^2 + 1}{6}, & l = j = 0, \\[3mm]
\dfrac{2n^2 + 1}{6}, & l = j = n,
\end{cases}
\tag{4.31}
$$

dove $d_j = 1$ per $j = 1, \ldots, n - 1$, $d_0 = d_n = 2$. La componente v_j del vettore risultante $\mathbf{v}$ è l'approssimazione pseudo-spettrale della derivata prima di f nei nodi x_j. Per funzioni arbitrariamente regolari l'errore di approssimazione ha un andamento in tal caso esponenziale rispetto a n, tende cioè a zero per n che tende all'infinito più rapidamente di una qualsiasi potenza di $1/n$ (si veda [Qua03], Capitolo 4).

Indichiamo con D la matrice di derivazione pseudo-spettrale introdotta nell'E-sercizio 4.1.5 e calcolabile tramite il Programma 12. Notiamo subito che la matrice generata da tale programma si riferisce all'intervallo $(-1, 1)$, mentre il problema in esame è definito sull'intervallo $(0, 1)$: bisogna dunque introdurre un cambiamento di variabili della forma $x = (1 + t)/2$ per $t \in [-1, 1]$ e, conseguentemente, trasformare le derivate attraverso la regola[3] $du/dx = (dt/dx)(du/dt) = 2du/dt$. La matrice $4\mathrm{D}^2$ corrisponderà allora all'approssimazione della derivata seconda sull'intervallo $(0, 1)$. Indichiamo con $\mathbf{u}$ il vettore dei valori incogniti della soluzione approssimata nei nodi di Gauss-Chebyshev-Lobatto: grazie alle condizioni al contorno sappiamo che $u_0 = u_n = 0$ e, di conseguenza, possiamo ridurre il vettore delle incognite al vettore $\tilde{\mathbf{u}}$ nei soli nodi interni. Conseguentemente, il problema discretizzato con il metodo di collocazione spettrale consiste nel trovare $\tilde{\mathbf{u}} \in \mathbb{R}^{n-1}$ tale che

$$
-4\mathrm{D}^2 \tilde{\mathbf{u}} = 4\pi^2 \sin(2\pi \mathbf{x}),
$$

dove $\mathbf{x}$ è il vettore che ha come componenti le coordinate dei nodi di Gauss-Chebyshev-Lobatto interni all'intervallo di discretizzazione $(0, 1)$.

Analisi dei risultati

Il Programma 16 realizza esattamente lo schema proposto e richiede come parametri di ingresso gli estremi dell'intervallo di definizione del problema differenziale (precisati nel vettore xspan), il numero di nodi n, i valori al bordo ed una *function* che definisce il termine forzante.

---

[3] Per un intervallo (a, b) generico si avrà $dt/dx = 2/(b-a)$ con $x = t(b-a)/2 + (b+a)/2$.

Programma 16 - diff1Dsp : Metodo di collocazione spettrale per $-u'' = f$

```
function [x,us]=diff1Dsp(xspan,n,ulimits,f,varargin)
%DIFF1DSP risolve -u"=f con collocazione spettrale.
%  [US,XGLC]=DIFF1DSP(XSPAN,N,ULIMTS,F) approssima -u"(x)=F(x)
%  per x in (XSPAN(1),XSPAN(2)) con il metodo di collocazione
%  spettrale sulla griglia degli N nodi di Gauss-Chebyshev-Lobatto.
%  US e' la soluzione approssimata.
%
%  Le condizioni al bordo sono u(XSPAN(1))=ULIMITS(1) e
%  u(XSPAN(2))=ULIMITS(2). F puo' essere una inline function.
%
%  [US,XGLC]=DIFF1DSP(XSPAN,N,ULIMITS,F,P1,P2,..) passa P1,P2,..
%  come parametri opzionali alla inline function F.
```

Nel caso in esame, le possibili istruzioni di utilizzo sono

```
>> xspan = [0 1];
>> ulimits = [0 0];
>> f = inline('4*pi^2*sin(2*pi*x)');
>> [x,us] = diff1Dspect(xspan,n,ulimits,f);
```

facendo variare n. Il grafico della Figura 4.5 mostra l'andamento dell'errore in norma infinito discreta al crescere di n: come atteso dalla regolarità della soluzione analitica abbiamo un andamento di tipo spettrale, ossia esponenziale.   ◊

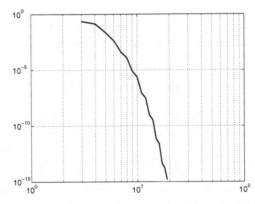

Figura 4.5. Andamento in scala logaritmica dell'errore in funzione di n

4.3 Problemi in dimensione maggiore di 1

Esercizio 4.3.1 Sotto opportune ipotesi, lo studio della filtrazione dell'acqua in un mezzo poroso che occupi una regione bidimensionale Ω può essere ricondotto alla risoluzione di un problema della forma

$$-\frac{\partial}{\partial x}\left(K(x,y)\frac{\partial u}{\partial x}\right) - \frac{\partial}{\partial y}\left(K(x,y)\frac{\partial u}{\partial y}\right) = 0, \qquad (4.32)$$

dove la funzione K è la conduttività idraulica del mezzo poroso ed u rappresenta la variazione del livello dell'acqua nel mezzo. Si scriva una discretizzazione alle differenze finite di ordine 2 per il problema (4.32) quando $\Omega = (0,1) \times (0,1)$,

$$K(x,y) = \begin{cases} 101 & \text{se } (x-0.5)^2 + (y-0.5)^2 - 0.04 > 0, \\ 1 & \text{altrimenti,} \end{cases}$$

ed imponendo le seguenti condizioni al contorno

$$\begin{cases} \dfrac{\partial u}{\partial x} = 0 \text{ su } (\{0\} \cup \{1\}) \times (0,1), \\[2mm] u = 10 \ \text{ su } (0,1) \times \{0\}, \\[2mm] u = 0 \ \ \text{ su } (0,1) \times \{1\}. \end{cases} \qquad (4.33)$$

Si utilizzi uno schema con un supporto di 5 nodi.

Soluzione 4.3.1

Analisi matematica del problema

Il problema (4.32) è noto come problema di Darcy e rappresenta un modello di filtrazione di un fluido attraverso un mezzo poroso. Le applicazioni reali di questi modelli vanno dall'irrigazione all'uso ed al controllo delle risorse acquifere, allo studio dei fenomeni relativi alla circolazione cerebrale. Per una trattazione matematica di questi problemi rimandiamo a [BC84].

Approssimazione numerica

Introduciamo in Ω i nodi di discretizzazione $\mathbf{x}_{i,j} = (x_i, y_j)$, $i = 0, \ldots, n_x$, $j = 0, \ldots, n_y$ con $x_i = x_0 + ih_x$, $y_j = y_0 + jh_y$, $h_x = 1/n_x$, $h_y = 1/n_y$ ed avendo posto $x_0 = 0$, $y_0 = 0$. A priori h_x sarà diverso da h_y, ma supponiamo per semplicità $h = h_x = h_y$, così come $n = n_x = n_y$.

La presenza di un coefficiente K variabile ci obbliga a ripensare lo schema alle differenze finite (in caso contrario basterebbe infatti considerare un'approssimazione di tipo (4.10) tanto in x quanto in y giungendo al cosiddetto schema a 5 nodi, si veda, ad esempio, [QSS00a], Capitolo 12).

Per tener conto del coefficiente variabile cominciamo con l'approssimare la derivata parziale in x nel generico nodo $\mathbf{x}_{i,j}$. Il nostro obiettivo è quello di ottenere uno schema centrato di ordine 2 che presenti uno *stencil* (un supporto) ridotto ai soli nodi $\mathbf{x}_{i-1,j}$, $\mathbf{x}_{i,j}$ e $\mathbf{x}_{i+1,j}$. Consideriamo allora la seguente approssimazione

$$\frac{\partial}{\partial x}\left(K\frac{\partial u}{\partial x}(\mathbf{x}_{i,j})\right) \simeq \frac{K(\mathbf{x}_{i+1/2,j})\frac{\partial u}{\partial x}(\mathbf{x}_{i+1/2,j}) - K(\mathbf{x}_{i-1/2,j})\frac{\partial u}{\partial x}(\mathbf{x}_{i-1/2,j})}{h}$$

che è accurata di ordine 2 rispetto a h ed avendo posto $\mathbf{x}_{i\pm1/2,j} = (x_i \pm h/2, y_j)$. A questo punto, approssimiamo le derivate in tali nodi con un rapporto incrementale centrato, ancora accurato di ordine 2 e di passo h, giungendo all'approssimazione seguente

$$\frac{\partial}{\partial x}\left(K\frac{\partial u}{\partial x}(\mathbf{x}_{i,j})\right)$$
$$\simeq \frac{K(\mathbf{x}_{i+1/2,j})(u_{i+1,j} - u_{i,j}) - K(\mathbf{x}_{i-1/2,j})(u_{i,j} - u_{i-1,j})}{h^2}. \tag{4.34}$$

Il secondo membro della (4.34) fornisce un'approssimazione accurata di ordine 2 del primo membro. Infatti, sostituendo gli sviluppi in serie

$$K(\mathbf{x}_{i\pm1/2,j}) = K(\mathbf{x}_{i,j}) \pm \frac{h}{2}\frac{\partial K}{\partial x}(\mathbf{x}_{i,j}) + \frac{h^2}{8}\frac{\partial K^2}{\partial x^2}(\mathbf{x}_{i,j}) \pm \frac{h^3}{48}\frac{\partial K^3}{\partial x^3}(\mathbf{x}_{i,j})$$
$$+ \mathcal{O}(h^4),$$

$$u(\mathbf{x}_{i\pm1,j}) = u(\mathbf{x}_{i,j}) \pm h\frac{\partial u}{\partial x}(\mathbf{x}_{i,j}) + \frac{h^2}{2}\frac{\partial u^2}{\partial x^2}(\mathbf{x}_{i,j}) \pm \frac{h^3}{6}\frac{\partial u^3}{\partial x^3}(\mathbf{x}_{i,j})$$
$$+ \mathcal{O}(h^4),$$

nel secondo membro della (4.34) si ottiene

$$\frac{K(\mathbf{x}_{i+1/2,j})(u_{i+1,j} - u_{i,j}) - K(\mathbf{x}_{i-1/2,j})(u_{i,j} - u_{i-1,j})}{h^2}$$
$$= K(\mathbf{x}_{i,j})\frac{\partial u^2}{\partial x^2}(\mathbf{x}_{i,j}) + \frac{\partial K}{\partial x}(\mathbf{x}_{i,j})\frac{\partial u}{\partial x}(\mathbf{x}_{i,j}) + \mathcal{O}(h^2).$$

Per ottenere a questo punto la discretizzazione della derivata seconda in y si agisce nello stesso modo nella direzione verticale. Lo schema alle differenze finite che si ottiene ha quindi uno *stencil* a 5 nodi, ma i valori dei coefficienti della matrice dipendono dai valori di K.

Per quanto riguarda le condizioni al bordo, esse sono immediate sui bordi di Dirichlet dove si impone direttamente la u (si vedano gli esercizi precedenti). Il caso $\partial u/\partial x = 0$ si può trattare con una differenza finita decentrata, ad esempio

$$\frac{\partial u}{\partial x}(0, y_i) \simeq \frac{3}{2h}u_{0,i} + \frac{2}{h}u_{1,i} - \frac{1}{2h}u_{2,i}.$$

Si tratta ora di scrivere le istruzioni MATLAB necessarie per costruire la matrice ed il termine noto del sistema lineare associato a (4.37). Conviene per prima cosa passare ad una numerazione dei nodi più semplice da trattare al calcolatore. Ad esempio, si può fare come indicato in Figura 4.6, immaginando di numerare i nodi a partire dal vertice $(0,0)$ del quadrato in esame al vertice $(1,1)$, da sinistra verso destra, dall'alto verso il basso.

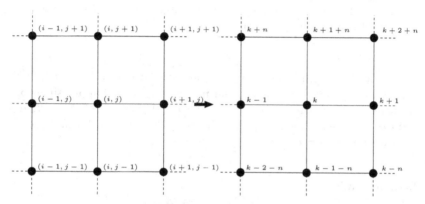

Figura 4.6. Un cambiamento di numerazione effettuato sulla griglia di calcolo per favorire l'implementazione del metodo delle differenze finite in due dimensioni

A questo punto, a causa della variabilità dei coefficienti la costruzione della matrice può essere fatta con un opportuno ciclo `for` su tutti i nodi di discretizzazione ed imponendo di seguito le condizioni al contorno.

Analisi dei risultati

In Figura 4.7 riportiamo le isolinee (per i valori da 0 a 10 con passo 0.5) delle soluzioni trovate per due diversi valori del passo di discretizzazione h. Non disponendo della soluzione analitica l'uso dei due passi di griglia ci permette di apprezzare, seppur qualitativamente, la correttezza della soluzione trovata. Come si vede la presenza di una zona di bassa conducibilità idraulica influenza, secondo le aspettative, il comportamento della soluzione (con conducibilità costante la soluzione sarebbe infatti un piano). ◊

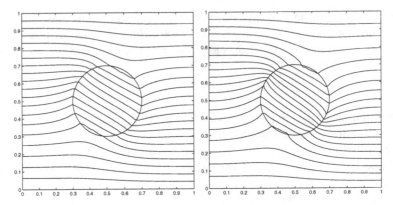

Figura 4.7. Isolinee delle approssimazioni alle differenze finite del problema (4.32) ottenute per $h = 1/50$ (a sinistra) e $h = 1/100$ a destra. Nella regione circolare evidenziata la conducibilità vale 1, all'esterno vale 101

Esercizio 4.3.2 Si proponga uno schema centrato alle differenze finite compatte di ordine 4 su una griglia uniforme di passo h per l'approssimazione del problema $-\Delta u = -2e^{x-y}$ su $\Omega = (0,1) \times (0,1)$, con $u = e^{x-y}$ su $\partial\Omega$ e se ne verifichi sperimentalmente l'ordine di accuratezza (sapendo che la soluzione analitica è $u(x,y) = e^{x-y}$).

Soluzione 4.3.2

Approssimazione numerica

Introduciamo in Ω i nodi di discretizzazione $\mathbf{x}_{i,j} = (x_i, y_j)$ come nell'Esercizio 4.3.1.

Possiamo risolvere questo esercizio ricordando l'espressione simbolica (4.20) ed applicandola tanto per l'approssimazione della derivata seconda in x che per quella in y. Lo schema cercato sarà allora della forma

$$-\frac{1}{h^2}\left(1 + \frac{\delta_x^2}{12}\right)^{-1}\delta_x^2 u - \frac{1}{h^2}\left(1 + \frac{\delta_y^2}{12}\right)^{-1}\delta_y^2 u = f, \cdot \tag{4.35}$$

dove $\delta_x^2 u_{i,j} \equiv u_{i+1,j} - 2u_{i,j} + u_{i-1,j}$, $\delta_y^2 u_{i,j} \equiv u_{i,j+1} - 2u_{i,j} + u_{i,j-1}$. La (4.35) può essere riscritta nel modo seguente

$$-\frac{1}{h^2}\left(1 + \frac{\delta_y^2}{12}\right)\delta_x^2 u - \frac{1}{h^2}\left(1 + \frac{\delta_x^2}{12}\right)\delta_y^2 u = \left(1 + \frac{\delta_x^2}{12}\right)\left(1 + \frac{\delta_y^2}{12}\right)f$$

ovvero

$$-\frac{1}{h^2}(\delta_x^2 + \delta_y^2)u - \frac{1}{6h^2}\delta_x^2\delta_y^2 u = f + \frac{1}{12}(\delta_x^2 + \delta_y^2)f + \frac{1}{144}\delta_x^2\delta_y^2 f. \qquad (4.36)$$

Evidenziamo nella (4.36) la dipendenza dai valori $u_{i,j}$, osservando che

$$\begin{aligned}\delta_x^2\delta_y^2 u_{i,j} &= \delta_y^2 u_{i-1,j} - 2\delta_y^2 u_{i,j} + \delta_y^2 u_{i+1,j} \\ &= u_{i-1,j-1} - 2u_{i-1,j} + u_{i-1,j+1} - 2(u_{i,j-1} - 2u_{i,j} + u_{i,j+1}) \\ &\quad + u_{i+1,j-1} - 2u_{i+1,j} + u_{i+1,j+1}\end{aligned}$$

e, di conseguenza, la generica equazione dello schema diventa

$$\begin{aligned}&-\frac{4}{h^2}(u_{i-1,j} + u_{i,j-1} + u_{i+1,j} + u_{i,j+1}) + \frac{20}{h^2}u_{i,j} \\ &-\frac{1}{h^2}(u_{i-1,j-1} + u_{i-1,j+1} + u_{i+1,j-1} + u_{i+1,j+1}) = \frac{25}{6}f_{i,j} \\ &+\frac{5}{12}(f_{i,j-1} + f_{i-1,j} + f_{i,j+1} + f_{i+1,j}) \\ &+\frac{1}{24}(f_{i-1,j-1} + f_{i-1,j+1} + f_{i+1,j-1} + f_{i+1,j+1}).\end{aligned} \qquad (4.37)$$

Analisi dei risultati

La costruzione della matrice si può avvalere dell'istruzione **sparse**. Questo è ciò che è stato fatto nel Programma 17. Tale programma richiede come parametri d'ingresso il numero **nh** di intervalli di discretizzazione usati per decomporre l'intervallo $(0,1)$, le *inline functions* **fun** per precisare il termine forzante f e **gD** per la condizione al bordo di Dirichlet. In uscita il Programma 17 restituisce la soluzione **u** memorizzata in una matrice di $(\text{nh}+1)^2$ elementi e le corrispondenti ascisse **xx** ed ordinate **yy** dei nodi di discretizzazione. In tal modo la soluzione può essere immediatamente memorizzata con il comando **mesh(xx,yy,u)**.

Programma 17 - fdlaplace : Problema di Laplace sul quadrato unitario approssimato con differenze finite compatte

```
function [u,xx,yy]=fdlaplace(nh,fun,gD,varargin)
%FDLAPLACE problema di Laplace con differenze finite compatte
%  [U,XX,YY]=FDLAPLACE(NH,FUN,GD) risolve il problema -DELTA U=FUN
%  sul quadrato unitario con condizioni di Dirichlet U=GD sul bordo,
%  usando uno schema alle differenze finite compatte di ordine 4.
%  La griglia e' uniforme di passo H=1/(NH+1).
%  [U,XX,YY]=FDLAPLACE(NH,FUN,GD,P1,P2,...) passa P1,P2,... come
%  parametri opzionali alle inline functions FUN e GD.
```

Utilizzando questo programma è possibile verificare sperimentalmente l'ordine di accuratezza 4 del metodo proposto. In Tabella 4.5 riportiamo gli errori in norma

h	1/10	1/20	1/40	1/80	1/160
E_{FDC}	1.8e-07	1.1e-08	7.0e-10	4.4e-11	1.2e-12
q	–	3.99913	3.99408	4.01225	5.20522

Tabella 4.5. Andamento dell'errore E_{FCD} in norma infinito discreta rispetto al passo di discretizzazione h per l'approssimazione del problema dell'Esercizio 4.3.2 e la corrispondente stima dell'ordine q di convergenza rispetto a h

infinito discreta e l'ordine di convergenza stimato (con la solita tecnica) per vari valori di h.   ◇

Esercizio 4.3.3 Si risolva con il metodo di collocazione spettrale sulla griglia di Gauss-Lobatto-Chebyshev con n^2 nodi il problema

$$\begin{cases} -\Delta u + u = -\sinh(x+y) - \cosh(x+y) \text{ in } \Omega, \\ u = \sinh(x+y) + \cosh(x+y) \qquad\qquad \text{su } \partial\Omega, \end{cases} \tag{4.38}$$

dove $\Omega = (0,1)^2$. Si risolva il sistema lineare associato con il metodo GMRES e si riporti il numero di iterazioni richieste affinché l'errore in norma euclidea sul residuo sia minore di 10^{-12} per $n = 5, 10, 20, 40$. Si usi quindi come precondizionatore la matrice ottenuta usando il metodo delle differenze finite applicato allo stesso problema sulla stessa griglia. Cosa accade al numero di iterazioni? Cosa si può concludere?

Soluzione 4.3.3

Approssimazione numerica

La discretizzazione con il metodo di collocazione spettrale per il problema dato si ottiene osservando che sia la derivata seconda in x che quella in y, si trovano applicando due volte la matrice di derivazione pseudo-spettrale (4.31), moltiplicata per il fattore 2 per tener conto che è stata originariamente derivata sull'intervallo $(-1, 1)$ e viene qui applicata sull'intervallo $(0, 1)$ (si veda l'Esercizio 4.2.5).

Il Programma 18 calcola in tal modo la soluzione di un problema più generale di (4.38). Precisamente, viene trovata la soluzione approssimata con il metodo di collocazione spettrale sulla griglia di Gauss-Lobatto-Chebyshev di

$$\begin{cases} -\mu\Delta u + \beta \cdot \nabla u + \sigma u = f \text{ in } \Omega \equiv (a,b) \times (c,d), \\ u = g_D \text{ su } \partial\Omega. \end{cases}$$

I parametri in ingresso sono gli estremi del dominio di calcolo, il numero di nodi di discretizzazione usati in ciascuna direzione, i valori costanti dei coefficienti e due *inline functions* per precisare f e g_D. Si noti che, anche nel caso del problema *simmetrico* (4.38) (nel senso che la forma debole associata a questo problema è simmetrica) il metodo di collocazione sulla griglia di Gauss-Chebyshev-Lobatto non produce una matrice simmetrica: per questo motivo il Programma 18 usa come risolutore per il sistema lineare associato il metodo GMRES (e non il metodo del gradiente coniugato).

Programma 18 - diff2Dsp : Approssimazione di un problema di diffusione-trasporto-reazione con un metodo di collocazione spettrale

```
function [us,x,y]=diff2Dsp(xspan,yspan,n,mu,beta,sigma,fun,gD,varargin)
%DIFF2DSP risolve un problema di diffusione-trasporto-reazione a
%coefficienti costanti.
%  [US,XX,YY]=DIFF2DSP(XSPAN,YSPAN,N,MU,BETA,SIGMA,FUN,GD,P) risolve
%  il problema bidimensionale -MU*DELTA U + BETA*GRAD(U)+SIGMA*U=FUN
%  su (XSPAN(1),XSPAN(2))x(YSPAN(1),YSPAN(2)) con condizioni di
%  Dirichlet U=GD sul bordo, usando uno schema di collocazione
%  spettrale  su una griglia di Gauss-Lobatto-Chebyshev con N nodi
%  in ciascuha direzione. MU e SIGMA sono due costanti, BETA un
%  vettore di due componenti. FUN e GD sono delle inline functions.
%  P e' una matrice di precondizionamento per il metodo GMRES
%  usato per risolvere il sistema lineare. Si ponga P=[] se
%  non si vuole precondizionare.
%  [US,XX,YY]=DIFF2DSP(XSPAN,YSPAN,N,MU,BETA,SIGMA,FUN.GD,P,P1,P2,..)
%  passa i parametri opzionali P1,.. alle inline functions FUN e GD.
```

Scegliamo di lavorare con una griglia di $n = 5$ nodi di discretizzazione in ogni direzione. Per risolvere il problema (4.38) diamo le seguenti istruzioni

```
>> xspan=[0 1];yspan=[0 1];n=5;mu=1;beta=[0 0];sigma=1;
 >> gD=inline('sinh(x+y)+cosh(x+y)','x','y');
>> f=inline('-sinh(x+y)-cosh(x+y)','x','y');
>> [us,x,y]=diff2Dsp(xspan,yspan,n,mu,beta,sigma,gD,f,[]);
Condition number of A 226.295989
gmres(25) converged at iteration 1(7) to a solution with
relative residual 1.4e-14
```

Visualizziamo la soluzione calcolata us in Figura 4.8, tramite il comando mesh(x,y,us)).

Commentiamo i messaggi che compaiono al termine dell'esecuzione: il primo riguarda il numero di condizionamento in norma 2 della matrice del sistema lineare associato alla discretizzazione. Il secondo viene invece stampato dalla *function* gmres utilizzata dal programma per risolvere il sistema lineare. Si tratta del cosiddetto metodo GMRES con *restart*. Come noto il metodo GMRES ([QSS00b]) richiederebbe di memorizzare una base per spazi di Krylov di dimensione n via

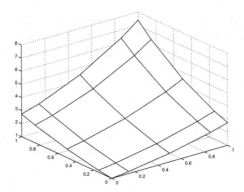

Figura 4.8. La soluzione calcolata per $n = 5$ con il metodo di collocazione spettrale. La griglia riportata è la griglia di calcolo corrispondente

via crescente fino a quando n non è uguale alla dimensione del sistema lineare in esame. Nel nostro caso il sistema ha dimensione $N = n^2$ e potremmo dover memorizzare (qualora la convergenza fosse molto lenta, ad esempio) una matrice (piena) di $N^2 = n^4$ elementi. Per questo motivo si adotta sovente versione con *restart*, generalmente indicata come GMRES(M), nella quale ogni M iterazioni il metodo riparte da capo. Il prezzo da pagare è la perdita della proprietà di convergere al più in N iterazioni (in aritmetica esatta). Nel messaggio che ci appare, la scritta gmres(25) si riferisce al fatto che è stato usato il metodo GMRES senza *restart* o, se vogliamo, con *restart* pari alla dimensione del sistema. Il computo delle iterazioni viene fatto tenendo conto degli eventuali *restart* effettuati: nel nostro caso la scritta 1(7) va letta come "iterazione 7 del primo ciclo di *restart*", vale a dire complessivamente l'iterazione 7.

Se proviamo a risolvere però il sistema con $n = 10$ il messaggio che compare è diverso. Abbiamo infatti

```
Condition number of A 5524.505302
gmres(100) stopped at iteration 1(40) without converging to
the desired tolerance 1.e-13 because the method is stagnated
The iterate returned (number 1(39)) has relative residual 1.e-12
```

Quindi il metodo converge in più iterazioni di prima (39 contro 7) ed inoltre stagna, si trova cioè in una situazione nella quale ulteriori iterazioni non farebbero scendere l'errore. In effetti, la matrice è mal condizionata e raddoppiando n il numero di condizionamento è un aumentato decisamente. Come si vede nella seconda colonna della Tabella 4.6 questo andamento è confermato anche per n maggiori. È chiaro che serve quindi un precondizionatore.

Nel testo dell'esercizio si propone di usare come precondizionatore la matrice P_{FD} associata alla discretizzazione dello stesso problema differenziale con differenze finite sulla griglia di Gauss-Lobatto-Chebyshev. Si tratta quindi di produrre una discretizzazione alle differenze finite su una griglia non uniforme, esattamente come nel caso monodimensionale studiato nell'Esercizio 4.2.4. Tale costruzione può essere effettuata tramite il Programma 19, assegnando al parametro d'ingresso fgrid un valore non nullo e precisando i restanti parametri esattamente come nel Programma 18.

Programma 19 - diff2Dsp : Approssimazione di un problema di diffusione-trasporto-reazione con un metodo alle differenze finite

```
function [us,x,y,AFD]=diff2Dfd(xspan,yspan,n,mu,beta,sigma,gD,...
   fun,fgridvarargin)
%DIFF2DFD risolve un problema di diffusione-trasporto-reazione a
%coefficienti costanti.
%  [UFD,XX,YY,AFD]=DIFF2DFD(XSPAN,YSPAN,N,MU,BETA,SIGMA,GD,FUN,FGRID)
%  risolve il problema 2D -MU*DELTA U + BETA*GRAD(U)+SIGMA*U=FUN
%  su (XSPAN(1),XSPAN(2))x(YSPAN(1),YSPAN(2)) con condizioni di
%  Dirichlet U=GD sul bordo, usando uno schema centrato alle
%  differenze finite di ordine 2 su una griglia uniforme (FGRID=0)
%  o su una griglia di Gauss-Lobatto-Chebyshev con N nodi
%  in ciascuna direzione (FGRID=1). MU e SIGMA sono due costanti,
%  BETA un vettore di 2 componenti.FUN e GD sono delle inline
%  functions. AFD e' la matrice associata alla discretizzazione.
%  [US,XX,YY,AFD]=DIFF2DFD(XSPAN,YSPAN,N,MU,BETA,SIGMA,GD,FUN,...
%  FGRID,P1,P2,..) passa i parametri opzionali P1,.. alle inline
%  functions FUN e GD.
```

Così facendo, si ottengono per il numero di condizionamento della matrice precondizionata i (sorprendenti) risultati riportati nella terza colonna della tabella: in effetti, si può dimostrare che tale precondizionatore per il problema considerato è ottimale (nel senso che il numero di condizionamento della matrice precondizionata è indipendente dalla dimensione della matrice stessa).

n	$K(A)$	$K(\mathrm{P}_{FD}^{-1}A)$
5	226.295989	1.810680
10	5524.505302	2.276853
20	1.4479e+05	2.460154
40	3.5706e+06	2.562154

Tabella 4.6. Andamento del numero di condizionamento in norma 2 per la matrice associata alla discretizzazione spettrale non precondizionata (colonna 2) e precondizionata (colonna 3) al variare di n

Parte II

Problemi tempo-dipendenti

5

Equazioni di tipo parabolico

In questo capitolo presentiamo alcuni esercizi relativi all'approssimazione numerica di problemi alle derivate parziali di tipo parabolico. Tratteremo quasi esclusivamente problemi di tipo lineare (tranne l'ultimo esercizio del Par. 5.1).

Per quanto riguarda gli aspetti teorici dei problemi parabolici facciamo riferimento, oltre che a [Qua03], Capitolo 6, anche a [Sal04] Capitolo 2, e [QV94], Capitolo 11. Per ogni problema proposto viene richiesta una analisi di buona posizione che deriva essenzialmente da una estensione del Lemma di Lax-Milgram e sul concetto di coercività debole. In particolare, per un problema la cui forma debole sia: trovare $u \in V \subseteq H^1(\Omega)$ (dove V è un sottospazio chiuso, in modo che sia esso stesso uno spazio di Hilbert) tale che per ogni $t > 0$

$$\left(\frac{\partial u}{\partial t}, v\right) + a(u, v) = \mathcal{F}(v) \qquad \forall v \in V, \tag{5.1}$$

con $u(x, 0) = u_0(x)$ e condizione iniziale assegnata in $L^2(\Omega)$, condizioni sufficienti per la buona posizione sono:

1. linearità e continuità di $\mathcal{F}(v)$ $\forall v \in V$;
2. bilinearità e continuità di $a(u, v)$ $\forall u, v \in V$;
3. coercività debole di $a(u, v)$ per ogni $v \in V$, ossia esistono due costanti, $\alpha > 0$ e $\lambda \geq 0$ tali che

$$a(v, v) + \lambda ||v||_{L^2}^2 \geq \alpha ||v||_V^2. \tag{5.2}$$

La coercività in senso standard è un caso particolare che si ottiene per $\lambda = 0$.

Vale la pena ricordare che la coercvità debole in problema parabolico basta perché è sempre possibile ricondursi a una forma coerciva attraverso un cambio di incognita. Supponendo infatti che valga la (5.2) per il problema dato dalla (5.1), assegnamo $\omega = e^{-\lambda t}u$. Moltiplicando la (5.1) per $e^{-\lambda t}$, si può verificare che ω è soluzione del problema: trovare $\omega \in V$ tale che

$$\left(\frac{\partial \omega}{\partial t}, v\right) + a(\omega, v) + \lambda(\omega, v) = e^{-\lambda t}\mathcal{F}$$

per ogni $v \in V$.

Se la forma bilineare $a\left(\cdot,\cdot\right)$ è debolmente coerciva, la forma bilineare

$$a^*\left(w,v\right) = a\left(w,v\right) + \lambda\left(w,v\right)$$

è coerciva (nel senso dei problemi ellittici). La buona posizione del problema in u segue pertanto dalla buona posizione del problema in ω, la cui dimostrazione si può trovare in [QV94].

Nel caso di un problema con condizioni al bordo non omogenee su $\Gamma_D \subset \partial\Omega$, come già fatto nei Capitoli 2 e 3, useremo la seguente notazione. Poniamo $V \equiv H^1_{\Gamma_D}$. Detto $G(x,t)$ (o $G(x,y,t)$ per problemi 2D) un rilevamento del dato di bordo (che supporremo sufficientemente regolare), il problema si formula: trovare $u \in G + V$ tale che per ogni $t > 0$ valga la (5.1) con $u(x,0) = u_0(x)$. Questo problema è equivalente al seguente: trovare $u^* \equiv u - G$ tale che per ogni $t > 0$ tale che

$$\left(\frac{\partial u^*}{\partial t}, v\right) + a\left(u^*, v\right) = \mathcal{F}(v) - \left(\frac{\partial G}{\partial t}, v\right) - a\left(G, v\right) \qquad \forall v \in V, \qquad (5.3)$$

con $u^*(x,0) = u_0(x) - G$. La buona posizione del problema (5.3) è garantita dalle ipotesi 1-3 indicate in precedenza che quindi possono essere estese a problemi non-omogenei, purché il dato al bordo e il dominio siano sufficientemente regolari.

In generale, faremo riferimento alla notazione abbreviata per indicare problemi di Dirichlet non omogenei, anche se talvolta sarà necessario ricorrere esplicitamente alle (5.3).

Nello studio di stabilità di problemi parabolici, un risultato molto utile è il Lemma di Gronwall che abbiamo riportato per completezza in Appendice A.

L'applicazione di tale Lemma a problemi parabolici è necessaria quando si abbia solo la coercività in senso debole e conduce tipicamente a stime di stabilità la cui costante cresce esponenzialmente in tempo e perdono quindi di significato su tempi lunghi. Se la forma bilineare che governa il problema è invece coerciva (in senso classico) è in genere possibile ottenere stime uniformi rispetto alla variabile temporale.

Per quanto riguarda la discretizzazione rispetto alla variabile spaziale, faremo esclusivamente riferimento al metodo degli elementi finiti. Per la discretizzazione rispetto al tempo, nel paragrafo 5.1 considereremo discretizzazioni mediante differenze finite. Nel paragrafo 5.2 risolveremo invece alcuni esercizi nei quali anche la dipendenza dal tempo viene trattata mediante gli elementi finiti.

5.1 Discretizzazione in tempo mediante differenze finite

Esercizio 5.1.1 Si consideri il problema: trovare $u = u(x,t)$ tale che

$$\begin{cases} \dfrac{\partial u}{\partial t} - \dfrac{\partial}{\partial x}\left(\mu\dfrac{\partial u}{\partial x}\right) + \beta u = 0 & \text{in } Q_T = (0,1) \times (0,\infty), \\[2mm] u = u_0 & \text{per } x \in (0,1), t = 0, \\[2mm] u = \eta & \text{per } x = 0, t > 0, \\[2mm] \mu\dfrac{\partial u}{\partial x} + \gamma u = 0 & \text{per } x = 1, t > 0, \end{cases}$$

dove $\mu = \mu(x) \geq \mu_0 > 0$, $u_0 = u_0(x)$ sono funzioni assegnate e $\beta, \gamma, \eta \in \mathbb{R}$.

1. Si provino esistenza ed unicità della soluzione debole al variare di γ, fornendo opportune condizioni sui coefficienti ed opportune ipotesi di regolarità sulle funzioni μ e u_0.
2. Si consideri la semidiscretizzazione spaziale del problema con il metodo di Galerkin-elementi finiti; se ne studi la stabilità usando il Lemma di Gronwall.
3. Nel caso in cui $\gamma = 0$ si discretizzi in tempo usando il metodo di Eulero esplicito e si analizzi la stabilità del problema completamente discretizzato.

Soluzione 5.1.1

Analisi matematica del problema

Introduciamo la forma debole per il problema in oggetto. Procedendo in maniera formale, come già fatto per i problemi ellittici, moltiplichiamo la forma forte dell'equazione per una funzione test $v = v(x)$ e integriamo sull'intervallo $(0,1)$. Notiamo che la funzione test è funzione della sola variabile spaziale. Assumeremo inoltre che v sia nulla nell'estremo di sinistra, dove è assegnata una condizione al bordo di Dirichlet (non omogenea). Più precisamente $V \equiv H^1_{\Gamma_D}(0,1) \equiv \{v \in H^1(0,1), v(0) = 0\}$. Dopo la consueta integrazione per parti del termine di derivata seconda in spazio, la forma debole si legge: per ogni $t > 0$ trovare $u(t) \in H^1(0,1)$ con $u(0,t) = \eta$ tale che:

$$\left(\frac{\partial u(t)}{\partial t}, v\right) + \left(\mu\frac{\partial u(t)}{\partial x}, \frac{\partial v}{\partial x}\right) + \beta\left(u(t), v\right) - \left[\mu\frac{\partial u(t)}{\partial x}v\right]_0^1 = 0 \qquad \forall v \in V, \quad (5.4)$$

con $u(x,0) = u_0(x)$ per $x \in (0,1)$.

In virtù della condizione al bordo di Robin nell'estremo di destra e dell'annullamento di v sul bordo sinistro, la (5.4) diventa:

$$\left(\frac{\partial u}{\partial t}, v\right) + \left(\mu\frac{\partial u}{\partial x}, \frac{\partial v}{\partial x}\right) + \beta(u,v) + \gamma uv|_{x=1} = 0 \qquad \forall v \in V.$$

In primo luogo, osserviamo che il secondo integrale esiste finito solo sotto opportune condizioni su μ. Poiché per ipotesi, $\dfrac{\partial u}{\partial x}$ e $\dfrac{\partial v}{\partial x}$ appartengono a $L^2(0,1)$, la funzione integranda $\mu\dfrac{\partial u}{\partial x}\dfrac{\partial v}{\partial x}$ è sommabile se (e solo se) $\mu \in L^\infty(0,1)$.

Procediamo al trattamento della condizione al bordo di Dirichlet non omogenea mediante *rilevamento del dato*. Indichiamo con $G \in H^1(0,1)$ una funzione tale che $G(0) = \eta$ e per il resto arbitraria. Poiché η non dipende dal tempo, potremo scegliere un rilevamento indipendente da t, analogamente a quanto visto nel Capitolo 2.

Il problema può essere pertanto riformulato come: trovare $u \in G + V$ tale che:

$$\left(\frac{\partial u}{\partial t}, v\right) + \left(\mu\frac{\partial u}{\partial x}, \frac{\partial v}{\partial x}\right) + \beta(u,v) + \gamma uv|_{x=1} = 0 \tag{5.5}$$

per ogni $v \in V$, con $u(x,0) = u_0$. Il problema è evidentemente nella forma (5.3) ponendo $a(u,v) \equiv \left(\mu\dfrac{\partial u}{\partial x}, \dfrac{\partial v}{\partial x}\right) + \beta(u,v) + \gamma uv|_{x=1}$.

D'ora in poi, assumeremo che il dato iniziale appartenga a $L^2(0,1)$. Dimostriamo che il problema è ben posto in base alle condizioni richiamate nell'Introduzione.

La continuità della forma bilineare si può dimostrare facendo ricorso alla disuguaglianza di Cauchy-Schwartz e alla definizione di norma di V. Infatti:

$$\left|\left(\mu\frac{\partial w}{\partial x}, \frac{\partial v}{\partial x}\right)\right| \leq \|\mu\|_{L^\infty(0,1)}\left\|\frac{\partial w}{\partial x}\right\|_{L^2(0,1)}\left\|\frac{\partial v}{\partial x}\right\|_{L^2(0,1)},$$

$$\leq \|\mu\|_{L^\infty(0,1)}\|w\|_V\|v\|_V \tag{5.6}$$

$$|\beta(u,v)| \quad \leq \beta\|w\|_{L^2(0,1)}\|v\|_{L^2(0,1)} \leq \beta\|w\|_V\|v\|_V,$$

$$|\gamma uv|_{x=1}| \quad \leq |\gamma|C_T^2\|w\|_V\|v\|_V.$$

Si noti come l'ultima disuguaglianza sia stata ottenuta applicando (due volte) la seguente *disuguaglianza di traccia*

$$|f(1)| \leq C_T\|f\|_V$$

valida per ogni $f \in V$.

Analizziamo ora sotto quali ipotesi la forma bilineare $a(\cdot,\cdot)$ sia (almeno debolmente) coerciva. La funzione μ è, per le ipotesi specificate nel testo, una funzione strettamente positiva. Ne segue immediatamente che per ogni funzione $w \in V$

$$\left(\mu \frac{\partial w}{\partial x}, \frac{\partial w}{\partial x} \right) \geq \mu_0 \left\| \frac{\partial w}{\partial x} \right\|^2_{L^2(0,1)} \geq \mu_0 C \|w\|^2_V,$$

ove C dipende dalla costante della disuguaglianza di Poincaré.

Se $\gamma \geq 0$ allora $\gamma w^2|_{x=1} \geq 0$, per cui

$$a(w,w) \geq \mu_0 C \|w\|^2_V + \beta \|w\|^2_{L^2(0,1)}.$$

Se $\beta < 0$ questa disuguaglianza mostra che si ha coercività in senso debole, con $\lambda = -\beta$ e costante di coercività $\alpha = \mu_0$. Se $\beta \geq 0$, allora il secondo addendo a secondo membro è non-negativo e vale quindi la coercività in senso classico, cioè possiamo porre $\lambda = 0$ in (5.2).

Viceversa, se $\gamma < 0$ possiamo porre

$$\gamma w^2|_{x=1} = -|\gamma| w^2|_{x=1} \geq -|\gamma| C_T^2 \|w\|^2_V,$$

in virtù della disuguaglianza di traccia. A questo punto doveremo richiedere che

$$\mu_0 - |\gamma| C_T^2 \geq \alpha_0 \geq 0$$

per poter concludere che

$$a(u,u) + \lambda \|u\|^2_{L^2(0,1)} \geq \alpha_0 \|u\|^2_V \qquad \forall u \in V,$$

dove $\lambda = -\beta$ se $\beta < 0$ (coercività debole) e $\lambda = 0$ se $\beta \geq 0$ (coercività in senso classico), e la costante di coercività è qui $\alpha = \alpha_0$. In conclusione, il problema risulta essere ben posto sotto le ipotesi specificate.

Approssimazione numerica

Procediamo con la discretizzazione in spazio (*semidiscretizzazione*) usando il metodo di Galerkin, (più precisamente di Faedo-Galerkin). A questo scopo, introduciamo un sottospazio V_h di V di dimensione $\dim(V_h) = N_h < \infty$ e le cui funzioni di base siano $\{\varphi_i\}$, con $i = 1, 2, \ldots, N_h$ e cerchiamo per ogni $t > 0$ la soluzione approssimata $u_h \in G_h + V_h$ tale che

$$\left(\frac{\partial u_h}{\partial t}, v_h \right) + a(u_h, v_h) = 0 \qquad \forall v_h \in V_h, \tag{5.7}$$

con $u_h(x,0) = u_{0h}(x)$ per $x \in (0,1)$. Qui u_{0h} e G_h sono approssimazioni in V_h di u_0 e G. Per studiare le proprietà di stabilità di questo problema, poniamo $\tilde{u}_h = u_h - G_h$ e lo riscriviamo nella forma

$$\left(\frac{\partial \tilde{u}_h}{\partial t}, v_h \right) + a(\tilde{u}_h, v_h) = -\left(\frac{\partial G_h}{\partial t}, v_h \right) - a(G_h, v_h) \qquad \forall v_h \in V_h, \tag{5.8}$$

con $\tilde{u}_{h,0}(x) \equiv \tilde{u}_h(x,0) = u_{0h}(x) - G_h(x)$ per $x \in (0,1)$. Posto $F(v_h) \equiv -\left(\frac{\partial G_h}{\partial t}, v_h \right) - a(G_h, v_h)$, scegliamo come funzione test $v_h = \tilde{u}_h$ e otteniamo

$$\left(\frac{\partial \tilde{u}_h}{\partial t}, \tilde{u}_h\right) + a\left(\tilde{u}_h, \tilde{u}_h\right) = F(\tilde{u}_h). \tag{5.9}$$

Sfruttando la coercività debole e il fatto che $\tilde{u}_h \frac{\partial \tilde{u}_h}{\partial t} = 1/2 \frac{\partial}{\partial t} \tilde{u}_h^2$ si ottiene

$$\frac{1}{2}\frac{d}{dt}||\tilde{u}_h||^2_{L^2(0,1)} + \alpha||\tilde{u}_h||^2_V \le F(\tilde{u}_h) + \lambda||\tilde{u}_h||^2_{L^2(0,1)} \tag{5.10}$$

ove α è la costante di coercività (pari a μ_0 o α_0 a seconda del segno di γ, come già visto).

Per la continuità del funzionale e per la disuguaglianza di Young si ha che per un $\epsilon > 0$ arbitrario

$$F(\tilde{u}_h) \le ||F||_{V'}|||\tilde{u}_h||_V \le \frac{1}{4\epsilon}||F||^2_{V'} + \epsilon||\tilde{u}_h||^2_V,$$

dove V' è lo spazio duale di V. Scegliendo a $\epsilon = \alpha/2$ e moltiplicando entrambi i membri per 2, la (5.10) diventa

$$\frac{d}{dt}||\tilde{u}_h||^2_{L^2(0,1)} + \alpha||\tilde{u}_h||^2_V \le \frac{1}{4\alpha}||F||^2_{V'} + 2\lambda||\tilde{u}_h||^2_{L^2(0,1)},$$

che, integrata sul generico intervallo di tempo $(0, t)$, fornisce

$$||\tilde{u}_h||^2_{L^2(0,1)}(t) + \int_0^t \alpha||\tilde{u}_h||^2_V dt$$
$$\le ||\tilde{u}_{0h}||^2_{L^2(0,1)} + \frac{1}{\alpha}\int_0^t ||F||^2_{V'} dt + 2\lambda \int_0^t ||\tilde{u}_h||^2_{L^2(0,1)} dt. \tag{5.11}$$

Quest'ultima disuguaglianze soddisfa le ipotesi richieste per l'applicazione del Lemma di Gronwall A.1, con $\phi(t) = ||\tilde{u}_h||^2_{L^2(0,1)}(t)$. Di conseguenza si ottiene la seguente stima

$$||\tilde{u}_h||^2_{L^2(0,1)}(t) \le g(t)e^{2\lambda t} \tag{5.12}$$

con $g(t) = \frac{1}{\alpha}\int_0^t ||F||^2_{V'} dt + ||\tilde{u}_{0h}||^2_{L^2(0,1)}$.

In ogni istante di tempo, la norma della L^2 della soluzione discretizzata in spazio è limitata, quindi ne consegue che la soluzione appartiene a $L^\infty(0, T; L^2(0, 1))$, da definizione di tale spazio può essere trovata, per esempio, in [Sal04]. Inoltre, usando la (5.12) nella (5.11), si perviene alla stima seguente

$$\int_0^T ||\tilde{u}_h||^2_V dt \le \frac{1}{\alpha}\left(g(T) + \lambda \int_0^T g(t)e^{\lambda t} dt\right),$$

che mostra come la soluzione discreta appartenga anche a $L^2(0, T; V)$. Poiché dunque appartiene a entrambi questi spazi si può scrivere che $\tilde{u}_h \in L^\infty(0, T; L^2(0, 1)) \cap L^2(0, T; V)^1$.

Vale la pena di osservare che qualora si avesse la coercività in senso classico ($\lambda = 0$) non è necessario ricorrere al Lemma di Gronwall. Infatti, la stima di stabilità della soluzione in $L^\infty(0, T; L^2(0, 1)) \cap L^2(0, T; V)$ segue direttamente dalla (5.11), con coefficienti che non dipendono più dal tempo.

Per quanto riguarda l'analisi di convergenza, facciamo riferimento dapprima a un problema coercivo in senso usuale ($\lambda = 0$), richiamando il seguente risultato, valido in questo caso (si veda [Qua03], Paragrafo 6.3) e qualora si utilizzino elementi finiti P^r: per ogni $t > 0$

$$||(u - u_h)||^2_{L^2(0,1)}(t) + 2\alpha \int_0^t ||(u - u_h)(t)||^2_V dt \le Ch^{2r} N(u)e^t,$$

purché la soluzione esatta u appartenga per ogni $t > 0$ a $H^{r+1}(0, 1)$. Qui $N(u)$ indica un'opportuna funzione di u e $\dfrac{\partial u}{\partial t}$. Se il problema fosse solo coercivo in senso debole, mediante il cambio di variabile segnalato in precedenza si ottiene

$$||(u - u_h)||^2_{L^2(0,1)}(t) + 2\alpha \int_0^t ||(u - u_h)(t)||^2_V dt \le Ch^{2r} N(u)e^{(1+\lambda)t},$$

che di fatto è una estensione della disuguaglianza precedente[2].

Passiamo al terzo punto, ossia approssimare il problema semi-discreto in spazio con il metodo di Eulero esplicito, nel caso $\gamma = 0$. Introduciamo a questo scopo la *matrice di massa* M, i cui elementi sono dati da $m_{ij} \equiv \int_0^1 \varphi_i \varphi_j dx$ e la *matrice di stiffness* K, di elementi $k_{ij} \equiv \int_0^1 \mu \dfrac{\partial \varphi_i}{\partial x} \dfrac{\partial \varphi_j}{\partial x} dx$. Definendo la matrice $A \equiv K + \beta M$, il problema semidiscreto si può scrivere come

$$M\frac{dU}{dt} + AU = F,$$

dove U è il vettore dei gradi di libertà associati alla discretizzazione spaziale. In particolare U^0 indicherà il vettore dei gradi di libertà associati al dato iniziale.

Consideriamo l'intervallo di tempo $[0, \infty)$, introduciamone una decomposizione in sottointervalli di ampiezza $\Delta t > 0$ e denotiamo con $t_n = n\Delta t$ (n intero positivo) un generico nodo di discretizzazione in tempo. La discretizzazione in tempo con il metodo di Eulero esplicito al passo temporale t_{n+1} diventa allora

$$\frac{1}{\Delta t}M\left(U^{n+1} - U^n\right) = -AU^n + F^n \tag{5.13}$$

---

[1] Si noti come a una norma più forte in spazio corrisponda una regolarità inferiore in tempo. Mentre $||\tilde{u}_h||_{L^2(0,1)}$ è limitata nel tempo, non è detto che $||\tilde{u}_h||_{H^1(0,1)}$ lo sia.

[2] Nel caso $\gamma = 0$ con opportune ulteriori ipotesi di regolarità di u è possibile trovare una stima di stabilità uniforme in tempo, ci veda [QV94], Capitolo 11 o [EG04].

da cui

$$\mathbf{U}^{n+1} = \left(I - \Delta t \mathrm{M}^{-1}\mathrm{A}\right)\mathbf{U}^n + \Delta t \mathrm{M}^{-1}\mathbf{F}^n.$$

Analizziamo l'assoluta stabililità dello schema. Come noto, a questo scopo il termine noto è ininfluente e, di conseguenza, d'ora in poi lo assumiamo nullo. La precedente equazione diventa in tal caso

$$\mathbf{U}^{n+1} = \left(\mathrm{I} - \Delta t \mathrm{M}^{-1}(\mathrm{K} + \beta\mathrm{M})\right)\mathbf{U}^n = \left((1 - \Delta t\beta)\mathrm{I} - \Delta t \mathrm{M}^{-1}\mathrm{K}\right)\mathbf{U}^n.$$

La stabilità assoluta è garantita se il raggio spettrale della matrice $(1 - \Delta t\beta)I - \Delta t\mathrm{M}^{-1}\mathrm{K}$ è minore di 1 [QSS00b]. Indichiamo con ρ_i gli autovalori di $\mathrm{M}^{-1}\mathrm{K}$, essi sono strettamente positivi essendo M e K matrici simmetriche definite positive (si veda l'Esercizio 5.1.5). Gli autovalori della matrice in oggetto hanno dunque l'espressione:

$$1 - \Delta t(\beta + \rho_i), \qquad i = 1, \dots, N_h.$$

Se $\rho_i > -\beta$ per ogni i, allora si ricava che lo schema di Eulero esplicito è assolutamente stabile sotto la condizione

$$\Delta t < \frac{2}{\max_i(\rho_i - \beta)}.$$

Viceversa, se $\rho_i \leq -\beta$ per un valore di i, allora il metodo è *incondizionatamente instabile* per il problema in esame. Poiché β rappresenta il termine di reazione possiamo dire che se $\beta \geq 0$ (assorbimento) lo schema di Eulero esplicito è condizionatamente stabile, mentre un $\beta < 0$ (produzione) di valore eccessivo può rendere lo schema instabile[3].

Peraltro, si dimostra (si veda ad esempio [QV94]) che gli autovalori ρ_i si comportano come h^{-2} per h che tende a zero, da cui segue che per garantire stabilità al metodo di Eulero esplicito il passo temporale va ridotto di 4 volte ad ogni dimezzamento del passo spaziale h.

---

[3] Si badi che si tratta di una instabilità in tempo, di origine diversa da quella riscontrata nel Capitolo 3.

Esercizio 5.1.2 Si consideri il problema parabolico:

$$\begin{cases} \dfrac{\partial u}{\partial t} - \mu \dfrac{\partial^2 u}{\partial x^2} = 0 & \text{in } Q_T \equiv (-a, a) \times (t_0, T], \\[2mm] u(\pm a, t) = -R(t) \equiv \dfrac{1}{\sqrt{4\pi\mu t}} e^{-\frac{a^2}{4\mu t}} & \text{per } t \in (t_0, T], \quad (5.14) \\[2mm] u(x, t_0) = \dfrac{1}{\sqrt{4\pi\mu t_0}} e^{-\frac{x^2}{4\mu t_0}} & \text{per } \equiv u_0(x) \quad x \in (-a, a) \end{cases}$$

dove μ è una costante strettamente positiva e $0 < t_0 < T$.

1. Si dimostri che il problema è ben posto, fornendo una stima a priori per la soluzione.
2. Dopo aver verificato che la soluzione di questo problema è

$$u_{ex}(x, t) = \frac{1}{\sqrt{4\pi\mu t}} e^{-\frac{x^2}{4\mu t}},$$

si discretizzi in spazio il problema con elementi finiti lineari e in tempo secondo lo schema di Eulero implicito. Si risolva il problema per $a = 3$, $t_0 = 0.5$, $\mu = 0.1$, $T = 1$ con `fem1d` per le seguenti coppie di valori per il passo di discretizzazione in spazio ed in tempo: $h = 0.05, \Delta t = 0.05$, $h = 0.025, \Delta t = 0.025$ e $h = 0.0125, \Delta t = 0.0125$. Verificare le stime di convergenza note dalla teoria.

Soluzione 5.1.2

Analisi matematica del problema

L'equazione differenziale che compare in (5.14) è la ben nota equazione di Fourier o del calore. Una analisi approfondita di questo problema si trova, ad esempio, in [Sal04] e [Eva98].

Per quanto riguarda la sua forma debole si osservi che le condizioni al bordo proposte sono entrambe di Dirichlet non omogeneo. Introduciamo allora una funzione di rilevamento del dato di bordo, che prenderemo costante in spazio, precisamente $G(x, t) = R(t) = \dfrac{1}{\sqrt{4\pi\mu t}} e^{-a^2/(4\mu t)}$. Poniamo $I \equiv (-a, a)$ e $V \equiv H_0^1(I)$.

Procedendo in maniera consueta, giungiamo alla formulazione debole del problema: trovare $u \in G + V$ tale che per ogni $t \in (t_0, T]$ e per ogni $v \in V$

$$\int_{-a}^{a} \frac{\partial u}{\partial t} v \, dx + \mu \int_{-a}^{a} \frac{\partial u}{\partial x} \frac{\partial v}{\partial x} dx = 0, \quad (5.15)$$

con $u(x, t_0) = u_0(x)$.

Dal momento che v è indipendente dal tempo, si ha

$$\frac{\partial}{\partial t}\left(\int_{-a}^{a} uv dx\right) + \mu \int_{-a}^{a} \frac{\partial u}{\partial x}\frac{\partial v}{\partial x}dx = 0,$$

e integrando in tempo tra t_0 e T si ottiene

$$\left(\int_{-a}^{a} uv dx\right)(T) + \mu \int_{t_0}^{T}\int_{-a}^{a} \frac{\partial u}{\partial x}\frac{\partial v}{\partial x}dx dt = \int_{-a}^{a} u_0 v dx, \quad \forall v \in V. \qquad (5.16)$$

Una analisi analoga a quella svolta nell'esercizio precedente ci porta a cercare la soluzione u di (5.16) nello spazio $L^\infty(t_0, T; L^2(I)) \cap L^2(t_0, T; R + V)$. Con tale scelta ogni termine di questa formulazione è ben definito.

Per l'analisi di buona posizione mostriamo che la forma bilineare $a(u,v) \equiv \mu \int_{-a}^{a} \frac{\partial u}{\partial x}\frac{\partial v}{\partial x}dx$ è coerciva (peraltro in senso classico). In effetti, avendo condizioni al bordo di Dirichlet, dalla disuguaglianza di Poincaré segue che $\|\partial v/\partial x\|_{L^2(I)}^2$ è equivalente alla norma $\|v\|_V^2$, per ogni $v \in V$. Pertanto, esiste una costante α per cui

$$a(v,v) = \mu\|\frac{\partial v}{\partial x}\|_{L^2(I)}^2 \geq \alpha\|v\|_V^2.$$

Poiché la forma bilineare è anche continua, come si verifica immediatamente, la buona posizione è dimostrata. Per ottenere una stima a priori della soluzione, scriviamo $u = \tilde{u} + R$, con $\tilde{u} \in V$, scegliamo $v = \tilde{u}$ nella (5.15) e integriamo in tempo, ottenendo

$$\int_{t_0}^{T}\int_{-a}^{a} \frac{\partial \tilde{u}}{\partial t}\tilde{u}dx dt + \int_{t_0}^{T} \mu\left\|\frac{\partial \tilde{u}}{\partial x}\right\|_{L^2(I)}^2 dt = \int_{t_0}^{T} \mathcal{F}(\tilde{u})dt,$$

con $\mathcal{F}(v) \equiv -\int_{-a}^{a} R' v dx$, avendo scelto un rilevamento indipendente da x. Qui R' indica dR/dt. Si osservi che

$$\int_{t_0}^{T}\int_{-a}^{a} \frac{\partial \tilde{u}}{\partial t}\tilde{u}dx dt = \frac{1}{2}\left(\|\tilde{u}\|_{L^2(I)}^2(T) - \|\tilde{u}_0\|_{L^2(I)}^2\right),$$

dove $\tilde{u}_0 \equiv u_0 - R(t_0)$. Otteniamo pertanto

$$\left(\|\tilde{u}\|_{L^2(I)}^2(T) - \|\tilde{u}_{t_0}^*\|_{L^2(I)}^2\right) + 2\mu \int_{t_0}^{T}\left\|\frac{\partial \tilde{u}}{\partial x}\right\|_{L^2(I)}^2 dt = 2\int_{t_0}^{T} \mathcal{F}(\tilde{u})dt.$$

Dalla definizione del funzionale $\mathcal{F}$ si ha, applicando le disuguaglianze di Cauchy-Schwarz e di Young,

$$2\left|\int_{t_0}^{T} \mathcal{F}(\tilde{u})dt\right| = 2\left|\int_{t_0}^{T}\int_{-a}^{a} R'\tilde{u}dxdt\right| \leq 2\int_{t_0}^{T} \|R'\|_{L^2(I)}\|\tilde{u}\|_{L^2(I)} \leq$$

$$\frac{1}{2\epsilon}\int_{t_0}^{T}\|R'\|_{L^2(I)}^2\,dt + 2\epsilon\int_{t_0}^{T}\|\tilde{u}\|_{L^2(I)}^2 dt \leq \frac{1}{4\epsilon}\int_{t_0}^{T}\|R'\|_{L^2(I)}^2\,dt + \epsilon\int_{t_0}^{T}\|\tilde{u}\|_{V}^2 dt,$$

con $\epsilon > 0$ arbitrario. D'altra parte $\|R'\|_{L^2} = 2a|R'|$ e, grazie alla coercività della forma bilineare e scegliendo $\epsilon = \alpha/2$, otteniamo infine

$$\|\tilde{u}\|_{L^2(I)}^2(T) + \alpha\int_{t_0}^{T}\|\tilde{u}\|_{V}^2 dt \leq \|\tilde{u}_{t_0}\|_{L^2(I)}^2 + \frac{2a}{\alpha}\int_{t_0}^{T}(R')^2 dt. \tag{5.17}$$

La verifica che $u_{ex}(x,t) = e^{-x^2/(4\mu t)}/\sqrt{4\pi\mu t}$ è la soluzione esatta è immediata dal momento che, data la regolarità della soluzione è possibile sostituirla direttamente nella equazione differenziale. Notando che

$$\frac{\partial u_{ex}}{\partial t} = \frac{1}{4t\sqrt{4\pi\mu t}}\left(\frac{x^2}{\mu t} - \frac{1}{4}\right)e^{-x^2/(4\mu t)},$$

$$\frac{\partial^2 u_{ex}}{\partial x^2} = \frac{1}{4t\sqrt{4\pi\mu t}}\left(\frac{x^2}{\mu^2 t} - \frac{1}{4\mu}\right)e^{-x^2/(4\mu t)},$$

si deduce che u_{ex} soddisfa l'equazione assegnata. La verifica delle condizioni al bordo e iniziali è immediata.

Approssimazione numerica

La formulazione discreta del problema si ottiene introducendo una suddivisione del dominio spaziale, che per semplicità assumiamo uniforme di passo h, e scegliendo come sottospazio finito-dimensionale V_h il sottospazio di X_h^1, introdotto in (1.20), formato delle funzioni lineari a tratti nulle agli estremi $x = \pm a$. Scelto poi un passo temporale Δt e applicando il metodo di Eulero implicito, il problema completamente discretizzato diventa: trovare per ogni $n \geq 0$ il vettore $\mathbf{U}^{n+1}$ tale che

$$\left(\frac{1}{\Delta t}\mathrm{M} + \mathrm{K}\right)\mathbf{U}^{n+1} = \frac{1}{\Delta t}\mathrm{M}\mathbf{U}^n + \mathbf{F}^{n+1},$$

dove M e K sono rispettivamente la matrice di massa e di stiffness, $\mathbf{U}^n$ è il vettore dei valori nodali della soluzione al tempo t^n e infine $\mathbf{F}^{n+1}$ è il vettore di componenti $\mathcal{F}(\varphi_i)$, essendo φ_i la funzione di base i-esima della base di V_h.

Per risolvere il problema con `fem1d`, lanciamo il codice in MATLAB e selezioniamo alla prima schermata la voce `parabolici`. La schermata che segue permette

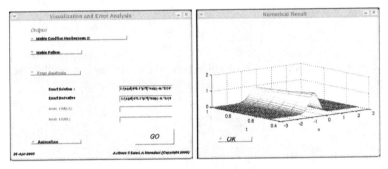

Figura 5.1. Uso di `fem1d` per un problema parabolico: schermate di specifica del problema a sinistra e di specifica dei parametri di discretizzazione e soluzione numerica (in modalità avanzata) a destra

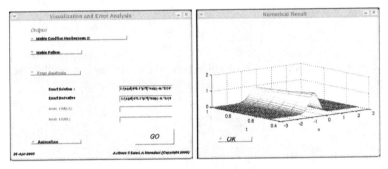

Figura 5.2. Uso di `fem1d` per un problema parabolico: schermate di specifica del postprocessing (errore, numero di condizionamento) a sinistra e visualizzazione "non animata" della soluzione a destra

di definire il problema parabolico, specificando la forma del problema (conservativa se il termine di trasporto è nella forma $(\beta u)'$, non conservativa se è nella forma $\beta u'$). Questa schermata è molto simile a quella analoga dei problemi di tipo ellittico, fatto salvo che, in questo caso, va specificato il dominio spazio-temporale nella forma

    (a, b) x (t0, T)

dove a, b, t0, T sono rispettivamente i due estremi del dominio e l'istante iniziale e finale. Corrispondentemente, viene richiesta la specifica della condizione iniziale (si veda la Figura 5.1 a sinistra). Facciamo notare la possibilità di specificare se si tratta di un problema a coefficienti e condizioni al bordo costanti in tempo. Se questa specifica è attiva, il codice assembla la matrice e tutti i termini dipendenti dalle condizioni al bordo una volta sola, all'inizio del ciclo temporale, con un notevole risparmio nello sforzo computazionale.

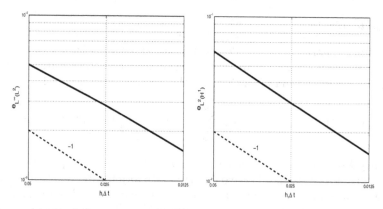

Figura 5.3. Errori (in scala logaritmica) nelle norme $L^\infty((t_0,T); L^2(-3,3))$ (sinistra) e $L^2((t_0,T); H^1(-3,3))$ (destra) per il calcolo dell'errore nell'Esercizio 5.1.2. Le curve tratteggiate sono curve di riferimento che si riferiscono ad un andamento lineare dell'errore

Dopo aver inviato Go, appare la seconda schermata, che serve per la specifica dei parametri di discretizzazione. In particolare, se non si specifica l'opzione di Modalita' Avanzata, possono essere scelti:

1. il grado di elementi finiti usato;
2. il passo di discretizzatione spaziale h;
3. il parametro θ per la scelta del metodo di avanzamento in tempo (θ-metodo);
4. il passo di discretizzazione temporale Δt.

Nel caso si opti per la Modalita' Avanzata, è possibile anche specificare eventuali forme di stabilizzazione per il trasporto dominante o la reazione dominante, se si intende usare una base gerarchica (un modo particolare di costruire elementi finiti di grado elevato, che non trattiamo nel presente testo), il tipo di formula di quadratura usato (specificando il numero di nodi di quadratura), il tipo di solutore per i sistemi lineari (si veda la Figura 5.1 a destra). In questa modalità è anche possibile specificare passi di griglia h non uniformi, indicandoli come come funzione di x.

Dopo aver inviato Go, si procede con la finestra nella quale si richiede di specificare le grandezze di uscita: il pattern della matrice, il numero di condizionamento ed eventualmente, nel caso si conosca la soluzione esatta, si può richiedere il calcolo dell'errore. Le norme "naturali" per il calcolo dell'errore di un problema parabolico sono quelle negli spazi $L^\infty(t_0, T; L^2(a, b))$ e $L^2(t_0, T; H^1(a, b))$. Un'ultima opzione si riferisce alla modalità di visualizzazione: nel caso si opti per l'Animazione, la soluzione verrà mostrata come successione di passi temporali. In caso contrario, la soluzione viene mostrata tutta insieme come una superficie nel piano x, t (si veda la Figura 5.2).

Analisi dei risultati

I risultati riguardo al calcolo dell'errore sono riassunti nei grafici di Figura 5.3, nei quali è evidente un andamento di tipo lineare, in perfetto accordo con la teoria, in base alla quale (si veda [Qua03], Capitolo 6) si ha per ogni $n \geq 1$

$$||u_{ex}(t^n) - u_h^n||_{L^2(I)}^2 + 2\alpha \Delta t \sum_{k=1}^{n} ||u_{ex}(t^k) - u_h^k||_V^2 \leq C(\Delta t^2 + h^2).$$

Come già osservato per i problemi di tipo ellittico, anche in questo caso perché il calcolo dell'errore sia significativo occorre usare formule di quadratura sufficientemente accurate. Per quanto riguarda il calcolo delle norme dell'errore in tempo, avendo fatto una discretizzazione mediante differenze finite disponiamo solo dei valori della soluzione nei nodi della discretizzazione temporale. Il calcolo della norma $L^2(0, T)$ viene approssimato dunque con $||e(t)||_{L^2(0,T)} \approx \left(\sum_{n=0}^{N} (e^n)^2 \Delta t \right)^{1/2}$. Questa sommatoria definisce quella che viene indicata sovente come norma discreta $||e||_{\triangle,2}$. ◇

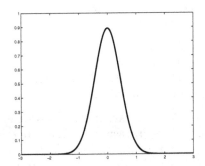

Figura 5.4. Soluzione fondamentale dell'equazione del calore

Osservazione 5.1 Si noti che per $t_0 \to 0$ nell'Esercizio appena svolto, si ha

$$\lim_{t_0 \to 0} u(x, t_0) = \lim_{t_0 \to 0} \frac{1}{\sqrt{4\pi\mu t_0}} e^{-x^2/(4\mu t_0)} = \delta(0)$$

dove δ indica il funzionale *Delta di Dirac* (centrato sull'origine). La soluzione proposta, in effetti, risolve (in senso debole) il problema: trovare u tale che

$$\begin{cases} \dfrac{\partial u}{\partial t} - \mu \dfrac{\partial^2 u}{\partial x^2} = 0 & x \in (-\infty, \infty), t \in (0, T], \\[2ex] \lim_{a \to \infty} u(\pm a, t) = 0, & u(x, 0) = \delta(0), \end{cases}$$

ed è detta *soluzione fondamentale* dell'equazione del calore (si veda la Figura 5.4). La soluzione fondamentale è una funzione Gaussiana , funzione molto usata nella teoria della probabilità. In effetti, l'equazione del calore si può vedere come limite continuo del modello probabilistico di moto Browniano (monodimensionale) (si veda [Sal04], Paragrafo 2.4). Un'altra osservazione riguarda la regolarità della soluzione rispetto a quella del dato iniziale. I problemi parabolici hanno una natura regolarizzante . Nel caso in esame, il dato iniziale è addirittura una distribuzione non regolare, che però genera una soluzione di classe C^∞. Questa natura regolarizzante non è condivisa, ad esempio, dai problemi iperbolici.

Osservazione 5.2 Dalla (5.17), sfruttando il fatto che $||u||_V \le ||u||_{L^2(I)}$, abbiamo

$$||\tilde{u}||^2_{L^2(I)}(T) \le - \int_{t_0}^{T} \alpha ||\tilde{u}||^2_{L^2(I)} dt + ||\tilde{u}_{t_0}||^2_{L^2(I)} + \frac{2a}{\alpha} \int_{t_0}^{T} (R')^2 dt,$$

da cui l'applicazione del Lemma di Gronwall fornisce, per ogni $T > 0$,

$$||\tilde{u}||^2_{L^2(I)}(T) \le ||\tilde{u}_{t_0}||^2_{L^2(I)} e^{-\alpha T} + \frac{2ae^{-\alpha t}}{\alpha} \int_{t_0}^{T} (R')^2 dt.$$

Se ne deduce che il dato iniziale "decade" esponenzialmente, tanto più velocemente tanto più è elevata la costante di coercività α. Questo fatto è tipico di problemi parabolici nel caso in cui la forma bilineare è coerciva in senso classico: essi tendono a "dimenticare" il dato iniziale tanto più velocemente tanto più il problema è coercivo.

Esercizio 5.1.3 Si consideri il problema parabolico: trovare u tale che

$$\begin{cases} \dfrac{\partial u}{\partial t} - \dfrac{\partial^2 u}{\partial x^2} = 0 & \text{in} Q_T \equiv (-3,3) \times (0,1], \\[2mm] u(\pm 3, t) = 0, \quad t \in (0,1], \quad u(x,0) = u_0(x) \equiv \begin{cases} 1 & \text{per} \quad x \in [-1,1], \\ 0 & \text{altrove.} \end{cases} \end{cases}$$

1. Dopo averne introdotto la forma debole, si dimostri che il problema è ben posto, fornendo una stima a priori per la soluzione.
2. Si scriva la forma algebrica del problema discretizzato con elementi finiti lineari conformi per la variabile spaziale ed il θ-metodo per la variabile temporale. Per $\theta = 1$ si dia una stima di stabilità per la soluzione discreta. Si citino le proprietà di stabilità del metodo per $\theta \ge 0.5$.
3. Si risolva infine il problema con fem1D, usando $\theta = 1$ (Eulero implicito) e $\theta = 0.5$ (Crank-Nicolson), con $\Delta t = 0.1$. Si commentino le soluzioni trovate.

Soluzione 5.1.3

Analisi matematica del problema

Per semplicità di notazione porremo $I \equiv (-3,3)$. Con passaggi analoghi a quelli dell'esercizio precedente si ricava la formulazione debole: per ogni $t > 0$ trovare $u \in H_0^1(I)$ tale che

$$\int_{-3}^{3} \frac{\partial u}{\partial t} v \, dx + \int_{-3}^{3} \frac{\partial u}{\partial x} \frac{\partial v}{\partial x} \, dx = 0 \tag{5.18}$$

per ogni $v \in H_0^1(I)$. Inoltre la soluzione deve soddisfare la condizione iniziale $u(x,0) = u_0(x)$.

Integrando in tempo, otteniamo: trovare $u \in L^\infty(0,1; L^2(I)) \cap L^2(0,1; H_0^1(I))$ tale che

$$\left(\int_{-3}^{3} uv \, dx \right)_{t=1} + \int_{0}^{1} \int_{-3}^{3} \frac{\partial u}{\partial x} \frac{\partial v}{\partial x} \, dx \, dt = \int_{-3}^{3} u_0 v \, dx$$

per ogni $v \in H_0^1(I)$. Si osservi che il dato iniziale appartiene a $L^2(I)$, quindi il prodotto scalare a secondo membro è ben definito. Una stima di stabilità si può ricavare come nell'esercizio precedente. In particolare, osservando che si può applicare la disuguaglianza di Poincaré, si ottiene

$$\|u\|_{L^2(I)}^2(1) + \alpha \int_{0}^{1} \|u\|_{H_0^1(I)}^2(t) \, dt \leq \|u_0\|_{L^2(I)}^2 = 4,$$

dove α è la costante di coercività della forma bilineare $a(u,v) \equiv \int_{-3}^{3} \frac{\partial u}{\partial x} \frac{\partial v}{\partial x} \, dx$.

Come già osservato, i problemi parabolici inducono una maggior regolarità della soluzione rispetto al dato iniziale: in questo caso il dato iniziale è in $L^2(I)$, mentre la soluzione è in $L^2(0,T; H_0^1(I))$.

Approssimazione numerica

La formulazione semi-discreta (discreta in spazio, continua in tempo) a elementi finiti si ottiene come d'abitudine introducendo una partizione dell'intervallo $[-3,3]$ di passo h (che, per semplicità, supponiamo costante) e prendendo $V_h \equiv X_h^1$, spazio delle funzioni lineari a tratti in $[-3,3]$ e nulle al bordo, in modo che la soluzione semi-discreta si possa scrivere come $u_h(x,t) = \sum_{j=1}^{N_h} U_j(t)\varphi_j(x)$. Le $\{\varphi_j\}$ sono le funzioni di base di V_h. Detto $\mathbf{U}(t)$ il vettore di componenti $U_j(t)$, il problema semi-discreto si ottiene da (5.18), scegliendo come funzioni test le funzioni φ_i per

$i = 1, \ldots, N_h$. Si perviene dunque al seguente sistema di equazioni differenziali ordinarie:

$$M\frac{dU}{dt} + KU = 0,$$

dove M è la matrice di massa, K la matrice di stiffness e $U(0) = U_0$ è il vettore di componenti $U_{0,j} = u_{h,0}(x_j)$, essendo $u_{h,0}$ una approssimazione opportuna del dato iniziale u_0 in V_h. Per esempio si può scegliere come $u_{h,0}$ la proiezione L^2 su V_h, cioè la soluzione del problema

$$\int_{-3}^{3} u_{h,0}\varphi_j dx = \int_{-3}^{3} u_0\varphi_j dx, \quad j = 1, \ldots N_h,$$

anche se, come vedremo, spesso non è questo il modo utilizzato in pratica.

Per discretizzare in tempo, introduciamo un passo temporale Δt e collochiamo il problema semi-discreto nei nodi $t^k = k\Delta t$, dove si assume che $t^N = T = 1$. Discretizzando il problema con il θ-metodo ci si riconduce all'equazione

$$\frac{1}{\Delta t}MU^{k+1} + \theta KU^{k+1} = \frac{1}{\Delta t}MU^k - (1-\theta)KU^k \tag{5.19}$$

da risolversi per $k = 0, 1, \ldots, N - 1$. Nel caso $\theta = 1$ (metodo di Eulero implicito) si ha ad ogni passo temporale il sistema

$$M\left(U^{k+1} - U^k\right) + \Delta t KU^{k+1} = 0.$$

Per ottenere una stima a priori (di stabilità) per la soluzione di questo problema, moltiplichiamo scalarmente quest'ultima equazione per U^{k+1}, si ottiene

$$\left(U^{k+1}\right)^T M\left(U^{k+1} - U^k\right) + \Delta t\left(U^{k+1}\right)^T KU^{k+1} = 0. \tag{5.20}$$

Osserviamo che vale la seguente identità[4]

$$\left(U^{k+1}\right)^T M\left(U^{k+1} - U^k\right) =$$

$$\frac{1}{2}\left(U^{k+1}\right)^T MU^{k+1} + \frac{1}{2}\left(U^{k+1} - U^k\right)^T M\left(U^{k+1} - U^k\right) - \frac{1}{2}\left(U^k\right)^T MU^k. \tag{5.21}$$

Sia M che K sono matrici simmetriche definite positive e quindi

$$\left(U^{k+1} - U^k\right)^T M\left(U^{k+1} - U^k\right) \geq 0$$

ed è uguale a 0 solo se $U^{k+1} = U^k$, cioè se si è raggiunto lo stato stazionario. Da (5.20) e (5.21) segue allora

---

[4] In generale, ricordiamo che $(a-b, a) = 1/2(a-b, a) + 1/2(a-b, a-b) + 1/2(a-b, b) = 1/2(a, a) + 1/2(a-b, a-b) - 1/2(b, b)$.

$$\left(\mathbf{U}^{k+1}\right)^T \mathbf{M} \mathbf{U}^{k+1} \le \left(\mathbf{U}^k\right)^T \mathbf{M} \mathbf{U}^k.$$

D'altra parte, $\left(\mathbf{U}^k\right)^T \mathbf{M} \mathbf{U}^k = ||u_h^k||_{L^2(I)}^2$ per ogni k, essendo u_h^k l'approssimazione di u_h al tempo $t = t^k$.

Si ottiene allora

$$||u_h^{k+1}||_{L^2(I)}^2 \le ||u_h^k||_{L^2(I)}^2 \quad \forall k = 0, 1, \ldots, N-1. \tag{5.22}$$

Essendo stata ottenuta senza vincoli sul passo temporale, si tratta di una stima di *incondizionata stabilità*.

La norma in L^2 di $\partial u_h / \partial x$ è equivalente alla norma in H^1 di u_h, in virtù della disuguaglianza di Poincaré. È quindi lecito porre $C||u_h^k||_{H^1(I)}^2 \equiv ||\frac{du_h^k}{dx}||_{L^2(I)}^2 = \left(\mathbf{U}^{k+1}\right)^T \mathbf{K} \mathbf{U}^{k+1}$, essendo C una costante. Nel caso del metodo di Eulero implicito, dalla (5.20) e (5.22) e (5.21) segue allora che

$$C\Delta t||u_h^{k+1}||_{H^1(I)}^2 \le \frac{1}{2}||u_h^k||_{L^2(I)}^2 - \frac{1}{2}||u_h^{k+1} - u_h^k||_{L^2(I)}^2 - \frac{1}{2}||u_h^{k+1}||_{L^2(I)}^2 \le ||u_h^k||_{L^2(I)}^2,$$

che combinata con la (5.22) usata ricorsivamente fino al passo iniziale fornisce

$$||u_h^{k+1}||_{H^1(I)} \le \sqrt{\frac{1}{C\Delta t}}||u_{0h}||_{L^2(I)}. \tag{5.23}$$

Quindi, per un Δt fissato la norma in H^1 della soluzione discreta al generico istante t^{k+1} ottenuta con il metodo Eulero all'indietro è controllata dalla norma in L^2 del dato iniziale, ipotizzando che, ragionevolmente, l'approssimazione del dato iniziale sia stata scelta in modo che $||u_{0h}||_{L^2(I)} \le c||u_0||_{L^2(I)}$ per una qualche costante $c > 0$ (questo è vero, per esempio, per la proiezione L^2 mostrata precedentemente).

In generale è possibile dimostrare la incondizionata stabilità per $\theta \in [0.5, 1]$. Una dimostrazione basata su considerazioni algebriche è la seguente[5]. Sia la coppia $(\lambda_i, \mathbf{w}_i)$ la soluzione del problema agli autovalori generalizzato

$$\mathbf{K} \mathbf{w}_i = \lambda_i \mathbf{M} \mathbf{w}_i, \tag{5.24}$$

(i λ_i sono di fatto gli autovalori di $\mathbf{M}^{-1}\mathbf{K}$). Essendo $\mathbf{K}$ e $\mathbf{M}$ simmetriche definite positive, gli autovalori λ_i, per $i = 1, \ldots, N_h$, sono tutti positivi e gli autovettori $\mathbf{w}_i$ sono linearmente indipendenti e mutuamente $\mathbf{M}$-ortonormali, ossia soddisfano $\mathbf{w}_j^T \mathbf{M} \mathbf{w}_i = \delta_{ij}$, dove δ_{ij} è il simbolo di Kronecker. Una dimostrazione si trova in [Str81].

Ogni vettore di $\mathbb{R}^{N_h}$ può essere pertanto sviluppato rispetto alla base rappresentata dagli autovettori $\mathbf{w}_i$, in particolare

$$\mathbf{U}^k = \sum_{i=1}^{N_h} \gamma_i^k \mathbf{w}_i.$$

---

[5] Un'altra dimostrazione si può trovare ad esempio in [Qua03].

Moltiplicando la (5.19) per $\mathbf{w}_j^T$, otteniamo allora

$$\sum_{i=1}^{N_h} \mathbf{w}_j^T \mathrm{M} \gamma_i^{k+1} \mathbf{w}_i + \Delta t \theta \sum_{i=1}^{N_h} \mathbf{w}_j^T \mathrm{K} \gamma_i^{k+1} \mathbf{w}_i =$$

$$\sum_{i=1}^{N_h} \mathbf{w}_j^T \mathrm{M} \gamma_i^{k} \mathbf{w}_i - \Delta t (1 - \theta) \sum_{i=1}^{N_h} \mathbf{w}_j^T \mathrm{K} \gamma_i^{k} \mathbf{w}_i,$$

e sfruttando la M-ortonormalità degli autovettori segue che

$$(1 + \Delta t \theta \lambda_j) \gamma_j^{k+1} = (1 - (1 - \theta) \Delta t \lambda_j) \gamma_j^{k},$$

ossia

$$\gamma_j^{k+1} = \sigma_j \gamma_j^{k}, \quad j = 1, \dots N_h, \tag{5.25}$$

con $\sigma_j = \dfrac{1 - (1 - \theta) \Delta t \lambda_j}{1 + \theta \Delta t \lambda_j}$. Il metodo è allora assolutamente stabile se $|\sigma_j| < 1$, per tutti i $j = 1, \dots N_h$ cioè se

$$-1 - \theta \Delta t \lambda_j < 1 - (1 - \theta) \Delta t \lambda_j < 1 + \theta \Delta t \lambda_j, \quad j = 1, \dots N_h.$$

La disequazione a destra è sempre soddisfatta, grazie al fatto che $\lambda_j > 0$, mentre quella a sinistra fornisce la condizione

$$\theta > \frac{1}{2} - \frac{1}{\lambda_j \Delta t},$$

che è evidentemente soddisfatta per ogni j se si sceglie $\theta \geq 0.5$ (si veda la Figura 5.5).

Ne ricaviamo in particolare che il metodo di Crank-Nicolson ($\theta = 0.5$) è incondizionatamente stabile e la (5.25) implica

$$\left(\mathbf{U}^{k+1}\right)^T \mathrm{K} \mathbf{U}^{k+1} = \sum_{i,j} \gamma_i^{k+1} \gamma_j^{k+1} \mathbf{w}_i^T \mathrm{K} \mathbf{w}_j =$$

$$\sum_i \left(\gamma_i^{k+1}\right)^2 \lambda_i = \sum_i \sigma \left(\gamma_i^{k}\right)^2 \lambda_i \leq \left(\mathbf{U}^{k}\right)^T \mathrm{K} \mathbf{U}^{k},$$

da cui, richiamando il legame tra $\left(\mathbf{U}^{k}\right)^T \mathrm{K} \mathbf{U}^{k}$ e la norma H^1 di u_h^k illustrato in precedenza, si deduce che

$$\|u_h^{k+1}\|_{H^1(I)} \leq \|u_h^k\|_{H^1(I)}.$$

Pertanto procedendo fino all'istante iniziale otteniamo

$$\|u_h^k\|_{H^1(I)} \leq \|u_{0h}\|_{H^1(I)}. \tag{5.26}$$

Se u_0 è continua in $[-3, 3]$ e $V_h \subset X_h^r$ è formato da funzioni polinomiali a tratti, possiamo prendere $u_{0h} = \Pi_h^r u_0$, essendo Pi_h^r l'operatore di interpolazione definito nel Paragrafo 1.2. In tal caso la relazione (1.4) permette di concludere che

$$||u_h^k||_{H^1(I)} \leq ||u_0||_{H^1(I)}$$

e la soluzione discreta risulta effettivamente essere controllata dal dato iniziale del problema, in norma H^1.

Se il dato iniziale u_0 è solo in $L^2(I)$ (ma non in $H^1(I)$) allora o si sceglie un operatore $L^2 \to V_h$ stabile, cioè tale che

$$||u_{0h}||_{H^1(I)} \leq C||u_0||_{L^2(I)}, \tag{5.27}$$

con $C > 0$, per esempio usando un operatore di proiezione [EG04], oppure la stima (5.26) può diventare poco significativa, come vedremo nel seguito dell'esercizio.

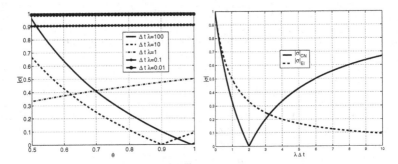

Figura 5.5. Andamento del coefficiente $|\sigma|$ al variare di θ per diversi valori del passo temporale (a sinistra) e al variare del passo temporale (a destra) per i due casi notevoli del metodo di Eulero implicito e Crank Nicolson. Si noti dal grafico di destra come per valori del passo temporale molto piccoli il metodo di Crank Nicolson può addirittura essere più dissipativo del metodo di Eulero implicito

Analisi dei risultati

Nelle Figure 5.6 e 5.7 riportiamo le soluzioni numeriche ottenute con i due metodi mediante Fem1D. La prima considerazione, guardando la soluzione ottenuta con il metodo di Eulero implicito è che effettivamente il problema parabolico produce soluzioni più regolari rispetto al dato iniziale (discontinuo). La seconda considerazione riguarda la capacità dei due metodi di gestire le discontinuità iniziali. Il metodo di Eulero implicito introduce una *dissipazione numerica* che "liscia" la soluzione immediatamente, a scapito della accuratezza. La norma H^1 della soluzione numerica è, in questo caso, controllata dalla norma L^2 del dato iniziale, grazie alla (5.23).

Il metodo di Crank-Nicolson, più accurato (ordine 2) e, soprattutto, meno dissipativo per i valori di Δt scelti produce invece una soluzione numerica affetta nei primi istanti temporali da oscillazioni spurie. In effetti, il dato iniziale in questo

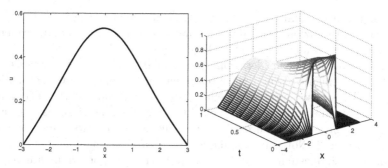

Figura 5.6. Soluzione al tempo finale $t = 1$ (sinistra) e evoluzione in tempo (destra) del problema dell'Esercizio 5.1.3 con dato discontinuo con il metodo di Eulero implicito ($h = 0.1$)

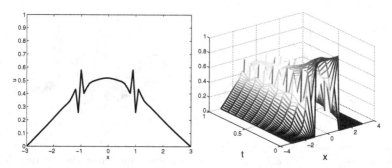

Figura 5.7. Soluzione al tempo finale $t = 1$ (sinistra) e evoluzione in tempo (destra) del problema dell'Esercizio 5.1.3 con dato discontinuo con il metodo di Crank-Nicolson ($h = 0.1$). Sono evidenti le oscillazioni dovute alle discontinuità iniziali

caso non appartiene a $H^1(I)$, ma solo a $L^2(I)$, e il codice di calcolo `fem1d` lo approssima con la funzione

$$
u_{0h}(x) = \begin{cases}
0 & \text{per } x \leq -1 - h, \\
\dfrac{x + 1 + h}{h} & \text{per } -1 - h < x \leq -1, \\
1 & \text{per } -1 < x \leq 1, \\
\dfrac{1 + h - x}{h} & \text{per } 1 < x \leq 1 + h, \\
0 & \text{per } x > 1 + h.
\end{cases}
$$

La norma L^2 del gradiente che, annullandosi u_{0h} al bordo, sappiamo essere equivalente alla norma H^1, è pari a $\|u_{h,0}\|_{H^1(I)} = \sqrt{2/h}$, e tende a infinito per $h \to 0$, mentre invece $\|u_0\|_{L^2(I)} = \sqrt{2}$. Quindi questa rappresentazione del dato iniziale in V_h non soddisfa (5.27) e la stima di stabilità della soluzione numerica in H^1 diventa poco significativa quando $h \to 0$. Questo si riflette nella presenza di oscillazioni numeriche nella soluzione (si veda la Figura 5.7), che si accentuano scegliendo un passo di discretizzazione più piccolo (Figura 5.8).

Sulla base di queste considerazioni, quando il dato iniziale è irregolare e non sia possibile o conveniente per motivi pratici cercare una rappresentazione stabile di u_0 nello spazio V_h, spesso si preferisce nella pratica scegliere un valore di θ leggermente superiore a 0.5, ad esempio $\theta = 0.51$, che introduce una maggiore dissipazione, con conseguente limitazione delle oscillazioni, e conserva, di fatto, una accuratezza "quasi" di ordine 2. Notiamo comunque, che, grazie al fenomeno illustrato nella Osservazione 5.2, queste irregolarità nel dato iniziale vengono smussate man mano che la soluzione evolve.

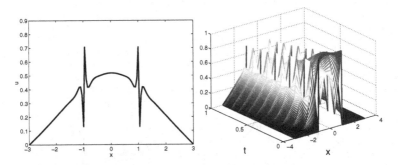

Figura 5.8. Soluzione al tempo finale $t = 1$ (sinistra) e evoluzione in tempo (destra) del problema dell'Esercizio 5.1.3 con dato discontinuo con il metodo di Crank-Nicolson ($h = 0.05$). Sono evidenti le oscillazioni dovute alle discontinuità iniziali

$\diamondsuit$

Esercizio 5.1.4 Si consideri il seguente problema parabolico

$$\begin{cases} \dfrac{\partial u}{\partial t} - \dfrac{\partial^2 u}{\partial x^2} + u = 0 & x \in (0,1), t \in (0,1), \\ u(x = 0, t) = 0, \qquad u(x = 1, t) = e^{-t}, \\ u(x, t = 0) = x. \end{cases}$$

1. Verificare che $u(x,t) = e^{-t} x$ è la soluzione esatta.
2. Risolvere con `fem1d` il problema con elementi finiti lineari e i metodi di Eulero implicito e Crank-Nicolson, verificandone gli ordini di convergenza. Si scelga $h = 0.1, \Delta t = 0.1, 0.05, 0.025$.
3. Quale ritenete che sia l'errore associato alla discretizzazione spaziale? Quanto incide sull'errore complessivo?

Soluzione 5.1.4

Analisi matematica del problema

La funzione $u(x,t) = e^{-t}x \in C^\infty([0,1] \times [0,1])$, quindi si può verificare se è soluzione del problema sostituendola direttamente nella problema in forma forte. Chiaramente, se è soluzione per la forma forte lo è anche per la forma debole. La verifica è immediata notando che

$$\frac{\partial u}{\partial t} = -e^{-t}x = -u(x,t) \quad e \quad \frac{\partial^2 u}{\partial x^2} = 0.$$

Anche le condizioni al bordo e iniziale sono verificate.

Approssimazione numerica

L'approssimazione di Galerkin del problema e la discretizzazione in tempo secondo i metodi di Eulero implicito e Crank Nicolson si ottengono in modo analogo a quanto visto negli esercizi precedenti e non richiedono considerazioni specifiche.

Analisi dei risultati

Per i valori di ampiezza di griglia e di passo temporale specificati, i risultati che si ottengono con femiD sono riportati rispettivamente nelle Tabelle 5.1 e 5.2.

In base alla teoria, il metodo di Eulero implicito è accurato di ordine 1 in tempo. Questo è evidente dai risultati riportati nella Tabella 5.1, osservando come l'errore si dimezzi ad ogni dimezzamento del passo temporale. I risultati sono stati riportati nelle norme associate naturalmente a un problema parabolico, la cui definizione si trova in (A.14) dell'Appendice A.

Δt	0.1	0.05	0.025
$L^\infty(0,1;L^2(0,1))$	0.0015	0.00077	0.00039
$L^2(0,1;H^1(0,1))$	0.004	0.0021	0.00107

Tabella 5.1. Andamento degli errori con il metodo di avanzamento in tempo di Eulero implicito

Δt	0.1	0.05	0.025
$L^\infty(0,1;L^2(0,1))$	2.77×10^{-5}	6.83×10^{-6}	1.7×10^{-6}
$L^2(0,1;H^1(0,1))$	7.5×10^{-5}	1.8×10^{-5}	4.5×10^{-6}

Tabella 5.2. Andamento degli errori con il metodo di avanzamento in tempo di Crank-Nicolson

Il metodo di Crank-Nicolson ha ordine 2 in tempo e anche questo è evidente dalla Tabella 5.2, dove l'errore si divide per quattro ad ogni dimezzamento di Δt. Va osservato che, in generale, in problemi di tipo parabolico (o comunque tempo-dipendenti) l'errore complessivo è la somma di un contributo di errore dovuto alla discretizzazione spaziale e di uno dovuto a quella temporale (si veda [Qua03], Osservazione 6.2). Questo fa sì che gli ordini di convergenza non siano sempre immediatamente leggibili se solo uno dei parametri di discretizzazione (h o Δt) viene ridotto, mentre l'altro viene lasciato invariato, come nel caso del presente esercizio (in cui h è stato mantenuto costante). Infatti, il contributo d'errore legato al parametro di discretizzazione invariato rimane costante e può "nascondere" la riduzione dell'errore associato all'altro contributo.

Nel caso in esame questo non succede, in quanto la soluzione esatta è, per ogni $t > 0$, lineare in x e quindi appartiene allo spazio degli elementi finiti utilizzato. Pertanto, grazie al Lemma di Céa, l'errore di discretizzazione spaziale è nullo (in aritmetica esatta). In pratica, come già osservato nel Capitolo 2, esso è dell'ordine dello zero-macchina moltiplicato per il condizionamento della matrice del sistema lineare del problema considerato.   ◇

Esercizio 5.1.5 Si consideri il seguente problema: trovare $u(x,t)$ con $0 \leq x \leq 1$, $t \geq 0$, tale che

$$
\begin{cases}
\dfrac{\partial u}{\partial t} - \dfrac{\partial}{\partial x}\left(\alpha \dfrac{\partial u}{\partial x}\right) + \dfrac{\partial}{\partial x}(\beta u) + \gamma u = 0, & x \in (0,1), \quad 0 < t < T, \\[2mm]
u(0,t) = 0 & 0 < t \leq T, \\[2mm]
\alpha \dfrac{\partial u}{\partial x}(1,t) + \delta u(1,t) = 0 & 0 < t \leq T, \\[2mm]
u(x,0) = u_0(x) & 0 < x < 1,
\end{cases}
$$

dove α, γ, β, δ sono funzioni di x assegnate in $[0,1]$.

1. Se ne scriva la formulazione debole.
2. Nelle ipotesi in cui:
   - esistono le costanti *positive* α_0, α_1, β_1 tali che $\alpha_0 \leq \alpha(x) \leq \alpha_1$ e $\beta(x) \leq \beta_1$ per ogni $x \in (0,1)$;
   - $-\dfrac{1}{2}\dfrac{d\beta}{dx}(x) + \gamma(x) \geq 0$ per ogni $x \in (0,1)$,

   si forniscano eventuali ulteriori ipotesi sui dati affinché il problema sia ben posto. Si dia inoltre una stima a priori della soluzione. Si tratti lo stesso problema con $u = g$ per $x = 0$ e $0 < t < T$.

3. Si consideri una semi-discretizzazione in spazio con elementi finiti lineari e se ne provi la stabilità.

4. Infine, si fornisca una discretizzazione globale in cui la derivata temporale è approssimata con lo schema di Eulero implicito e se ne provi l'assoluta incondizionata stabilità.

Soluzione 5.1.5

Analisi matematica del problema

Procedendo in maniera consueta, introduciamo lo spazio

$$V \equiv \left\{ v \in H^1(0,1), v(0) = 0 \right\}.$$

Moltiplicando l'equazione data per una qualsiasi $v \in V$, integrando per parti il termine di derivata seconda e tenendo conto delle condizioni di bordo, otteniamo il seguente problema in forma debole: per ogni $t > 0$ trovare $u \in V$ tale che

$$\int_0^1 \frac{\partial u}{\partial t} v dx + a(u,v) = 0, \quad \forall v \in V, \tag{5.28}$$

con

$$a(u,v) \equiv \int_0^1 \alpha \frac{\partial u}{\partial x} \frac{\partial v}{\partial x} dx + (\delta uv)|_{x=1} + \int_0^1 \frac{\partial \beta}{\partial x} uv dx + \int_0^1 \beta \frac{\partial u}{\partial x} v dx + \int_0^1 \gamma uv dx$$

e condizione iniziale $u(x,0) = u_0(x)$.

Per analizzare la buona posizione del problema, verifichiamo sotto quali ipotesi la forma bilineare $a(\cdot,\cdot)$ sia continua e coerciva (almeno debolmente).

Per quanto concerne la continuità, sappiamo dalle ipotesi assunte che α e β sono limitate. In maniera analoga, potremmo assumere che lo siano anche $\frac{\partial \beta}{\partial x}$ e γ[6]. Con queste ipotesi è immediato verificare che la forma bilineare associata al problema è continua. Tuttavia, vogliamo fare osservare (come già visto nel Capitolo 3) che queste ipotesi possono essere rilassate. Infatti, dal Teorema di immersione di Sobolev (si veda il paragrafo A.5 dell'Appendice A) sappiamo che una funzione

---

[6] È utile osservare come le ipotesi sulla derivata di $\beta(x)$ potrebbero essere evitate integrando per parti il termine di derivata prima: $\int_0^1 \frac{\partial \beta u}{\partial x} v dx = [\beta uv]_0^1 - \int_0^1 \beta u \frac{\partial v}{\partial x} dx$.

Questo porterebbe a una forma debole diversa. Lasciamo al lettore l'analisi di questo caso. A titolo di suggerimento osserviamo che il termine valutato sul bordo risulterebbe ora pari a $((\delta + \beta)uv)_{x=1}$.

di una sola variabile con regolarità $H^1(0,1)$ è continua in $[0,1]$ e quindi limitata (si ricorda che ciò è vero solo per funzioni di una sola variabile). Questo significa che nel termine $\int_0^1 \frac{\partial \beta}{\partial x} uv dx$ è sufficiente assumere che $\partial\beta/\partial x \in L^1(0,1)$, avendosi

$$|\int_0^1 \frac{\partial \beta}{\partial x} uv dx| \leq ||\frac{\partial \beta}{\partial x}||_{L^1(0,1)} ||u||_{L^\infty(0,1)} ||v||_{L^\infty(0,1)} \leq$$

$$C_I ||\frac{\partial \beta}{\partial x}||_{L^1(0,1)} ||u||_{H^1(0,1)} ||v||_{H^1(0,1)},$$

dove C_I è la costante di immersione. In maniera simile, si può verificare che per la continuità della forma bilineare è sufficiente assumere $\gamma \in L^1(0,1)$.

Per l'analisi di coercività, osserviamo in particolare che:

$$\int_0^1 \beta \frac{\partial u}{\partial x} u dx = \frac{1}{2}\int_0^1 \beta \frac{\partial (u^2)}{\partial x} dx = \frac{1}{2}\left[\beta u^2\right]_0^1 - \frac{1}{2}\int_0^1 \frac{\partial \beta}{\partial x} u^2 dx,$$

da cui

$$\int_0^1 \frac{\partial \beta}{\partial x} u^2 dx + \int_0^1 \beta \frac{\partial u}{\partial x} u dx = \frac{1}{2}\int_0^1 \frac{\partial \beta}{\partial x} u^2 dx + \frac{1}{2}\left[\beta u^2\right]_0^1.$$

Pertanto

$$a(u,u) = \int_0^1 \alpha \left(\frac{\partial u}{\partial x}\right)^2 dx + \int_0^1 \left(\frac{1}{2}\frac{\partial \beta}{\partial x} + \gamma\right) u^2 dx + \left(\frac{\beta(1)}{2} + \delta(1)\right) u^2(1,t).$$

Il primo addendo a secondo membro, in virtù della disuguaglianza di Poincaré (applicabile avendo una condizione di Dirichlet in $x = 0$) e dell'ipotesi $\alpha \geq \alpha_0$ è tale che

$$\int_0^1 \alpha \left(\frac{\partial u}{\partial x}\right)^2 dx \geq \alpha_0 C ||u||_V^2.$$

Per le ipotesi assegnate nel problema, anche il secondo addendo è strettamente positivo. Se assumiamo che

$$\left(\frac{\beta(1)}{2} + \delta(1)\right) \geq 0$$

la coercività (classica) è garantita. Si osservi che nel caso $\delta = 0$, la condizione di Robin diventa una condizione di tipo Neumann e in tal caso la coercività è garantita se $\beta(1) \geq 0$, il che significa chiedere che la condizione di Neumann sia imposta dove il campo β sia "uscente", ossia al cosiddetto *outflow* del dominio.

Si possono ottenere condizioni meno restrittive ricorrendo a disuguaglianze di traccia, assumendo, qualora $\left(\dfrac{\beta}{2}+\delta\right)<0$ in $x=1$, che

$$\alpha-\left(\frac{\beta(1)}{2}+\delta(1)\right)C_T=\mu>0.$$

La stabilità della soluzione del problema si deduce dalla seguente stima, ottenuta scegliendo $v=u$,

$$\int_0^1 \frac{\partial u}{\partial t}u\,dx + a\,(u,u) = \frac{1}{2}\frac{d}{dt}||u||^2_{L^2(0,1)} + a\,(u,u).$$

Sfruttando la coercività della forma bilineare e integrando in tempo, otteniamo la stima

$$||u||^2_{L^2(0,1)}(T)+\alpha\int_0^T ||u||^2_{H^1(0,1)}dt \le ||u_0||^2_{L^2(0,1)}, \tag{5.29}$$

in base alla quale possiamo concludere che la soluzione appartiene a $L^\infty(0,T;L^2(0,1)) \cap L^2(0,T;H^1(0,1))$ purché il dato iniziale appartenga a $L^2(0,1)$.

Nel caso in cui la condizione al bordo di Dirichlet non fosse omogenea, procederemmo in maniera usuale, ponendo $u=\tilde{u}+G$ dove $G\in H^1(0,1)$ è un rilevamento del dato al bordo, tale che $G(0)=g$. Il problema diventa: per ogni $t>0$ trovare $u\in G+V$ tale che

$$\int_0^1 \frac{\partial u}{\partial t}v\,dx + \int_0^1 \alpha\frac{\partial u}{\partial x}\frac{\partial v}{\partial x}dx - \left[\alpha\frac{\partial u}{\partial x}v\right]_0^1 + \int_0^1 \frac{\partial\beta u}{\partial x}v\,dx + \int_0^1 \gamma uv\,dx = 0,$$

per ogni $v\in V$, e con $u(x,0)u_0(x)$. Posto $\mathcal{F}(v)=-\displaystyle\int_0^1 \frac{\partial G}{\partial t}v\,dx - a\,(G,v)$, la stima (5.29) si modifica come segue:

$$||\tilde{u}||^2_{L^2(0,1)}(T)+\alpha\int_0^T ||\tilde{u}||^2_{H^1(0,1)}dt \le ||\tilde{u}_0||^2_{L^2(0,1)} + \frac{1}{\alpha}\int_0^T ||\mathcal{F}||^2_{V'}dt.$$

Approssimazione numerica

Come consueto, introduciamo una griglia di passo h (costante) e poniamo $V_h = \{v_h\in X^r_h(0,1)|\,v_h(0)=0\}$, di dimensione N_h e con $\{\varphi_k, k=1,\ldots,N_h\}$ la base lagrangiana di V_h. La forma semi-discreta del problema è allora: per ogni $t\in(0,T)$, trovare $u_h\in V_h$ tale che

$$\int\limits_0^1 \frac{\partial u_h}{\partial t} \varphi_k dx + a\left(u_h, \varphi_k\right) = 0, \quad k = 1, \ldots, N_h,$$

con condizione iniziale $u_h(x,0) = u_{0h}(x)$, approssimazione finito-dimensionale del dato iniziale.

La stabilità del problema semi-discreto discende immediatamente dalla stabilità del problema continuo, potendosi immediatamente "ereditare" nel sottospazio finito dimensionale la proprietà di coercività valida nel continuo, quindi

$$||u_h||^2_{L^2(0,1)}(T) + \alpha \int\limits_0^T ||u_h||^2_{H^1(0,1)} dt \leq ||u_{0h}||^2_{L^2(0,1)}. \qquad (5.30)$$

Come abbiamo visto, al problema semi-discreto corrisponde la seguente forma matriciale

$$M\frac{d\mathbf{U}}{dt} + A\mathbf{U} = \mathbf{F}(t), \qquad (5.31)$$

ove $\mathbf{U}$ è il vettore dei valori nodali, M la matrice di massa, A la matrice associata alla forma bilineare $a\left(\cdot, \cdot\right)$, $\mathbf{F}$ il vettore che raccoglie il contributo dei termini di bordo non omogenei. La discretizzazione basata sullo schema di Eulero implicito si ottiene suddividendo l'asse dei tempi in intervalli di passo Δt. Collocando il sistema di equazioni ordinarie (5.31) negli istanti $t^n = n\Delta t$, la discretizzazione di Eulero implicito conduce ai seguenti sistemi lineari per $n \geq 0$,

$$\frac{1}{\Delta t}M\left(\mathbf{U}^{n+1} - \mathbf{U}^n\right) + A\mathbf{U}^{n+1} = \mathbf{F}(t^{n+1}).$$

Qui $\mathbf{U}_0$ è il vettore dei valori nodali di u_{0h} e la matrice A, di componenti $[A]_{ij} = a(\varphi_j, \varphi_i)$ è definita positiva, grazie alla coercività della forma, ma non è simmetrica a causa del termine di trasporto.

Come ricordato nell'esercizio precedente, il metodo di Eulero implicito è incondizionatamente stabile. Peraltro, questo è immediatamente verificabile in questo caso. Assumendo nullo il termine forzante (che, come già detto, non incide nella analisi di stabilità) e esprimendo $\mathbf{U}^{n+1}$ in funzione di $\mathbf{U}^n$,

$$\mathbf{U}^{n+1} = \left(I + \Delta t M^{-1}A\right)^{-1} \mathbf{U}^n.$$

È immediato constatare che la matrice $A = \left(I + \Delta t M^{-1}A\right)^{-1}$ ha autovalori della forma

$$\mu_i = \frac{1}{1 + \Delta t \lambda_i}, \quad i = 1, \ldots, N_h,$$

ove i λ_i sono gli autovalori di $M^{-1}A$ che, poiché entrambe le matrici M e A sono definite positive hanno parte reale strettamente positiva (si ricordi che A non è simmetrica e quindi i λ_i sono numeri complessi). Allora

$$|\mu_i| = \frac{1}{\sqrt{(1 + \operatorname{Re}\lambda_i)^2 + (\operatorname{Im}\lambda_i)^2}} < 1, \quad \forall i.$$

Il raggio spettrale di A è dunque minore di 1 per ogni valore di $\Delta t > 0$, da cui discende la stabilità assoluta incondizionata del metodo.   ◇

Esercizio 5.1.6 Si consideri il seguente problema parabolico: trovare $u(x,t)$ tale che

$$\begin{cases} \dfrac{\partial u}{\partial t} - \dfrac{1}{\pi^2}\dfrac{\partial^2 u}{\partial x^2} - 3u = 0 & x \in (0,1), t \in (0,5], \\[2mm] u(0,t) = 0, \qquad u(1,t) = 0, & t \in (0,5], \\[2mm] u(x,0) = u_0(x) = \sin(2\pi x). \end{cases} \qquad (5.32)$$

1. Analizzare il problema mostrando che è ben posto. Ricavare una stima a priori per la soluzione.
2. Verificare che $u(x,t) = e^{-t}\sin(2\pi x)$ è la soluzione esatta.
3. Risolvere il problema con fem1d usando metodo di Eulero esplicito. Posto $h = 0.2$, $\Delta t = 0.05$ sull'intervallo temporale $0 < t < 5$, verificare che il metodo di Eulero esplicito è stabile. Per $h = 0.1$, $\Delta t = 0.025$ il metodo di Eulero esplicito è ancora stabile ? Quale valore di Δt ne garantisce la stabilità assoluta? Discutere i risultati ottenuti alla luce della teoria.
4. Posto $h = 0.01$, e $\Delta t = 0.1, 0.05, 0.025$, verificare gli ordini di convergenza dei metodi di di Eulero implicito e Crank-Nicolson, usando elementi finiti lineari a tratti.

Soluzione 5.1.6

Analisi matematica del problema

L'analisi di buona posizione si può effettuare nel modo consueto. Tenendo conto che le condizioni al bordo sono di Dirichlet in entrambi gli estremi, scegliamo per le funzioni test lo spazio $V \equiv H_0^1(0,1)$.

La forma debole del problema (ottenuta come negli esercizi precedenti) per ogni $t \in (0,5]$, trovare $u \in L^2(0,5;V)$ tale che per ogni $v \in V$

$$\int_0^1 \frac{\partial u}{\partial t}v dx + a(u,u) = 0, \qquad (5.33)$$

con $a(u,v) \equiv \frac{1}{\pi^2}\int_0^1 \frac{\partial u}{\partial x}\frac{\partial v}{\partial x}dx - 3\int_0^1 uvdx$ e con $u(x,0) = \sin(2\pi x)$. Per mostrare che il problema è ben posto, mostriamo che la forma bilineare $a(u,v)$ è continua e debolmente coerciva. La continuità è una immediata conseguenza della continuità degli integrali in quanto

$$\left| \frac{1}{\pi^2} \int\limits_0^1 \frac{\partial u}{\partial x} \frac{\partial v}{\partial x} dx - 3 \int\limits_0^1 uv dx \right| \leq 3||u||_V ||v||_V,$$

essendo $3 > 1/\pi^2$. La coercività debole si dimostra osservando che:

$$a\,(u,u) = \frac{1}{\pi^2} \int\limits_0^1 \left(\frac{\partial u}{\partial x} \right)^2 dx - 3||u||_{L^2(0,1)}^2.$$

Poiché la disuguaglianza di Poincaré è applicabile, esiste una costante $C > 0$ per cui

$$a\,(u,u) \geq \frac{C}{\pi^2}||u||_V^2 - 3||u||_{L^2}^2,$$

che è proprio la definizione di coercività debole (5.2), con costante $\lambda = 3$ e $\alpha_0 = C/\pi^2$. Possiamo concludere che il problema (5.33) è ben posto. Possiamo ricavare una stima a priori per la soluzione, integrando la (5.33) sull'intervallo temporale $(0, T)$, con $T \in (0, 5]$ e scegliendo, come funzione test, la u stessa. Si ottiene

$$\int\limits_0^T \int\limits_0^1 \frac{\partial u}{\partial t} u dx dt + \frac{1}{\pi^2} \int\limits_0^T \int\limits_0^1 \left(\frac{\partial u}{\partial x} \right)^2 dx dt = 3 \int\limits_0^T \int\limits_0^1 u^2 dx dt. \qquad (5.34)$$

Il primo addendo diventa

$$\int\limits_0^T \int\limits_0^1 \frac{\partial u}{\partial t} u dx dt = \frac{1}{2} \int\limits_0^T \frac{d}{dt} \int\limits_0^1 u^2 dx dt = \frac{1}{2} \int\limits_0^T \frac{d}{dt} ||u||_{L^2(0,1)}^2(t) dt =$$

$$\frac{1}{2}||u||_{L^2(0,1)}^2(T) - \frac{1}{2}||u_0||_{L^2(0,1)}^2.$$

La (5.34) diventa pertanto, in virtù della disuguaglianza di Poincaré, e del fatto che, nel nostro caso, $||u_0||_{L^2(0,1)}^2 = 1/2$, usando al solito l'identità $u\frac{\partial u}{\partial x} = \frac{1}{2}\frac{\partial u^2}{\partial x}$,

$$||u||_{L^2(0,1)}^2(T) + \frac{2C}{\pi^2} \int\limits_0^T ||u||_V^2 dt \leq \frac{1}{2} + 6 \int\limits_0^T ||u||_{L^2(0,1)}^2 dt. \qquad (5.35)$$

Il Lemma di Gronwall, richiamato nell'Appendice A, è evidentemente applicabile e ne consegue che, per ogni $T \in (0, 5)$,

$$||u||_{L^2(0,1)}^2(T) \leq \frac{1}{2}e^{6T}.$$

Da questa stima, si ricava che $u \in L^\infty(0, 5; L^2(0, 1))$. Sfruttando questo risultato nella (5.35), si ricava

$$\int_0^T \|u\|_V^2 dt \leq \frac{1}{2} + 3 \int_0^T e^{6t} dt,$$

da cui si conclude che la soluzione appartiene anche allo spazio $L^2(0, 5; V)$.

Passiamo al secondo punto richiesto nell'esercizio. Osserviamo che, essendo

$$\frac{\partial u_{ex}}{\partial t} = -u_{ex} \quad e \quad \frac{\partial^2 u_{ex}}{\partial x^2} = 4\pi^2 u_{ex},$$

u_{ex} verifica l'equazione differenziale proposta e anche le le condizioni al bordo e iniziali del problema. Dall'analisi di buona posizione svolta poc'anzi si conclude che u_{ex} è l'unica soluzione del problema proposto.

Approssimazione numerica

La discretizzazione del problema mediante elementi finiti in spazio e differenze finite in tempo può essere fatta in modo simile a quanto visto negli Esercizi precedenti.

Analisi dei risultati

Impostando la risoluzione con il metodo di Eulero esplicito, per $h = 0.2, \Delta t = 0.05$ si può verificare che il metodo è stabile. Dalla teoria, è noto che la condizione di stabilità è nella forma (si veda [Qua03], Capitolo 6) $\Delta t \leq Ch^2$. Questo significa che, per garantire la stabilità, a un dimezzamento del passo di griglia h dovrà, in generale, corrispondere una divisione per 4 del passo temporale: una semplice divisione per 2 non sarebbe sufficiente. Per evidenziare questo fatto prendiamo $\Delta t = \Delta t_1$ ai limiti della stabilità per un dato passo di griglia h_1, cioè tale che $\Delta t_1 = Ch_1^2$. Consideriamo quindi una griglia con $h = h_1/2$ e risolviamo il problema con un passo temporale $\Delta t_1/2$ e $\Delta t_1/4$, rispettivamente. In particolare, per il problema proposto, si scelga $h_1 = 0.2$ e $\Delta t_1 = 0.05$. Si verifica numericamente (si veda la Figura 5.9) che tale scelta è stabile. Si ripeta il conto con $h = 0.1$ e $\Delta t_1 = 0.025$: il metodo di Eulero esplicito è in questo caso instabile. Mentre per $h = 0.1$ e $\Delta t = 0.0125$ la stabilità viene mantenuta (si veda la Figura 5.9).

Infine, nelle Tabelle 5.3 e 5.4 riportiamo i risultati ottenuti con i metodi di Eulero implicito e Crank-Nicolson, rispettivamente, per un passo spaziale $h = 0.1$ e con elementi finiti lineari. In base alla teoria per una approssimazione a elementi finiti lineari con soluzione esatta di classe C^∞, come nel nostro caso, valgono le stime dell'errore (si veda [Qua03], Osservazione 6.2)

$$\|u_{ex}(t^n) - u_h^n\|_{L^2}^2 + 2\alpha\Delta t \sum_{k=1}^n \|u_{ex}(t^k) - u_h^k\|_V^2 \leq C(u_0, u_{ex})(\Delta t^p + h^2)$$

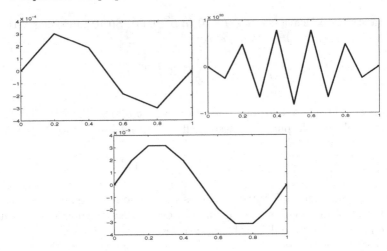

Figura 5.9. Soluzione generata al tempo finale $t = 5$ con il metodo di Eulero esplicito per $h = 0.2, \Delta t = 0.05$ in alto a sinistra (stabile), per $h = 0.1, \Delta t = 0.025$ in alto a destra (instabile), per $h = 0.1, \Delta t = 0.0125$ in basso (stabile)

con $p = 2$ nel caso di avanzamento in tempo mediante il metodo di Eulero implicito e $p = 4$ nel caso si usi Crank-Nicolson.

È allora evidente come una riduzione del passo temporale possa comportare una significativa riduzione dell'errore solo nel caso in cui la componente dell'errore predominante sia quello di discretizzazione in tempo. Nel caso del metodo di Eulero implicito, riferendoci alla norma $L^\infty(0, 5; L^2(0, 1))$ si osserva che in effetti l'errore in tempo è il contributo dominante, e, dimezzando il passo temporale, l'errore si dimezza come atteso. Nel caso del metodo di Crank-Nicolson, invece, per i valori utilizzati di h e Δt, il contributo all'errore dovuto alla discretizzazione temporale è meno importante di quello spaziale, e pertanto dimezzando il passo temporale l'errore si riduce meno di quanto atteso. Analogo discorso vale per l'errore in norma $L^2(0, 5; V)$, con entrambi i metodi.

Riducendo il contributo d'errore in spazio mediante una riduzione notevole del passo di griglia, si ottengono i risultati indicati nelle Tabelle 5.3 e 5.4. Si osserva come per il metodo di Crank-Nicolson, la norma $L^\infty(0, 5; L^2(0, 1))$ dell'errore ha effettivamente un andamento quadratico con Δt, come atteso. Viceversa, per la norma $L^2(0, 5; V)$ il contributo di errore in spazio è ancora prevalente. Questo non deve sorprendere, essendo l'errore in norma V (in questo caso coincidente con la norma H^1) più forte di quello in norma L^2, pesando anche l'errore sulle derivate spaziali. Un'ulteriore riduzione del passo, che lasciamo come verifica al lettore, metterebbe in evidenza il contributo della sola discretizzazione temporale.

$\Diamond$

h	0.1			0.0001		
Δt	0.1	0.05	0.025	0.1	0.05	0.025
$L^\infty(0,5;L^2(0,1))$	0.012	0.0059	0.0027	0.012	0.006	0.0032
$L^2(0,5,H^1(0,1))$	0.08	0.06	0.055	0.06	0.0323	0.01682

Tabella 5.3. Errori associati al metodo di Eulero implicito, $h = 0.1$ e $h = 0.0001$

h	0.1			0.0001		
Δt	0.1	0.05	0.025	0.1	0.05	0.025
$L^\infty(0,5;L^2(0,1))$	0.000653	0.000494	0.000455	0.00022	5.8×10^{-5}	1.7×10^{-5}
$L^2(0,5,H^1(0,1))$	0.0565	0.057	0.053	0.0057	0.00547	0.0053

Tabella 5.4. Errori associati al metodo di Crank-Nicolson, $h = 0.1$ e $h = 0.0001$

Osservazione 5.3 La dipendenza del limite di stabilità con h^2 fa si che il metodo di Eulero in avanti sia poco utilizzato per problemi di tipo parabolico, dove generalmente si preferisce usare schemi impliciti incondizionatamente stabili.

Esercizio 5.1.7 Si consideri il seguente problema: trovare $u(x,t)$ con $0 \leq x \leq 1$, $t \geq 0$, tale che

$$\begin{cases} \dfrac{\partial u}{\partial t} + \dfrac{\partial v}{\partial x} = 0, & \text{in } Q_T \in (0,1) \times (0,\infty) \\ v + \alpha(x)\dfrac{\partial u}{\partial x} - \gamma(x)u = 0, & \text{in } Q_T \\ v(1,t) = \beta(t), \quad u(0,t) = 0, & t > 0, \\ u(x,0) = u_0(x), & 0 < x < 1, \end{cases}$$

dove α, γ e u_0 sono funzioni assegnate di x, β è funzione assegnata di t.

1. Si fornisca l'approssimazione del problema basata su elementi finiti di grado due in spazio ed il metodo di Eulero implicito nel tempo. Se ne provi la stabilità.
2. Come si comporterà l'errore in funzione di h e Δt?
3. Si indichi un modo per fornire una approssimazione per v a partire da quella di u e se ne indichi l'errore di approssimazione.

Soluzione 5.1.7

Analisi matematica del problema

Il problema, anche se scritto in una forma inusuale, è parabolico. Per rendersene conto eliminiamo l'incognita v, così da ottenere il problema: per ogni $t > 0$, trovare u tale che:

$$\begin{cases} \dfrac{\partial u}{\partial t} - \dfrac{\partial}{\partial x}\left(\alpha\dfrac{\partial u}{\partial x}\right) + \gamma\dfrac{\partial u}{\partial x} + \dfrac{\partial \gamma}{\partial x}u = 0, & \text{in } Q_T \\[2mm] u = 0, & x = 0, t > 0, \\[2mm] -\alpha\dfrac{\partial u}{\partial x}(1,t) + \gamma u(1,t) = \beta(t), & 0 < t, \\[2mm] u(x,0) = u_0(x) & 0 < x < 1. \end{cases}$$

La forma debole di questo problema si ricava in maniera usuale. Posto infatti $V \equiv \{v : v \in H^1(0,1), v(0) = 0\}$, il problema in forma debole, tenuto conto delle condizioni al bordo, è: per ogni $t > 0$ trovare $u \in V$ tale che:

$$\int_0^1 \frac{\partial u}{\partial t}v\,dx + \int_0^1 \alpha\frac{\partial u}{\partial x}\frac{\partial v}{\partial t}\,dx + \int_0^1 \gamma\frac{\partial u}{\partial x}v\,dx + \int_0^1 \frac{\partial \gamma}{\partial x}uv\,dx$$
$$+\gamma(1)u(1,t)v(1) = \beta(t)v(1), \quad \forall v \in V$$

L'analisi di buona posizione del problema può essere condotta in maniera simile a quanto visto negli Esercizi 5.1.1 e 5.1.5, fornendo le opportune ipotesi di regolarità sui coefficienti.

La sola difficoltà riguarda il funzionale a termine noto, per, per oni $t > 0$ è pari a $F(v) = \beta(t)v(1)$. Esso non è esprimibile come il prodotto di una funzione di $L^2(0,1)$ per v. In effetti si può scrivere

$$F(v) = \beta(t)v(1) = \beta(t)\int_0^1 \delta(1)v\,dx,$$

essendo $\delta(1)$ il delta di Dirac centrato in 1. L'integrale è da intendersi in modo formale, più propriamente si sarebbe dovuto scrivere $F(v) = \beta(t) < \delta(1), v >$, evidenziando che $\delta(1)$ è un membro del duale delle funzioni di V.

Data la scarsa regolarità del termine noto, ci si aspetta che la soluzione abbia solo la minima regolarità indotta dal problema. Come per il caso analogo in problemi ellittici ci si può allora aspettare che la convergenza del metodo agli elementi finiti rispetto al parametro di discretizzazione spaziale h non abbia un ordine definito: in pratica sarà sub-lineare.

Quello che si vuole però mettere in luce in questo esercizio è che vi è un metodo alternativo di affrontare il problema, dove la v non viene eliminata ma trattata come una variabile del problema. Il vantaggio di questo approccio è che l'approssimazione numerica fornirà direttamente un valore approssimato per v, che altrimenti avrebbe dovuto essere ricalcolato a-posteriori a partire da u, con perdite di accuratezza.

Quindi la tecnica che presentiamo è rilevante quando il valore di v (che fisicamente rappresenta un flusso) sia di diretto interesse. La formulazione proposta è

nota come *mista* (vd. [QV94], Capitolo 7 e [BF91] e pur avendo l'aggravio computazionale di dover risolvere un sistema in due incognite, permette di approssimare
ciascuna incognita con elementi finiti di grado opportuno.

La forma debole del problema misto si enuncia come segue. Continuiamo a
indicare con $V \equiv \{\varphi \in H^1(0,1), \varphi(0) = 0\}$ lo spazio funzionale cui appartiene u e
sia $W \equiv L^2(0,1)$. Il problema diventa: per ogni $t > 0$ trovare $u \in V$ e $v \in W$ tali
che:

$$
\begin{cases}
\displaystyle\int_0^1 \frac{\partial u}{\partial t}v\,dx - \int_0^1 v\frac{\partial v}{\partial x}dx = -\beta v(1), \\[4mm]
\displaystyle\int_0^1 \alpha\frac{\partial u}{\partial x} - \gamma u\psi\,dx + \int_0^1 v\psi\,dx = 0,
\end{cases}
$$

per ogni $v \in V$ e $\psi \in W$.

Approssimazione numerica

Si introducono i sottospazi finito-dimensionali $V_h \subset V$ e $W_h \subset W$, di basi φ_i e
ψ_k rispettivamente. Posto,

$$
\mathrm{G} = [g_{ij}] \qquad \text{con} \quad g_{ij} = \int_0^1 \psi_j \frac{\partial \varphi_i}{\partial x}\,dx,
$$

$$
\mathrm{G}_\alpha = [g_{ij}^\alpha] \qquad \text{con} \quad g_{ij}^\alpha = \int_0^1 \alpha\psi_j \frac{\partial \varphi_i}{\partial x}\,dx,
$$

$$
\mathrm{S} = [s_{ij}] \qquad \text{con} \quad s_{ij} = \int_0^1 \gamma\psi_j\varphi_i\,dx,
$$

la forma algebrica del problema misto discretizzato con Eulero implicito diventa

$$
\begin{bmatrix}
\dfrac{1}{\Delta t}\mathrm{M} & \mathrm{G} \\[3mm]
\mathrm{G}_\alpha^T - \mathrm{S} & -\mathrm{M}_1
\end{bmatrix}
\begin{bmatrix}
\mathbf{U}^{n+1} \\[3mm]
\mathbf{V}^{n+1}
\end{bmatrix}
=
\begin{bmatrix}
\dfrac{1}{\Delta t}\mathrm{M}\mathbf{U}^n - \beta\mathbf{e}_{N_h} \\[3mm]
\mathbf{0}
\end{bmatrix}
$$

essendo $\mathbf{e}_{Nh} \in \mathbb{R}^{N_h}$ il vettore $[0,0,0,\ldots 0,1]^T$.

Se questo sistema è risolvibile, la sua soluzione genera anche l'approssimazione
per u e v cercata. In generale, però, la risolubilità di questo sistema algebrico non
è garantita a priori, non potendo qui invocare argomenti basato sulla coercività
di una forma bilineare. Va pertanto indagata specificamente. Lo facciamo in un
caso particolare. Assumiamo che sia $\gamma \equiv 0$ (quindi $\mathrm{S} \equiv 0$) e che α sia una costante
positiva, cosicché si abbia $\mathrm{G}_\alpha = \alpha\mathrm{G}$. In tal caso, la matrice del sistema diventa

$$
\begin{bmatrix}
\dfrac{1}{\Delta t}\mathrm{M} & \mathrm{G} \\[3mm]
\alpha\mathrm{G}^T & -\mathrm{M}_1
\end{bmatrix},
$$

dove M_1 è la matrice di massa per lo spazio W_h. Scegliamo $V_h \equiv W_h$, sicché $M_1 = M$, ossia decidiamo di approssimare sia u che v nello stesso spazio finito-dimensionale. Eliminiamo l'incognita $\mathbf{U}^{n+1}$, riducendo il problema ad un sistema nella sola $\mathbf{V}^{n+1}$. Si verifica[7] che la risolubilità del sistema è equivalente alla invertibilità della matrice (nota come *complemento di Schur*)

$$\Sigma \equiv M - \Delta t \alpha G^T M^{-1} G.$$

Si osservi che, per un generico vettore $\mathbf{x} \in \mathbb{R}^{M_h}$:

$$\mathbf{x}^T \Sigma \mathbf{x} = \mathbf{x}^T M \mathbf{x} - \alpha \Delta t \mathbf{x}^T G^T M^{-1} G \mathbf{x}.$$

La matrice M è simmetrica definita positiva, pertanto il primo addendo a secondo membro è positivo per ogni vettore $\mathbf{x}$ diverso dal vettore nullo. Per lo stesso motivo

$$\mathbf{x}^T G^T M^{-1} G \mathbf{x} = \mathbf{y}^T M^{-1} \mathbf{y} > 0,$$

avendo posto $\mathbf{y} = G\mathbf{x}$. Tuttavia, se Δt è sufficientemente piccolo, il secondo addendo viene dominato dal primo, sicché $\mathbf{x}^T \Sigma \mathbf{x} > 0$, per ogni $\mathbf{x} \neq \mathbf{0}$. La matrice è dunque definita positiva e quindi non singolare.

In generale questo approccio è costoso in termini computazionali, richiedendo la risoluzione contemporanea dei gradi di libertà per u_h e v_h. D'altra parte l'accuratezza nel calcolo di v_h sarà quella dettata dalla scelta degli spazi degli elementi finiti per u e v ed e'in genre più elevata di quella ottenibile ricostruendo v_h a partire da u_h usando la seconda equazione del sistema proposto.

$\diamond$

Esercizio 5.1.8 Si consideri il seguente problema ai valori iniziali e al contorno del quart'ordine:
trovare u tale che:

$$\begin{cases} \dfrac{\partial u}{\partial t} - \nabla \cdot (\mu \nabla u) + \Delta^2 u + \sigma u = 0 & x \in \Omega, \quad t > 0 \\[2mm] u = u_0 & \text{in } \Omega, t = 0 \\[2mm] \dfrac{\partial u}{\partial \mathbf{n}} = u = 0 & \text{su } \Sigma_T \equiv \partial\Omega, t > 0 \end{cases} \qquad (5.36)$$

---

[7] Si tratta di una verifica tipica nei problemi di fluidodinamica incomprimibile. Si veda il Capitolo 7.

dove $\Omega \subset \mathbb{R}^2$ è un aperto limitato con bordo $\partial\Omega$ "regolare" e normale uscente $\mathbf{n}$, $\Delta^2 = \Delta\Delta$ è l'operatore biarmonico, μ, σ e u_0 sono funzioni di $\mathbf{x}$ date e definite in Ω. Abbiamo indicato con $\dfrac{\partial u}{\partial \mathbf{n}} = \nabla u \cdot \mathbf{n}$ la derivata normale di u.
Si ricorda che

$$H_0^2(\Omega) = \left\{ u \in H^2(\Omega) : u = \frac{\partial u}{\partial \mathbf{n}} = 0 \quad \text{su} \quad \partial\Omega \right\}$$

e che esistono due costanti positive c_1 e c_2 tali che

$$c_1 \int_\Omega |\Delta u|^2 d\Omega \leq \|u\|_{H^2(\Omega)}^2 \leq c_2 \int_\Omega |\Delta u|^2 d\Omega \qquad \forall u \in H_0^2(\Omega), \qquad (5.37)$$

ossia che la norma in L^2 del Laplaciano di una funzione di H_0^2 è equivalente alla norma in H^2.

1. Si scriva la formulazione debole di (5.36) e si dimostri che la soluzione esiste ed è unica, sotto opportune condizioni sulla regolarità dei dati.
2. Si consideri una semi-discretizzazione basata su elementi finiti triangolari. Si dia una indicazione del grado che tali elementi devono avere per risolvere il problema dato in modo conforme. A questo proposito si ricorda che, se $\mathcal{T}_h$ è una triangolazione di Ω e $v_h|_K$ è un polinomio per ogni $K \in \mathcal{T}_h$, allora $v_h \in H^2(\Omega)$ se e solo se $v_h \in C^1(\overline{\Omega})$.

Soluzione 5.1.8

Analisi matematica del problema

Per dare una formulazione debole del problema, procediamo formalmente, moltiplicando l'equazione assegnata per una funzione test $v \in H_0^2(\Omega)$. La scelta dello spazio $H_0^2(\Omega)$ (che d'ora in poi indicheremo con V) verrà giustificata a posteriori.

$$\int_\Omega \left(\frac{\partial u}{\partial t} - \nabla \cdot (\mu \nabla u) + \Delta^2 u + \sigma u \right) v d\omega = 0 \qquad \forall v \in V.$$

In particolare, osserviamo che, applicando la formula di Green

$$\int_\Omega \Delta^2 u v d\omega = \int_\Omega \nabla \cdot (\nabla \Delta u) v = \int_{\partial\Omega} \nabla(\Delta u) \cdot \mathbf{n} v d\gamma - \int_\Omega \nabla(\Delta u) \cdot \nabla v d\omega$$

e

$$-\int_\Omega \nabla(\Delta u) \cdot \nabla v d\omega = -\int_{\partial\Omega} \Delta u (\mathbf{n} \cdot \nabla v) d\gamma + \int_\Omega \Delta u \Delta v d\omega.$$

Si osservi che in virtù dello spazio scelto per le funzioni test, in particolare per quanto riguarda il bordo, tutti i termini su $\partial\Omega$ si annullano. In questo modo, la formulazione debole del problema diventa: per ogni $t > 0$ trovare $u \in L^2(0,T;V) \cap L^\infty(0,T;L^2(\Omega))$ tale che

$$\int_\Omega \frac{\partial u}{\partial t} v d\omega + \int_\Omega \mu \nabla u \cdot \nabla v d\omega + \int_\Omega \triangle u \triangle v d\omega + \int_\Omega \sigma u v d\omega = 0$$

per ogni $v \in V$ e con la condizione iniziale $u(x,0) = u_0(x)$. Assumiamo in particolare che $u_0 \in L^2(\Omega)$. Si osservi come il problema si possa riformulare in astratto nella forma:
trovare $u \in L^2(0,T;V) \cap L^\infty 0,T;L^2(\Omega)$

$$\int_\Omega \frac{\partial u}{\partial t} v d\omega + a(u,v) = 0 \quad \forall v \in V,$$

con $u(x,0) = u_0(x)$.

La forma bilineare $a(u,v) \equiv \int_\Omega (\mu \nabla u \cdot \nabla v + \triangle u \triangle v + \sigma u v)\, d\omega$ è continua grazie alla scelta dello spazio V, purché le funzioni μ e σ siano sufficientemente regolari, ad esempio $\mu \in L^\infty(\Omega)$ e $\sigma \in L^\infty(\Omega)$, ipotesi che faremo nel resto dell'esercizio[8]. La stessa forma bilineare è coerciva almeno in senso debole, purché si assuma $\mu(\mathbf{x}) \geq \mu_0 > 0$. Indichiamo infatti con σ^- la parte negativa di σ (ossia la funzione uguale a σ quando questa è negativa e zero altrove). Sia infine $\sigma^* = ||\sigma^-||_{L^\infty(\Omega)}$. Si osserva che, in virtù della (5.37):

$$a(u,u) \geq \alpha ||u||_V^2 - \sigma^* ||u||_{L^2(\Omega)}^2,$$

ove α dipende da μ_0 e dalla costante c_2 in (5.37). La forma bilineare è debolmente coerciva se la funzione σ è negativa in un sottoinsieme di misura non nulla del dominio Ω, e coerciva (nel senso classico) per $\sigma^* = 0$.

Abbiamo quindi formalmente un problema dello stesso tipo di quelli visti in precedenza, la sola differenza è la definizione dello spazio V e quindi la regolarità della soluzione e delle funzioni test. Ne deduciamo che il problema proposto ha soluzione unica e stabile rispetto ai dati. Si noti che nonostante la regolarità della soluzione sia qui aumentata a causa della presenza dell'operatore del quart'ordine

---

[8] Va tuttavia osservato che, in questo caso particolare, le funzioni in gioco u e v sono più regolari che per tutti gli altri problemi trattati sin qui. In base al teorema di immersione di Sobolev, infatti, le funzioni di $H^2(\Omega)$ in due dimensioni sono continue e dunque limitate in $\overline{\Omega}$. Questo significa che perché il termine $\int_\Omega \sigma u v d\omega$ abbia senso è sufficiente che $\sigma \in L^1(\Omega)$. Analogamente, se $v \in H^2(\Omega)$ allora $\nabla v \in H^1(\Omega)$ e questo implica $\nabla v \in L^6(\Omega)$. Pertanto $\nabla u \cdot \nabla v$ è una funzione di $L^3(\Omega)$ e per μ è sufficiente ipotizzare l'appartenenza a $L^{3/2}(\Omega)$ per garantire continuità alla forma bilineare $a(\cdot,\cdot)$.

nella equazione differenziale, la buona posizione del problema richiede che il dato iniziale u_0 appartenga a $L^2(\Omega)$.

Approssimazione numerica

Dai suggerimenti forniti nel testo, per poter garantire che V_h sia un sottospazio ad elementi finiti di V deve essere C^1-conforme, cioè costituito da funzioni di $C^1(\overline{\Omega})$. Per evitare malintesi, si ricorda che funzioni in $H^2(\Omega)$ con $\Omega \subset \mathbb{R}^2$, non sono, in generale, di classe C^1. Tuttavia, se si considera una triangolazione di Ω, una funzione C^1 su ciascun elemento della griglia appartiene a $H^2(\Omega)$ se solo se è globalmente di classe C^1, cioè se appartiene a $C^1(\overline{\Omega})$.

Se supponiamo di lavorare con una griglia triangolare, si sa che il numero di gradi di libertà per ogni elemento triangolare in funzione del grado r di polinomio scelto è (si veda l'Esercizio 1.5.1)

$$n_l = \frac{(r+1)(r+2)}{2}.$$

Per stabilire il grado da scegliere, dobbiamo specificare quanti gradi di libertà vanno assegnati ad ogni triangolo per garantire la regolarità $C^1(\overline{\Omega})$. Un modo di procedere è il seguente. Innanzitutto dovremo imporre la continuità ai vertici del triangolo, quindi 3 vincoli. Ovviamente non è sufficiente, infatti per raccordare con continuità le funzioni, osserviamo che su ogni lato del triangolo esse sono polinomi di grado r per la cui definizione univoca occorre imporre il passaggio per $r+1$ punti, tuttavia, due punti sono già stati specificati ai vertici del triangolo, quindi si devono imporre $r-1$ vincoli aggiuntivi per ogni lato (si veda anche l'Esercizio 1.5.2). La continuità della funzione su ciascun lato garantisce anche la continuità delle derivate tangenziali ai lati, nei punti interni agli stessi. Dobbiamo allora raccordare ora con continuità solo le derivate normali ai lati e le derivate ai vertici. La continuità delle derivate rispetto a x e a y nei vertici richiederà $3 \times 2 = 6$ vincoli. Le derivate normali su ogni lato sono polinomi di grado $r-1$ per la cui continuità occorrono r vincoli, due dei quali sono già stati fissati ai vertici, quindi ne occorrono $r-2$ additionali. In conclusione occorrono

1. 3 vincoli per la continuità della funzione ai vertici;
2. $3(r-1)$ vincoli di continuità della funzione sui lati;
3. 6 vincoli sui vertici per la continuità delle due derivate;
4. $3(r-2)$ vincoli per la continuità delle derivate normali sui lati.

La scelta del grado r deve essere allora tale da garantire che il numero di gradi di libertà locali n_l a disposizione sia sufficiente per l'imposizione di tutti i vincoli. In sostanza, deve essere:

$$\frac{(r+1)(r+2)}{2} \geq 3 + 6 + 3r - 3 + 3r - 6 = 6r,$$

con r intero positivo. Si trova che il valore minimo per r che soddisfa questa disequazione, è 9. In base a questo calcolo, quindi, occorrerebbe usare elementi P^9, ossia con 55 gradi di libertà locali. Evidentemente, l'uso di elementi di grado così elevato è problematico sia sotto il profilo teorico (stabilità della interpolazione) che sotto quello pratico (implementazione e memoria richiesta). In effetti, vi sono soluzioni più astute che riescono ad usare polinomi di grado più basso imponendo la continuità delle derivate seconde ai vertici. La soluzione con il grado minimo è quella del triangolo di Argyris, che usa polinomi di grado 5 con 21 gradi di libertà, con vincoli sui valori della funzione, delle derivate prime e delle tre derivate seconde (comprese le derivate miste) nei vertici del triangolo, e i valori delle derivate normali nei punti medi dei lati, come illustrato, per esempio, in [BS02].   ◇

Esercizio 5.1.9 (*) Si consideri la propagazione della temperatura u in un disco freno per automobile, rappresentato in Figura 5.10. La ghisa di cui è composto il disco è caratterizzata da una *diffusività termica* funzione della temperatura stessa secondo la legge:

$$k(u) = K_2 u^2 + K_1 u + K_0,$$

ove K_2, K_1 e K_0 sono costanti positive note da prove sperimentali.

In particolare, si studi la propagazione di temperatura nella sezione trasversale del disco rappresentata in Figura 5.10. Si supponga che il freno venga sottoposto a frenata periodicamente ogni t_s secondi.

Quando la ganascia è appoggiata si genera un flusso di calore Φ per attrito, entrante nel freno attraverso la superficie $\Gamma_g \subset \partial\Omega$. Tale flusso è nullo nei momenti in cui la ganascia non è appoggiata. Sulla superficie del freno dove non appoggiano le ganasce, così come in Γ_g quando le ganasce sono rilasciate, si suppone vi siano condizioni di scambio termico convettivo con l'aria circostante. Questo significa che quando le ganasce stringono il disco sulla superficie Γ_g si ha un flusso termico entrante, mentre si assumono condizioni di scambio termico convettivo quando le ganasce non sono appoggiate.

Si chiede di:

1. scrivere il modello matematico per descrivere il campo di temperatura nel freno, assumendo una temperatura iniziale uniforme pari a u_0; la densità e il calore specifico della ghisa sono assunti costanti.

2. scrivere il problema discretizzato in tempo mediante il metodo di Eulero implicito;

3. discretizzare in spazio il problema ricavato al punto precedente con elementi finiti lineari;

4. 4. proporre un metodo per il trattamento del sistema algebrico non lineare ottenuto dopo la discretizzazazione e se ne analizzi qualitativamente la convergenza;

5. simulare numericamente il problema con il metodo proposto, facendo riferimento alla Figura 5.11 e ai valori numerici dati di seguito. Densità $\rho = 7.2 \times 10^{-2}$ Kg/mm^3, calore specifico $c_p = 500$ W/mK, coefficiente di scambio termico $\alpha = 80$ W/mmK, valori della conducibilità $k(u)$ in funzione della temperatura $k(200) = 50$ W/mK, $k(300) = 47$ W/mK e $k(700) = 37$ W/mK. Temperatura ambiente $u_{amb} = 20$ gradi centigradi e $u_0 = 60$ gradi centigradi. Le frenate avvengono a 5 secondi l'una dall'altra e durano 5 secondi. Si simuli un ciclo di 12 frenate, per un totale di $T = 120$ secondi di simulazione. Detto t_0 l'istante in cui inizia ciascuna frenata, $\Phi(t) = \Phi_{MAX} \sin(\pi(t - t_0)/5)$ per $t \leq t_0 + 5$ e $\varphi(t) = 0$ fino all'inizio della frenata successiva, con $\Phi_{MAX} = 50$ W/mm^2.

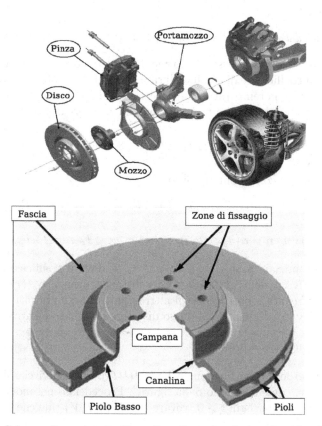

Figura 5.10. Schema di montaggio di un disco freno (in alto) e identificazione delle sue diverse parti (al centro) (per gentile concessione della Brembo S.p.A.)

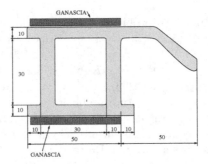

Figura 5.11. Geometria semplificata della sezione del disco studiata nell'Esercizio 5.1.9.

Soluzione 5.1.9

Formulazione del modello matematico

Il primo punto si risolve osservando che il problema è governato dall'equazione del calore con il coefficiente di conducibilità termica dipendente dalla temperatura. In sostanza, detta u la temperatura della sezione di Figura 5.11, funzione delle due coordinate spaziali e del tempo t, l'equazione da risolvere è

$$\rho c_p \frac{\partial u}{\partial t} - \nabla \cdot (k(u)\nabla u) = 0 \quad \mathbf{x} \in \Omega, \quad t > 0,$$

a cui si associano le condizioni al bordo

$$\begin{cases} c_p(u)\nabla u \cdot \mathbf{n} = \alpha_g(t)(u_{amb} - u) - \Phi(t) & \mathbf{x} \in \Gamma_g, t > 0 \\ c_p(u)\nabla u \cdot \mathbf{n} = \alpha(u_{amb} - u) & \mathbf{x} \in \Gamma_r \equiv \partial\Omega \setminus \Gamma_g, t > 0 \end{cases}$$

e la condizione iniziale $u = u_0$ per $t = t_0 = 0$, dove il coefficiente di scambio termico convettivo α della ghisa è assunto costante, mentre $\alpha_g(t)$ è assunto pari a 0 durante la frenata e pari a α negli altri istanti. Il segno negativo davanti alla funzione Φ è dovuto al fatto che il flusso di calore assegnato è entrante.

Analisi matematica del problema

Introduciamo lo spazio funzionale $V \equiv H^1(\Omega)$. Si osservi che il bordo di Ω è molto regolare, come suggerito dalla figura[9]. Procedendo nel modo consueto, si ottiene il problema: per ogni $t > 0$ trovare $u \in L^2(0, T, V)$ tale che

---

[9] I bordi del dominio sono arrotondati, questo ci permette di assumere che la soluzione sia sufficientemente regolare.

$$\left(\frac{\partial u}{\partial t}, v\right) + a(u; u, v) + \alpha_g \int\limits_{\Gamma_g} uv d\gamma + \alpha \int\limits_{\Gamma_r} uv d\gamma =$$
$$\alpha_g \int\limits_{\Gamma_g} u_{amb} v d\gamma + \alpha \int\limits_{\Gamma_r} u_{amb} v d\gamma - \int\limits_{\Gamma_g} \Phi v d\gamma \tag{5.38}$$

cui si associa la condizione iniziale $u(\mathbf{x}, 0) = u_0(\mathbf{x})$. In (5.38) abbiamo posto:

$$a(w; u, v) = \int\limits_{\Omega} c_p(w) \nabla u \cdot \nabla v d\omega.$$

Supporremo a che la soluzione sia regolare quanto basta perchè $a(u; u, v)$ sia ben definita. In particolare, osserviamo che per il Teorema di immersione di Sobolev (si veda l'Appendice A), se $u \in H^2(\Omega)$, essendo Ω un dominio regolare, allora u è continua in $\overline{\Omega}$ e $a(u; u, v)$ sarebbe allora ben definita.

L'analisi di buona posizione non può essere condotta usando gli argomenti visti fin'ora, essendo quest'ultimi limitati a problemi lineari. Una trattazione esaustiva di questo punto esula pertanto dagli scopi del presente testo. Rimandiamo a [Sal04] per una indicazione di tecniche possibili per l'analisi di buona posizione. Ci limitiamo qui ad una semplice considerazione di limitatezza della soluzione rispetto ai dati. Facciamo le ipotesi che $u \in L^2(0, T; H^2(\Omega))$, $\Phi \in L^2(\Gamma_g)$, $u_{amb} \in L^2(\partial\Omega)$. Osserviamo che essendo α_g costante a pezzi, essa appartiene a $L^2(0, T)$. Infine, supponiamo (come realistico) che per ogni valore di temperatura u si abbia

$$k(u) \geq \mu_0, \tag{5.39}$$

per un $\mu_0 > 0$. Ponendo $v = u$ nella (5.38), ed osservando che per ogni $t > 0$ si ha $0 \leq \alpha_g(t) \leq \alpha$, si ottiene la seguente maggiorazione con $\epsilon > 0$ arbitrario

$$\frac{1}{2}\frac{d}{dt}||u||_{L^2}^2 + \mu_0||\nabla u||_{L^2}^2 + \leq \left(\alpha||u_{amb}||_{L^2(\partial\Omega)} + ||\varphi||_{L^2(\Gamma_g)}\right)||u||_V \leq$$

$$\frac{1}{4\epsilon}\left(\alpha||u_{amb}||_{L^2(\partial\Omega)}^2 + ||\varphi||_{L^2(\Gamma_g)}^2\right) + \epsilon\left(||u||_{L^2}^2 + ||\nabla u||_{L^2}^2\right).$$

Scegliendo $\epsilon = \mu_0/2$ e integrando in tempo tra 0 e T si ottiene

$$||u||_{L^2}^2(T) + \mu_0 \int\limits_0^T ||\nabla u||_{L^2}^2 dt + \leq$$
$$||u_0||_{L^2}^2 + \frac{1}{\mu_0}\left(\alpha||u_{amb}||_{L^2(\partial\Omega)}^2 + ||\varphi||_{L^2(\Gamma_g)}^2\right) + \mu_0 \int\limits_0^T ||u||_{L^2}^2 dt. \tag{5.40}$$

Applicando il Lemma di Gronwall, si giunge a stabilire le maggiorazioni seguenti

$$\|u\|^2_{L^\infty(L^2)} \le C_1$$
$$\|\nabla u\|^2_{L^2(L^2)} \le C_2 \quad \Rightarrow \|u\|^2_{L^2(H^1)} \le C_3. \tag{5.41}$$

dove C_1, C_2, C_3 sono costanti che dipendono dai dati e da T.

Approssimazione numerica

La discretizzazione in tempo del problema mediante il metodo di Eulero implicito si ottiene introducendo una suddivisione dell'asse dei tempi di passo uniforme Δt, tale che $T = N\Delta t$. Dalla (5.38) otteniamo: trovare per $n = 0,\dots,N-1$, $u^{n+1} \in V$ tale che

$$\frac{1}{\Delta t}(u^{n+1}, v) + a(u^{n+1}; u^{n+1}, v) + \alpha \int_{\Gamma_r} u^{n+1}v d\gamma + \alpha_g^{n+1} \int_{\Gamma_g} u^{n+1}v d\gamma =$$
$$\frac{1}{\Delta t}(u^n, v) + \alpha \int_{\Gamma_r} u_{amb}v d\gamma + \alpha_g^{n+1} \int_{\Gamma_g} u_{amb}v d\gamma + \int_{\Gamma_g} \phi^{n+1}v d\gamma \tag{5.42}$$

con $u^0 = u_0$. Per discretizzare in spazio il problema, introduciamo un sottospazio finito-dimensionale $V_h \subset V$ dove ambientare la soluzione numerica. Il problema diventa: trovare, per ogni $n = 0,1,\dots,N-1$, $u_h^{n+1} \in V_h$ tale che

$$\frac{1}{\Delta t}(u_h^{n+1}, v_h) + a(u_h^{n+1}; u_h^{n+1}, v_h) + \alpha \int_{\Gamma_r} u^{n+1}v d\gamma + \alpha_g^{n+1} \int_{\Gamma_g} u^{n+1}v d\gamma =$$
$$\frac{1}{\Delta t}(u_h^n, v_h) + \alpha \int_{\Gamma_r} u_{amb}v d\gamma + \alpha_g^{n+1} \int_{\Gamma_g} u_{amb}v d\gamma + \int_{\Gamma_g} \Phi^{n+1}v d\gamma \tag{5.43}$$

con $u_h^0 = u_{0h}$, essendo u_{0h} una approssimazione di u_0 in V_h. In termini algebrici, il problema completamente discretizzato (5.43) risulta essere

$$\frac{1}{\Delta t}\mathbf{M}\mathbf{U}^{n+1} + K(\mathbf{U}^{n+1})\mathbf{U}^{n+1} + R^{n+1}\mathbf{U}^{n+1} = \frac{1}{\Delta t}\mathbf{M}\mathbf{U}^n + \mathbf{F}^{n+1},$$

dove $u_h^{n+1} = \sum_{j=1}^{N_h} U_j^{n+1}\Phi_j$, $\mathbf{U}^{n+1} = [U_j^{n+1}]$, R corrisponde alla discretizzazione dei termini di bordo, $\mathbf{F} = \mathbf{F}(u_{amb}, \Phi, \alpha, \alpha_g)$ deriva dalla discretizzazione del termine noto e K è la matrice di elementi

$$K_{ij}(\mathbf{U}^{n+1}) = a\left(u_h^{n+1}; \varphi_j, \varphi_i\right).$$

Osserviamo che, grazie a (5.39) K(U) è simmetrica definita positiva per ogni valore dell'argomento U. È possibile allora ricavare in modo standard la stima di stabilità

$$\mathbf{U}^n \le C_4, \quad n = 0,\dots,N, \tag{5.44}$$

ove C_4 dipende dal dato iniziale e dal termine forzante ed è indipendente da Δt e h.

Il problema completamente discretizzato è stato ricondotto pertanto a un sistema algebrico non lineare, che possiamo scrivere nella forma:

$$\mathcal{A}(\mathbf{U}^{n+1}) = 0.$$

Una possibilità per risolvere questo sistema è quella di ricorrere a *un metodo di punto fisso*. Ad esempio, consideriamo il problema lineare ausiliario all'istante $n+1$: data $u_h^{n+1,k}$, trovare $u_h^{n+1,k+1} \in V_h$ tale che

$$\frac{1}{\Delta t}\left(u_h^{n+1,k+1}, v_h\right) + a\left(\boxed{u_h^{n+1,k}}; u_h^{n+1;k+1}, v_h\right) + \alpha \int_{\Gamma_r} u_h^{n+1,k+1} v d\gamma +$$

$$\alpha_g^{n+1} \int_{\Gamma_g} u_h^{n+1,k+1} v d\gamma = \frac{1}{\Delta t}\left(u_h^n, v_h\right) + \alpha \int_{\Gamma_r} u_{amb} v d\gamma + \tag{5.45}$$

$$\alpha_g^{n+1} \int_{\Gamma_g} u_{amb} v d\gamma + \int_{\Gamma_g} \Phi^{n+1} v d\gamma$$

con $u_h^0 = u_{h0}$, cui corrisponde il sistema lineare:

$$\left[\frac{1}{\Delta t}\mathrm{M} + K(\mathbf{U}^{n+1,k}) + R\right]\mathbf{U}^{n+1,k+1} = \frac{1}{\Delta t}\mathrm{M}\mathbf{U}^n + \mathbf{F}^{n+1}.$$

Se per le iterazioni convergono, cioè

$$\lim_{k \to \infty} \mathbf{U}^{n+1,k} = \mathbf{U}_{fin}, \tag{5.46}$$

allora $\mathbf{U}_{fin}$ è la soluzione del problema non lineare di partenza (5.43). Il problema non lineare viene così risolto da una successione di problemi lineari. La difficoltà, in questo caso, è garantire che vi sia effettivamente la convergenza (5.46). Esplicitando $\mathbf{U}^{n+1,k+1}$ e $\mathbf{U}^{n+1}$ si trova

$$\mathbf{U}^{n+1,k+1} = \left(\frac{1}{\Delta t}\mathrm{M} + \mathrm{K}(\mathbf{U}^{n+1,k}) + \mathrm{R}\right)^{-1}\left(\frac{1}{\Delta t}\mathrm{M}\mathbf{U}^n + \mathbf{F}^{n+1}\right),$$

$$\mathbf{U}^{n+1} = \left(\frac{1}{\Delta t}\mathrm{M} + \mathrm{K}(\mathbf{U}^{n+1}) + \mathrm{R}\right)^{-1}\left(\frac{1}{\Delta t}\mathrm{M}\mathbf{U}^n + \mathbf{F}^{n+1}\right). \tag{5.47}$$

Nel seguito, per semplicità di notazione, ometteremo l'indice temporale $n + 1$ e porremo $\mathrm{A}(\mathbf{U}) = \mathrm{K}(\mathbf{U}) + \mathrm{R}$ e $\mathcal{F} = \frac{1}{\Delta t}\mathrm{M}\mathbf{U}^n + \mathbf{F}^{n+1}$. Con la nuova notazione, dalla (5.47) otteniamo

$$\mathbf{U}^{k+1} - \mathbf{U} = \Delta t\left[\left(\mathrm{I} + \Delta t\mathrm{M}^{-1}\mathrm{A}(\mathbf{U}^k)\right)^{-1} - \left(\mathrm{I} + \Delta t\mathrm{M}^{-1}\mathrm{A}(\mathbf{U})\right)^{-1}\right]\mathrm{M}^{-1}\mathcal{F} \tag{5.48}$$

Se Δt è sufficientemente piccolo, il raggio spettrale di $\Delta t \mathrm{M}^{-1} A(\mathbf{U})$ è minore di 1, quindi possiamo applicare l'espansione di Neumann (B.3)

$$\left(\mathrm{I} + \Delta t \mathrm{M}^{-1} A(\mathbf{U})\right)^{-1} = \sum_{j=0}^{\infty} (-\Delta t)^j \mathrm{M}^{-j} A^j(\mathbf{U}),$$

ottenendo quindi

$$\mathbf{U}^{k+1} - \mathbf{U} =$$

$$\Delta t \sum_{j=0}^{\infty} (-\Delta t)^j \left[\mathrm{M}^{-j} A^j(\mathbf{U}^k) - \mathrm{M}^{-j} A^j(\mathbf{U})\right] \mathrm{M}^{-1} \mathcal{F} =$$

$$-\Delta t^2 \mathrm{M}^{-1} \left(A(\mathbf{U}^k) - A(\mathbf{U})\right) \mathrm{M}^{-1} + \mathcal{O}(\Delta t^3) =$$

$$-\Delta t^2 \mathrm{M}^{-1} \left(\mathrm{K}(\mathbf{U}^k) - \mathrm{K}(\mathbf{U})\right) \mathrm{M}^{-1} + \mathcal{O}(\Delta t^3).$$

Osservando che la funzione non lineare (in effetti è quadratica) $\mathrm{K}(\mathbf{U})$ è lispchitziana, ossia esiste $C > 0$ tale che

$$\|\mathrm{K}(\mathbf{U}^k) - \mathrm{K}(\mathbf{U})\| \leq C(\mathbf{U})\|\mathbf{U}^k - \mathbf{U}\|, \tag{5.49}$$

si ricava che *per Δt sufficientemente piccolo*

$$\|\mathbf{U}^{k+1} - \mathbf{U}\| < \|\mathbf{U}^k - \mathbf{U}\|,$$

che rende l'iterazione di punto fisso una *contrazione*. In base al Teorema di Banach (si veda [QSS00b]), in questo caso le iterazioni di punto fisso convergono per ciascun passo temporale singolarmente. Per poter stabilire che effettivamente il metodo converge globalmente, bisogna escludere che la limitazione su Δt diventi via via più restrittiva al crescere del tempo, ossia che il limite che garantisce convergenza

$$\Delta t \leq \Delta t_{max}^n,$$

che dipende da n a causa della dipendenza di C da $\mathbf{U}^n$ nella (5.49), non sia tale che $\Delta t_{max}^n \to 0$ per $n \to \infty$[10]. Nel caso in esame, la limitazione su Δt è proporzionale a $1/\sqrt{C(\mathbf{U})}$ e la costante di Lipschitzianità C è legata a dk/du. In particolare abbiamo che $C(\mathbf{U}) \leq |K_2|\|\mathbf{U}\| + |K_1|$. Se vale la (5.44), allora possiamo dare una limitazione uniforme a $C(\mathbf{U})$ e concludere che esiste un Δt_{max} indipendente da Δt che garantisce convergenza. In pratica, è difficile stimare tale limite quantitativamente, ma il fatto che si possa provare la sua esistenza dà comunque interesse al metodo, perchè ci permette di utilizzarlo per tempi si simulazione arbitrariamente lunghi.

---

[10] A rigore questa considerazione non si applica al nostro caso, dato che stiamo trattando il problema per un tempo finito. Tuttavia è utile verificare cosa succede per $n \to \infty$.

Un metodo di punto fisso alternativo, che converge quadraticamente se la stima iniziale è sufficientemente vicina alla soluzione, è il metodo di Newton (si veda [QSS00b]). Se introduciamo la matrice Jacobiana J associata al sistema, il cui generico elemento è

$$J_{ij}(\mathbf{U}) = \frac{\partial \mathcal{A}_i}{\partial U_j}(\mathbf{U}),$$

il metodo di Newton si riporta alla soluzione di una sequenza di sistemi lineari nella forma:

$$J(\mathbf{U}^{n+1,k}) \left(\mathbf{U}^{n+1,k+1} - \mathbf{U}^{n+1,k}\right) = -\mathcal{A}(\mathbf{U}^{n+1,k}), \tag{5.50}$$

per $k = 0, 1, \ldots$, partendo da una stima iniziale di $\mathbf{U}^{n+1}$, qui indicata con $\mathbf{U}^{n+1,0}$.

La convergenza del metodo di Newton è garantita purché la stima iniziale sia in un intorno della soluzione esatta. Poiché però è difficile quantificare questo intorno, si usa come stima iniziale la soluzione del passo temporale precedente $\mathbf{U}^n$, avendo cura di usare un passo temporale sufficientemente piccolo per garantire che questo dato sia "abbastanza vicino" a $\mathbf{U}^n$ per innescare iterazioni di Newton convergenti[11].

Per entrambi i metodi di punto fisso considerati occorre fornire un criterio di arresto. In pratica, le iterazioni vengono fatte proseguire fino a quando non sia soddisfatto il *test di convergenza*

$$\|\mathbf{U}^{n+1,k+1} - \mathbf{U}^{n+1,k}\| \leq \epsilon,$$

con $\epsilon > 0$ tolleranza assegnata.

Il metodo di Newton è stato qui derivato a livello algebrico: abbiamo prima discretizzato il problema non lineare e poi applicato il metodo di Newton sul sistema algebrico non lineare risultante. Un modo diverso di procedere consiste nell'applicare il metodo di Newton a livello differenziale, ossia di linearizzare prima il problema differenziale, che verrà successivamente discretizzato. Questo approccio verrà considerato nell'ambito delle equazioni di Navier-Stokes, Capitolo 7.

In generale, l'uso dei metodi di punto fisso (e del metodo di Newton in particolare) in un problema tempo-dipendente ha il difetto di introdurre un processo iterativo per la risoluzione del problema non lineare all'interno di un altro ciclo, quello dell'avanzamento temporale. Quindi il costo dell'assemblaggio della matrice e della risoluzione del sistema va moltiplicato per il numero delle iterazioni di punto fisso e dei passi temporali: si tratta pertanto di un approccio molto costoso. Peraltro anche la risoluzione del sistema lineare associato al problema linearizzato viene spesso affrontata con un metodo iterativo[12], e i cicli iterativi annidati l'uno nell'altro diventano in questo caso tre.

---

[11] Approcci più sofisticati, basati sul cosiddetto *metodo di continuazione*, possono visti, ad esempio, in [QV94], cap. 10.

[12] Nel caso del metodo di Newton, la matrice Jacobiana è una matrice generalmente piena, quindi si preferisce non calcolarla esplicitamente, cosa possibile solo se si ricorre a un solutore iterativo.

Figura 5.12. Griglia computazionale per il problema del disco freno

Una possibile alternativa è quella di ricorrere a metodi di avanzamento in tempo di tipo esplicito. Ad esempio, ricorrendo al metodo di Eulero in avanti, ad ogni passo temporale si deve risolvere il sistema lineare:

$$\frac{1}{\Delta t}\mathrm{M}\mathbf{U}^{n+1} = \frac{1}{\Delta t}\mathrm{M}\mathbf{U}^n - \mathrm{K}(\mathbf{U}^n)\mathbf{U}^n - \mathrm{R}\mathbf{U}^n + \mathbf{F}^{n+1} \qquad (5.51)$$

la cui soluzione può essere notevolmente "facilitata" ricorrendo ad una tecnica di mass-lumping, che riduce questo sistema ad un sistema diagonale. Questo approccio da un lato fa in modo che ogni passo temporale abbia un costo computazionale ridotto, ma dall'altro comporta un limite di stabilità, che impone l'uso di un passo temporale sufficientemente piccolo. Ricordiamo che tale limite di stabilità di comporta come h^2, e quindi può essere effettivamente estremamente piccolo se si adottano griglie fitte.

Per dare una idea di come i costi siano in questo caso legati ad h supponiamo che il costo per la risoluzione del problema (5.51) sia proporzionale alla dimensione N_h del sistema, stima ragionevole se il sistema è stato diagonalizzato (in generale se si adotta schemi iterativi per matrici sparse è più corretto considerare un costo proporzionale a N_h^2). Se riduciamo di metà la spaziatura abbiamo un sistema lineare 4 volte più grande, dato che, essendo il problema bidimensionale, N_h è proporzionale a h^{-2}. Inoltre, dovremo eseguire un numero di passi temporali 4 volte maggiori per coprire l'intervallo temporale di interesse, a causa della restrizione sul Δt. Quindi, in conclusione, il costo computazionale aumenta di ben 16 volte!

In sostanza, è vero che ogni passo temporale ha un costo computazionale ridotto, ma potrebbe essere necessario fare tanti passi. Non è evidente a priori quale sia la strategia migliore e la scelta di un metodo o l'altro va fatta di volta in volta, sulla base di considerazioni diverse (ad esempio vincoli sull'accuratezza che richiedono di usare comunque passi temporali piccoli).

Possiamo tuttavia considerare una terza possibilità, di compromesso fra le precedenti. In un problema tempo-dipendente l'accuratezza della soluzione è comunque limitata dalla discretizzazione temporale. Questo significa che non è necessario risolvere il sistema non lineare con una accuratezza inferiore a quella associata al metodo di avanzamento in tempo usato. Al fine di ridurre il costo computazionale, si potrebbe pertanto risolvere la non linearità in modo meno accurato, ma sufficiente da non "intaccare" l'accuratezza della discretizzazione temporale. Ad esempio, possiamo pensare di linearizzare il metodo di Eulero implicito nel modo seguente: trovare per $n = 0, 1, 2, \ldots, N - 1$, $u^{n+1} \in V$ tale che

$$
\frac{1}{\Delta t}\left(u^{n+1}, v\right) + a(\tilde{u}; u^{n+1}, v) + \alpha \int_{\partial \Omega} u^{n+1} v d\gamma = \frac{1}{\Delta t}\left(u^n, v\right) +
$$
$$
\alpha \int_{\partial \Omega} u_0 v d\gamma + \int_{\Gamma_{gan}} \Phi^{n+1} v d\gamma,
$$

(5.52)

con $u^0 = u_0$. Nella (5.52) $\tilde{u}$ rappresenta un'approssimazione di u^{n+1}. Trattandosi di un metodo accurato al primo ordine, per non ridurre l'accuratezza in tempo del metodo basterà una approssimazione con un errore $\mathcal{O}(\Delta t)$, quindi basterà porre $\tilde{u} = u^n$, infatti, sulla base di uno sviluppo in serie di Taylor, questa approssimazione è accurata di ordine 1.

In questo caso, si parla di un metodo *semi-implicito*, dal momento che il termine non lineare viene trattato parzialmente in implicito e parzialmente in esplicito. Evidentemente, questo approccio riduce il costo computazionale, poiché ad ogni passo temporale si deve risolvere un solo sistema lineare e, di fatto, si può interpretare come l'applicazione del metodo di punto fisso (5.45), arrestato ad una sola iterazione. Il "prezzo" da pagare a questa notevole riduzione dei costi computazionali è ovviamente una limitazione su Δt indotta dal fatto che parte del problema è trattato in esplicito. Va tuttavia osservato che:

1. la limitazione su Δt in generale sarà meno restrittiva che per un metodo completamente esplicito; in particolare, poiché l'argomento del laplaciano è trattato in implicito, il limite di stabilità non sarà, in generale, vincolato a h^2;
2. anche il metodo di punto fisso (5.45), come visto, introduce limiti su Δt non per avere stabilità numerica, ma per garantire convergenza, sicché l'uso di un metodo implicito non sempre permette l'uso di passi temporali arbitrariamente grandi.

Tutte queste considerazioni fanno ritenere il metodo semi-implicito una buona soluzione di compromesso per il problema in esame.

Analisi dei risultati

Il primo passo per risolvere il problema proposto è quello di costruire la curva per la conducibilità termica della ghisa in funzione della temperatura, usando i dati sperimentali forniti. Questo può essere fatto ad esempio in `Matlab` con le seguenti istruzioni:

```
x=[200;300;700];y=[50;47;37];
```

```
polyfit(x,y,2)
```

che generano i seguenti valori per i coefficienti di $k(u) = c_2 u^2 + c_1 u + c_0$:

$$c_2 = 0.00001, \quad c_1 = -0.035 c_0 = 56.6.$$

Il Programa 20 riporta il listato per FreeFem che risolve il problema mediante il metodo di Eulero implicito con trattamento del termine non lineare basato sulle iterazioni di punto fisso (5.45). Il test di arresto per le iterazioni di punto fisso è basato sul calcolo di $E = |\Omega|^{-1} \int_\Omega \left(u_h^{k+1} - u_h^k \right)^2 d\omega$, dove $|\Omega|$ è l'area della sezione analizzata. Le iterazioni si arrestano quando $E \le 10^{-2}$. In Figura 5.13 riportiamo la temperatura ottenuta nel disco con questo metodo dopo 2.5 e 5 minuti rispettivamente. Le iterazioni impiegate dal metodo di punto fisso per ottenere convergenza sono 2 o 3 ad ogni passo temporale. Il valore $\Delta t = 0.1\ s$ è sufficiente a garantire convergenza al metodo.

Programma 20 - freno-im : Problema del disco freno con trattamento implicito del termine non lineare mediante punto fisso

```
// ... dichiarazione di variabili

func real flusso(real tsuT, real T)
{
 real fmax=10;
 real res;
 if (tsuT <= T/2.)
  {res=fmax*sin(2.*pi*tsuT/T);}
 else
   res=0;
 return res;
}

func real alphag(real tsuT, real T, real cstc)
{
 real res;
 if (tsuT <= T/2.)
  {res=0;}
 else
   res=cstc;
 return res;
}

// ... dichiarazione di variabili

problem Freno(u,v) =
    int2d(Th)((c1*ulast*ulast+c2*ulast+c3)*(dx(u)*dx(v)+dy(u)*dy(v)))
```

```
  + int2d(Th)(rhocp*dtm1*u*v)
  + int1d(Th,20)(cstc*u*v)
  - int1d(Th,20)(cstc*uamb*v)
  + int1d(Th,10)(alphag((i%iT)*dt,T,cstc)*u*v)
  - int1d(Th,10)(alphag((i%iT)*dt,T,cstc)*uamb*v)
  - int1d(Th,10)(flusso((i%iT)*dt,T)*v)
  - int2d(Th)(rhocp*dtm1*uold*v);

for (i=1;i<=N;i++)
{
 k=0; resL2=1.;
 while (k<=nmax & resL2>=toll)
 {
  Freno;
  w[]=u[]-ulast[];
  resL2 = int2d(Th)(w*w)/afreno;
  ulast[]=u[];
  k++;
 }
 uold[]=u[];
}
```

Nel Programma 21 riportiamo la parte di codice relativa allo studio dello stesso problema con il metodo semi-implicito (5.52). I risultati relativi agli istanti $t = 1$ e 2 minuti sono riportati in Figura 5.14. Come si nota, rispetto al caso implicito, i risultati differiscono di meno di un grado centigrado, limite ritenuto accettabile per questa applicazione. Va osservato, peraltro che i tempi di calcolo in questo caso sono stati:

Implicito (punto fisso) : 1631.15 s;
Semi-implicito : 781.71 s.

Chiaramente queste indicazioni sui costi computazionali sono utili non in assoluto, ma solo in termini "comparativi"[13].

Programma 21 - freno-si : Problema del disco freno con trattamento semi-implicito del termine non lineare mediante punto fisso

```
problem Freno(u,v) =
    int2d(Th)((c1*uold*uold+c2*uold+c3)*(dx(u)*dx(v)+dy(u)*dy(v)))
```

---

[13] Tra l'altro FreeFem, cosi come come Matlab, è un linguaggio interpretato, che dunque non produce un codice macchina ottimizzato tramite il processo di compilazione. Questo significa che i programmi di calcolo in tale linguaggio non sono estremamente efficienti sotto il profilo dei tempi di calcolo.

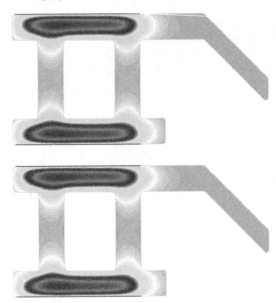

Figura 5.13. Campo di temperatura nella sezione del disco ottenuta con il metodo implicito dopo 1 minuto (in alto) e 2 minuti (in basso). I colori più scuri si associano alle temperature più elevate. Le temperature oscillano fra 22.05 e 141.21 gradi centigradi in alto e22.07 e 142.21 gradi centigradi in basso

```
    + int2d(Th)(rhocp*dtm1*u*v)   + int1d(Th,20)(cstc*u*v)
    - int1d(Th,20)(cstc*uamb*v)
    + int1d(Th,10)(alphag((i%iT)*dt,T,cstc)*u*v)
    - int1d(Th,10)(alphag((i%iT)*dt,T,cstc)*uamb*v)
    - int1d(Th,10)(flusso((i%iT)*dt,T)*v)
    - int2d(Th)(rhocp*dtm1*uold*v);
for (i=1;i<=N;i++)
{
  Freno;
  uold=u;
}
```

Programma 22 - freno-ex : Problema del disco freno basato sul metodo di Eulero esplicito

```
problem Freno(u,v) =
int2d(Th)((c1*uold*uold+c2*uold+c3)*(dx(uold)*dx(v)+dy(uold)*dy(v)))
    + int2d(Th)(rhocp*dtm1*u*v)   + int1d(Th,20)(cstc*uold*v)
```

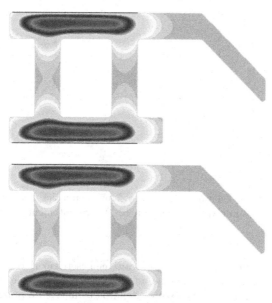

Figura 5.14. Campo di temperatura nella sezione del disco ottenuta con il metodo semi-implicito dopo 1 minuto (in alto) e 2 minuti (in basso). I colori più scuri si associano alle temperature più elevate. Le temperature oscillano fra 22.05 e 141.16 gradi centigradi in alto e 22.07 e 142.15 gradi centigradi in basso

```
      - int1d(Th,20)(cstc*uamb*v)
      + int1d(Th,10)(alphag((i%iT)*dt,T,cstc)*uold*v)
      - int1d(Th,10)(alphag((i%iT)*dt,T,cstc)*uamb*v)
      - int1d(Th,10)(flusso((i%iT)*dt,T)*v)
      - int2d(Th)(rhocp*dtm1*uold*v);
    for (i=1;i<=N;i++)
    {
      Freno;
      uold=u;
    }
```

Il passo temporale $\Delta t = 0.1\ s$ è sufficiente perchè lo schema semi-implicito sia stabile. Non si può dire lo stesso per il metodo di Eulero esplicito, che per questo valore del passo risulta essere instabile (si vedano il Programma 22 e la Figura 5.15).

Questi risultati confermano l'idea che il metodo semi-implicito possa essere considerato una buona soluzione di compromesso fra le esigenze di accuratezza e quelle di contenimento dei costi computazionali.   ◇

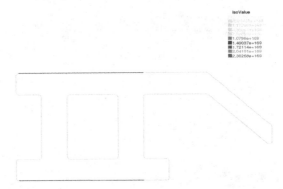

Figura 5.15. Metodo di Eulero esplicito per il problema del disco freno: la soluzione numerica è instabile (assume valori attorno a 10^{169}, evidentemente senza senso)

Osservazione 5.4 I dati sul disco freno forniti nell'esercizio ri riferiscono ad una situazione idealizzata, che non corrisponde ad alcun disco freno reale. In realtà anche il calore specifico nella ghisa non può essere ritenuto costante ed è funzione della temperatura u. Nella pratica, la definizione di geometrie e materiali che consentano un buon raffreddamento del disco è un passo importante nella progettazione del freno (considerati anche vincoli di tipo estetico imposti dai progettisti di automobili). A causa dello stress termo-meccanico (qui non abbiamo considerato ad esempio i problemi di usura), i dischi si possono fratturare ed essere cos'ıcompromessi. L'uso di strumenti di simulazione numerica può aiutare notevolmente la progettazione, fornendo indicazioni per un dimensionamento di massima dello spessore del disco e la specifica della sua geometria ottimale.

5.2 Discretizzazione in tempo mediante elementi finiti

La discretizzazione in tempo può evidentemente essere effettuata anch'essa con un approccio di tipo Galerkin, a elementi finiti in particolare. In questo caso, la variabile temporale viene trattata con lo stesso approccio di discretizzazione di quelle spaziali. Per un problema di dimensione spaziale d, si imposterà un calcolo con elementi finiti in dimensione $d+1$. Va osservato, però, che rispetto alla variabile temporale si deve risolvere un problema ai valori iniziali. Peraltro, nell'equazione del calore (che verrà trattata negli Esercizi che seguono), il problema differenziale in spazio è di ordine due, mentre è di ordine uno in tempo. La differente natura del problema (rispetto al tempo o rispetto allo spazio), nonché la necessità di contenere i costi computazionali suggeriscono comunque un trattamento diversificato nell'approssimazione delle dipendenze in spazio e in tempo, anche se usando elementi finiti per entrambe. Per maggiori dettagli rinviamo a [QV94], Cap. 11, [QSS00b], Cap. 13, [Joh87], Cap. 6.

Esercizio 5.2.1 Si consideri il problema: trovare u tale che:

$$\begin{cases} \dfrac{\partial u}{\partial t} - \mu \dfrac{\partial^2 u}{\partial x^2} + \beta \dfrac{\partial u}{\partial x} + \sigma u = f & 0 < x < 1, \quad 0 < t < T, \\[2mm] u(0,t) = u(1,t) = 0, & 0 \le t \le T, \\[2mm] u(x,0) = u_0(x), & 0 < x < 1. \end{cases}$$

Si supponga che μ e σ siano due costanti reali positive, $\beta \in \mathbb{R}$, $f \in L^2(0,T; L^2(0,1))$ e $u_0 \in L^2(0,1)$.

Dopo avere scritto il problema in forma debole, se ne analizzi la buona posizione, fornendo una stima a priori per la soluzione. Si effettui una discretizzazione del problema con elementi finiti sia per la variabile spaziale che per quella temporale. Infine, si fornisca una stima di stabilità per la soluzione discreta nel caso $f = 0$.

Soluzione 5.2.1

Analisi matematica del problema

Per scrivere il problema in forma debole, procediamo come d'abitudine moltiplicando l'equazione differenziale per una funzione $v \in H_0^1(0,1)$. Con i passaggi usuali, si ottiene il problema: per ogni $t > 0$, trovare $u \in H_0^1(0,1)$ tale che per ogni $v \in H_0^1(0,1)$

$$\int_0^1 \frac{\partial u}{\partial t} v \, dx + a(u,v) = \int_0^1 f v \, dx, \tag{5.53}$$

dove $(\cdot, \cdot)$ denota il prodotto scalare standard in $L^2(0,1)$ e la forma bilineare

$$a(u,v) \equiv \mu \int_0^1 \frac{\partial u}{\partial x} \frac{\partial v}{\partial x} dx + \beta \int_0^1 \frac{\partial u}{\partial x} v \, dx + \sigma \int_0^1 u v \, dx$$

è continua e coerciva. La coercività, in particolare, segue dall'osservazione che

$$\beta \int_0^1 \frac{\partial u}{\partial x} u \, dx = \beta \frac{1}{2} \int_0^1 \frac{\partial u^2}{\partial x} dx = 0$$

grazie alle condizioni al bordo imposte su u. Pertanto

$$a(u,u) \ge \min(\mu,\sigma) \left(\left\| \frac{\partial u}{\partial x} \right\|_{L^2(\Omega)}^2 + \|u\|_{L^2(\Omega)}^2 \right) = \min(\mu,\sigma)\|u\|_{H_0^1(0,1)}^2,$$

con $\min(\mu,\sigma) > 0$ per le ipotesi assunte sui dati . È possibile verificare che le ipotesi fatte sul termine forzante e sul dato iniziale sono sufficienti a garantire che ogni termine della (5.53) sia ben definito. La buona posizione segue dunque usando gli argomenti visti negli esercizi precedenti. Una stima a priori di stabilità per la soluzione si ottiene scegliendo in (5.53) $v = u(t)$ e integrando in tempo. Si ottiene infatti

$$\int_0^T \frac{\partial}{\partial t} ||u||_{L^2(\Omega)}^2 dt + 2\min(\mu,\sigma) \int_0^T ||u||_{H^1(0,1)}^2 dt \le 2 \int_0^T \int_0^1 fu dx dt.$$

Usando la disuguaglianza di Young per il termine di destra, abbiamo

$$\left| 2 \int_0^T \int_0^1 fu dx dt \right| \le \frac{1}{\epsilon} \int_0^T ||f||_{L^2(0,1)}^2 dt + \epsilon \int_0^T ||u||_{L^2(0,1)}^2 dt,$$

per ogni $\epsilon > 0$. Scelto $\epsilon = \min(\mu,\sigma)/2$, si ottiene

$$||u||_{L^2(0,1)}^2(T) + \min(\mu,\sigma) \int_0^T ||u||_{H^1(0,1)}^2 dt \le$$

$$||u_0||_{L^2(0,1)}^2 + \frac{2}{\min(\mu,\sigma)} \int_0^T ||f||_{L^2(0,1)}^2 dt.$$

Come conseguenza, $u \in L^\infty(0,T;L^2(0,1)) \cap L^2(0,T;H_0^1(0,1))$.

Vi è un modo alternativo di scrivere la forma debole del problema. Dato che $a(\frac{\partial}{\partial t}u,v) = \frac{d}{dt}a(u,v)$ il problema (5.53) può essere visto come un problema differenziale del prim'ordine in tempo. Se $\psi : (0,T) \to \mathbb{R}$ è una funzione test possiamo allora formulare la seguente forma debole spazio temporale: trovare u tale che

$$\int_0^T \frac{d}{dt} \int_0^1 u(t)v dx \psi(t) dt + \int_0^T a(u,v)\psi(t) dt = \int_0^T \int_0^1 fv dx \psi(t) dt, \qquad (5.54)$$

con $u = u_0$ per $t = 0$. La relazione deve valere per ogni $v \in H_0^1(0,1)$ e per ogni ψ a supporto contenuto in $(0,T)$ e sufficientemente regolare. Questa formulazione è di fatto alla base degli elementi finiti spazio-temporali.

Approssimazione numerica

Procediamo ora con la discretizzazione in spazio e tempo mediante elementi finiti spazio-temporali. L'approccio di tipo Galerkin verrà utilizzato sia per la variabile spaziale che per quella temporale. A questo scopo, introduciamo una partizione dell'intervallo temporale $(0,T)$ in sotto-intervalli che, per semplicità, assumiamo tutti di ampiezza Δt. Sempre per semplicità, assumiamo per il momento che la griglia spaziale sia pure di passo h costante e invariante nel tempo. Il dominio spazio-temporale del problema può essere visto come in Figura 5.16. Di fatto, trattiamo un problema in due dimensioni con una reticolazione a quadrilateri. In virtù della diversa natura del problema rispetto alla variabile spaziale e a quella temporale, è ragionevole assumere di lavorare con funzioni discontinue fra un intervallo di tempo e l'altro, in modo da poter risolvere in sequenza sistemi lineari "locali", ossia relativi a ciascun intervallo temporale. Questo approccio, peraltro, consente anche l'adozione di griglie spaziali diverse su ogni intervallo (si veda la Figura 5.17).

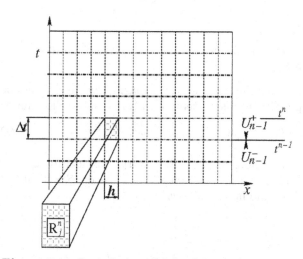

Figura 5.16. Reticolazione del dominio spazio-temporale

D'ora in avanti, indicheremo con I_n l'intervallo (t^{n-1}, t^n). La "striscia" spazio-temporale rappresentata da

$$S_n = [0,1] \times \overline{I}_n,$$

viene indicata usualmente con il termine di *space-time slab*. In ogni *slab* S_n, la reticolazione spaziale induce una suddivisione in rettangoli R_{jn} (vedi Figura 5.16). Indichiamo con W_{rn}^k lo spazio delle funzioni definite in $(0,1) \times I_n$, polinomi di grado k rispetto al tempo e polinomi a tratti di grado r rispetto allo spazio, nel senso che su ogni rettangolo R_{jn} la generica funzione di W_{rn}^k è un polinomio di grado k in tempo e r in spazio. Pertanto

$$W_{rn}^k \equiv \left\{ w : (0,1) \times I_n \to \mathbb{R} \mid w(x,t) = \sum_{i=0}^{k} \psi_i(t) v_{ih}(x), x \in (0,1), t \in (0,T) \right\},$$

dove:

1. $\psi_i(t)$ sono le funzioni di base di $\mathbb{P}^k(I_n)$. Una possibile scelta (non lagrangiana) è

$$\psi_j(t) = t^j, \quad j = 0, \dots, k.$$

Un'altra possibilità è quella di introdurre dei punti (o istanti) intermedi lungo l'asse temporale per costruire funzioni di base di tipo lagrangiano;

2. $v_{ih}(x)$ è una funzione polinomiale a tratti, di grado r su ogni intervallo della reticolazione e nulla agli estremi dell'intervallo spaziale $(0,1)$. Pertanto, può essere rappresentata come

$$v_{ih}(x) = \sum_{j=1}^{N_h-1} V_{ij}\varphi_j(x),$$

essendo N_h il numero di intervalli in cui è suddiviso il dominio spaziale $(0,1)$ nella striscia S_n.

A questo punto, possiamo introdurre lo spazio delle funzioni polinomiali a tratti in spazio e tempo, discontinue in tempo, su tutto l'intervallo temporale $(0,T)$:

$$W_r^k \equiv \left\{ w : (0,T) \times (0,1) \to \mathbb{R} \mid w|_{I_n} \in W_{rn}^k, n = 1, \dots, N \right\}.$$

In quanto segue, una funzione $w \in W_{rn}^k$ verrà considerata appartenente a W_r^k mediante estensione nulla su tutti gli slab diversi da S_n. In altri termini, data $w \in W_{rn}^k$, considereremo la funzione $w_{ext} \in W_r^k$

$$w_{ext} = \begin{cases} w \text{ per } t \in I_n, \\ 0 \text{ per } t \notin I_n. \end{cases}$$

Con un leggero abuso di notazione, indicheremo w_{ext} ancora con w.

A questo punto, per ottenere la forma debole discreta sia in spazio che in tempo, moltiplichiamo l'equazione differenziale per una qualsiasi funzione v di W_r^k ed integriamo sia rispetto alla x che alla t, ottenendo

$$\int_0^T \left(\int_0^1 \frac{\partial u}{\partial t} v \, dx + a(u,v) \right) dt = \int_0^T \int_0^1 f v \, dx \, dt, \tag{5.55}$$

per ogni $v \in W_r^k$. Si noti che v è ora anche funzione di t.

Va osservato però che la scrittura in (5.55) è solo formale. Infatti il termine $\int_0^T \int_0^1 \frac{\partial u}{\partial t} v \, dx \, dt$ non è matematicamente ben definito, essendo u e v sono discontinue fra uno *slab* e l'altro. Inoltre, questa formulazione tratta allo stesso modo la variabile spaziale e quella temporale. Tuttavia, rispetto a quest'ultima stiamo risolvendo un problema caratterizzato da un valore "iniziale", e con una "direzione"

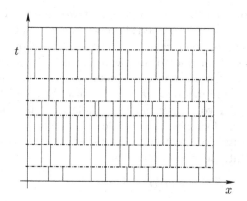

Figura 5.17. Reticolazione del dominio spazio-temporale con griglie spaziali diverse su ogni slab

precisa, quella data della freccia del tempo. Questa natura specifica del problema può essere sfruttata per ridurre il problema (5.55) ad una successione di problemi sui singoli *slab* S_n. L'aver scelto funzioni di base discontinue in tempo, infatti, consente anche la scelta di funzioni alternativamente nulle in tutti gli *slab* tranne uno, anche se fa aumentare il numero di gradi di libertà, come vedremo nel seguito.

Se ci limitassimo a ridurre gli integrali in tempo nella (5.55) a integrali su I_n, per $n = 1, 2, \ldots, N$, otterremmo una serie di problemi "disaccoppiati" ed indipendenti fra loro. Infatti, a parte il primo slab dove possiamo pensare di imporre il dato iniziale negli altri slab i problemi sarebbero indipendenti dal dato iniziale! Occorre dunque una formulazione che garantisca la "trasmissione" del dato iniziale da uno *slab* all'altro. Un'idea potrebbe essere quella di *penalizzare* la mancanza di continuità in tempo della soluzione numerica. In altri termini, si tratta di aggiungere al problema scritto sul singolo *slab* un termine opportuno proporzionale al salto della soluzione alla interfaccia tra gli slab. Tale termine è dunque nullo in caso di soluzione numerica continua in tempo. Precisamente, poniamo

$$[u_l] \equiv u_l^+ - u_l^-, \quad \text{con } u_l^\pm = \lim_{s \to \pm 0} u(t^l \pm s), \quad \forall l = 1, 2, \ldots$$

Inoltre, sia $[u_0] \equiv u_0^+ - u_0$, dove u_0 è il dato iniziale. Si può dunque scrivere una formulazione del tipo

$$\int_{I_n} \left(\int_0^1 \frac{\partial u}{\partial t} v \, dx + a(u, v) \right) dt + \boxed{\sigma \int_0^1 [u_{n-1}] v_{n-1}^+ \, dx} = \int_{I_n} \int_0^1 f v \, dx \, dt, \quad (5.56)$$

per ogni $v \in W_{rn}^k$, con σ coefficiente opportuno. Il termine nel rettangolo può essere interpretato come un termine che forzi (in modo "debole") la soluzione numerica a essere continua in tempo, penalizzando le discontinuità. Con questa formulazione abbiamo effettivamente introdotto un meccanismo di trasmissione dell'informazione da uno *slab* all'altro, mediante la penalizzazione. D'altra parte, si deve qui fornire un coefficiente σ in modo alquanto arbitrario. Vediamo come si possa determinare un valore ragionevole per σ partendo dalla formulazione (5.55) . Per farlo, seguiamo un approccio formale. In generale $v \in W_{rn}^k$ non ha derivata (in senso classico) in tempo, essendo discontinua. Ad esempio, se v è la funzione che vale α sullo *slab* I_n e zero altrove, si può scrivere

$$v(t) = \alpha \left(H(t - t_{n-1}) - H(t - t_n) \right),$$

ove $H(t - \bar{t})$ è la funzione di Heaviside, che vale 0 per $t < \bar{t}$ e 1 per $t \geq \bar{t}$. Poniamo $\chi_n \equiv H(t - t_{n-1}) - H(t - t_n)$. Questa funzione è nota anche come *funzione caratteristica* dell'intervallo (t_{n-1}, t_n) . In termini distribuzionali, la sua derivata sarà data da

$$\frac{dv}{dt} = \alpha\delta(t_{n-1}) - \alpha\delta(t_n),$$

dove $\delta(\bar{t})$ rappresenta la distribuzione delta di Dirac, centrata in $\bar{t}$, quindi

$$\int_0^T \frac{dv}{dt}\psi = \alpha\psi(t_{n-1}) - \alpha\psi(t_n)$$

per ogni $\psi \in H^1(0,T)$[14].

Se $v(t)$ fosse lineare in I_n (e nulla negli altri *slab*) potremmo scrivere

$$v(t) = (\alpha + \gamma(t - T_{n-1}))\chi_n,$$

per $\alpha, \gamma \in \mathbb{R}$. In particolare, $v_{n-1}^+ = \alpha$ e $v_n^- = \alpha + \Delta t\gamma$. La derivata in tempo sarebbe dunque

$$\frac{dv}{dt} = \alpha\delta(t_{n-1}) - (\alpha + \Delta t\gamma)\delta(t_n) + \gamma\chi_n.$$

In generale, avremo che

$$\frac{\partial v}{\partial t} = v_{n-1}^+ \delta(t_{n-1}) - v_n^- \delta(t_n) + \dot{v}\chi_{I_n}$$

dove $\dot{v}$ è la derivata della funzione v all'interno dello *slab* (in cui è supposta essere infinitamente regolare).

---

[14] L'integrale $\int_0^T \frac{dv}{dt}, \psi$ è da intendersi in senso generalizzato. Più precisamente si dovrebbe scrivere $< \frac{dv}{dt}, \psi >$, evidenziando dv/dt come membro di $H^{-1}(0,1)$, spazio duale di $H_0^1(0,T)$.

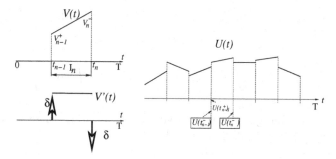

Figura 5.18. Esempio di funzione lineare sul generico *slab* I_n (a sinistra in alto) e della sua derivata (a sinistra in basso) e funzione lineare a pezzi discontinua su tutto il dominio temporale (a destra)

Consideriamo ora il primo addendo nella (5.55), invertendo l'ordine di integrazione fra spazio e tempo. Integrando per parti rispetto alla variabile temporale, si ottiene formalmente,

$$\int_0^1 \int_0^T \frac{\partial u}{\partial t} v \, dt \, dx = \int_0^1 [uv]_0^T \, dx - \int_0^1 \int_0^T u \frac{\partial v}{\partial t} \, dt \, dx. \tag{5.57}$$

Diciamo "formalmente" perché in realtà l'integrale a secondo membro non è ben definito: infatti, come detto, la derivata di v contiene dei delta di Dirac che vengono qui applicati ad una funzione u che, in generale, non è continua attraverso gli *slab*. Pertanto, dal punto di vista matematico l'ultimo addendo non è ben definito. Ne introduciamo allora una definizione in qualche modo arbitraria, ma che tiene conto della nostra conoscenza del problema. Con la notazione introdotta, poniamo

$$-\int_0^T u \frac{\partial v}{\partial t} \, dt \, dx \equiv -v_{n-1}^+ u_{n-1}^- + v_n^- u_n^- - \int_{t_{n-1}}^{t_n} u \dot{v} \, dt \, dx.$$

In sostanza, assumiamo che le delta di Dirac applicate a u ne restituiscano il valore nella direzione contraria alla freccia del tempo. La logica dietro a questa definizione è la stessa che sta dietro alla correzione *upwind* di una derivata centrata: *si assume che l'informazione significativa sia quella ottenuta procedendo nella direzione dalla quale essa proviene*. Usando tale risultato nella (5.57) otteniamo

$$\int_0^1 \int_0^T \frac{\partial u}{\partial t} v \, dt \, dx =$$

$$\int_0^1 \left([uv]_0^T - v_{n-1}^+ u_{n-1}^- + v_n^- u_n^- - \int_{t_{n-1}}^{t_n} u \dot{v} \, dt \right) dx. \tag{5.58}$$

Supponiamo dapprima che S_n non sia né il primo né l'ultimo *slab*. In tal caso, $v(0) = v(T) = 0$, da cui

$$\int_0^1 \int_0^T \frac{\partial u}{\partial t} v \, dt dx = \int_0^1 \left(-v_{n-1}^+ u_{n-1}^- + v_n^- u_n^- - \int_{t_{n-1}}^{t_n} u \dot{v} dt \right) dx.$$

Possiamo ora contro-integrare per parti sullo *slab* S_n, dove tutte le funzioni in gioco sono infinitamente regolari, ottenendo

$$\int_0^1 \int_0^T \frac{\partial u}{\partial t} v \, dt dx = \int_0^1 \left(-v_{n-1}^+ u_{n-1}^- + v_n^- u_n^- - \right.$$
$$v_n^- u_n^- + v_{n-1}^+ u_{n-1}^+ \big) dx = \int_0^1 \left(v_{n-1}^+ \left[u_{n-1}^+ \right] + \int_{t_{n-1}}^{t_n} \frac{\partial u}{\partial t} v dt \right) dx. \tag{5.59}$$

Scambiando di nuovo le integrazioni in spazio e in tempo si perviene alla seguente forma debole: trovare $u \in W_r^k$ tale che

$$\int_{I_n} \left(\int_0^1 \frac{\partial u}{\partial t} v dx + a(u,v) \right) dt + \int_0^1 [u_{n-1}] v_{n-1}^+ dx = \int_{I_n} \int_0^1 f v dx dt, \tag{5.60}$$

per ogni $v \in W_r^k$, esclusi primo e ultimo slab.

Sul primo *slab*, evidentemente la derivata in tempo di v nell'origine non dà contributo impulsivo (ossia in termini di delta di Dirac) poiché l'estremo dello *slab* e quello del dominio computazionale in tempo coincidono. Però, in questo caso, $v(0)$ non è nullo in generale e si ottiene

$$\int_0^1 \int_0^T \frac{\partial u}{\partial t} v \, dt dx = \int_0^1 \left(-u_0^- v_0^+ \right) dx + \int_0^1 \left(v_1^- u_1^- - \int_{t_0}^{t_1} u \dot{v} dt \right) dx,$$

dove, per uniformità di notazione, abbiamo indicato con u_0^- il valore del *dato iniziale assegnato*. In sostanza, nel primo *slab* l'informazione *upwind* è fornita dal dato iniziale.

Analogamente, nell'ultimo *slab* non c'è un contributo impulsivo dalla derivata in tempo di v all'istante finale e tuttavia $v_N^- \neq 0$ in generale, di modo che si ottiene

$$\int_0^1 \int_0^T \frac{\partial u}{\partial t} v \, dt dx = \int_0^1 u_N^- v_N^- dx + \int_0^1 \left(-v_{N-1}^+ u_{N-1}^- - \int_{t_{N-1}}^T u \dot{v} dt \right) dx.$$

Ne concludiamo che la (5.59) e, di conseguenza, la (5.60) valgono anche per $n = 1$ e $n = N$.

La formulazione debole completa su tutto l'intervallo temporale $(0, T)$ si ottiene sommando la (5.60) su ogni slab: trovare $u \in W_r^k$ tale che

$$\sum_{n=1}^{N} \left[\int_{I_n} \left(\int_0^1 \frac{\partial u}{\partial t} v dx + a(u, v) \right) dt + \int_0^1 [u_{n-1}] v_{n-1}^+ dx \right] = \\ \sum_{n=1}^{N} \int_{I_n} \int_0^1 f v dx dt, \tag{5.61}$$

per ogni $v \in W_r^k$. La (5.60) può essere evidentemente recuperata a ritroso da questa equazione, scegliendo funzioni test nulle su tutti gli intervalli tranne I_n, per ogni $n = 1, \ldots, N$. Confrontando questa equazione con la (5.56) è evidente che il termine di penalizzazione compare con coefficiente $\sigma = 1$.

Per ricavare la stima di stabilità richiesta con $f = 0$, poniamo in (5.60) $v = u$. Osservando che

$$\int_0^1 u_{n-1}^+ - u_{n-1}^- u_{n-1}^+ dx = \\ \frac{1}{2} \left(\|u_{n-1}^+\|_{L^2(0,1)}^2 + \|[u_{n-1}]\|_{L^2(0,1)}^2 - \|u_{n-1}^-\|_{L^2(0,1)}^2 \right),$$

si ottiene, grazie alla coercività della forma bilineare $a(\cdot, \cdot)$,

$$\frac{d}{dt} \int_{I_n} \|u\|_{L^2(0,1)}^2 + 2\alpha \int_{I_n} \|u\|_{H^1(0,1)}^2 dt + \|u_{n-1}^+\|_{L^2(0,1)}^2 + \\ \|[u_{n-1}]\|_{L^2(0,1)}^2 \leq \|u_{n-1}^-\|_{L^2(0,1)}^2,$$

da cui segue immediatamente

$$\|u_n^-\|_{L^2(0,1)}^2 + 2\alpha \int_{I_n} \|u\|_{H^1(0,1)}^2 dt + \|[u_{n-1}]\|_{L^2(0,1)}^2 \leq \|u_{n-1}^-\|_{L^2(0,1)}^2.$$

Sommando su tutti gli slab, si ottiene in definitiva:

$$\|u_N^-\|_{L^2(0,1)}^2 + 2\alpha \sum_{n=1}^{N} \int_{I_n} \|u\|_{H^1(0,1)}^2 dt + \sum_{n=1}^{N} \|[u_{n-1}]\|_{L^2(0,1)}^2 \leq \|u_0^+\|_{L^2(0,1)}^2$$

che è la stima di stabilità cercata. $\diamond$

Esercizio 5.2.2 Si consideri il problema: trovare u tale che:

$$\begin{cases} \dfrac{\partial u}{\partial t} - \mu\dfrac{\partial^2 u}{\partial x^2} = f, & (x,t) \in (0,1) \times (0,T), \\ u(0,t) = u(1,t) = 0, 0 < t \le T, & u(x,0) = u_0(x), 0 \le x \le 1. \end{cases}$$

Si supponga che μ sia una costante reale positiva, $f \in L^2(0,T;L^2(0,1))$, e $u_0 \in L^2(0,1)$.
Si effettui una discretizzazione del problema con elementi finiti spazio-temporali. Si assuma inoltre che la griglia spaziale sia costante nel tempo e si usino elementi finiti P^0 nella variabile temporale (funzioni costanti a pezzi in tempo). Si scriva la forma completamente discretizzata del problema, verificando che essa coincide con quella ottenuta mediante il metodo di Eulero implicito, a meno del trattamento numerico del termine forzante f.

Soluzione 5.2.2

Approssimazione numerica

Il problema proposto si riferisce all'equazione del calore, la cui buona posizione è stata già discussa precedentemente. Procediamo alla discretizzazione mediante elementi finiti spazio-temporali. Effettuiamo prima la discretizzazione temporale, introducendo una suddivisione del dominio temporale in intervalli, come descritto nell'esercizio precedente (per semplicità si assume un passo Δt costante). In questo caso, assumiamo che la soluzione in tempo sia costante su ogni slab. La semidiscretizzazione temporale si ottiene introducendo lo spazio S delle funzioni costanti a pezzi rispetto a t e appartenenti a $H_0^1(0,1)$ per la dipendenza spaziale. La "base" per le funzioni costanti a pezzi in tempo è data dalle funzioni

$$\psi_n(t) = \begin{cases} 1 & t \in I_n, \\ 0 & \text{altrove,} \end{cases}$$

ossia le funzioni caratteristiche dell'intervallo I_n. Moltiplicando l'equazione data per queste funzioni, e integrando sull'intervallo $(0,T)$, si ottiene la scrittura formale del problema discretizzato in tempo: trovare $u_{\Delta t} \in S$ tale che

$$\int_0^T \left(\frac{\partial u_{\Delta t}}{\partial t} - \mu\frac{\partial^2 u_{\Delta t}}{\partial x^2} \right) \psi_n dt = \int_0^T f\psi_n dt$$

per ogni $n = 1, \ldots, N$.

Procedendo come indicato nell'esercizio precedente e ricordando che ψ_n vale 1 nello in I_n e zero altrove, si ottiene

$$\int_{I_n} \left(\frac{\partial u_{\Delta t}}{\partial t} - \mu \frac{\partial^2 u_{\Delta t}}{\partial x^2} \right) dt + u_{\Delta t}(t_{n-1})^+ - u_{\Delta t}(t_n)^- = \mathcal{F}^n(f),$$

dove

$$\mathcal{F}^n(f) = \int_0^T f \psi_n dt = \int_{I_n} f dt.$$

Poiché il valore della soluzione in ogni slab è costante, possiamo porre per ogni n

$$u_{\Delta t}(t_{n-1}^+) = u_{\Delta t}(t_n^-) = u_{\Delta t}^n.$$

Inoltre, $\dfrac{\partial u_{\Delta t}}{\partial t} = 0$ sul singolo slab, da cui si ricava la forma discreta in tempo (e continua in spazio)

$$-\Delta t \mu \frac{\partial^2 u_{\Delta t}^n}{\partial x^2} + u_{\Delta t}^n - u_{\Delta t}^{n-1} = \mathcal{F}^n(f).$$

Procediamo alla discretizzazione in spazio nel modo standard, ottenendo il problema completamente discretizzato

$$\left(u_{h,\Delta t}^n, \varphi_j \right) - \left(u_{h,\Delta t}^{n-1}, \varphi_j \right) + \Delta t \mu \left(\frac{\partial u_{h,\Delta t}^n}{\partial x}, \frac{\partial \varphi_j}{\partial x} \right) = (\mathcal{F}^n(f), \varphi_j),$$

per $j = 1, \ldots, N_h$, dove $(\cdot, \cdot)$ denota il prodotto scalare in $L^2(0,1)$ e le φ_j (con $j = 1, 2, \ldots, N_h$) sono le funzioni di base dello spazio finito-dimensionale scelto per la discretizzazione spaziale. Posto $u_{h,\Delta t}^n = \sum_{i=1}^{N_h} u_i^n \varphi_i$, il problema completamente discretizzato diventa

$$\mathrm{M} \mathbf{U}^n + \Delta t \mu \mathrm{K} \mathbf{U}^n = \mathrm{M} \mathbf{U}^{n-1} + \mathbf{F}^n, \qquad (5.62)$$

con M e K rispettivamente matrici di massa e di stiffness e $\mathbf{U}^n$ il vettore contenente i gradi di libertà U_i^n. Il primo membro coincide pertanto con quello che si ottiene usando il metodo di Eulero implicito (con una discretizzazione in spazio ad elementi finiti di grado r). La differenza sta nel secondo termine a secondo membro. Infatti, con questo approccio si ha

$$F_j^n = \int_{I_n} \int_0^1 f \varphi_j dx dt,$$

mentre nel caso del metodo di Eulero implicito si avrebbe al posto di F_j^n,

$$F_{DFj}^n = \Delta t \int_0^1 f(t^n) \varphi_j dx,$$

che può essere interpretato come il calcolo approssimato di F_j^n nel quale l'integrale è stato eseguito con una formula del rettangolo. $\Diamond$

Osservazione 5.5 Osserviamo che nel caso in cui si assuma, contrariamente a quanto specificato nel testo, che la griglia spaziale possa variare nel tempo, è necessario introdurre un insieme di funzioni di base $\varphi_j^n(x)$ per ogni slab. In tal caso, (5.62) si modifica in

$$M^{n,n} U^n + \Delta t K^{n,n} U^n - M^{n-1,n} U^{n-1},$$

dove

$$m_{ij}^{n,n} = \int_0^1 \varphi_i^n \varphi_j^n \, dx, \quad k_{ij}^{n,n} = \int_0^1 \frac{\partial \varphi_i^n}{\partial x} \frac{\partial \varphi_j^n}{\partial x} \, dx, \quad m_{ij}^{n-1,n} = \int_0^1 \varphi_i^{n-1} \varphi_j^n \, dx.$$

Si osservi che, in questo caso, la matrice $M^{n-1,n}$ è in generale rettangolare, potendosi avere un diverso numero di gradi di libertà nei due *slab*.

Esercizio 5.2.3 Si ripeta l'Esercizio 5.2.2 utilizzando elementi finiti $\mathbb{P}^1$ per quanto riguarda la variabile temporale (approssimazione con funzioni discontinue lineari a pezzi in tempo). Si scriva in particolare la forma completamente discretizzata del problema.

Soluzione 5.2.3

Approssimazione numerica

Procediamo come fatto nell'esercizio precedente: discretizziamo dapprima rispetto alla variabile temporale e poi rispetto a quella spaziale. Introduciamo, al solito, una suddivisione in intervalli di ampiezza costante Δt dell'intervallo temporale di interesse. Sia W lo spazio delle funzioni discontinue in tempo lineari su ogni intervallo: in sostanza

$$W \equiv \left\{ w : w|_{I_n} = a^n(x)t + b^n(x) \quad a^n, b^n \in H_0^1(0,1) \right\},$$

essendo $I_n = (t_{n-1}, t_n)$. Un modo per rappresentare le funzioni di W fa riferimento a una base lagrangiana in tempo. Siano infatti

$$\psi_0^n(t) = \begin{cases} \dfrac{t^n - t}{\Delta t} & t \in I_n, \\[2mm] 0 & \text{altrove,} \end{cases} \quad e \quad \psi_1^n(t) = \begin{cases} \dfrac{t - t^{n-1}}{\Delta t} & t \in I_n, \\[2mm] 0 & \text{altrove.} \end{cases}$$

Possiamo scrivere

$$W \equiv \left\{ w : w|_{I_n} = W_{n-1}^+ \psi_0^n + W_n^- \psi_1^n, \ W_{n-1}^+, W_n^- \in H_0^1(0,1) \right\}.$$

Moltiplichiamo l'equazione data alternativamente per ψ_0^n e ψ_1^n e integriamo su $(0,T)$. L'integrale si riduce evidentemente a un integrale sul solo intervallo I_n

(tenendo conto delle discontinuità), nel modo illustrato nell'esercizio precedente. Si perviene al sistema 2×2 di equazioni differenziali in x

$$
\begin{cases}
\beta_{0,0}^n u_{n-1}^+(x) - \sigma_{0,0}^n \mu \dfrac{\partial^2 u_{n-1}^+}{\partial x^2} + \beta_{1,0}^n u_n^-(x) + \\[2mm]
\qquad -\sigma_{1,0}^n \mu \dfrac{\partial^2 u_n^-}{\partial x^2} + \psi_0^n(t^{n-1})\left(u_{n-1}^+(x) - u_{n-1}^-(x)\right) = \mathcal{F}_0^n, \\[4mm]
\beta_{0,1}^n u_{n-1}^+(x) - \sigma_{0,1}^n \mu \dfrac{\partial^2 u_{n-1}^+}{\partial x^2} + \beta_{1,1}^n u_n^-(x) + \\[2mm]
\qquad -\sigma_{1,1}^n \mu \dfrac{\partial^2 u_n^-}{\partial x^2} + \psi_1^n(t^{n-1})\left(u_{n-1}^+(x) - u_{n-1}^-(x)\right) = \mathcal{F}_1^n,
\end{cases}
\tag{5.63}
$$

dove, per $i, j = 0, 1$,

$$
\beta_{i,j}^n = \int_{I_n} \frac{d\psi_i^n}{dt} \psi_j^n \, dt, \quad \sigma_{i,j}^n = \int_{I_n} \psi_i^n \psi_j^n \, dt \quad \text{e } \mathcal{F}_i^n = \int_{I_n} f \psi_i^n \, dt.
$$

Svolgendo i calcoli si trova che

$$
\beta^n = \begin{bmatrix} -\dfrac{1}{2} & -\dfrac{1}{2} \\[3mm] \dfrac{1}{2} & \dfrac{1}{2} \end{bmatrix} \quad \text{e} \quad \sigma^n = \begin{bmatrix} \dfrac{1}{3} & \dfrac{1}{6} \\[3mm] \dfrac{1}{6} & \dfrac{1}{3} \end{bmatrix} \Delta t.
$$

Tenuto conto del fatto che $\psi_0^n(t^{n-1}) = 1$ e $\psi_1^n(t^{n-1}) = 0$ il sistema (5.63) diventa pertanto

$$
\begin{cases}
\left(\dfrac{1}{2} - \dfrac{\mu \Delta t}{3} \dfrac{\partial^2}{\partial x^2}\right) u_{n-1}^+ + \left(\dfrac{1}{2} - \dfrac{\mu \Delta t}{6} \dfrac{\partial^2}{\partial x^2}\right) u_n^- = u_{n-1}^- + \displaystyle\int_{I_n} f \psi_0^n \, dt, \\[4mm]
\left(-\dfrac{1}{2} + \dfrac{\mu \Delta t}{6} \dfrac{\partial^2}{\partial x^2}\right) u_{n-1}^+ + \left(\dfrac{1}{2} - \dfrac{\mu \Delta t}{3} \dfrac{\partial^2}{\partial x^2}\right) u_n^- = \displaystyle\int_{I_n} f \psi_1^n \, dt.
\end{cases}
\tag{5.64}
$$

Discretizziamo in spazio questo sistema di equazioni differenziali nella sola x, introducendo uno spazio finito-dimensionale $v_h \subset H_0^1(0,1)$ e indicando con φ_i ($i = 1, \ldots, N_h$) una sua base. Posto

$$
u_{n-1}^+(x) = \sum_{j=1}^{N_h} u_j^{n-1,+} \varphi_j(x), \quad u_{n-1}^-(x) = \sum_{j=1}^{N_h} u_j^{n-1,-} \varphi_j(x),
$$

$$
e u_n^-(x) = \sum_{j=1}^{N_h} u_j^{n,-} \varphi_j(x),
\tag{5.65}
$$

moltiplichiamo le equazioni di (5.64) per φ_i, integriamo sul dominio spaziale $(0,1)$ e eseguiamo le consuete integrazioni per parti per "scaricare" la derivata seconda. Si ottiene il sistema algebrico

$$
\begin{cases}
\left(\dfrac{M}{2} + \dfrac{\mu \Delta t}{3}K\right) U_{n-1}^{+} + \left(\dfrac{M}{2} + \dfrac{\mu \Delta t}{6}K\right) U_n^{-} = MU_{n-1}^{-} \\[2mm]
\quad + \displaystyle\int_0^1 \int_{I_n} f\psi_0^n \varphi_i \, dt dx, \\[4mm]
\left(-\dfrac{M}{2} + \dfrac{\mu \Delta t}{6}K\right) U_{n-1}^{+} + \left(\dfrac{M}{2} + \dfrac{\mu \Delta t}{3}K\right) U_n^{-} = \displaystyle\int_0^1 \int_{I_n} f\psi_1^n \varphi_i \, dt dx,
\end{cases}
\tag{5.66}
$$

dove M e K sono rispettivamente la matrice di massa e la matrice di stiffness, definite nella maniera consueta e i vettori $U_n^{\pm}$ contengono valori nodali della soluzione numerica negli istanti t^n, rispettivamente da sinistra e da destra, $U_{n,i}^{\pm} = \lim_{s\to 0^{pm}} u_h(xi, t^n + s)$.

Questo sistema rappresenta la discretizzazione dell'equazione del calore con elementi finiti in spazio e discontinui in tempo di grado 1. La discontinuità in tempo tra ogni slab temporale permette di risolvere in sequenza (partendo dal primo slab, nel quale è noto il dato iniziale). Lasciamo come verifica al lettore osservare che se si imponesse l'uso di elementi finiti lineari continui in tempo si dovrebbe invece risolvere la soluzione sull'intero intervallo temporale, con un unico sistema. Questo (soprattutto in 2 e 3 dimensioni spaziali) comporterebbe un notevole onere computazionale.   ◊

Osservazione 5.6 Anche in questo caso, facciamo notare che se la griglia computazionale in spazio cambiasse da uno *slab* all'altro, il primo addendo a secondo membro nella prima equazione di (5.66) si modifica in $M^{n-1,n}U_n^{-}$, dove $M^{n-1,n} = \int_0^1 \varphi_j^{n-1}\varphi_i^n dx$ ed avendo indicato con φ_j^{n-1} le funzioni di base relative allo slab $[t^{n-2}, t^{n-1}]$.

Osservazione 5.7 In termini di accuratezza si può dimostrare (si veda [Joh87]) che valgono le seguenti stime, avendo posto $W = L^{\infty}(0, T, L^2(\Omega))$ ed indicato con u la soluzione esatta e $u_{\Delta t, h}$ la soluzione numerica:

1. per *elementi finiti costanti in tempo*

$$
\max_{0 \le t \le T} ||u - u_{\Delta t, h}||_{L^2(\Omega)} \le C \left(\Delta t || \frac{\partial u}{\partial t}||_W + h^2 || \frac{\partial u}{\partial t}||_W\right);
$$

2. per *elementi finiti lineari in tempo*

$$
\max_{0 \le t \le T} ||u - u_{\Delta t, h}||_{L^2(\Omega)} \le C \left(\Delta t^2 || \frac{\partial u}{\partial t}||_W + h^2 || \frac{\partial u}{\partial t}||_W\right).
$$

In entrambe le stime riportate, C è una costante indipendente dai parametri di discretizzazione.

Equazioni di tipo iperbolico

In questo capitolo ci occupiamo di problemi descritti da *leggi di conservazione*, ossia problemi evolutivi di tipo iperbolico che descrivono fenomeni di puro trasporto e di trasporto-reazione. La nostra attenzione verte essenzialmente su problemi lineari in una dimensione spaziale. Lo studio di problemi non lineari di questo tipo è di grandissimo interesse in vari contesti, ma è caratterizzato da aspetti molto specifici che per ragioni di spazio non possiamo trattare qui. Un ottimo testo introduttivo sull'argomento è il libro di R. LeVeque [LeV90], che, peraltro può essere corredato dalla libreria `ClawPack`, dello stesso autore (si veda [LeV02]).

Nello studio numerico di questi problemi, il metodo delle differenze finite è tuttora molto in uso. Per questo motivo, molti degli esercizi proposti si riferiscono a discretizzazioni in spazio con i metodi visti nel Capitolo 4. Il codice `fem1d`, benché strutturalmente basato sul metodo degli elementi finiti, potrà essere usato anche in questi esercizi, grazie all'attivazione di opzioni opportune.

Il capitolo è strutturato in due paragrafi: equazioni scalari e sistemi. Il caso di sistemi è molto interessante dal punto di vista delle applicazioni, come si vedrà nell'ultimo esercizio. Nell'ambito dei sistemi iperbolici, peraltro, si può inquadrare la ben nota *equazione delle onde* o *equazione di D'Alembert* (si veda [Qua03], Paragrafo 7.2.1).

6.1 Problemi scalari di trasporto e reazione

Nella prima parte di questo capitolo considereremo in generale un problema lineare di trasporto e reazione. Considereremo precisamente due casi: il primo nel quale il problema è definito su tutto $\mathbb{R}$, il secondo su un intervallo limitato. Il primo è formulato pertanto nel modo seguente: trovare $u(x, t)$ tale che

$$\begin{cases} \dfrac{\partial u}{\partial t} + a \dfrac{\partial u}{\partial x} + a_0 u = 0, & t > 0, \ x \in \mathbb{R}, \\ u(x, 0) = u^0(x), & x \in \mathbb{R}, \end{cases} \tag{6.1}$$

dove $a, a_0 \in R$, $u^0 : \mathbb{R} \to \mathbb{R}$ è una funzione assegnata, regolare quanto basta. Il secondo problema è invece: trovare $u(x,t)$ tale che

$$\begin{cases} \dfrac{\partial u}{\partial t} + a \dfrac{\partial u}{\partial x} + a_0 u = f, & t > 0, \ x \in (\alpha, \beta), \\ u(x,0) = u^0(x), & x \in (\alpha, \beta), \\ u(\alpha, t) = \varphi(t), & t > 0. \end{cases} \qquad (6.2)$$

Per semplicità si è assunto qui $a > 0$, in modo che il punto $x = \alpha$ sia di *inflow*. Come noto (si veda ad esempio [Qua03], Capitolo 7), la condizione al bordo (che nel nostro caso è di Dirichlet mediante la funzione φ) va assegnata solo all'inflow. Assumeremo inoltre che $a_0 \geq 0$.

Il problema su tutto $\mathbb{R}$ ha un interesse limitato dal punto di vista applicativo. Tuttavia ha il vantaggio di permettere l'analisi di stabilità degli schemi numerici per equazioni di tipo iperbolico usando la cosiddetta *analisi di Von Neumann*. Useremo quindi il problema (6.1) per lo studio della stabilità di alcuni schemi numerici per equazioni iperboliche. I risultati di stabilità trovati con tale analisi forniscono indicazioni utili anche nel caso di problemi su intervallo limitato.

L'analisi di Von Neumann considera una decomposizione della soluzione in serie di Fourier, supponendo che essa sia periodica di periodo 2π. In realtà questa scelta particolare del periodo non influenza la generalità del risultato di stabilità, in quanto quest'ultimo ne risulterà indipendente.

Se consideriamo l'espansione del dato iniziale

$$u^0(x) = \sum_{k=-\infty}^{\infty} \alpha_k e^{ikx},$$

essendo i l'unità immaginaria e $\alpha_k \in \mathbb{C}$ il k−esimo coefficiente di Fourier[1], si può mostrare [Qua03] che l'approssimazione numerica fornita da una schema alle differenze finite per il problema (6.1) soddisfa

$$u_j^n(x) = \sum_{k=-\infty}^{\infty} \gamma_k^n \alpha_k e^{ikx_j}, \quad j = 0, \pm 1, \pm 2, \dots, \quad n = 1, 2, \dots,$$

dove γ_k è il cosidetto *coefficiente d'amplificazione* della k-esima armonica ed è caratteristico dello schema in esame. Esso dipende in generale dal tipo di discretizzazione in spazio, dal passo della griglia h e dal passo temporale Δt. Se la griglia per il problema (6.1) ha $N + 1$ nodi (equispaziati) per periodo (con N pari) si ha che, per ogni intervallo di lunghezza 2π,

$$\|\mathbf{u}^n\|_{\triangle,2}^2 = 2\pi \sum_{k=-\frac{N}{2}}^{\frac{N}{2}-1} |\alpha_k|^2 |\gamma_k|^2, \qquad (6.3)$$

---

[1] Chiaramente si considera solo la parte reale della serie.

dove, per ogni $n \geq 0$, $\mathbf{u}^n$ è la soluzione numerica al tempo t^n e la norma discreta $\| \cdot \|_{\triangle,2}$ è definita nella (A.15) dell'Appendice A.

In generale, la soluzione esatta di un problema di puro trasporto (ossia per $a_0 = 0$) si potrà scrivere nella forma

$$u_j^n(x) = \sum_{k=-\infty}^{\infty} g_k^n \alpha_k e^{ikx_j}, \quad j = 0, \pm 1, \pm 2, \ldots, \quad n = 1, 2, \ldots,$$

dove g_k è un coefficiente complesso di modulo unitario. Un modo per evidenziare l'effetto degli errori numerici è dunque quello di confrontare γ_k con g_k. In particolare, definiamo

$$\epsilon_{a,k} \equiv \frac{|\gamma_k|}{|g_k|}, \quad \epsilon_{d,k} \equiv \frac{\triangleleft(\gamma_k)}{\triangleleft(g_k)},$$

il rapporto fra i moduli e le fasi dei due coefficienti. Il primo rapporto peserà gli effetti della discretizzazione sull'ampiezza della $k-$esima armonica e viene detto *errore di dissipazione*, mentre il secondo pesa gli effetti sulla fase della $k-$esima armonica, ossia sulla sua *velocità* di propagazione, e viene detto *errore di dispersione*.

Uno schema si dice *fortemente stabile* in norma $\| \cdot \|_{\triangle,p}$, per un $p \geq 1$ intero, quando, applicato al problema (6.1) o al problema (6.2) con condizione al bordo omogenea, soddisfa per ogni $n \geq 0$,

$$\|\mathbf{u}^{n+1}\|_{\triangle,p} \leq \|\mathbf{u}^n\|_{\triangle,p}. \tag{6.4}$$

In letteratura esiste anche un'altra definizione di stabilità forte, data nella forma

$$\lim_{n\to\infty} \|\mathbf{u}^n\|_{\triangle,p} = 0, \tag{6.5}$$

per ogni $p \geq 1$ intero. Questa definizione ha una certa analogia con la condizione di assoluta stabilità di schemi numerici per equazioni differenziali ordinarie [QSS00b].

La risoluzione numerica dei problemi differenziali qui considerati usando le tecniche presentate in questo capitolo conduce a schemi iterativi che possono essere rappresentati nella forma generale seguente,

$$\mathbf{u}^{n+1} = B\mathbf{u}^n + \mathbf{c}^n, \tag{6.6}$$

dove B è la cosidetta *matrice d'iterazione* mentre il vettore $\mathbf{c}^n$ dipende solo dai dati al bordo e dal termine forzante.

La stabilità forte in una norma $\| \cdot \|_{\triangle,p}$ corrisponde a richiedere che $\|B\|_p \leq 1$, essendo $\|B\|_p$ la norma-p della matrice, per la cui definizione si veda (B.1). Se il raggio spettrale ρ di B soddisfa la condizione $\rho(B) < 1$ esiste un p per cui (6.4) è verificata, ed, in particolare, se B è una matrice normale allora la condizione $\rho(B) \leq 1$ implica la stabilità forte per $p = 2$ [QSS00a]. La condizione $\rho(B) < 1$ è invece sufficiente per avere (6.5).

In generale, le proprietà di stabilità degli schemi numerici dipendono dal valore del numero adimensionale $|a|\Delta t/h$, detto anche *numero CFL* (o semplicemente CFL) dalle iniziali di Courant, Friederichs e Lewy che lo introdussero. Condizione necessaria per la stabilità di uno schema di avanzamento in tempo di tipo esplicito è

$$CFL \leq 1,$$

disuguaglianza nota come *condizione CFL* che, sostanzialmente, impone che la velocità di propagazione "esatta" $|a|$ non sia maggiore della velocità di propagazione della soluzione numerica $h/\Delta t$. Nella Tabella 6.1 riportiamo un quadro riassuntivo delle proprietà di stabilità (6.4) per $p = 2$ dei principali metodi usati nel caso $a_0 = 0$.

Metodo	Differenze Finite	Elementi Finiti
Eulero Implicito/Centrato	Incondiz. Stabile	Incondiz. Stabile
Eulero Esplicito/Centrato	Incondiz. Instab.	Incondiz. Instab.
Upwind	$CFL \leq 1$	$CFL \leq \dfrac{1}{3}$
Lax-Friederichs	$CFL \leq 1$	Incondiz. Instab.
Lax-Wendroff	$CFL \leq 1$	$CFL \leq \dfrac{1}{\sqrt{3}}$

Tabella 6.1. Quadro riassuntivo delle condizioni di stabilità di alcuni metodi di avanzamento in tempo

Ricordiamo che, nel caso $a_0 > 0$, per il metodo di Eulero esplicito, con differenze finite e elementi finiti, si ha una condizione di stabilità in norma $L^2(\mathbb{R})$ del tipo $\Delta t \leq C a_0 h^2$ (si veda [Qua03], Capitoli 7 e 8).

I primi esercizi che seguono hanno essenzialmente lo scopo di far acquistare sensibilità a questo tipo di condizioni di stabilità. Il secondo esercizio ha anche la finalità di introdurre l'uso di `fem1d` su problemi iperbolici.

> **Esercizio 6.1.1** Si verifichi che la condizione $|\gamma_k| \leq 1$ è necessaria e sufficiente per la stabilità forte in norma $\|\cdot\|_{\triangle,2}$ di uno schema numerico per il problema (6.1).

Soluzione 6.1.1 La sufficienza è una conseguenza immediata di (6.3), dato che

$$\|\mathbf{u}^{n+1}\|_{\triangle,2} = |\gamma_k| \|\mathbf{u}^n\|_{\triangle,2}.$$

Per la necessità si deve mostrare che se uno schema numerico soddisfa $\|\mathbf{u}^n\|_{\triangle,2} \leq \|\mathbf{u}^{n-1}\|_{\triangle,2}$ per ogni $n > 0$ e per ogni scelta del dato iniziale, allora il modulo del coefficiente d'amplificazione relativo al k-esimo modo di Fourier soddisfa necessariamente $|\gamma_k| \leq 1$. Dalla (6.3) e dalla ipotesi di stabilità forte dello schema si ha $\|\mathbf{u}^n\|_{\triangle,2} \leq \|\mathbf{u}^{n-1}\|_{\triangle,2}$, quindi

$$\sum_k |\alpha_k|^2 |\gamma_k|^{2n} \leq \sum_k |\alpha_k|^2 |\gamma_k|^{2n-2},$$

da cui

$$0 \geq \sum_k |\alpha_k|^2 (|\gamma_k|^{2n} - |\gamma_k|^{2n-2}) =$$

$$\sum_k |\alpha_k|^2 \left[(|\gamma_k|^n + |\gamma_k|^{n-1})(|\gamma_k|^n - |\gamma_k|^{n-1}) \right].$$

Tale disuguaglianza deve valere per ogni scelta del dato iniziale, e quindi per ogni valore degli α_k. Può allora essere soddisfatta solo se $|\gamma_k|^n \leq |\gamma_k|^{n-1}$ per ogni k e $n > 0$ e quindi solo se $|\gamma_k| \leq 1$. $\diamond$

Esercizio 6.1.2 Si consideri il seguente problema

$$\frac{\partial u}{\partial t} + \frac{\partial u}{\partial x} = 0, \quad -3 < x < 3, \quad 0 < t \leq 1, \qquad (6.7)$$

con la condizione iniziale

$$u^0(x) = \begin{cases} \sin(\nu \pi x) & \text{per} \quad -1 \leq x \leq 1, \\ 0 & \text{altrove,} \end{cases}$$

e la condizione al bordo

$$u(-3, t) = 0.$$

Si fornisca una stima a priori per la soluzione di questo problema. Se ne calcoli la soluzione esatta.
Si risolva numericamente il problema con `fem1d` usando i metodi di Eulero Implicito, Upwind e Lax-Wendroff con $\nu = 1$ e $\nu = 2$, sia con elementi finiti che con differenze finite commentando le soluzioni trovate per diversi valori del numero CFL.

Soluzione 6.1.2

Analisi matematica del problema

Osserviamo innanzitutto che la condizione al bordo è effettivamente assegnata all'inflow $x = -3$. Moltiplicando l'equazione (6.7) per la soluzione u e integrando sul dominio spazio-temporale otteniamo per ogni $\bar{t} > 0$

$$\frac{1}{2} \int_0^{\bar{t}} \int_{-3}^3 \frac{\partial u^2}{\partial t} + \frac{\partial u^2}{\partial x} dx dt = 0.$$

Dalla definizione di norma L^2 rispetto alla x per applicazione del teorema fondamentale del calcolo integrale il primo addendo diventa

$$\frac{1}{2} \left(\|u(\bar{t})\|_{L^2(-3,3)}^2 - \|u(0)\|_{L^2(-3,3)}^2 \right),$$

mentre il secondo dà

$$\frac{1}{2} \left(\int_0^{\bar{t}} u^2|_{x=3} dt - \int_0^1 u^2|_{x=-3} dt \right)$$

Tenendo conto delle condizioni iniziali e di bordo, otteniamo la stima

$$\|u(\bar{t})\|_{L^2(-3,3)}^2 + \int_0^{\bar{t}} u^2|_{x=3} dt = \|u^0\|_{L^2(-3,3)}^2 \qquad (6.8)$$

che limita la soluzione in norma $L^\infty(0,1; L^2(-3,3))$ grazie al fatto che il secondo addendo a sinistra è sicuramente positivo[2] e $\bar{t}$ è arbitrario.

Applicando direttamente una analisi delle rette caratteristiche (si veda [Qua03], Capitolo 7), peraltro, è possibile verificare che la soluzione esatta di questo problema è

$$u(x,t) = \begin{cases} \sin(\nu\pi(x-t)) & \text{per} \quad -1 \le x - t \le 1, \\ 0 & \text{altrove.} \end{cases}$$

Approssimazione numerica

Vediamo come usare `fem1d` per problemi di tipo iperbolico e in particolare per risolvere il problema proposto nell'esercizio. Una volta lanciato `fem1d` si scelga l'opzione `iperbolico`. Come per i problemi ellittici e parabolici, la prima finestra (Figura 6.1 a sinistra) si riferisce alla definizione del problema, che può essere effettuata sia nella forma conservativa (che comporta l'integrazione per parti del termine convettivo) che in quella non conservativa. Avendosi coefficienti costanti

---

[2] Va osservato che questo segno positivo è conseguenza del fatto che abbiamo assegnato la condizione al bordo in inflow e non nel punto di outflow.

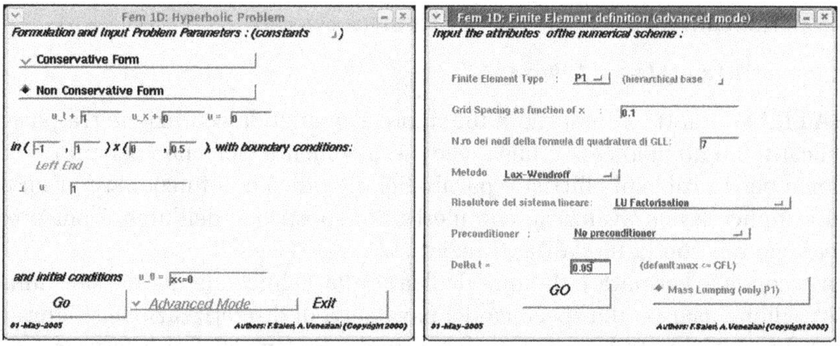

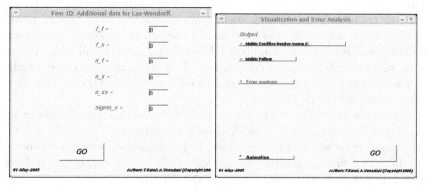

Figura 6.1. Uso di `fem1d` per problemi iperbolici: schermata di specifica del problema (a sinistra) e dei metodi numerici usati (a destra)

Figura 6.2. Uso di `fem1d` per problemi iperbolici: informazioni aggiuntive per il metodo di Lax-Wendorff (a sinistra) e opzioni di visualizzazione (a destra)

in spazio per il problema in esame, la scelta di una o dell'altra forma sarà indifferente. Essendo un problema tempo-dipendente, viene data anche la possibilità di specificare se tutti i dati del problema sono indipendenti dal tempo: questo permette di risparmiare tempo di calcolo, poiché in questo caso l'assemblaggio del problema discreto viene effettuato una volta sola all'inizio del ciclo temporale.

Come per i problemi parabolici, la specifica del dominio di calcolo è nella forma (-3, 3) x (0, 1), ossia viene prima indicato il dominio spaziale poi quello temporale.

Per i problemi iperbolici, `fem1d` consente la specifica di condizioni solo di tipo Dirichlet. Il codice "suggerisce" dove vadano imposte le condizioni al bordo, facendo comparire la finestra per la specifica solo nei bordi di inflow, determinati in base al segno del coefficiente della derivata spaziale. Nel problema in esame tale coefficiente vale 1, è positivo e il bordo di inflow è a sinistra.

Ovviamente, c'è poi la possibilità di specificare il dato iniziale. Per un dato iniziale con supporto strettamente contenuto nel dominio, come nel nostro caso, con u_0 pari a $\sin(\nu\pi x)$ per $-1 \le x \le 1$, basterà scrivere:

```
u_0 = sin(x).*(x>=-1 & x<=1)
```

In MATLAB, infatti, si assegnerà un valore 1 quando la condizione tra parentesi è verificata, e 0 quando essa è falsa, che è esattamente cioè che vogliamo.

Come per i problemi ellittici e parabolici, il codice può funzionare in una modalità semplice e una avanzata, che mette a disposizione dell'utente più opzioni. Procediamo qui con la modalità avanzata.

La seconda schermata è dunque dedicata alla definizione dei metodi numerici che si vogliono usare e alla specifica dei parametri di discretizzazione (Figura 6.1 a destra). Viene richiesta la specifica di un grado di elementi finiti da usare (disponibili: P1, P2, P3 e P1disc (elementi discontinui)) e del passo di discretizzazione spaziale, che, in generale, potrà essere non costante.

Oltre alle richieste di specifica della precisione della quadratura numerica e del tipo di risoluzione dei sistemi lineari (presente anche nei problemi ellittici e parabolici) viene poi richiesta la specifica del metodo di avanzamento in tempo. I metodi disponibili sono Eulero implicito, Eulero esplicito, Upwind e Lax-Wendroff. Quando viene selezionato uno di questi metodi, il passo Δt proposto dal codice si adatta al massimo passo consentito dalla condizione[3] CFL. Ovviamente, l'utente può poi specificare un Δt diverso.

Nel presente problema si vogliono usare anche metodi alla differenze finite: questo è possibile con fem1d, pur di chiedere il lumping di tutte le matrici di massa. Come ricordato nell'Introduzione, la condizione di stabilità cambia se si usano differenze finite piuttosto che elementi finiti. Il passo proposto dal codice cambia pertanto se si seleziona l'opzione Mass lumping.

Osserviamo che quando si usa il metodo di Lax-Wendroff è necessario specificare ulteriori dati, ossia le derivate in spazio e tempo dei coefficienti. Questo viene richiesto da una finestra apposita che si attiva solo se si richiede l'uso di questo metodo (Figura 6.2 a sinistra). Nel nostro caso, tutti i coefficienti sono costanti, ossia tutte le derivate sono nulle, quindi si può dare immediatamente Go.

L'ultima schermata (Figura 6.2 a destra) richiede le specifiche di post-processing e non ha differenze sostanziali da quella dei problemi parabolici: menzioniamo solo l'opzione di visualizzazione tramite diagramma spazio-temporale o animazione della soluzione.

Analisi dei risultati

Presentiamo alcuni risultati numerici che si ottengono usando diversi schemi, per diverse frequenze (diversi valori di ν) e per diversi valori del numero CFL. Tutti i risultati mostrati si riferiscono al tempo finale.

In Figura 6.3 consideriamo il caso del metodo di Eulero implicito a differenze finite per $\nu = 1$, a CFL=1 (a sinistra) e CFL=0.25 (a destra). Gli effetti dissipativi

---

[3] Il codice in realtà propone un passo anche per i metodi di Eulero, anche se per questi metodi le proprietà di stabilità non dipendono dal numero di CFL.

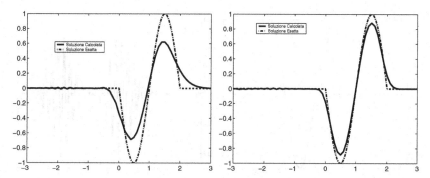

Figura 6.3. Metodo di Eulero implicito a differenze finite per l'Esercizio 6.1.2 con $\nu = 1$. A sinistra il caso CFL=1, a destra CFL=0.25

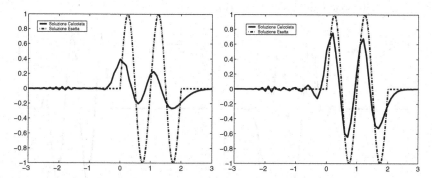

Figura 6.4. Metodo di Eulero implicito a differenze finite per l'Esercizio 6.1.2 con $\nu = 2$. A sinistra, il caso CFL=1, a destra il caso CFL=0.25. Il raffronto con la figura precedente mette in evidenza come gli errori di dissipazione e dispersione dipendano dalla frequenza delle armoniche relative alla soluzione

e dispersivi indotti dalla discretizzazione numerica sono evidenti: in particolare la riduzione di ampiezza della sinusoide è legata alla dissipazione, il suo ritardo rispetto alla soluzione esatta si lega alla dispersione. Entrambi gli errori di dissipazione e dispersione, per il metodo di Eulero implicito, diminuiscono al decrescere del numero CFL, come si nota confrontando fra loro le due figure. Gli stessi fenomeni si riscontrano in maniera più sensibile se la frequenza della sinusoide raddoppia, ossia per $\nu = 2$, come si vede in Figura 6.4. Con Eulero implicito a elementi finiti si ottengono risultati molto simili.

La Figura 6.5 illustra la soluzione ottenuta con il metodo Upwind per CFL=1 e $\nu = 1$, con differenze finite (a sinistra) e elementi finiti (a destra). Per le differenze finite si apprezza come a CFL=1 la soluzione numerica sia poco affetta da dissipazione, molto meno di quella generata con il metodo di Eulero implicito. Per lo stesso valore CFL, gli elementi finiti sono instabili: la teoria infatti mostra che la stabilità (forte) si ha per CFL$\leq 1/3$.

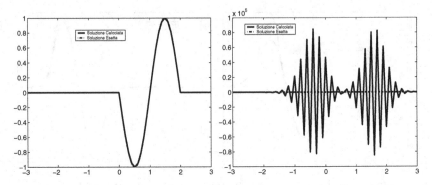

Figura 6.5. Metodo Upwind per l'Esercizio 6.1.2 con $\nu = 1$. A sinistra il caso a differenze finite, a destra il caso a elementi finiti, entrambi per CFL=1. Per questo valore di CFL le differenze finite sono stabili, gli elementi finiti no

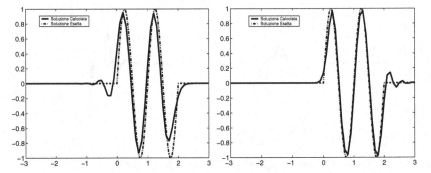

Figura 6.6. Metodo Lax-Wendroff per l'Esercizio 6.1.2 con $\nu = 2$. A sinistra il caso a differenze finite, a destra il caso a elementi finiti, entrambi per CFL=0.5

In Figura 6.6 riportiamo i risultati ottenuti con il metodo di Lax-Wendroff per $\nu = 2$, a differenze finite (a sinistra) e elementi finiti (a destra) per CFL=0.5. In questo caso, entrambi i metodi sono stabili, essendo la condizione di stabilità CFL ≤ 1 per le differenze finite, CFL $\leq 1/\sqrt{3} \approx 0.577$ per gli elementi finiti. Si può osservare che la discretizzazione a elementi finiti sia più accurata: l'errrore in norma $L^\infty(0, 1; L^2(-3, 3))$ è 0.15809 per gli elementi finiti, mentre vale 0.3411 con le differenze finite. Si noti anche come il caso a elementi finiti sia caratterizzato da un errore di dispersione che "anticipa" la soluzione numerica rispetto a quella esatta, mentre le differenze finite "ritardano".   ◊

Esercizio 6.1.3 Si mostri che lo schema di Lax-Wendroff discretizzato con differenze finite è fortemente stabile nella norma $\| \cdot \|_{\triangle,2}$ se $a\lambda \leq 1$, dove $\lambda = \Delta t/h$ (si assuma $a > 0$).
Si consideri quindi il problema (6.1) per $a_0 = 0$ con dato iniziale

$$u^0(x) = \begin{cases} 1 & x \leq 0, \\ 0 & x > 0, \end{cases}$$

e lo si discretizzi (con il metodo di Lax-Wendroff a differenze finite) su una griglia uniforme tale che $x_0 = 0$. Si esegua (svolgendo i calcoli a mano!) un singolo passo temporale dello schema con $\lambda a = 0.5$. Si mostri che, per tale valore di λ, si ha $u_0^1 = 9/8$, indipendentemente da h. Si deduca quindi che lo schema di Lax-Wendroff *non* è fortemente stabile nella norma $\| \cdot \|_{\triangle,\infty}$.
Utilizzando `fem1d` si esegua il calcolo per questo problema sul dominio $(-1, 1)$, nel caso $a = 1$ e imponendo $u = 1$ al bordo di sinistra. Si consideri la soluzione numerica al tempo $T = 0.5$ calcolata su due griglie di 21 e 41 nodi, rispettivamente, mantenendo il numero di CFL costante e pari a 0.5. Si commentino le soluzioni.

Soluzione 6.1.3

Approssimazione numerica

Ricordiamo che lo schema di Lax-Wendroff ha la seguente espressione

$$u_j^{n+1} = u_j^n - \frac{\lambda a}{2}(u_{j+1}^n - u_{j-1}^n) + \frac{\lambda^2 a^2}{2}(u_{j-1}^n - 2u_j^n + u_{j+1}^n). \qquad (6.9)$$

La stabilità in norma $\|\cdot\|_{\triangle,2}$ per lo schema di Lax-Wendroff può essere studiata usando l'analisi di Von Neumann. A tale scopo occorre calcolare il coefficiente di amplificazione γ_k relativo alla k-esima armonica. Cerchiamo una soluzione della forma

$$u_j^n = \sum_{k=-\infty}^{\infty} u_j^{n,k} = \sum_{k=-\infty}^{\infty} \alpha_k e^{ikjh}\gamma_k^n,$$

dove α_k dipende solo dal dato iniziale. Per l'analisi basta considerare una singola armonica, quindi sostituiamo l'espressione $u_j^{n,k} = \alpha_k e^{ikjh}\gamma_k^n$ nello schema di Lax-Wendroff (6.9), ottenendo

$$u_j^{n+1,k} = u_j^{n,k} - \frac{\lambda a}{2}(u_{j+1}^{n,k} - u_{j-1}^{n,k}) + \frac{\lambda^2 a^2}{2}(u_{j-1}^{n,k} - 2u_j^{n,k} + u_{j+1}^{n,k})$$

$$= \alpha_k e^{ikjh} \left[1 - \frac{\lambda a}{2}(e^{ikh} - e^{-ikh}) + \frac{\lambda^2 a^2}{2}(e^{-ikh} - 2 + e^{ikh}) \right].$$

Ricordando le identità $i\sin(x) = \dfrac{e^{ix} - e^{-ix}}{2}$, $\cos(x) = \dfrac{e^{ix} + e^{-ix}}{2}$, otteniamo infine

$$u_j^{n+1,k} = u_j^{n,k}\left[1 - i\lambda a \sin(kh) + \lambda^2 a^2(\cos(kh) - 1)\right].$$

Per definizione, il coefficiente di amplificazione per la k-esima armonica è dunque pari a

$$\gamma_k = \frac{u_j^{n+1,k}}{u_j^{n,k}} = 1 - i\lambda a \sin(kh) + \lambda^2 a^2(\cos(kh) - 1).$$

La stabilità forte in norma $\|\cdot\|_{\triangle,2}$ richiede $|\gamma_k| \leq 1$, per ogni k. Per semplificare i calcoli notiamo innanzitutto che $|\gamma_k| \leq 1$ implica $\gamma_k^2 \leq 1$ e quindi possiamo usare quest'ultima disuguaglianza, evitando fastidiose radici quadrate. Poniamo inoltre $\sigma = \lambda a$ e $\phi_k = kh$. Otteniamo

$$\begin{aligned}
\gamma_k^2 &= [1 + \sigma^2(\cos(\phi_k) - 1)]^2 + \sigma^2\sin^2(\phi_k) \\
&= (1 + \sigma^2\cos(\phi_k))^2 - 2\sigma^4\cos(\phi_k) - \sigma^2 + \sigma^4 - \sigma^2\cos^2(\phi_k) \\
&= (\sigma^4 - \sigma^2)(1 - \cos(\phi_k))^2 + 1.
\end{aligned}$$

Quindi $\gamma_k^2 \leq 1$ se $(\sigma^4 - \sigma^2)(1 - \cos(\phi_k))^2 \leq 0$. Quest'ultima condizione è soddisfatta se e solo se $\sigma^4 \leq \sigma^2$. Ricordando che σ è positivo per definizione, ciò è equivalente a richiedere $\sigma = \lambda a \leq 1$, che altro non è che la condizione CFL.

Analisi dei risultati

Consideriamo ora lo schema per il problema fornito nel testo dell'esercizio e scegliamo la griglia in modo che il nodo x_0 sia nell'origine. Il dato iniziale verrà allora approssimato dai sui valori nodali, dati da

$$u_j^0 = \begin{cases} 1 & j \leq 0, \\ 0 & j > 0. \end{cases}$$

Quindi, se $\lambda a = 0.5$, otteniamo, per sostituzione diretta nello schema 6.9

$$u_0^1 = 1 - \frac{1}{4}(0 - 1) + \frac{1}{8}(0 - 2 + 1) = 1 + \frac{1}{4} - \frac{1}{8} = \frac{9}{8}.$$

Ora, chiaramente $\|u^0\|_{\triangle,\infty} = 1$, mentre il risultato trovato implica che $\|u^1\|_{\triangle,\infty} \geq 9/8$ (in effetti si può verificare che si ha l'uguaglianza, cioè in tutti gli altri nodi la soluzione è $\leq 9/8$). Lo schema quindi non è fortemente stabile in tale norma. La Figura 6.7 illustra la soluzione al primo passo temporale del problema dato. Abbiamo quindi verificato che uno schema fortemente stabile in una data norma non lo è necessariamente in un'altra.

Nella Figura 6.8 riportiamo la soluzione ottenuta al tempo finale mediante `fem1d` con numero di CFL=0.5 per $h = 0.1$ (a sinistra) e $h = 0.05$ (a destra). La discontinuità iniziale è stata trasportata da sinistra a destra come atteso per un tratto pari a $aT = 1 \times 0.5 = 0.5$. Come i calcoli a mano prevedevano, la soluzione non è fortemente stabile nella norma $\| \cdot \|_{\Delta,\infty}$ e presenta valori maggiori di 1 negli intorni della discontinuità iniziale: questo fenomeno per il quale la soluzione numerica non rispetta la monotonia del dato iniziale prende il nome di *overshooting* (se la soluzione assume valori maggiori di quelli del dato) e *undershooting* (se la soluzione assume valori minori del dato).

Confrontando le due soluzioni si osserva che, sebbene nei pressi della discontinuità la soluzione sia più ripida per $h = 0.05$, il valore massimo di overshooting è lo stesso: le proprietà di dissipatività e dispersione del metodo dipendono infatti dal numero di CFL, che è lo stesso nei due casi. $\Diamond$

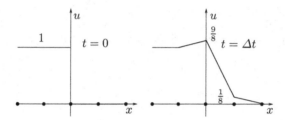

Figura 6.7. Soluzione del problema dell'Esercizio 6.1.3. A sinistra la soluzione iniziale, a destra il risultato al primo passo temporale

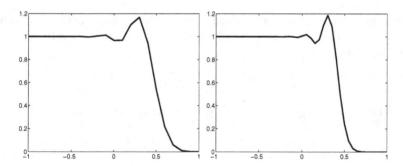

Figura 6.8. Risultati numerici per l'Esercizio 6.1.3: soluzione con numero CFL$=0.5$ e passo di griglia $h = 0.1$ a sinistra e $h = 0.05$ a destra. L'overshooting tipico di un metodo non monotono come Lax-Wendroff è evidente

Esercizio 6.1.4 Verificare che la soluzione del problema (6.1) prodotta dallo schema *upwind* a differenze finite soddisfa $\|\mathbf{u}^n\|_{\triangle,\infty} \le \|\mathbf{u}^0\|_{\triangle,\infty}$, purchè $\lambda a <$ 1. Si ripeta l'analisi di stabilità per la norma $\|\cdot\|_{\triangle,2}$ usando il metodo di Von Neumann.

Per il problema dell'Esercizio 6.1.3 si verifichi che in questo caso $u_0^1 = 1$, indipendentemente dal valore di λa.

Usando un passo di griglia $h = 0.01$, eseguire il calcolo della soluzione con femld per CFL=1, CFL=0.5 e CFL=0.25 verificando la risposta data e commentando i risultati.

Soluzione 6.1.4

Approssimazione numerica

Lo schema upwind a differenze finite può essere scritto per $a > 0$ nella forma

$$u_j^{n+1} = (1 - \lambda a)u_j^n + \lambda a u_{j-1}^n, \qquad n \ge 0, \tag{6.10}$$

quindi

$$\|\mathbf{u}^{n+1}\|_{\triangle,\infty} = \max_{j\in\mathbb{Z}}|(1 - \lambda a)u_j^n + \lambda a u_{j-1}^n| \le$$

$$\max(1 - \lambda a, \lambda a)\|\mathbf{u}^n\|_{\triangle,\infty} \le \|\mathbf{u}^n\|_{\triangle,\infty}.$$

Lo schema upwind, a differenza di quello di Lax-Wendroff, è dunque fortemente stabile nella norma $\|\cdot\|_{\triangle,\infty}$.

Per eseguire l'analisi di Von Neumann consideriamo, come nell'Esercizio 6.1.3, il k-esimo modo di Fourier, scritto nella forma $u_j^{n,k} = \alpha_k e^{ikjh}\gamma_k^n$ e lo sostituiamo nello schema (6.10). Si ottiene

$$u_j^{n+1,k} = \alpha_k e^{ikjh}\gamma_k^{n+1} = \alpha_k e^{ikjh}\gamma_k^n\left[(1 - \lambda a) + \lambda a e^{-ikh}\right].$$

Si ricava l'equazione seguente per il coefficiente di amplificazione

$$\gamma_k = (1 - \lambda a) + \lambda a e^{-ikh} = 1 - \lambda a[1 - \cos(kh)] - i\lambda a \sin(kh).$$

Ponendo ora $\phi_k = kh$ e $\sigma = \lambda a$ si ottiene infine

$$|\gamma_k|^2 = (1 - \sigma + \sigma\cos\phi_k)^2 + \sigma^2\sin^2\phi_k =$$

$$(1 - \sigma)^2 + 2\sigma(1 - \sigma)\cos\phi_k + \sigma^2(\cos^2\phi_k + \sin^2\phi_k) =$$

$$(1 - \sigma)[(1 - \sigma) + 2\sigma\cos\phi_k] + \sigma^2 =$$

$$(1 - \sigma)[(1 - \sigma) + 2\sigma\cos\phi_k - \sigma - 1] + 1 = 2(1 - \sigma)\sigma(\cos\phi_k - 1) + 1.$$

Quindi $|\gamma_k| \leq 1$ se $(1 - \sigma)(\cos\phi_k - 1) \leq 0$ (essendo, per ipotesi, $\sigma > 0$). Dato che $\cos\phi_k - 1 \leq 0$ tale disuguaglianza è soddisfatta per ogni ϕ_k (e quindi per ogni armonica k) se e solo se $\sigma \leq 1$.

Ripetendo il procedimento visto nell'Esercizio 6.1.3 si nota che il primo passo dello schema upwind fornisce nel nodo x_0 il valore

$$u_0^1 = (1 - \lambda a)u_0^0 - \lambda a u_{-1}^0 = (1 - \lambda a) - \lambda a = 1.$$

Si faccia però attenzione al fatto che, da questo risultato parziale, non possiamo dedurre la stabilità incondizionata in norma infinito!

Analisi dei risultati

Eseguiamo i calcoli richiesti con `fem1d`.

Nelle Figure 6.9, 6.10 e 6.11 sono riportati i risultati ottenuti al primo passo temporale (a sinistra) e al tempo finale (a destra) con il metodo upwind a differenze finite, rispettivamente per CFL=1, 0.5 e 0.25. I grafici a sinistra confermano il risultato trovato circa il valore della soluzione numerica nell'origine al primo passo temporale. Le immagini a destra evidenziano come per il metodo upwind a differenze finite per CFL=1 si ha un errore di dissipazione molto piccolo (si veda [Qua03], Capitolo 7). Per valori più piccoli del numero CFL questo errore si rende più evidente nella forma smussata che la discontinuità iniziale assume, propagando verso destra. La velocità di propagazione viene comunque calcolata in modo soddisfacente, a indicare un errore di dispersione piccolo e molto meno evidente di quello indotto dalla dissipazione.

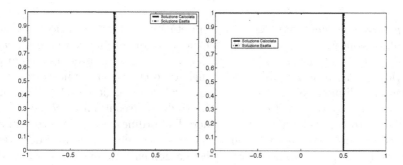

Figura 6.9. Risultati numerici per l'Esercizio 6.1.4 con $h = 0.01$ e CFL=1. A sinistra la soluzione al tempo $t = 0.01$ a destra al tempo $t = 0.5$

Val la pena di notare come la soluzione calcolata dal metodo upwind sia sempre "monotona" e non presenti i fenomeni di overshooting o undershooting mostrati dalla soluzione calcolata con il metodo di Lax-Wendroff. Questa è una caratteristica intrinseca del metodo upwind, non legata all'esempio in esame, e viene indicata

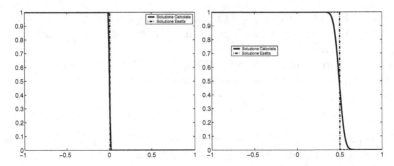

Figura 6.10. Risultati numerici per l'Esercizio 6.1.4 con $h = 0.01$ e CFL=0.5. A sinistra la soluzione al tempo $t = 0.005$ a destra al tempo $t = 0.5$

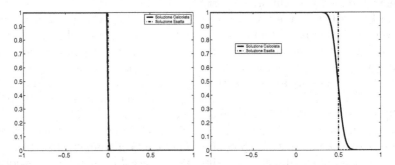

Figura 6.11. Risultati numerici per l'Esercizio 6.1.4 con $h = 0.01$ e CFL=0.25. A sinistra la soluzione al tempo $t = 0.0025$ a destra al tempo $t = 0.5$

come *proprietà di monotonia*. Questa proprietà è importante proprio in corrispondenza di discontinuità (*shocks*) della soluzione, in quanto ne consente un calcolo privo di oscillazioni indesiderate. Tuttavia, essa può essere ottenuta solo al prezzo di ridurre l'accuratezza all'ordine 1, nel senso che si può dimostrare che non esistono metodi monotoni con ordine di accuratezza maggiore di 1. La filosofia di molti metodi moderni per il calcolo accurato delle discontinuità (*shock capturing schemes*) è proprio quella di combinare metodi di ordine elevato nelle zone in cui la soluzione è regolare con metodi monotoni che si attivano negli intorni delle regioni di shocks. Per approfondimenti circa questo argomento rimandiamo a [LeV90]. ◇

Esercizio 6.1.5 Si studi l'accuratezza dello schema di Lax-Friedrichs applicato al problema 6.1 utilizzando la condizione di stabilità forte nella norma $\| \cdot \|_{\Delta,1}$ e il fatto che il suo errore di troncamento locale soddisfa $|\tau_j^n| = \mathcal{O}(\dfrac{h^2}{\Delta t} + h^2 + \Delta t)$. (si veda [Qua03]).

Si consideri il seguente problema con condizioni al bordo periodiche,

$$\begin{cases} \dfrac{\partial u}{\partial t} + 2\dfrac{\partial u}{\partial x} = 0, & 0 < x < 2\pi,\, t > 0, \\ u(x,0) = \sin(x), & u(0,t) = u(2\pi,t),\, t > 0. \end{cases}$$

Lo si discretizzi usando MATLAB e si verifichi la stima di convergenza trovata al punto precedente. Si suggerisce di variare Δt e h mantenendo il numero di CFL costante pari a 0.5 e verificare l'andamento dell'errore al tempo $t = \pi$, raddoppiando ripetutamente volte il numero di elementi di griglia N a partire da $N = 20$.

Soluzione 6.1.5

Approssimazione numerica

Nel caso di a di segno qualsiasi, lo schema di Lax-Friedrichs si scrive

$$\begin{aligned} u_j^{n+1} &= \frac{1}{2}(u_{j+1}^n + u_{j-1}^n) - \frac{\lambda|a|}{2}(u_{j+1}^n - u_{j-1}^n) = \\ &\quad \frac{1}{2}(1 - \lambda|a|)u_{j+1}^n + \frac{1}{2}(1 + \lambda|a|)u_{j-1}^n. \end{aligned} \tag{6.11}$$

Se indichiamo con $y_j^n = u(x_j, t^n)$ la soluzione esatta di (6.1) nei nodi di discretizzazione al tempo $t = t^n$, per definizione di errore di troncamento locale τ_j^n abbiamo

$$y_j^{n+1} = \frac{1}{2}(1 - \lambda|a|)y_{j+1}^n + \frac{1}{2}(1 + \lambda|a|)y_{j-1}^n + \Delta t \tau_j^n.$$

Sottraendo membro a membro le due uguaglianze precedenti si trova che l'errore $e_j^n = y_j^n - u_j^n$ soddisfa la relazione

$$e_j^{n+1} = \frac{1}{2}(1 - \lambda|a|)e_{j+1}^n + \frac{1}{2}(1 + \lambda|a|)e_{j-1}^n + \Delta t \tau_j^n.$$

Sappiamo che lo schema è stabile se $\lambda|a| \leq 1$ e, sotto questa condizione si ha $1 - \lambda|a| \geq 0$ e $1 + \lambda|a| \geq 0$. D'altra l'errore di troncamento dello schema di Lax-Friedrichs soddisfa $|\tau_j^n| \leq C(h^2/\Delta t + h^2 + \Delta t)$ per una costante $C > 0$. Mostriamo che per numero σ di CFL fissato, $h^2/\Delta t = \mathcal{O}(h)$. Infatti

$$\frac{h^2}{\Delta t} = \frac{|a|h^2}{|a|\Delta t} = \frac{h}{\sigma}.$$

Possiamo concludere che l'errore di troncamento soddisfa $|\tau_j^n| \leq C(h + \frac{h}{\sigma a} + \Delta t) \leq C^*(h + \Delta t)$, prendendo $C^* = C(1 + \frac{1}{\sigma a})$. Possiamo allora scrivere

$$\|e^{n+1}\|_{\triangle,1} \leq \frac{1}{2}(1 - \lambda|a|)\|e^n\|_{\triangle,1} + \frac{1}{2}(1 + \lambda|a|)\|e^n\|_{\triangle,1} + \Delta t \max_{j \in \mathbb{Z}}|\tau_j^n| \leq$$

$$\|e^n\|_{\triangle,1} + \Delta t C^*(h + \Delta t).$$

Assumiamo che l'errore iniziale e^0 sia nullo (avendo interpolato $\mathbf{u}^0$ dal dato iniziale), operando ricorsivamente e indicando con T il tempo finale si ottiene allora $\|e^{n+1}\|_{\triangle,1} \leq \|e^0\|_{\triangle,1} + n\Delta t C^*(\Delta t + h) = C^* t^n(\Delta t + h) \leq C^* T(\Delta t + h)$. La convergenza dello schema è dunque $\mathcal{O}(\Delta t + h)$, cioè del prim'ordine sia in tempo che in spazio. Si noti il ruolo giocato dall'errore di troncamento (consistenza) e dalla condizione CFL (stabilità) per ottenere il risultato cercato.

Analisi dei risultati

Il metodo di Lax-Friedrichs non è previsto nel programma `fem1d`. Essendo però la programmazione del metodo in esame estremamente semplice, si è qui sviluppato uno script MATLAB apposito, dato nel codice `esercizio_iperbLF.m`, dove il lettore può trovare i dettagli della programmazione dello schema, specializzati per il problema in esame. Se i nodi vengono numerati da 1 a n, con $x_1 = 0$ e $x_n = 2\pi$, la condizione di periodicità può essere implementata ponendo per i due nodi di bordo rispettivamente

$$u_N^{n+1} = \frac{1}{2}(u_2^n + u_{N-1}^n) - \frac{\lambda a}{2}(u_2^n - u_{N-1}^n) \quad \text{e } u_1^{n+1} = u_N^n.$$

Se si calcola il rapporto $\dfrac{\|e^M\|_{\triangle,1}}{h}$, per $t^M = \pi$, per $h = \dfrac{2\pi}{N}$ e $\lambda a = \dfrac{a\Delta t}{h} = 0.5$, si ottiene

```
N=20,  errore/h = 1.070659e+01
N=40,  errore/h = 1.429539e+01
N=80,  errore/h = 1.667422e+01
N=160, errore/h = 1.797727e+01
N=320, errore/h = 1.863845e+01
N=640, errore/h = 1.895533e+01
```

che mostra come l'errore sia (a numero di CFL fissato) di fatto proporzionale a h, con una costante di proporzionalità che in questo caso vale circa 1.8. $\Diamond$

Esercizio 6.1.6 Si consideri il problema di trasporto-reazione seguente:

$$\begin{cases} \dfrac{\partial u}{\partial t} + a\dfrac{\partial u}{\partial x} + a_0 u = f, & x \in (0, 2\pi),\, t > 0 \\ u(x,0) = u^0(x), & x \in (0, 2\pi), \end{cases}$$

con opportune condizioni al bordo non omogenee. Qui $a = a(x)$, $a_0 = a_0(x)$, $f = f(x,t)$ e $u_0 = u^0(x)$ sono funzioni assegnate, regolari quanto basta.

1. Si precisino le condizioni al bordo da assegnare in funzione dei dati del problema e, nelle ipotesi $a(x) > 0$ e $a_0(x) \geq 0$ si fornisca una stima a priori, sotto opportune ipotesi.
2. Si discretizzi il problema nel caso in cui a e a_0 siano costanti (con $a > 0$), usando lo schema alla differenze finite di Eulero all'indietro centrato. Si discuta un possibile trattamento ai nodi di bordo e si verifichi numericamente la stabilità forte dello schema nel caso $a = 1$, $a_0 = 0$, $h = 2\pi/20$ e $\Delta t = \pi/20$ verificando le proprietà della matrice di iterazione.
3. Utilizzando femld si calcoli la soluzione per $T = 2\pi$ e $f = 0$, nei due casi $a = a_0 = 1$ e $a = 1$, $a_0 = 0$, usando come dato iniziale $u^0(x) = \sin(x)$ e dato al bordo $\phi(t) = \sin(-t)$.
4. Limitatamente al caso $a = a_0 = 1$ del punto precedente, facendo variare Δt e h si verifichi sperimentalmente che l'errore $\|u - u_h\|_{\triangle, 2}$ al tempo finale T è $\mathcal{O}(\Delta t + h^2)$.

Soluzione 6.1.6

Analisi matematica del problema

Le condizioni al contorno per il problema in esame sono legate al segno del coefficiente di trasporto a al bordo.

Se $a(0) > 0$ il bordo $x = 0$ è di "inflow" e quindi occorre assegnare u. Viceversa, se $a(0) \leq 0$ il bordo è di "outflow" e la soluzione in tale punto è fornita dalla equazione differenziale stessa e non può essere imposta. Analogamente, in $x = 2\pi$ si dovrà imporre una condizione al bordo solo nel caso $a(2\pi) < 0$. Quindi il problema può ammettere 2, 1 o nessuna condizione al bordo! In quest'ultimo caso la soluzione è interamente determinata dal dato iniziale. Per il seguito assumeremo $a(x) > 0$ per ogni x, per cui la condizione al bordo del problema sarà della forma $u(0,t) = \psi(t)$, per $t > 0$.

Cerchiamo ora una stima di stabilità. A tale scopo, moltiplicando l'equazione differenziale per u e integrando tra 0 e 2π si ottiene

$$\frac{1}{2}\frac{d}{dt}\int_0^{2\pi} u^2 dx + \frac{1}{2}\int_0^{2\pi} a\frac{d}{dx}u^2 dx + \int_0^{2\pi} a_0 u^2 dx = \int_0^{2\pi} fu\, dx.$$

Il secondo integrale viene riscritto sfruttando l'identità $a\dfrac{du^2}{dx} = \dfrac{d}{dx}(au^2) - u^2\dfrac{da}{dx}$. Moltiplicando per 2 ambo i membri troviamo

$$\frac{d}{dt}\|u(t)\|^2_{L^2(0,2\pi)} + a(2\pi)u^2(2\pi,t) - a(0)\psi^2(t)+$$

$$\int\limits_0^{2\pi} (2a_0(x) - \frac{d}{dx}a(x))u^2(x,t)\,dx = 2\int\limits_0^{2\pi} f(x,t)u(x,t)dx. \quad (6.12)$$

Abbiamo finora proceduto formalmente, cioè senza preoccuparci dell'esistenza e limitatezza degli integrali. Notiamo ora che essi esistono finiti se, per ogni t, $u(\cdot,t) \in L^2(0,2\pi)$ e $f(\cdot,t) \in L^2(0,2\pi)$ e se inoltre $a_0 \in L^\infty(0,2\pi)$ e $\dfrac{da}{dx} \in L^\infty(0,2\pi)$. Assumiamo quindi che i dati appartengano a tali spazi, e verificheremo che sotto queste ipotesi la soluzione è in $L^2(0,2\pi)$ per ogni $t > 0$.

Si possono seguire ora due strade per ottenere una stima a priori. La prima è applicabile solo quando è possibile trovare un $\mu_0 > 0$ tale che $a_0(x) - \dfrac{1}{2}\dfrac{d}{dx}a(x) \geq \mu_0$ per ogni $x \in (0,2\pi)$, quindi nel caso in cui a sia decrescente oppure abbia una crescita sufficientemente lenta. In questo caso la disuguaglianza di Young

$$\int\limits_0^{2\pi} fudx \leq \frac{\epsilon}{2}\|u\|^2_{L^2(0,2\pi)} + \frac{1}{2\epsilon}\|f\|^2_{L^2(0,2\pi)},$$

per $\epsilon = \mu_0$ fornisce

$$\frac{d}{dt}\|u(t)\|^2_{L^2(0,2\pi)} + a(2\pi)u^2(2\pi,t) + \mu_0\|u(t)\|^2_{L^2(0,2\pi)} \leq$$

$$\frac{1}{\mu_0}\|f(t)\|^2_{L^2(0,2\pi)} + a(0)\psi^2(t).$$

Integrando in tempo tra 0 e T abbiamo infine il risultato di stabilità seguente,

$$\|u(T)\|^2_{L^2(0,2\pi)} + a(2\pi)\int\limits_0^T u^2(2\pi,t)dt \leq$$

$$\|u^0\|^2_{L^2(0,2\pi)} + \frac{1}{\mu_0}\int\limits_0^T \|f(t)\|^2_{L^2(0,2\pi)}dt + a(0)\int\limits_0^T \psi^2(t)dt.$$

Qualora la condizione $2a_0(x) - \dfrac{d}{dx}a(x) \geq 2\mu_0$ non sia rispettata per nessun $\mu_0 > 0$ si può ancora ottenere un risultato di stabilità ricorrerendo al Lemma di Gronwall A.1. Applicando (A.9) con $\epsilon = 1$ a (6.12) e portando a secondo membro il termine di trasporto-reazione si perviene a

$$\frac{d}{dt}\|u(t)\|^2_{L^2(0,2\pi)} + a(2\pi)u^2(2\pi,t)$$

$$\leq \|f(t)\|^2_{L^2(0,2\pi)} + a(0)\psi^2(t) + \int_0^{2\pi}(-2a_0 + \frac{d}{dx}a + 1)u^2\,dx$$

$$\leq \|f(t)\|^2_{L^2(0,2\pi)} + a(0)\psi^2(t) + \left[1 + \left\|-2a_0 + \frac{da}{dx}\right\|_{L^\infty(0,2\pi)}\right]\|u(t)\|^2_{L^2(0,2\pi)}.$$

Integrando in tempo tra 0 e t e sfruttando l'ipotesi $a(2\pi) > 0$, si può scrivere la disuguaglianza seguente

$$\|u(t)\|^2_{L^2(0,2\pi)} + a(2\pi)\int_0^t u^2(2\pi,s)ds \leq \int_0^t A\varphi(s)ds + g(t),$$

dove abbiamo posto $A = 1 + \left\|-2a_0 + \dfrac{da}{dx}\right\|_{L^\infty(0,2\pi)}$, $\varphi(t) = \|u(t)\|^2_{L^2(0,2\pi)} + a(2\pi)u^2(2\pi,t)$ e

$$g(t) = \|u_0\|_{L^2(0,2\pi)} + \int_0^t \left[\|f(s)\|^2_{L^2(0,2\pi)} + a(0)\psi^2(s)\right] ds.$$

Siamo nelle condizioni di poter applicare il lemma di Gronwall, ottenendo che, $\forall T > 0$,

$$\|u(T)\|^2_{L^2(0,2\pi)} + a(2\pi)u^2(2\pi,T) \leq$$

$$e^{AT}\left[\|u_0\|_{L^\infty(0,2\pi)} + \int_0^T \left[\|f(\tau)\|^2_{L^2(0,2\pi)} + a(0)\psi^2(\tau)\right] d\tau\right].$$

Si noti come, a differenza del caso precedente, la presenza dell'esponenziale e^{AT} fa sì che la stima perda di significato per "tempi lunghi" (cioè per $T \gg 0$).

Per completare l'esercizio calcoliamo la soluzione esatta per poterla poi confrontare con quella numerica. Notiamo che l'equazione differenziale si può scrivere nella forma $\dfrac{Du}{Dt} + a_0 u = 0$, dove $\dfrac{Du}{Dt}$ è la derivata lungo le linee caratteristiche definite dalla equazione $\dfrac{dx}{dt} = a$. Quindi abbiamo delle "onde" che si spostano a velocità a e che nel caso $a_0 > 0$ vengono smorzate. Data la lunghezza del dominio in oggetto, al tempo $T = 2\pi$ la parte di soluzione associata alla condizione iniziale sarà completamente "uscita" dal dominio. Infatti la caratteristica passante per un punto (x,T) con $0 \leq x \leq 2\pi$ interseca l'asse $x = 0$ nel punto $t = T - \dfrac{x}{a} = T - x$, prima di intersecare l'ascissa $t = 0$ (si veda la Figura 6.12). La soluzione in tal punto dipende quindi solo dal dato al bordo, e sarà pari a

$$u(x, T) = \phi(T - x)e^{-a_0 x}.$$

Quindi per il problema nel caso $a_0 = 1$ si ha $u(x, 2\pi) = \sin(x - 2\pi)e^{-x} = \sin(x)e^{-x}$, mentre per il caso $a_0 = 0$ si ha semplicemente $u(x, T) = \sin(x - 2\pi) = \sin(x)$, cioè si riproduce il dato iniziale.

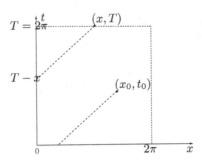

Figura 6.12. La soluzione in un punto (x, T) con $T = 2\pi$ dipende solo dal dato di bordo, dato che la linea caratteristica per tale punto interseca il bordo $x = 0$ prima della ascissa $t = 0$. Infatti affinché la soluzione abbia dipendenza del dato iniziale il punto deve necessariamente giacere sotto la linea $t = 2\pi$, come il punto (x_0, t_0)

Approssimazione numerica

La discretizzazione in tempo con differenze finite centrate e Eulero all'indietro richiede di suddividere il dominio in N sotto-intervalli. I nodi dove si cerca la soluzione approssimata sono $x_j = jh$, $j = 1, \ldots, N$, con $h = 2\pi/N$, in quanto nel nodo $x_0 = 0$ porremo $u_0^n = \psi(t^n)$, essendo $t^n = n\Delta t$ e ψ il dato di bordo; porremo inoltre $u_j^0 = \sin(x_j)$, per $j = 1, \ldots, N$. Il metodo delle differenze finite centrate non è applicabile al nodo x_N, in quanto richiederebbe la conoscenza della soluzione nel punto $x_{N+1} = 2\pi + h$, esterno al dominio. Quindi si adotterà in tale punto una discretizzazione decentrata di tipo *upwind* della derivata prima. Essendo $a > 0$ essa infatti coinvolgerà l'incognita solo nei nodi x_N e x_{N-1}. Avremo quindi, indicando come d'abitudine $\lambda = \Delta t/h$,

$$\begin{cases} u_1^{n+1} + \dfrac{a\lambda}{2}u_2^{n+1} + a_0 u_1^{n+1}\Delta t = u_1^n + \dfrac{a\lambda}{2}\psi(t^n), \\ u_j^{n+1} + \dfrac{a\lambda}{2}(u_{j+1}^{n+1} - u_{j-1}^{n+1}) + a_0 u_j^{n+1}\Delta t = u_j^n, \quad j = 2, \ldots, N-1 \\ u_N^{n+1} + a\lambda(u_N^{n+1} - u_{N-1}^{n+1}) + a_0 u_N^{n+1}\Delta t = u_N^n, \end{cases}$$

per $n = 0, 1, \ldots$. Ponendo ora $\mathbf{u}^n = [u_1^n, \ldots, u_N^n]^T$ e $\mathbf{b}^n = [a\lambda\psi(t^n)/2, 0, \ldots, 0]^T$, possiamo scrivere

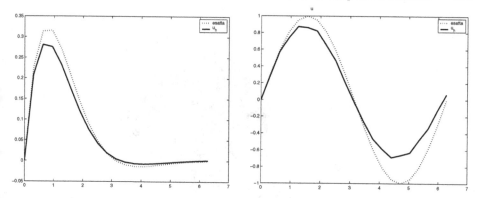

Figura 6.13. Soluzione del problema dell'Esercizio 6.1.6. A sinistra il caso $a_0 = 1$, a destra il caso $a_0 = 0$. In entrambi i grafici sono riportate la soluzione esatta e la soluzione numerica al tempo $t = 2\pi$

$$Au^{n+1} = u^n + b^n,$$

dove A è la matrice tridiagonale

$$A = \begin{bmatrix} 1 + a_0\Delta t & 0 & \cdots & & 0 \\ -a\dfrac{\lambda}{2} & 1 + a_0\Delta t & a\dfrac{\lambda}{2} & \cdots & 0 \\ & \vdots & \vdots & & \\ 0 & & \cdots & 0 & -a\lambda\ 1 + a\lambda + a_0\Delta t \end{bmatrix}.$$

Possiamo scrivere lo schema iterativo nella forma

$$u^{n+1} = Bu^n + c^n,$$

con $B = A^{-1}$, mentre $c^n = Bb^n$ dipende solo dal dato al bordo.

Per verificare la stabilità forte in norma $\|\cdot\|_{\triangle,2}$, calcoliamo la norma-2 della matrice. In MATLAB basterà porre `norm2=norm(inv(A),2)` che restituisce, per il caso in esame, `norm2=0.864`, inferiore a uno come atteso. Il raggio spettrale può essere calcolato con `max(abs(eig(inv(A))))` e fornisce 0.864. Se invece si calcolasse la norma-∞ della matrice di iterazione si otterebbe il valore 1.207: lo schema proposto non è fortemente stabile in norma $\|\cdot\|_{\triangle,\infty}$.

Analisi dei risultati

Usando `fem1d` si ottengono i grafici di Figura 6.13. Si noti come l'errore di dissipazione dello schema faccia sì che l'ampiezza della soluzione approssimata si sia ridotta sensibilmente rispetto alla soluzione esatta.

Per rispondere all'ultimo punto, si può calcolare l'errore in norma-2 su una griglia di punti al variare di Δt e di h. Per esempio, scegliendo $h = 2\pi/N$ e

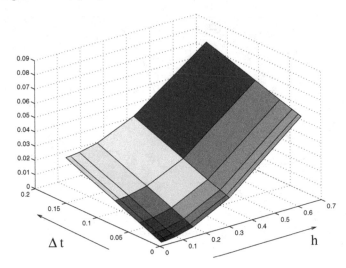

Figura 6.14. Comportamento dell'errore in norma-2 per il problema dell'Esercizio 6.1.6 (nel caso $a = a_0 = 1$), al variare di Δt e di h. Si può valutare qualitativamente che la convergenza è lineare rispetto a Δt, ma più che lineare rispetto ad h

$\Delta t = \pi/(2M)$, per $N, M = 5, 10, ..., 640$. Usando il comando `surf` MATLAB si ottiene la Figura 6.14, da cui si può notare come l'errore decresca linearmente rispetto a Δt, ma sicuramente più che linearmente[4] rispetto a h.   ◇

Per poter verificare sperimentalmente se la convergenza rispetto ad h è effettivamente quadratica occorre procedere con attenzione. Infatti, ad ogni Δt fissato la soluzione numerica per $h \to 0$ non tende alla soluzione esatta, ma alla soluzione del problema semidiscretizzato in tempo. Per valutare quindi l'ordine di convergenza rispetto a h, occorre eliminare gli effetti dell'errore di discretizzazione temporale. A tale scopo, abbiamo scelto un valore del passo temporale, precisamente $\Delta t = \pi/80$, e calcolato una soluzione di riferimento u_r usando una griglia molto fitta (3200 elementi). Questa soluzione sarà assunta come "soluzione esatta" del problema discretizzato solo in tempo. Quindi, mantenendo fissato Δt, per $h = 2\pi/N$ con $N = 5, 10, ..., 640$ abbiamo calcolato $\|u_h - \Pi_h u_r\|_{\triangle,2}$, dove $\Pi_h u_r$ qui indica il vettore dei valori di u_r in corrispondenza dei nodi su cui è stata calcolata u_h. Il risultato è riportato in Figura 6.15, e conferma la convergenza quadratica.

---

[4] Si noti che il trattamento upwind del nodo al bordo di destra fa formalmente degradare l'ordine di convergenza rispetto a h del metodo, essendo la discretizzazione upwind proposta solo del prim'ordine. Tuttavia, essendo tale peggiorararamento localizzato in un singolo punto al bordo del dominio il rallentamento della convergenza non viene avvertito se non per valori di h estremamente piccoli.

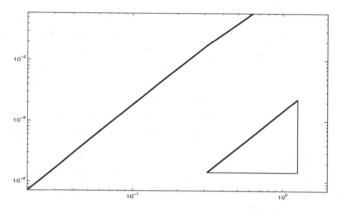

Figura 6.15. Comportamento dell'errore in norma-2 al variare di h per il problema dell'Esercizio 6.1.6 (nel caso $a = a_0 = 1$) per $\Delta t = \pi/80$. Si è preso come funzione di riferimento la soluzione numerica calcolata su una griglia molto fitta ($N = 3200$). La pendenza della linea di riferimento corrisponde alla convergenza quadratica

---

Esercizio 6.1.7 Si consideri il problema (6.2) nel caso in cui $a > 0$ e $a_0 \geq 0$ sono delle costanti, e la sua discretizzazione tramite *elementi finiti discontinui* su una griglia di passo costante h.

1. Si derivi una stima di stabilità del sistema semi-discretizzato (ossia discretizzato solo rispetto alla variabile spaziale x).
2. Si esegua la discretizzazione in tempo del problema dato usando lo schema di Eulero implicito, evidenziandone la struttura algebrica. Si derivi una stima di stabilità per la soluzione discreta nel caso in cui $a_0 > 0$.
3. Si ripeta quindi l'ultimo punto dell'Esercizio 6.1.6, utilizzando il programma femld. Si consideri inoltre il caso $a_0 = 0$, $u^0 = 1$, $T = \pi/2$ e $\varphi(t) = 0$ usando un numero di intervalli pari a 10 e a 100. Si commentino i risultati.

Soluzione 6.1.7

Analisi matematica del problema

Si ricorda [Qua03, Capitolo 8] che il metodo degli elementi finiti discontinui si basa nel ricercare una approssimazione del problema dato che ad ogni tempo t appartenga allo spazio vettoriale

$$W_h = Y_h^r = \{v_h \in L^2(\alpha, \beta) : \quad v_h|_{K_i} \in \mathbb{P}^r(K_i), \ i = 1, \dots, m\},$$

essendo $r \geq 0$ il grado dell' elemento finito, $K_i = [x_i, x_{i+1}]$ e x_i il generico vertice della griglia $\mathcal{T}_h$ che partiziona l'intervallo $[\alpha, \beta]$. I vertici della griglia saranno numerati da 1 a $m + 1$. Lo spazio Y_h^r è solo L^2-conforme: questo vuole dire che la soluzione numerica ammette discontinuità in corrispondenza dei vertici di griglia (essa è invece continua in ciascun elemento K_i essendo un polinomio). Si è vista una situazione analoga nel Capitolo 5, più precisamente nel Paragrafo 5.2 dedicato alla discretizzazione temporale mediante elementi finiti. Tuttavia in questo caso le discontinuità sono relative alla variabile spaziale.

Indicheremo con $u_h(t) \in W_h$ l'approssimazione di u al tempo t, e porremo $u_h^-|_{x_i} = \lim_{x \to x_i^-} u_h(x,t)$ e $u_h^+|_{x_i} = \lim_{x \to x_i^+} u_h(x,t)$, omettendo, per semplicità, di indicare la dipendenza dal tempo ogniqualvolta essa possa essere sottointesa. Per evitare malintesi notiamo che, a differenza della notazione adottata nel Paragrafo 5.2, qui i simboli $+$ e $-$ si riferiscono (ovviamente) ai limiti rispetto alla variabile spaziale e non a quella temporale.

Il problema discretizzato in spazio diventa allora: per ogni $t > 0$ trovare $u_h = u_h(t) \in W_h$ tale che, $\forall v_h \in W_h$,

$$\int_\alpha^\beta \frac{\partial u_h}{\partial t} v_h dx + \sum_{i=1}^m \left[a \int_{x_i}^{x_{i+1}} v_h \frac{\partial u_h}{\partial x} dx + a(u_h^+|_{x_i} - U_h^-|_{x_i})v_h^+|_{x_i} \right] +$$

$$a_0 \int_\alpha^\beta u_h v_h dx = \int_\alpha^\beta f v_h dx. \quad (6.13)$$

Qui $U_h^-|_{x_i} = u_h^-|_{x_i}$, per $i = 1, \ldots, m-1$, mentre $U_h^-|_\alpha(t) = \varphi(t)$. Analogamente a quanto visto nel Paragrafo 5.2 la continuità tra elementi adiacenti non viene imposta fortemente, ma tramite il *termine di salto* $a(u_h^+|_{x_i} - U_h^-|_{x_i})v_h^+|_{x_i}$, che è anche il mezzo con cui si impone (debolmente) la condizione al bordo. Tale termine assume questa forma perchè abbiamo ipotizzato $a > 0$. Nel caso in cui $a < 0$ esso verrebbe rimpiazzato da $a(U_h^+|_{x_{i+1}} - u_h^-|_{x_{i+1}})v_h^-|_{x_{i+1}}$ (dove ora si avrebbe $U_h^+|_{x_m} = \varphi$ per imporre debolmente la condizione al bordo di destra). In pratica, se si pensa all'equazione differenziale sul singolo elemento K_i, il termine di salto appare sempre nel nodo di "inflow", coerentemente con la natura iperbolica del problema in esame (esattamente come nel caso della discretizzazione in tempo con elementi finiti discontinui, descritta nel Paragrafo 5.2, il termine di salto appariva in corrispondenza al "tempo iniziale" di ciascuna *slab* e serviva ad imporre debolmente il dato iniziale del problema).

Ponendo ora $v_h = u_h$ e ricordando che $u_h \frac{\partial u_h}{\partial t} = \frac{1}{2} \frac{\partial u_h^2}{\partial t}$ e $u_h \frac{\partial u_h}{\partial x} = \frac{1}{2} \frac{\partial u_h^2}{\partial x}$ si ottiene

$$\frac{1}{2} \frac{d}{dt} \|u_h\|_{L^2(\alpha,\beta)}^2 + \sum_{i=1}^m \left[\frac{a}{2} \int_{x_i}^{x_{i+1}} \frac{\partial u_h^2}{\partial x} dx + a(u_h^+|_{x_i})^2 - aU_h^-|_{x_i} u_h^+|_{x_i} \right] +$$

$$a_0 \|u_h\|_{L^2(\alpha,\beta)}^2 = (f, u_h), \quad (6.14)$$

dove (u, v) indica il prodotto scalare in $L^2(\alpha, \beta)$. Essendo $\displaystyle\int_{x_i}^{x_{i+1}} \frac{\partial u_h^2}{\partial x} dx = (u_h^-|_{x_{i+1}})^2 - (u_h^+|_{x_i})^2$ il secondo addendo della (6.14) si trasforma in

$$\frac{a}{2}\sum_{i=1}^{m} [(u_h^-|_{x_{i+1}})^2 - (u_h^+|_{x_i})^2 + 2(u_h^+|_{x_i})^2 - 2U_h^-|_{x_i}u_h^+|_{x_i}] =$$

$$\frac{a}{2}\sum_{i=1}^{m} [(u_h^-|_{x_{i+1}})^2 + (u_h^+|_{x_i})^2 - 2U_h^-|_{x_i}u_h^+|_{x_i}].$$

D'altra parte $\displaystyle\sum_{i=1}^{m}(u_h^-|_{x_{i+1}})^2 = \sum_{i=2}^{m+1}(u_h^-|_{x_i})^2 = \sum_{i=2}^{m}(u_h^-|_{x_i})^2 + (u_h^-|_\beta)^2$. Riarrangiando i termini, e ricordando che nei nodi interni $U_h^- = u_h^-$, si ottiene

$$\frac{a}{2}\sum_{i=1}^{m} [(u_h^-|_{x_{i+1}})^2 + (u_h^+|_{x_i})^2 - 2U_h^-|_{x_i}u_h^+|_{x_i}] =$$

$$\frac{a}{2}\sum_{i=2}^{m} [(u_h^-|_{x_i})^2 + (u_h^+|_{x_i})^2 - 2u_h^-|_{x_i}u_h^+|_{x_i}] + \frac{a}{2}[(u_h^-|_\beta)^2 + (u_h^+|_\alpha)^2] - a\varphi_h u_h^+|_\alpha =$$

$$\frac{a}{2}\sum_{i=2}^{m} (u_h^-|_{x_i} - u_h^+|_{x_i})^2 + \frac{a}{2}[(u_h^-|_\beta)^2 + (u_h^+|_\alpha)^2] - a\varphi u_h^+|_\alpha.$$

Indicando quindi con $[u_h]_i = u_h^+|_{x_i} - u_h^-|_{x_i}$ il *salto* di u_h in x_i, l'uguaglianza (6.14) si trasforma in

$$\frac{1}{2}\frac{d}{dt}\|u_h\|^2_{L^2(\alpha,\beta)} + \frac{a}{2}\sum_{i=2}^{m}[u_h]_i^2 + \frac{a}{2}[(u_h^-|_\beta)^2 + (u_h^+|_\alpha)^2] + a_0\|u_h\|^2_{L^2(\alpha,\beta)} =$$

$$(f, u_h) + a\varphi u_h^+|_\alpha.$$

Applichiamo ora la disuguaglianza di Young ai due termini nel membro di destra. Per il primo termine non precisiamo ancora la costante ϵ, mentre per il secondo la prendiamo senz'altro pari a 1 in quanto questo valore permette di semplificare il fattore contenente $u_h^+|_\alpha$ con l'analogo termine a sinistra. Abbiamo

$$\frac{1}{2}\frac{d}{dt}\|u_h\|^2_{L^2(\alpha,\beta)} + \frac{a}{2}\sum_{i=2}^{m}[u_h]_i^2 + \frac{a}{2}[(u_h^-|_\beta)^2 + (u_h^+|_\alpha)^2] + a_0\|u_h\|^2_{L^2(\alpha,\beta)} \leq$$

$$\frac{1}{2\epsilon}\|f\|^2_{L^2(\alpha,\beta)} + \frac{\epsilon}{2}\|u_h\|^2_{L^2(\alpha,\beta)} + \frac{a}{2}\varphi^2 + \frac{a}{2}(|u_h^+|_\alpha)^2.$$

Scegliendo $\epsilon = a_0$, semplificando e moltiplicando per 2 ambo i membri, si ottiene infine

$$\frac{d}{dt}\|u_h\|^2_{L^2(\alpha,\beta)} + a\sum_{i=2}^{m}[u_h]_i^2 + a(u_h^-|_\beta)^2 + a_0\|u_h\|^2_{L^2(\alpha,\beta)} \leq$$

$$\frac{1}{a_0}\|f\|^2_{L^2(\alpha,\beta)} + a\varphi^2.$$

Integrando in tempo tra 0 e T si ha la seguente stima di stabilità,

$$\|u_h(T)\|^2_{L^2(\alpha,\beta)} + a\int_0^T \sum_{i=2}^{m}[u_h(\tau)]_i^2 + (u_h^-(\tau)|_\beta)^2 + a_0\|u_h(\tau)\|^2_{L^2(\alpha,\beta)}\, d\tau \leq$$

$$\|u_h^0\|^2_{L^2(\alpha,\beta)} + \int_0^T \left[\frac{1}{a_0}\|f(\tau)\|^2_{L^2(\alpha,\beta)} + a\varphi^2(\tau)\right] d\tau,$$

essendo u_h^0 l'approssimazione del dato iniziale.

Si noti che per ottenere questa disuguaglianza abbiamo dovuto assumere $a_0 > 0$. Se $a_0 = 0$ e $f \neq 0$, si può ancora ottenere una stima di stabilità applicando il Lemma di Gronwall, ma in questo caso il risultato non sarà più (in generale) uniforme rispetto al tempo finale T e la stima perde di significato per $T \to \infty$.

Si fa notare che è possibile recuperare una stima uniforme rispetto a T nel caso $f = 0$.

Approssimazione numerica

Lo schema di Eulero all'indietro applicato a (6.13) si ottiene approssimando la derivata temporale con una differenza finita all'indietro. La (6.13) viene discretizzata come

$$\frac{1}{\Delta t}\int_\alpha^\beta u_h^{n+1}v_h dx + \sum_{i=1}^{m}\left[a\int_{x_i}^{x_{i+1}} v_h \frac{\partial u_h^{n+1}}{\partial x} dx + \right.$$

$$\left. a(u_h^{+,n+1}|_{x_i} - U_h^{-,n+1}|_{x_i})v_h^+|_{x_i}\right] = \frac{1}{\Delta t}\int_\alpha^\beta u_h^n v_h dx + \int_\alpha^\beta f^n v_h dx, \quad (6.15)$$

per $n = 0, 1, \ldots$, con u_h^0 calcolata per interpolazione del dato iniziale.

Per definire la struttura algebrica del problema in esame dobbiamo tener conto che la discretizzazione spaziale è discontinua tra elementi. Indichiamo innanzitutto con $U^n = [\mathbf{u}_1^n, \mathbf{u}_2^n, \ldots, \mathbf{u}_m^n]^T$ il vettore delle incognite al tempo t^n, essendo $\mathbf{u}_i^n = [u_{i,0}^n, \ldots, u_{i,r}^n]^T$ i gradi di libertà relativi all'elemento i-esimo. Dato che $u_h^n|_{K_i}$ è un polinomio di grado r, potrà essere rappresentato tramite l'interpolazione di Lagrange su un insieme di nodi $\{z_s^i \in K_i, s = 0, \ldots, r\}$ che sceglieremo equispaziati. Porremo inoltre $z_0^i = x_{i-1}, z_r^i = x_i$. Quindi $u_s^i = u_h^n(z_s)$, per $s = 1, \ldots, r-1$,

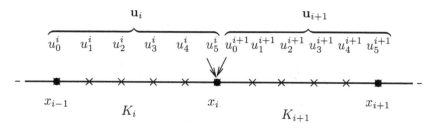

Figura 6.16. Distribuzione dei nodi e dei gradi di libertà locali nel caso $r = 4$

mentre $u_r^i = u_h^-|_{x_i}$ e $u_0^r = u_h^+|_{x_{i-1}}$. L'ultimo elemento di $\mathbf{u}_i^n$ e il primo elemento di $\mathbf{u}_{i+1}^n$ fanno riferimento allo stesso vertice, x_{i+1}, ma contengono i valori rispettivamente da sinistra e da destra di u_h, ossia $u_h^-(x_i)$ e $u_h^+(x_i)$. La Figura 6.16 illustra la distribuzione dei nodi nel caso $r = 4$. Per completare la costruzione del sistema linerare notiamo che nella numerazione del vettore che contiene tutti i gradi di libertà del problema, $U^n = [U_1^n, \ldots, U_{N_h}^n]^T$, si ha la corrispondenza $u_s^i = U_{(r+1)(i-1)+s+1}^n$, per $i = 1, \ldots, m$ e $s = 0, \ldots, r$ (si veda la Tabella 6.2). Il numero totale di incognite è quindi $N_h = m(r + 1)$.

Si noti una differenza importante con il caso continuo: il valore di u_h in α (più precisamente il valore da destra) è un'incognita, anche se in α è prescritta una condizione al bordo. Infatti, la condizione al bordo è qui imposta solo in *modo debole*. Questo significa che, in generale U_0^n sarà diverso da $\varphi(t^n)$, ma (se lo schema è convergente) si ha che $\lim_{h \to 0} |U_0^n - \varphi(t^n)| = 0$.

Denoteremo con M_i la *matrice di massa locale* (di dimensione $(r+1) \times (r+1)$) relativa all'elemento K_i, definita da $[\mathrm{M}_i]_{kl} = \int_{x_{i-1}}^{x_i} \psi_k^i \psi_l^i \, dx$, mentre C_i indica la matrice risultante dal termine di trasporto, i cui elementi sono $[\mathrm{C}_i]_{kl} = a \int_{x_{i-1}}^{x_i} \psi_k^i \dfrac{d\psi_l^i}{dx} \, dx$, essendo le ψ_s^i le funzioni di base locali relative all'elemento K_i, cioè i polinomi caratteristici di Lagrange di grado r definiti su K_i e associati ai nodi z_s^i, per $s = 0, \ldots, r$, mentre gli indici k e l variano da 1 a $r + 1$.

Per esempio, nel caso di elementi finiti lineari avremo

$$\mathrm{C}_i = \frac{a}{2} \begin{bmatrix} -1 & 1 \\ -1 & 1 \end{bmatrix}, \quad \mathrm{M}_i = \frac{h_i}{6} \begin{bmatrix} 2 & 1 \\ 1 & 2 \end{bmatrix}.$$

Definiamo ora le matrici *matrici diagonali a blocchi* M e C, di dimensione $N_h \times N_h$, i cui m blocchi diagonali sono rispettivamente le M_i e le C_i, per $i =$

(i, s)	$(1, 0)$	$(1, 1)$	...	$(1, r)$	$(2, 0)$	...	$(m, 0)$	...	(m, r)
num. gl.	1	2	...	$r + 1$	$r + 2$	...	$r(m - 1) + m$	...	$m(r + 1)$

Tabella 6.2. Corrispondenza tra gli indici della numerazione locale (i, s) del grado di libertà u_s^i e l'indice nel vettore globale U

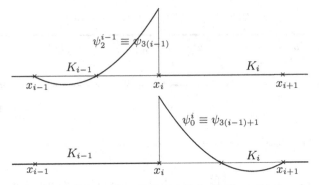

Figura 6.17. La funzione di base per gli elementi finiti discontinui, nel caso caso $r = 2$. Sono qui riprodotte le due funzioni di base che sono associate allo stesso vertice x_i della griglia. Si noti che sono discontinue e sono differenti da zero solo su un elemento di griglia

$1, \ldots, m$:

$$
M = \begin{bmatrix} M_1 & 0 & \ldots & 0 \\ 0 & M_2 & & \vdots \\ \vdots & & \ddots & 00 \ldots 0\ M_m \end{bmatrix}, \quad C = \begin{bmatrix} C_1 & 0 & \ldots & 0 \\ 0 & C_2 & & \vdots \\ \vdots & & \ddots & 00 \ldots 0\ C_m \end{bmatrix}.
$$

Usando queste definizioni, la (6.15) può essere scritta in modo compatto, scegliendo, come d'abitudine, v_h nell'insieme delle funzioni di base $\{\psi_s^i, \quad i^{\cdot} = 1, \ldots, m, \ s = 0, \ldots r\}$. Si fa notare che per definire correttamente la base per gli elementi finiti discontinui è molto importante ricordare che le funzioni ψ_s^i sono *nulle* all'infuori dell'intervallo K_i. In altre parole $\psi_s^i(x) = 0$ se $x \notin K_i$. Come conseguenza $\lim_{x \to x_i^-} \psi_0^i(x) = 0$, ma $\lim_{x \to x_i^+} \psi_0^i(x) = 1$ ed analogamente $\lim_{x \to x_{i+1}^-} \psi_r^i(x) = 1$, ma $\lim_{x \to x_{i+1}^+} \psi_r^i(x) = 0$ (si veda la Figura 6.17). Conviene inoltre ordinare le funzioni di base in modo univoco e consistente con la numerazione dei gradi di libertà U^n. Quindi porremo $\psi_{(r+1)(i-1)+s+1} = \psi_s^i$, per $i = 1, \ldots, m$ e $s = 0, \ldots, r$. L'insieme delle funzioni di base è ora $\{\psi_j, \quad j = 1, \ldots, N_h\}$. Con questa scelta di numerazione l'espansione di u_h^n può essere scritta nel modo canonico come

$$
u_h^n(x) = \sum_{j=1}^{N_h} U_j^n \psi_j(x), \quad x \in [\alpha, \beta].
$$

Si noti che, a differenza del caso continuo, ai nodi in corrispondenza dei vertici della griglia interni al dominio sono associati due gradi di libertà (e quindi due funzioni di base), rispettivamente relative al limite sinistro e destro. La Figura 6.17 illustra la situazione per le due funzioni di base associate al vertice x_i, nel caso $r = 2$. Scegliendo dunque $v_h = \psi_i$ la riga i-esima del sistema lineare associato a (6.15) si può scrivere nella forma seguente, dove M_{ij} e C_{ij} sono rispettivamente gli elementi di M e C:

$$\sum_{j=1}^{N_h} \left[(\frac{1}{\Delta t} + a_0)M_{ij} + C_{ij} \right] U_j^{n+1} + aU_0^{n+1}\psi_i^+(\alpha) +$$

$$\sum_{k=1}^{m-1} a \left(U_{(r+1)k+1}^{n+1} - U_{(r+1)k}^{n+1} \right) \psi_i^+(x_k) = a\varphi(t^n)\psi_i^+(\alpha)\frac{1}{\Delta t}\sum_{j=1}^{N_h} M_{ij}U_j^n +$$

$$\int_\alpha^\beta f^n\psi_i(x)dx, \quad i = 1, \dots, N_h. \quad (6.16)$$

Nel caso $a < 0$ si avrebbe invece,

$$\sum_{j=1}^{N_h} \left[(\frac{1}{\Delta t} + a_0)M_{ij} + C_{ij} \right] U_j^{n+1} - aU_{N_h}^{n+1}\psi_i^-(\beta) +$$

$$\sum_{k=1}^{m-1} a \left(U_{(r+1)k+1}^{n+1} - U_{(r+1)k}^{n+1} \right) \psi_i^-(x_k) = -a\varphi(t^n)\psi_i^-(\beta)\frac{1}{\Delta t}\sum_{j=1}^{N_h} M_{ij}U_j^n +$$

$$\int_\alpha^\beta f^n\psi_i(x)dx, \quad i = 1, \dots, N_h.$$

Consideriamo l'espressione (6.16). Grazie alle proprietà del polinomio caratteristico di Lagrange ed alla definizione delle funzioni di base, $\psi_i^+(x_k) = \lim_{x \to x_k^+} \psi_i(x) \neq 0$ solo se $i = (r+1)k + 1$, e in tal caso $\psi_{(r+1)k+1}^+(x_k) = 1$, essendo x_k il vertice di sinistra dell'intervallo K_k (si veda la Figura 6.17, relativa al caso $r = 2$). Quindi $\psi_i^+(\alpha) = 1$ se $i = 1$ altrimenti è nullo.

In conclusione, il sistema lineare da risolvere è della forma $AU^{n+1} = \mathbf{b}$, dove la matrice A ha la forma seguente

$$A = (\frac{1}{\Delta t} + a_0)M + C + L$$

e la matrice L ha tutti gli elementi nulli, tranne i seguenti:

$a > 0$:

$$L_{1,1} = a \quad e \quad L_{i,(i-1)} = -a, \quad L_{ii} = a, \quad \text{per } i = (r+1)s + 1, s = 1, \dots, m-1,$$

;

$a < 0$:

$$L_{N_h,N_h} = -a \quad e \quad L_{i,i} = -a, \quad L_{i,i+1} = a, \quad \text{per } i = (r+1)s, s = 1, \dots, m-1.$$

La matrice L "lega" i blocchi diagonali tra di loro. Infatti senza di essa il sistema sarebbe diagonale a blocchi e la soluzione in ciascun elemento evolverebbe in modo

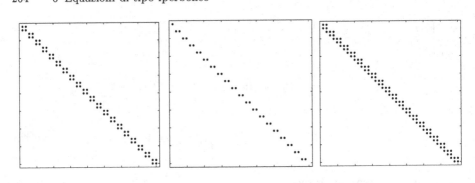

Figura 6.18. La struttura delle matrici M e C (a sinistra), della matrice L (al centro) e della matrice A (a destra) per una mesh di 20 elementi finiti lineari e $a > 0$

completamente indipendente dagli altri elementi! Anche qui possiamo notare le analogie con quanto riportato nel Paragrafo 5.2 per gli elementi finiti discontinui in tempo. La Figura 6.18 mostra la struttura delle matrici M, C, L e A, per il caso $a > 0$. Il vettore dei termini noti **b** è dato da

$$\mathbf{b} = \frac{1}{\Delta t} M U^n + [a\varphi(t^n), 0, \ldots, 0]^T + [f_1^n, \ldots, f_{N_h}^n]^T,$$

dove $f_i^n = \int\limits_\alpha^\beta f^n \psi_i \, dx$.

La struttura "quasi" diagonale a blocchi della matrice A si presta a tecniche risolutive particolari (eliminazione statica dei gradi di libertà interni, detta anche tecnica del complemento di Schur), il cui studio però va oltre gli scopi di questo esercizio.

Analisi dei risultati

Il programma `fem1d` permette di usare elementi finiti discontinui[5].

Ripetendo l'ultimo punto dell'Esercizio 6.1.6, si ottiene un grafico analogo a quello di sinistra in Figura 6.19 e, per $a_0 = 0$, il grafico di destra. Si noti come la soluzione sia discontinua anche se la soluzione esatta è continua (i dati iniziali ed al bordo sono continui). Per completare l'esercizio non ci resta che impostare il terzo caso proposto.

La soluzione esatta in questo caso soddisfa $u(x, t) = u^0(x - t)$ per $x - t > 0$, mentre è pari a 0 per $x < t$ e quindi al tempo $t = \pi/2$ presenta una discontinuità a $x = \pi/2$ (circa 0.78). Tuttavia la soluzione numerica, riportata in Figura 6.20, smussa tale discontinuità, nonostante lo spazio degli elementi finiti discontinui sia in grado di rappresentarla accuratamente, addirittura esattamente ogniqualvolta

---

[5] Allo stato attuale solo l'opzione $r = 1$ e Eulero all'indietro è attiva

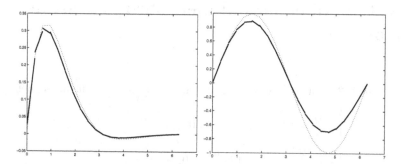

Figura 6.19. Soluzione del problema dell'Esercizio 6.1.6 calcolata con elementi finiti discontinui lineari e discretizzazione temporale con Eulero all'indietro. A sinistra il caso $a_0 = 1$, a destra il caso $a_0 = 0$. In entrambe le figure sono riportate sia la soluzione numerica al tempo $t = 2\pi$ che la soluzione esatta corrispondente (in linea tratteggiata)

la discontinuità cada su un vertice della griglia. Questa è una prova empirica del fatto che lo schema temporale Eulero all'indietro è fortemente dissipativo, anche nel contesto degli elementi finiti discontinui. Si può inoltre notare come il valore della soluzione numerica nel nodo di bordo di sinistra sia solo una approssimazione, a causa della imposizione debole del dato. Tale approssimazione è maggiormente evidente nel caso $m = 10$. $\diamondsuit$

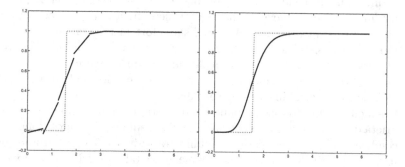

Figura 6.20. Soluzione del problema di trasporto con $u_0(x) = 1$ e $\varphi(t) = 0$, calcolata con elementi finiti discontinui lineari e discretizzazione temporale Eulero all'indietro. A sinistra la soluzione numerica con $m = 10$ elementi finiti, a destra il caso $m = 100$. In entrambe le figure è riportato il dato iniziale $\mathbf{u}^0$ e la soluzione numerica al tempo $t = \pi/4$

6.2 Sistemi di equazioni iperboliche lineari del prim'ordine

Esercizio 6.2.1 Si consideri il sistema di equazioni differenziali seguente

$$\begin{cases} \dfrac{\partial u_1}{\partial t} + 17\dfrac{\partial u_1}{\partial x} + 6\dfrac{\partial u_2}{\partial x} = 0, \\[2mm] \dfrac{\partial u_2}{\partial t} - 45\dfrac{\partial u_1}{\partial x} - 16\dfrac{\partial u_2}{\partial x} = 0, \end{cases} \qquad x \in (0,1), \quad t > 0,$$

con $u_1(x,0) = u_1^0(x)$ e $u_2(x,0) = u_2^0(x)$ per $x \in (0,1)$ e appropriate condizioni al bordo non omogenee.

1. Se ne verifichi la natura iperbolica e si precisi quante condizioni al bordo vanno specificate nei due estremi del dominio.
2. Lo si diagonalizzi in modo da arrivare ad un problema nella forma

$$\frac{\partial w_i}{\partial t} + a_i \frac{\partial w_i}{\partial x} = 0, \quad i = 1, 2,$$

   dove le incognite w_1 e w_2 sono le cosiddette *variabili caratteristiche* del sistema iperbolico in esame.
3. Si trovi il dominio di dipendenza della soluzione nel generico punto $(\bar{x}, \bar{t})$.
4. Si indichino le condizioni che devono essere soddisfatte per il problema in esame affinchè gli schemi di Eulero in avanti/centrato, Eulero all'indietro/centrato e Lax-Wendroff siano fortemente stabili.
5. Partendo dal sistema diagonalizzato, si derivi lo schema di Lax-Wendroff. Si scriva lo schema equivalente nelle variabili primitive u_1 e u_2, identificando le condizioni di compatibilità. Si usino condizioni al bordo generali, nella forma di combinazione lineare di u_1 e u_2.
6. Prendendo un dato iniziale opportuno, si studino numericamente le proprietà del sistema dato sia nel caso in cui si usino per la imposizione delle condizioni al contorno sia le variabili caratteristiche che le variabili primitive. Si verifichi inoltre numericamente la validità della condizione di stabilità trovata.

Soluzione 6.2.1

Analisi matematica del problema

Notiamo innanzitutto che se introduciamo la variabile vettoriale $\mathbf{u} = [u_1, u_2]^T$ il sistema differenziale si scrive nella forma più compatta (matriciale) seguente

$$\frac{\partial \mathbf{u}}{\partial t} + H \frac{\partial \mathbf{u}}{\partial x} = \mathbf{0},$$

dove la matrice

$$H = \begin{bmatrix} 17 & 6 \\ -45 & -16 \end{bmatrix}$$

ha autovalori pari a $a_1 = 2$ e $a_2 = -1$. Infatti il polinomio caratteristico è dato da $|H - aI| = (17 - a)(-16 - a) - 45 \times 6 = a^2 - a - 2$. Il sistema è quindi iperbolico e si dovrà imporre una singola condizione al contorno in ciascun estremo del dominio, essendo gli autovalori di segno opposto.

Avendo H autovalori distinti è sicuramente diagonalizzabile (si veda il Paragrafo B.1), quindi esiste una matrice non singolare R tale che $H = R\Lambda R^{-1}$, essendo Λ la matrice diagonale formata dagli autovalori di H. Le colonne di R sono autovettori (destri) di H.

Se indichiamo con $\mathbf{l}_1$ e $\mathbf{l}_2$ le righe di R^{-1}, dalla relazione $R^{-1}H = \Lambda R^{-1}$ si ha che $\mathbf{l}_i^T H = a_i \mathbf{l}_i$, per $i = 1, 2$ (cioè $\mathbf{l}_1$ e $\mathbf{l}_2$ sono *autovettori sinistri* di H). Moltiplicando a sinistra per $\mathbf{l}_i^T$ entrambi i membri della equazione differenziale data si ottiene

$$\mathbf{l}_i^T \frac{\partial \mathbf{u}}{\partial t} + a_i \mathbf{l}_i \frac{\partial \mathbf{u}}{\partial x} = 0,$$

quindi, ponendo $w_i = \mathbf{l}_i^T \mathbf{u}$ si ha il sistema diagonalizzato cercato

$$\frac{\partial w_i}{\partial t} + a_i \frac{\partial w_i}{\partial x} = 0, \quad i = 1, 2,$$

dove le incognite w_i sono dette *variabili caratteristiche* del sistema iperbolico in esame. Esse sono costanti lungo le *linee caratteristiche* individuate nel piano (x, t) rispettivamente dalle equazioni $dx/dt = a_i$, per $i = 1, 2$ [Qua03].

Per definire esplicitamemte il sistema diagonalizzato si può usare il comando MATLAB [R,D]=eig(H);, che ritorna in D la matrice Λ e in R proprio la matrice R. I comandi L=inv(R); l1=L(1,:); l2=L(2,:) restituiscono nelle variabili l1 e l2 i vettori cercati degli autovettori sinistri: $\mathbf{l}_1 = [16.1555, 5.3852]^T$ e $\mathbf{l}_2 = [15.8114, 6.3246]^T$ (approssimati alla quarta cifra decimale). Dalla definizione di variabile caratteristica abbiamo $w_1 = \mathbf{l}_1^T \mathbf{u} = 16.1555u_1 + 5.3852u_2$ e $w_2 = \mathbf{l}_2^T \mathbf{u} = 15.8114u_1 + 6.3246u_2$.

Il problema diagonalizzato risulta essere quindi

$$\begin{cases} \dfrac{\partial w_1}{\partial t} + 2\dfrac{\partial w_1}{\partial x} = 0, \\ \dfrac{\partial w_2}{\partial t} - \dfrac{\partial w_2}{\partial x} = 0, \end{cases} \quad x \in (0, 1), \quad t > 0,$$

con $w_1(x, 0) = w_{1,0}(x) = 16.1555u_1^0(x) + 5.3852u_2^0(x)$ e $w_2(x, 0) = w_{2,0}(x) = 15.8114u_1^0(x) + 6.3246u_2^0(x)$, per $x \in (0, 1)$.

Le due equazioni differenziali sono disaccoppiate. Tuttavia i valori di w_1 e di w_2 possono venire accoppiati dalle condizioni al bordo. Per esempio, se al bordo di sinistra si volesse imporre $u_{1,0}(0,t) = \psi(t)$, si avrebbe di conseguenza, indicando con l_{ij} la j-esima componente di $\mathbf{l}_i$, che

$$w_1(0,t) = l_{11}\psi(t) + l_{12}u_2(0,t), \, w_2(0,t) = l_{21}\psi(t) + l_{22}u_2(0,t),$$

da cui, eliminando $u_2(0,t)$ si ottiene la relazione

$$w_1(0,t) - \frac{l_{12}}{l_{22}}w_2(0,t) = (l_{11} - \frac{l_{21}}{l_{22}})\psi(t).$$

Il solo modo per non accoppiare le due variabili caratteristiche è imporre direttamente w_1 al bordo di sinistra e w_2 al bordo di destra. Tali condizioni sono dette *non riflettenti* o *assorbenti*.

Si noti infine che le variabili caratteristiche w_1 e w_2 non sono determinate univocamente. Infatti lo stesso problema diagonalizzato si sarebbe ottenuto usando al posto di $\mathbf{l}_i$ i vettori $\tilde{\mathbf{l}}_i = \alpha \mathbf{l}^i$ $(i = 1,2)$ per un $\alpha \neq 0$ qualunque: *le variabili caratteristiche sono note a meno di una costante moltiplicativa.*

Per definizione, il dominio di dipendenza D associato al punto $(\bar{x}, \bar{t})$, con $\bar{x} \in (0,1)$ e $\bar{t} > 0$, è l'insieme formato dai piedi delle due linee caratteristiche nel piano (x,t) passanti per il punto dato e di pendenza rispettivamente pari a $a_1 = 1/2$ e $a_2 = -1$. Occorre però tenere conto che il dominio è limitato e quindi avremo $D = \{x_1, x_2\}$ con $x_1 = \max(\bar{x} - 2\bar{t}, 0)$ e $x_2 = \min(\bar{x} + \bar{t}, 1)$. In Figura 6.21 sono illustrati i domini di dipendenza di tre punti nel piano (x,t). Si noti come per (x_1, t_1) il piede della caratteristica di sinistra cada sulla retta $x = 0$. Quindi la soluzione in tale punto dipenderà sia dalle condizioni iniziali (tramite la caratteristica di destra) che dal valore di w_1 al bordo di sinistra (essendo w_1 la variabile caratteristica associata all'onda entrante da quel bordo). Per il punto (x_2, t_2) invece, il dominio di dipendenza è associato esclusivamente ai valori iniziali, quindi la soluzione in tal punto non risente dei dati al bordo. Viceversa, la soluzione nel punto (x_3, t_3) dipende dai valori al bordo dato che il piede di entrambe le caratteristiche cade sulle linee che delimitano il dominio spaziale. Più precisamente dipende da $w_1(0,A)$ e $w_2(1,B)$ (si fa riferimento alla Figura 6.21).

Occorre ora fare una importante precisazione. Se le condizioni al bordo sono entrambe non-riflettenti, $w_1(0,t) = \phi_1(t)$ e $w_2(1,t) = \phi_2(t)$, la soluzione nel punto (x_3, t_3) dipende esclusivamente dai dati al bordo $\phi_1(A)$ e $\phi_2(B)$. In effetti si può vedere che in questo caso a partire dal tempo $t = 1$ i valori della soluzione in ogni punto del dominio dipenderanno solo dai dati al bordo: le "onde" prodotte dalla condizione iniziale sono uscite completamente dal dominio. Se invece le condizioni non sono assorbenti, abbiamo visto che il valore $w_1(0,A)$ sarà funzione di $w_2(0,A)$, che a sua volta è pari a $w_{2,0}(x_A)$. Analogamente, $w_2(1,B)$ dipende da $w_1(1,B)$, che è pari a $w_{1,0}(x_B)$. Quindi la soluzione in (x_3, t_3) dipende non solo da $\phi_1(A)$ e $\phi_2(B)$, ma anche dalla condizione iniziale nei punti x_A e x_B. In generale, quando le condizioni al bordo non sono assorbenti la condizione iniziale viene (parzialmente) riflessa e quindi continua a influenzare la soluzione del problema in esame per ogni $t > 0$.

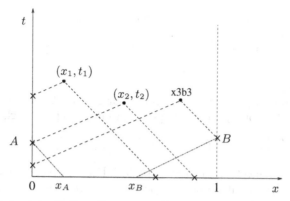

Figura 6.21. Il dominio di dipendenza, evidenziato con delle ×, di tre punti nel piano (x, t), relativamente al problema iperbolico illustrato nell'Esercizio 6.2.1

Approssimazione numerica

Lo schema di Eulero in avanti/centrato è incondizionatamente (fortemente) instabile e questo ovviamente vale anche per il caso in esame, così come l'incondizionata stabilità del metodo di Eulero all'indietro. Infine, il metodo di Lax-Wendroff è soggetto ad una condizione di stabilità che lega il passo temporale massimo ammissibile al passo di discretizzazione spaziale h. Dall'analisi del problema diagonalizzato risulta che entrambe le condizioni $\dfrac{2\Delta t}{h} \leq 1$ e $\dfrac{\Delta t}{h} \leq 1$ devono essere soddisfatte; è dunque necessario avere $\Delta t \leq \dfrac{h}{2}$. Il rapporto $\Delta t \dfrac{\max(|a_1|, |a_2|)}{h} = \dfrac{2\Delta t}{2}$ è il numero di CFL per il nostro problema.

Analisi dei risultati

Supponiamo di dividere il dominio in una griglia di N nodi x_j, con $j = 1, \ldots, N$, equispaziati di h, e poniamo $t^n = n\Delta t$ per un $\Delta t > 0$ e $n = 1, \ldots, M$, essendo $M = T/\Delta t$. Indichiamo inoltre con $\mathbf{W}_j^n = [w_{1,j}^n, w_{2,j}^n]^T$ l'approssimazione delle variabili caratteristiche al nodo x_j e al tempo t^n, mentre $\mathbf{U}_j^n = [u_{1,j}^n, u_{2,j}^n]^T$ indicherà l'analoga quantità per le variabili primitive.

Schemi numerici ad un passo per le due variabili caratteristiche possono scriversi, per i nodi interni, nella forma

$$w_{i,j}^{n+1} = w_{i,j}^n - \frac{\Delta t}{h} \left[f_{i,j+1/2}^n - f_{i,j-1/2}^n \right], \quad j = 2, \ldots N - 1$$

dove $f_{i,j+1/2}$ è il *flusso numerico* che caratterizza lo schema, ed in particolare per lo schema di Lax-Wendroff si ha

$$f_{i,j\pm1/2}^n = \frac{a_i}{2}(w_{i,j\pm1}^n + w_{i,j}^n) \mp \frac{\Delta t a_i^2}{h}(w_{i,j\pm1}^n - w_{i,j}^n). \tag{6.17}$$

Lo schema può anche scriversi in forma vettoriale come

$$\mathbf{W}_j^{n+1} = \mathbf{W}_j^n - \frac{\Delta t}{h}\left[\mathbf{F}_{j+1/2}^n - \mathbf{F}_{j-1/2}^n\right], \quad j = 2,\dots N-1,$$

con $\mathbf{F}_{j\pm 1/2}^n = [f_{1,j\pm 1/2}^n, f_{2,j\pm 1/2}^n]^T$.

I nodi di bordo vanno trattati in modo particolare. Considereremo qui delle condizioni al bordo molto generali. Supporremo infatti che si voglia imporre

$$\mathbf{c}_1^T \mathbf{u}(0,t) = \psi_1(t) \quad \text{e } \mathbf{c}_2^T \mathbf{u}(1,t) = \psi_2(t), \quad \text{per } t > 0,$$

dove $\mathbf{c}_i \in \mathbb{R}^2$ sono due vettori di coefficienti dati. Per esempio, ponendo $\mathbf{c}_1 = [1,0]^T$ si ottiene la condizione al bordo $u_1(0,t) = \psi_1(t)$ già esaminata in precedenza, mentre $\mathbf{c}_1 = \mathbf{l}_1$ corrisponde ad imporre w_1 nel bordo di sinistra (condizione non riflettente). In termini di variabili caratteristiche abbiamo

$$\mathbf{c}_1^T \mathbf{R} \mathbf{W}(0,t) = \psi_1(t), \quad \mathbf{c}_2^T \mathbf{R} \mathbf{W}(1,t) = \psi_2(t), \tag{6.18}$$

che lega il valore delle variabili caratteristiche al bordo tra loro tramite i vettori $\mathbf{c}_i^T \mathbf{R}$, a meno che non si abbia $\mathbf{c}_i = \mathbf{l}_i$, poichè in tal caso $\mathbf{l}_1^T \mathbf{R} = [1,0]^T$ e $\mathbf{l}_2^T \mathbf{R} = [0,1]^{T\,6}$. Possiamo notare inoltre che la scelta $\mathbf{c}_1 = \mathbf{l}_2$ (così come $\mathbf{c}_2 = \mathbf{l}_1$) è *inammissibile* in quanto corrisponderebbe a imporre w_2 nel bordo di di sinistra (e w_1 nel bordo di destra), incompatibilmente con il segno del termine di trasporto nelle equazioni rispettive. In generale, *non è possibile imporre al bordo una combinazione lineare qualunque di u_1 e u_2: dobbiamo escludere quelle che corrispondono a fornire il valore della variabile caratteristica uscente nel bordo considerato.*

Le relazioni (6.18) non sono sufficienti a chiudere il problema algebrico al bordo. Infatti sui nodi di bordo dobbiamo determinare 4 incognite (i valori di u_1 e u_2 nei due nodi di bordo), mentre le condizioni al bordo ci forniscono solo 2 relazioni! Quindi dobbiamo complementarle sfruttando l'informazione che ci viene data dalle equazioni differenziali stesse. Consideriamo il bordo di sinistra (il bordo di destra si tratta in modo analogo), dove l'approssimazione w_2 deve essere il risultato della discretizzazione della equazione corrispondente, dato che $a_2 < 0$. Scriviamo dunque per il primo nodo

$$w_{2,1}^{n+1} = w_{2,1}^n - \frac{\Delta t}{h}\left[f_{2,-1/2}^n - f_{2,1/2}^n\right]. \tag{6.19}$$

Per $f_{2,-1/2}^n$ non possiamo usare la formula (6.17) perchè essa coinvolgerebbe il valore nel nodo x_{-1}, esterno al dominio. Usiamo allora l'espressione per il flusso upwind, che in generale è data da

$$f_{i,j\pm 1/2}^n = \frac{a_i}{2}(w_{i,j\pm 1}^n + w_{i,j}^n) \mp |a_i|(w_{i,j\pm 1}^n - w_{i,j}^n),$$

e che in questo caso fornisce (essendo $a_2 < 0$) semplicemente

---

[6] Si ricorda che la matrice avente i vettori $\mathbf{l}_i^T$ come righe è pari a $\mathbf{R}^{-1}$.

$$f^n_{2,-1/2} = a_2 w^n_{2,1}.$$

Analogamente porremo per il calcolo di w_1 nel bordo di destra[7]

$$f^n_{1,N+1/2} = a_1 w^n_{1,N}.$$

Ritornando alle variabili primitive, ricordando che $\mathbf{u} = R\mathbf{W}$ e che $H = R\Lambda R^{-1}$ ed indicando

$$\mathcal{F}^n_{j\pm 1/2} = R\mathbf{F}^n_{j\pm 1/2} = \frac{1}{2}H(\mathbf{U}^n_{j\pm 1} + \mathbf{U}^n_j) \mp \frac{\Delta t}{2h}H^2(\mathbf{U}^n_{j\pm 1} - \mathbf{U}^n_j),$$

abbiamo, per $n = 0, 1, \ldots, M$,

$$\mathbf{U}^{n+1}_j = \mathbf{U}^n_j - \frac{\Delta t}{h}(\mathcal{F}^n_{j+1/2} - \mathcal{F}^n_{j-1/2}), \quad j = 2, \ldots, N-1,$$

mentre al bordo dovremo imporre

$$\begin{cases} \mathbf{c}_1^T \mathbf{U}^{n+1}_1 = \psi_1(t^{n+1}), \\ \mathbf{l}_2^T \mathbf{U}^{n+1}_1 = \mathbf{l}_2^T \left[\mathbf{U}^n_1 - \frac{\Delta t}{h}(\mathcal{F}^n_{1+1/2} - \mathcal{F}^n_{-1/2}) \right], \end{cases}$$

e

$$\begin{cases} \mathbf{c}_2^T \mathbf{U}^{n+1}_N = \psi_2(t^{n+1}), \\ \mathbf{l}_1^T \mathbf{U}^{n+1}_N = \mathbf{l}_1^T \left[\mathbf{U}^n_N - \frac{\Delta t}{h}(\mathcal{F}^n_{N+1/2} - \mathcal{F}^n_{N-1/2}) \right]. \end{cases}$$

Si noti che il valore al bordo del flusso numerico in funzione delle variabili primitive può essere calcolato semplicemente come[8]

$$\mathcal{F}^n_{-1/2} = HU^n_1, \quad \text{e } \mathcal{F}^n_{N+1/2} = HU^n_N, \tag{6.20}$$

in quanto la premoltiplicazione con il vettore $\mathbf{l}_i$ seleziona automaticamente la componente corretta: per esempio $\mathbf{l}_2^T HU^n_1 = a_2 \mathbf{l}_2^T \mathbf{U}^n_1 = a_2 w^n_{2,1}$.

Analisi dei risultati

Per verificare le proprietà delle condizioni al bordo riflettenti si è impostato il caso numerico seguente (i dettagli MATLAB possono essere trovati nello script `esercizio_syshyp.m`). Il dato iniziale è stato calcolato imponendo $w_1(x, 0) =$

---

[7] Come dettaglio implementativo si fa notare che si sarebbe giunti allo stesso risultato usando (6.17) e definendo due nodi "fittizi" x_{-1} e x_{N+1}, attribuendo loro il valore estrapolato dal nodo di bordo adiacente, cioè $w^n_{2,-1} = w^n_{2,1}$ e $w^n_{1,N+1} = w^n_{1,N}$. Questa tecnica, molto adottata in pratica, è appunto denominata *tecnica del nodo fittizio* ("ghost node").

[8] In effetti questo è il risultato che si ottiene con l'applicazione della tecnica del nodo fittizio.

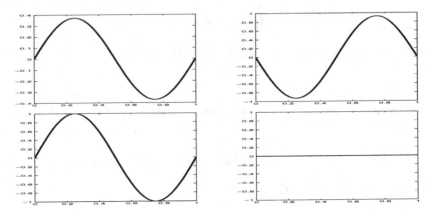

Figura 6.22. Soluzione iniziale del problema illustrato nell'Esercizio 6.2.1. In alto i valori iniziali di u_1 e u_2, in basso le variabili caratteristiche w_1 e w_2 corrispondenti.

$\sin(2\pi x)$ e $w_2(x,0) = 0$. Si è suddiviso il dominio in 80 intervalli di ampiezza $h = 1/80$ ed il passo temporale è stato scelto pari a $\Delta t = 0.95\frac{h}{2}$, in modo da essere entro i limiti di stabilità con un numero di CFL pari a 0.95. Si è calcolata la soluzione numerica al tempo $T = 0.25$, usando due condizioni al bordo differenti. Il primo calcolo prevede condizioni al bordo assorbenti, $c_1 = l_1$ e $c_2 = l_2$, con $\psi_1 = \psi_2 = 0$. Successivamente si è considerato il caso $c_1 = l_1$ e $c_2 = [0,1]^T$, che corrisponde a una condizione assorbente nel bordo di sinistra ed a imporre $u_2 = 0$ nel bordo di destra. Il calcolo è stato eseguito utilizzando il Programma 23, scegliendo il flusso numerico di Lax Wendroff.

Il risultato è riportato, in termini di variabili primitive e caratteristiche, in Figura 6.23, mentre la Figura 6.22 mostra il dato iniziale. La soluzione del secondo caso è riportata in linea tratteggiata. Si possono fare le considerazioni seguenti:

1. l'onda associata a w_1 si è spostata a destra di 0.5, coerentemente con il valore di a_1.

2. Nel caso di condizioni al bordo non-riflettenti, w_1 esce dal bordo di destra senza indurre riflessioni, infatti w_2 si mantiene costante e pari al dato iniziale. La soluzione in vicinanza del bordo di sinistra è nulla, coerentemente con la condizione $w_1 = w_2 = 0$ lì applicata.

3. Nel caso di condizione riflettente al bordo di destra, parte dell'onda associata a w_1 si è riflessa e rientra nel dominio sotto forma di onda associata a w_2.

4. La soluzione in vicinanza al bordo di sinistra è inalterata nei due casi. L'onda riflessa non ha avuto tempo di arrivare al bordo di sinistra: in effetti, essendo $a_2 = -1$, essa ha influenzato solo la porzione $0.75 \le x \le 1$ del dominio.

5. Nel caso di condizione al bordo riflettente, l'effetto di sovrapposizione delle due componenti d'onda (associate rispettivamente a w_1 e a w_2) su u_1 e u_2 è evidente.

Programma 23 - hypsystem : Risoluzione con differenze finite di un sistema iperbolico lineare di due equazioni

```
[U,W,t]=hypsystem(U,t,H,c1,phi1,c2,phi2,dt,h,nsteps,K,f1,f1)
Risoluzione con differenze finite del sistema iperbolico 2 x 2
              @_t U + H @_x U + K u =f in (a,b)
 con condizioni al bordo: c1 U(a,t) =phi1(t) , c2 U(b,t)= phi2(t)
 U          di dimensione (2,nnodes) contiene in input l'approssimazione nei
            nodi di griglia della condizione iniziale, in output la soluzione
            calcolata al tempo finale
 t          tempo iniziale in input, tempo finale in output
 H          matrice 2 x 2 con autovalori reali e di segno opposto
 c1,c2,     vettori di dimensione (2,1) usati per le condizioni al bordo
 phi1, phi2 stringhe che definiscono due funzioni di t usate per
            le condizioni al bordo
 dt         passo temporale scelto   h  passo spaziale scelto
 nsteps     numero di passi temporali desiderati
 fluxtype:  'CE' centrato, 'LW' Lax Wendroff, 'LF' Lax Friedrics', 'UP' Upwind
 K          matrice 2x2 che difinisce il termine di ordine zero.
            Se omessa, viene assunta nulla
 f1,f2      Funzioni di $t$ (date come stringhe) per il termine
            forzante. Se omesse sono assunte nulle
 W          vettore di dimensione (2,nnodes) contenente le variabili
            caratteristiche al tempo finale
```

Si è poi ripetuto il calcolo prendendo $\Delta t = 1.1\frac{h}{2}$, valore appena al di fuori dell'intervallo di stabilità. La Figura 6.24 mostra il risultato a $T = 0.25$ sia per le variabili primitive che per le variabili caratteristiche. Si può notare come w_2 non sia influenzata dalla instabilità. Infatti, $|a_2| = 2|a_1|$ e quindi il valore del numero di CFL scelto (pari a 1.1) soddisfa la condizione di stabilità per w_2. D'altra parte anche nel caso di condizioni al bordo non riflettenti le oscillazioni di w_1 (che hanno già una ampiezza di circa 1400!) non hanno ancora raggiunto il bordo e quindi non stanno influenzando w_2. In Figura 6.25 mostriamo il risultato a $T = 0.6$. Si noti che ora nel caso di condizioni al bordo riflettenti l'instabilità si è propagata anche a w_2. Chiaramente, u_1 e u_2 risentono comunque della instabilità: si giustifica quindi la scelta del valore più restrittivo di Δt per il limite di stabilità del sistema.

Come ultima considerazione notiamo come nell'ultimo caso esaminato l'instabilità per w_1 si generi a partire dalla "coda" dell'onda sinusoidale. Lo si può osservare lanciando il programma per un tempo piccolo, per esempio $T = 0.1$, come illustrato in Figura 6.26. Questo è dovuto al fatto che la soluzione ha una discontinuità nella derivata prima nel punto in cui la sinusoide si raccorda con il tratto $w_1 = 0$ emanato dalla condizione al bordo di sinistra. Punti di discontinuità della derivata sono sedi naturali di "attivazione" di instabilità numerica quando Δt sia superiore

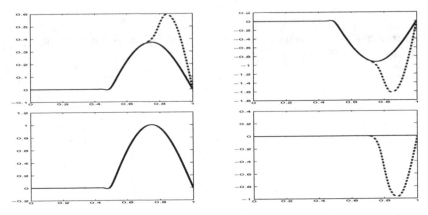

Figura 6.23. Soluzione al tempo $T = 0.25$ del problema illustrato nell'Esercizio 6.2.1. In alto le variabili primitive u_1 e u_2, in basso le variabili caratteristiche w_1 e w_2 corrispondenti. In linea continua la soluzione ottenuta con condizioni al bordo riflettenti, in linea tratteggiata la soluzione ottenuta imponendo a destra $u_2 = 0$. Si noti la riflessione d'onda associata al secondo caso

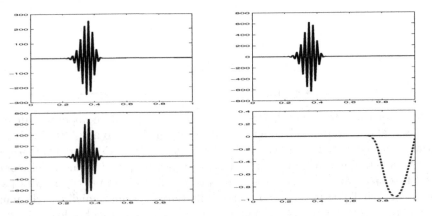

Figura 6.24. Soluzione al tempo $T = 0.25$ del problema illustrato nell'Esercizio 6.2.1, nel caso $\Delta t = 1.1 \frac{h}{2}$. In alto le variabili primitive u_1 e u_2, in basso le variabili caratteristiche w_1 e w_2 corrispondenti. In linea continua la soluzione ottenuta con condizioni al bordo riflettenti, in linea tratteggiata la soluzione ottenuta imponendo a destra $u_2 = 0$. Si noti come la soluzione per w_1 sia completamente dominata da oscillazioni spurie

al valore critico. Si fa però notare che la instabilità si sarebbe attivata comunque (magari più lentamente) anche se la soluzione fosse stata più regolare.   ◇

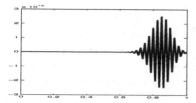
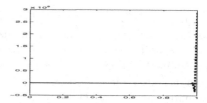

Figura 6.25. Soluzione al tempo $T = 0.6$ del problema illustrato nell'Esercizio 6.2.1, nel caso $\Delta t = 1.1\frac{h}{2}$. Si mosrtano solo le variabili caratteristiche w_1 e w_2. Si noti come nel caso di condizioni al bordo riflettenti (linea tratteggiata) w_2 risenta della riflessione delle oscillazioni spurie di w_1 al bordo di destra

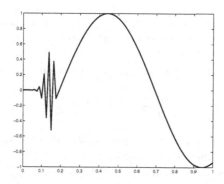

Figura 6.26. Andamento di w_1 al tempo $T = 0.1$ nel caso $\Delta t = 1.1\frac{h}{2}$

Esercizio 6.2.2 (*) Il flusso di un fluido incomprimibile di densità ρ in una condotta idraulica con pareti elastiche (si veda la Figura 6.27) mostra un interessante fenomeno propagativo.

Consideriamo una condotta cilindrica di sezione $A_0 = A_0(x)$, essendo x la coordinata lungo l'asse della condotta. In essa fluisce un fluido con portata volumetrica $Q = Q(x, t)$. Supponiamo che si possa assumere che la velocità u sia costante in ciascuna sezione assiale, quindi $Q = uA$. A causa della deformabilità della condotta la sezione si deforma a seconda della condizioni del flusso e quindi la sua area $A = A(x, t)$ varia sia in tempo che in spazio. La differenza tra la pressione del fluido all'interno della condotta, sottratta della componente idrostatica dovuta all'azione della forza di gravità, e la pressione esterna è indicata da $P = P(x, t)$. Essa è la responsabile della deformazione della condotta, cioè del fatto che in presenza del fluido $A \neq A_0$.

Supponiamo inoltre che il fluido sia poco viscoso, per cui gli effetti della viscosità si fanno sentire solo in vicinanza delle parete della condotta e possono essere assimilabili a un termine di resistenza al moto (resistenza d'attrito).

Si assuma che la parete della condotta idraulica sia elastica e le deformazioni siano piccole. La legge di Poisson per i tubi in pressione conduce alla relazione seguente tra P e il diametro d del tubo

$$Es\frac{d - d_0}{d_0} = P, \tag{6.21}$$

essendo E il modulo di Young del materiale costituente la parete del condotto e s il suo spessore.

1. Si ricavi un sistema di equazioni differenziali nelle sole variabili A e Q, ipotizzando inoltre che si possa linearizzare il problema attorno allo stato $A = A_0$ e $u = q$, essendo q la velocità media del fluido nel condotto.

2. Si scriva il sistema ottenuto nella forma *quasi-lineare* seguente

$$\frac{\partial \mathbf{u}}{\partial t} + H\frac{\partial \mathbf{u}}{\partial x} + K\mathbf{u} = \mathbf{b},$$

   dove $\mathbf{u}$ è il vettore delle incognite $[A, Q]^T$ e H, K sono due matrici di coefficienti opportune, mentre $\mathbf{b}$ è un termine forzante. Si caratterizzi tale problema e, conseguentemente, si indichino appropriate condizioni al contorno. Si discuta della sua diagonalizzazione mettendo in luce le differenze e le analogie con l'esercizio precedente.

3. Si studi infine la stabilità del problema sotto condizioni al bordo non riflettenti, dati regolari e $\mathbf{b} = \mathbf{0}$.

4. Utilizzando il Programma 23 si risolva il problema di una condotta idraulica di 100 metri con caratteristiche elastiche tali che $c = \sqrt{Es/2\rho} = 30$ m/s. A regime la condotta ha una portata di $Q = 8$ m^3/s, con una velocità media del fluido di $q = 8$ m/s, a cui corrisponde una sezione media di 1 m^2.

   Si consideri la chiusura della estremità a valle in due situazioni: chiusura lenta, che viene eseguita in 10 secondi, e chiusura rapida d'emergenza, eseguita in 0.5 secondi. Si consideri in entrambi i casi una variazione lineare della portata in uscita Q_u rispetto al tempo. Si stimi l'andamento della sovrapressione P (per un calcolo approssimato di P si linearizzi la relazione (6.21). Si consideri un coefficiente d'attrito pari a $K_r = 0.1$ s^{-1} e si assuma che nella sezione a monte vi sia un serbatoio che mantenga la sovrapressione P nulla.

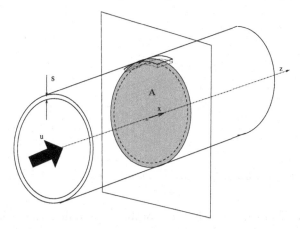

Figura 6.27. Schematizzazione di una condotta idraulica a sezione circolare

Soluzione 6.2.2

Formulazione del modello matematico

Le equazioni differenziali che governano il moto del fluido nella condotta sotto queste ipotesi sono date da (per una loro derivazione si consulti, per esempio, [QF04])

$$\frac{\partial A}{\partial t} + \frac{\partial Q}{\partial x} = 0, \tag{6.22}$$

$$\frac{\partial Q}{\partial t} + \frac{\partial}{\partial x}\left(\frac{Q^2}{A}\right) + \frac{A}{\rho}\frac{\partial P}{\partial x} + K_r Q = 0,$$

dove K_r è il coefficiente di attrito che rappresenta gli effetti viscosi (che per semplicità assumeremo costante) e ρ la densità del fluido (costante anch'essa). La prima equazione esprime la legge di continuità della massa, mentre la seconda quella della quantità di moto.

Dato che P nella equazione precedente rappresenta, a meno della pressione esterna P_e (un valore costante, spesso posto uguale a zero), la pressione nella condotta sottratta del termine idrostatico il valore effettivo della pressione nella condotta è dunque pari a $P_c = P_e + \rho g H$ dove g è l'accelerazione di gravità e $H = H(x)$ la *quota* della condotta.

Il problema che si vuole esaminare è il cosiddetto *colpo d'ariete*, caratteristico di condotte forzate quando la valvola a valle viene chiusa. L'inerzia della massa fluida nella condotta causa un aumento di pressione che si trasmette a partire dalla valvola a valle e si propaga lungo la condotta fino all'imboccatura a monte, dove viene in parte riflessa sotto forma di un onda di depressione che si propaga verso valle fino a venir riflessa di nuovo, e così via. In realtà il fenomeno della riflessione

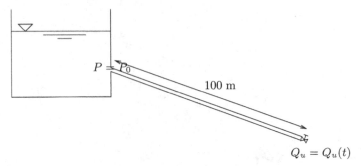

Figura 6.28. La condotta idraulica dell'Esercizio 6.2.2

coinvolge le variabili caratteristiche del problema, e quindi non solo la pressione, ma anche il flusso Q risente di oscillazioni.

Per l'analisi richiesta possiamo considerare senz'altro P come incognita ed ignorare il contributo idrostatico, che potrà sempre essere aggiunto successivamente, se necessario.

Analisi matematica del problema

Riscrivendo la relazione (6.21) in funzione dell'area della sezione, essendo $A = \pi d^2/4$, si ottiene

$$P = \beta \frac{\sqrt{A} - \sqrt{A_0}}{\sqrt{A_0}} = \beta \left(\sqrt{\frac{A}{A_0}} - 1 \right),$$

con $\beta = Es$. Dunque

$$\frac{\partial P}{\partial x} = \frac{\partial P}{\partial A}\frac{\partial A}{\partial x} + \frac{\partial P}{\partial A_0}\frac{\partial A_0}{\partial x} = \frac{\beta}{2\sqrt{A}\sqrt{A_0}}\frac{\partial A}{\partial x} - \frac{\beta}{2A_0}\sqrt{\frac{A}{A_0}}\frac{\partial A_0}{\partial x}.$$

Quindi

$$\frac{A}{\rho}\frac{\partial P}{\partial x} = \frac{\beta}{2\rho}\frac{A^{1/2}}{A_0^{1/2}}\frac{\partial A}{\partial x} - \frac{\beta}{2\rho}\frac{A^{3/2}}{A_0^{3/2}}\frac{\partial A_0}{\partial x}.$$

Dato che abbiamo assunto piccoli spostamenti è lecito linearizzare l'espressione precedente assumendo che $A/A_0 \simeq 1$, quindi porremo

$$\frac{A}{\rho}\frac{\partial P}{\partial x} \simeq c^2\frac{\partial A}{\partial x} - c^2\frac{\partial A_0}{\partial x},$$

dove $c = \sqrt{\dfrac{Es}{2\rho}}$ è un parametro che dipende dalle caratteristiche meccaniche della parete del condotto e dalla densità del fluido.

Il termine

$$\frac{\partial}{\partial x}(Q^2/A) = 2\frac{Q}{A}\frac{\partial Q}{\partial x} - \frac{Q^2}{A^2}\frac{\partial Q}{\partial x}$$

viene approssimato nel modo seguente

$$\frac{\partial}{\partial x}(Q^2/A) = 2u\frac{\partial Q}{\partial x} - u^2\frac{\partial A}{\partial x} \simeq 2q\frac{\partial Q}{\partial x} - q^2\frac{\partial A}{\partial x}.$$

Tale approssimazione è solo parzialmente giustificata. In effetti anche se $A - A_0$ è piccolo, ciò non è necessariamente vero per la differenza $u - q$ e non sarebbe quindi lecito approssimare u con q. Tuttavia nel caso di condotte idrauliche l'errore commmessso è piccolo rispetto agli altri termini in gioco e si ritiene che l'approssimazione fatta sia accettabile ai fini di linearizzare il termine inerziale.

Sostituendo le approssimazioni fatte nelle equazioni originali si ottiene

$$\frac{\partial A}{\partial t} + \frac{\partial Q}{\partial x} = 0, \tag{6.23}$$
$$\frac{\partial Q}{\partial t} + 2q\frac{\partial Q}{\partial x} + (c^2 - q^2)\frac{\partial A}{\partial x} + K_r Q = c^2\frac{\partial A_0}{\partial x},$$

per $0 < x < L$ e $t > 0$. Esso è un sistema di equazioni lineari del prim'ordine nelle variabili A e Q.

La sua scrittura in forma quasi lineare è immediata, con

$$H = \begin{bmatrix} 0 & 1 \\ c^2 - q^2 & 2q \end{bmatrix}, \quad K = \begin{bmatrix} 0 & 0 \\ 0 & K_r \end{bmatrix}, \quad b = \begin{bmatrix} 0 \\ c^2\frac{\partial A_0}{\partial x} \end{bmatrix}.$$

Gli autovalori $a_{1,2}$ di H soddisfano

$$|H - aI| = \begin{vmatrix} -a & 1 \\ c^2 - q^2 & 2q - a \end{vmatrix} = a^2 + 2aq + q^2 - c^2 = 0,$$

le cui soluzioni sono date da $a_{1,2} = q \pm c$. Il sistema è quindi iperbolico e le condizioni al bordo sono determinate dal segno di $q + c$ e $q - c$. In particolare, se $\frac{|q|}{c} < 1$ gli autovalori hanno segno opposto e si dovrà applicare una condizione a $x = 0$ e una a $x = L$. Se invece $\frac{q}{c} > 1$ si dovranno applicare due condizioni a $x = 0$, mentre le si applicherà entrambe a $x = L$ se $\frac{q}{c} < -1$. Infine, nel caso $\frac{|q|}{c} = 1$ il sistema ammette una sola condizione al contorno: a $x = 0$ se $q > 0$, altrimenti a $x = L$.

Come visto nell'Esercizio 6.2.1, si devono calcolare gli autovettori sinistri l_1 e l_2 della matrice H. Dato che gli autovettori sono noti a meno di una costante moltiplicativa, imporremo qui, senza perdita di generalità, che $\|l_1\| = \|l_2\| = 1$. Tuttavia non li calcoleremo esplicitamente poichè non è necessario per la prosecuzione dell'esercizio.

Se moltiplichiamo il sistema in forma quasi lineare per la matrice $L = \begin{bmatrix} l_1^T \\ l_2^T \end{bmatrix}$, e definiamo $\mathbf{W} = L\mathbf{u}$, otteniamo

$$\frac{\partial \mathbf{W}}{\partial t} + \Lambda \frac{\partial \mathbf{W}}{\partial x} + \tilde{K}\mathbf{W} = L\mathbf{b}, \tag{6.24}$$

con $\tilde{K} = LKL^{-1}$. Le condizioni iniziali sono date da $w_{i,0} = \mathbf{l}_i^T \begin{bmatrix} A_0 \\ Q_0 \end{bmatrix}$, per $i =$ 1, 2. Le variabili w_1 e w_2 sono le *variabili caratteristiche* del nostro problema. Facendo riferimento all'esercizio precedente la matrice $R = L^{-1}$ ha come colonne gli autovettori (destri) di H.

Se $K_r = 0$ e $\mathbf{b} = \mathbf{0}$ allora K e conseguentemente $\tilde{K}$, è nullo e il sistema (6.24) nelle incognite $\mathbf{W} = [w_1, w_2]^T$ diventa diagonale

$$\begin{cases} \dfrac{\partial w_1}{\partial t} + a_1 \dfrac{\partial w_1}{\partial x} = 0, \\ \dfrac{\partial w_2}{\partial t} + a_2 \dfrac{\partial w_2}{\partial x} = 0, \end{cases} \tag{6.25}$$

e si ricade nel caso già visto nell'Esercizio 6.2.1.

Supponiano di avere $a_1 > 0$ e $a_2 < 0$ e di considerare condizioni al bordo non riflettenti,

$$w_1(0,t) = \psi_1(t), \quad w_1(L,t) = \psi_2(t) \qquad t > 0, \tag{6.26}$$

con Ψ_1 e Ψ_2 funzioni assegnate. Un risultato di stabilità si ottiene moltiplicando la prima equazione in (6.25) per w_1 e la seconda per w_2, integrando tra 0 e L e applicando le condizioni al bordo,

$$\begin{cases} \dfrac{d}{dt}\|w_1(t)\|^2_{L^2(0,L)}(t) + |a_1|w_1^2(L,t) = |a_1|\psi_1^2(t), \\[2mm] \dfrac{d}{dt}\|w_2(t)\|^2_{L^2(0,L)}(t) + |a_2|w_2^2(0,t) = |a_2|\psi_2^2(t), \end{cases}$$

dove $\|w_i(t)\|^2_{L^2(0,L)} = \displaystyle\int_0^L w_i^2(x,t)dx$.

Per avere una notazione più compatta introduciamo la norma $\|\mathbf{W}\|_{L^2(0,L)} = \sqrt{\|w_1\|^2_{L^2(0,L)} + \|w_2\|^2_{L^2(0,L)}}$. Sommando membro a membro le due equazioni precedenti si ha allora

$$\frac{d}{dt}\|\mathbf{W}(t)\|^2_{L^2(0,L)} + |\Lambda| \begin{bmatrix} w_1^2(L,t) \\ w_2^2(0,t) \end{bmatrix} = |\Lambda|\Psi(t), \tag{6.27}$$

dove $\Psi = [\psi_1^2, \psi_2^2]^T$ e $|\Lambda| = \text{diag}(|a_1|, |a_2|)$. Integrando in tempo tra 0 e t si ottiene infine

$$\|\mathbf{W}(t)\|^2_{L^2(0,L)} + \int_0^t |a_1|w_1^2(L,\tau) + |a_2|w_2^2(0,\tau)d\tau$$

$$\leq \|\mathbf{W}_0\|^2_{L^2(0,L)} + |\Lambda|\int_0^t \Psi(\tau)d\tau. \tag{6.28}$$

Conseguentemente, per ogni $t > 0$ la soluzione $\mathbf{W}$ è controllata in norma L^2 dai dati del problema. Perchè la disuguaglianza abbia senso il dato iniziale deve essere in $L^2(0, L)$ e il dato al bordo in $L^2(0, T)$, essendo T il tempo finale.

Dalla relazione precedente si può ricavare anche una stima a-priori nelle variabili primitive $\mathbf{u}$ in quanto le norme in L^2 di $\mathbf{u}$ e di $\mathbf{W}$ sono equivalenti, infatti

$$||R||_2^{-1}||\mathbf{u}(t)||^2_{L^2(0,L)} \leq ||\mathbf{W}(t)||^2_{L^2(0,L)} \leq ||R^{-1}||_2 ||\mathbf{W}(t)||^2_{L^2(0,L)},$$

avendo indicato con $||R||_2$ la norma-2 di matrice[QSS00a].

Se $K_r \neq 0$, con semplici calcoli la (6.28) viene rimpiazzata da

$$||\mathbf{W}(t)||^2_{L^2(0,L)} + \int_0^t |a_1|w_1^2(L,\tau) + |a_2|w_2^2(0,\tau)d\tau +$$

$$\int_0^t \mathbf{W}^T(\tau)\widetilde{K}\mathbf{W}(\tau)\, d\tau = |\Lambda| \int_0^t \Psi(\tau)d\tau.$$

Si otterrebbe un stima a-priori equivalente al caso precedente qualora si avesse $\mathbf{W}^T\widetilde{K}\mathbf{W} \geq 0$ per ogni $\mathbf{W}$, in altre parole se la matrice $\widetilde{K}$ fosse *non negativa*. Con l'ausilio del "tool simbolico" di MATLAB si può ricavare che $\mathbf{x}^T\widetilde{K}\mathbf{x}$ per un $\mathbf{x} = [x_1, x_2]^T$, è pari a $\dfrac{K_r}{2c}(x_2 - x_1)[(q - c)x_1 + (q + c)x_2)]$, che, purtroppo, non ha segno definito. L'analisi di stabilità per il caso generale esula gli obiettivi di questo esercizio.

Approssimazione numerica

L'approssimazione numerica del sistema in esame segue quanto visto nell'esercizio precedente. La sola differenza consiste nella presenza del termine di ordine zero e del termine forzante. Useremo anche qui differenze finite su una griglia di spaziatura h costante dell'intervallo $[0, L]$, formata da N nodi. Indichiamo con $\mathbf{u}_i^n = [A_i^n, Q_i^n]^T$ l'approssimazione di $\mathbf{u}$ nel nodo x_i al tempo $t^n = n\Delta t$, essendo Δt il passo temporale scelto, e poniamo $\lambda = \Delta t/h$. Per un generico nodo interno e per $n = 0, 1, \ldots$, abbiamo

$$\mathbf{u}_j^{n+1} = \mathbf{u}_j^n - \frac{\Delta t}{h}(\mathcal{F}_{j+1/2}^n - \mathcal{F}_{j-1/2}^n) - \Delta t\left[K\mathbf{u}_j^n - \mathbf{b}_j^n\right], \quad j = 2, \ldots, N-1, \quad (6.29)$$

dove, il flusso numerico $\mathcal{F}$ ha la stessa forma di quello dato nell'Esercizio 6.2.1. Per generalità, si è supposto che il termine forzante possa dipendere anche dal tempo, anche se non è il caso per il problema in esame, e si è posto $\mathbf{b}_j^n = \mathbf{b}(x_j, t^n)$.

Al bordo potremo ancora imporre una combinazione lineare opportuna di A e Q. Assumendo che $a_1 > 0$ e $a_2 < 0$ avremo allora

$$\begin{cases} \mathbf{c}_1^T \mathbf{u}_1^{n+1} = \psi_1(t^{n+1}), \\ \mathbf{l}_2^T \mathbf{u}_1^{n+1} = \mathbf{l}_2^T \left[\mathbf{u}_1^n - \frac{\Delta t}{h}(\mathcal{F}_{1+1/2}^n - \mathcal{F}_{-1/2}^n) - \Delta t(\mathbf{K}\mathbf{u}_1^n - \mathbf{b}_1^n) \right] \end{cases}$$

e

$$\begin{cases} \mathbf{c}_2^T \mathbf{u}_N^{n+1} = \psi_2(t^{n+1}), \\ \mathbf{l}_1^T \mathbf{u}_N^{n+1} = \mathbf{l}_1^T \left[\mathbf{u}_N^n - \frac{\Delta t}{h}(\mathcal{F}_{N+1/2}^n - \mathcal{F}_{N-1/2}^n) - \Delta t(\mathbf{K}\mathbf{u}_N^n - \mathbf{b}_N^n) \right]. \end{cases}$$

Si noti che ora anche l'equazione di compatibilità presenta il termine derivante dalla discretizzazione del termine di ordine zero e del termine forzante. Il valore al bordo del flusso numerico è ancora dato da (6.20).

Se si adotta il flusso numerico di Lax Wendroff, la stabilità dello schema richiede ancora

$$\Delta t \le \frac{h}{\max(|a_1|, |a_2|)},$$

e il rapporto $\Delta t \dfrac{\max(|a_1|, |a_2|)}{h}$ è il numero di CFL. Per completare la discussione dobbiamo considerare le altre condizioni sui segni di a_1 e a_2. Esaminiamo solo il caso $a_1 > 0$ e $a_2 > 0$. In questa situazione dobbiamo imporre due condizioni nel bordo $x = 0$, quindi possiamo benissimo fornire entrambe le componenti di $\mathbf{u}$ in corrispondenza al bordo di sinistra, cioè imporre $\mathbf{u}_1^{n+1} = [A^*(t^{n+1}), Q^*(t^{n+1})]^T$, per delle A^* e Q^* assegnate. Nel bordo di destra invece non possiamo imporre nessuna condizione: in effetti, grazie ai segni di a_1 e a_2 sul nodo x_N possiamo imporre direttamente

$$\mathbf{u}_N^{n+1} = \mathbf{u}_N^n - \frac{\Delta t}{h}(\mathcal{F}_{N+1/2}^n - \mathcal{F}_{N-1/2}^n) - \Delta t(\mathbf{K}\mathbf{u}_N^n - \mathbf{b}_N^n),$$

chiaramente $\mathcal{F}_{N+1/2}^n$ dovrà corrispondere al flusso numerico upwind.

Analisi dei risultati

Dato che siamo interessati a calcolare la sovrapressione, cioè la differenza rispetto alla pressione a regime, dobbiamo prima stimare la pressione a regime P_r (sempre a meno della componente idrostatica). Nella equazione della quantità di moto in (6.22), in condizione di regime abbiamo $\dfrac{\partial Q}{\partial t} = 0$, il termine inerziale $\dfrac{\partial}{\partial x}\left(\dfrac{Q^2}{\rho A}\right)$ è trascurabile e inoltre $A = A_0$. Quindi si ha (ponendo Q_0 la portata a regime)

$$\frac{A_0}{\rho} \frac{\partial P_r}{\partial x} + K_r Q_0 = 0.$$

Si ritrova il noto risultato che in una condotta circolare a regime il gradiente di pressione contrasta il termine d'attrito.

Quindi la seconda equazione in (6.23) si può scrivere nella forma

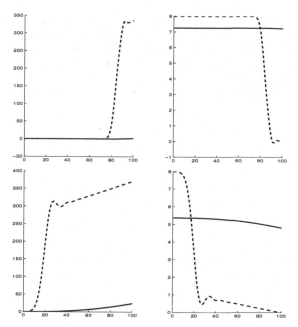

Figura 6.29. Sovrapressione (a sinistra) e portata (a destra) a $t = 1$ secondo (in alto) e $t = 4$ secondi (in basso). In linea tratteggiata i risultati per la chiusura rapida, in linea piena quelli per la chiusura lenta

$$\frac{\partial Q}{\partial t} + 2q\frac{\partial Q}{\partial x} + (c^2 - q^2)\frac{\partial A}{\partial x} + K_r Q = K_r Q_0.$$

Questo passaggio è necessario se si vuole evitare di calcolare numericamente la pressione a regime. Il valore della sovrapressione potrà poi essere approssimato da $P^* = c^2(A - A_0)$.

Per applicare le condizioni al bordo, nel nodo di sinistra imporremo $A = A_0$, quindi $\mathbf{c}_1 = [1, 0]^T$ e $\psi_1 = A_0$, mentre nel bordo di destra imporremo invece $Q_N^n = \max(0, Q_0(1 - \alpha t))$, essendo $Q^0 = 8$ m^3/s e α pari a 0.1 (chiusura lenta) e 2 (chiusura veloce). Il dominio è stato diviso in 81 nodi, il Δt scelto in modo che il numero di CFL sia pari a 0.9. È stato utilizzato il metodo di Lax-Wendroff. I dettagli possono essere trovati nello script MATLAB `esercizio_condotta.m`.

La Figura 6.29 mostra i risultati ottenuti a 1 e a 4 secondi dall'inizio della chiusura. Sono riportati i risultati sia per la chiusura lenta (linea piena) che per la chiusura veloce (linea tratteggiata). Si può notare come nel secondo caso si abbia una sovrapressione molto più accentuata. A $t = 4$ secondi l'onda associata a w_2 (che viaggia a 22 metri al secondo) ha appena raggiunto il serbatoio da dove sarà riflessa.   ◇

Osservazione 6.1 Nel codice `fem1d` è disponibile una versione del problema in esame in un ambito applicativo differente: il flusso del sangue in una arteria. Anche qui abbiamo dei fenomeni propagativi generati dalla interazione tra il fluido e la parete elastica della arteria. Il modello in `fem1d` fa però riferimento al problema non linearizzato, la cui analisi esula lo scopo di questo testo.

Equazioni di Navier-Stokes per fluidi a densità costante

In questo capitolo proponiamo esercizi sulle equazioni di Navier-Stokes per fluidi incomprimibili. Si tratta di un argomento impegnativo sia dal punto di vista matematico che da quello numerico, principalmente a causa della natura $min-max$ del problema. Il campo di velocità che risolve questo problema, infatti, non è il minimo libero di una energia, come nei problemi ellittici, ma il minimo *vincolato* dalla incomprimibilità. La pressione è il *moltiplicatore di Lagrange* associato a questo vincolo. Queste caratteristiche rendono costosa anche la risoluzione numerica del problema.

Questo capitolo è suddiviso due parti. La prima è dedicata ai problemi di Stokes e Navier-Stokes stazionari, con particolare attenzione alla discretizzazione spaziale. La scelta di spazi finito-dimensionali per velocità e pressione non è libera, ma l'una è vincolata all'altra dalla necessità di soddisfare la condizione *inf-sup* o LBB (Ladyzhenskaja-Babuska-Brezzi - si veda ad esempio [QV94], cap. 7). Molti degli esercizi proposti sono proprio orientati a riflettere sul significato della condizione LBB. Nella seconda parte trattiamo problemi tempo-dipendenti. In particolare, presenteremo tecniche di avanzamento in tempo che consentano di calcolare separatamente velocità e pressione per ridurre i costi computazionali. Lungi da noi l'idea di essere esaustivi[1], il nostro obiettivo in questo caso è di stimolare, mediante qualche semplice esercizio, la comprensione degli aspetti matematico-numerici e magari la voglia di "sperimentare" e toccare con mano le difficoltà del problema e i possibili rimedi.

Come riferimenti bibliografici, ci limitiamo a suggerire, oltre a [Qua03], Cap. 10, [QV94], Capp. 9, 10 e 13, [CHQZ88] (sull'uso di metodi spettrali), [Qua93] (elementi finiti), [FP99] (volumi finiti), [Pro97] (metodi di proiezione), [Tur99]. A livello di notazioni, la velocità è indicata con **u**, la pressione (scalata con la densità) con p (misurata in m^2/s^2), Ω è il dominio spaziale di bordo Γ. Lo spazio di

---

[1] Vi sono argomenti importanti che non tocchiamo minimamente, quale ad esempio la turbolenza.

funzioni vettoriali (in due o tre dimensioni) le cui singole componenti appartengono a $H^1(\Omega)$ verrà indicato con $\mathbf{H}^1(\Omega)$. Analoga notazione vale per $\mathbf{L}^2(\Omega)$.

Gli spazi finito-dimensionali per l'approssimazione in spazio del problema verranno indicati con:

1. V_h per le velocità; la dimensione di tale spazio sarà indicata con $d_{\mathbf{u}} = d \times d_c$ dove d è la dimensione spaziale del problema e d_c la dimensione dello spazio finito-dimensionale di ogni componente di velocità;
2. Q_h per la pressione, la cui dimensione sarà indicata con d_p.

Le coordinate spaziali, infine, non verranno indicate con x, y, z, ma con x_1, x_2, x_3.

7.1 Problemi stazionari

Esercizio 7.1.1 Si consideri il problema di Stokes stazionario non omogeneo

$$\begin{cases} -\nu \triangle \mathbf{u} + \nabla p = \mathbf{f} \text{ in } \quad \Omega \subset \mathbb{R}^2, \\ \\ \nabla \cdot \mathbf{u} = 0 \qquad \qquad \text{in } \quad \Omega, \end{cases} \tag{7.1}$$

con la condizione $\mathbf{u} = \mathbf{g}$ su Γ, dove $\mathbf{g}$ è una funzione data di $\mathbf{H}^{1/2}(\Gamma)$.

1. Si mostri che il problema ammette soluzione solo se $\int_\Gamma \mathbf{g} \cdot \mathbf{n} \, d\gamma = 0$ e si scriva la sua formulazione debole, in opportuni spazi funzionali. Introducendo opportune ipotesi sui dati, si fornisca una stima a priori per la velocità.
2. Sia Ω il quadrato unitario $[0,1] \times [0,1]$ nel piano (x_1, x_2). Siano $\mathbf{f} = \mathbf{0}$ e $\mathbf{g} = [g_1, g_2]^T$ con

$$g_1 = \begin{cases} 0 \qquad \text{per} \quad x_2 = 0, x_2 = 1, 0 < x_1 < 1, \\ \\ x_2 - x_2^2 \text{ per} \quad x_1 = 0, x_1 = 1, 0 < x_2 < 1, \end{cases} \qquad g_2 = 0.$$

Verificare che $\int_\Gamma \mathbf{g} \cdot \mathbf{n} d\gamma = 0$. Cercare per questo specifico dato di bordo una soluzione nella forma $\mathbf{u} = [u_1, u_2]^T$ con $u_2 = 0$.
3. Scrivere il problema numerico che approssima il problema dato usando elementi finiti di grado 2 per la velocità e di grado 1 per la pressione. Commentare questa scelta.
4. Risolvere il problema con `freefem++` per $h = 0.05, 0.025, 0.0125, \nu = 0.1$. Commentare la soluzione numerica calcolata.

Soluzione 7.1.1

Analisi matematica del problema

Innanzitutto, osserviamo che la condizione su **g** è una condizione di compatibilità che il dato di bordo di un problema di Dirichlet deve necessariamente soddisfare per poter essere la traccia di un campo **u** a divergenza nulla. Infatti, per diretta applicazione del Teorema della divergenza, nel caso di un vettore **u** solenoidale

$$0 = \int_\Omega \nabla \cdot \mathbf{u} d\omega = \int_\Gamma \mathbf{u} \cdot \mathbf{n} d\gamma = \int_\Gamma \mathbf{g} \cdot \mathbf{n} d\gamma.$$

Se questa condizione su **g** non è soddisfatta, il problema non può avere soluzione. D'ora in poi, assumeremo dunque che questa condizione sia soddisfatta.

Ricaviamo una formulazione debole, ponendo:

1. $V \equiv \mathbf{H}_0^1(\Omega)$;
2. $Q \equiv L_0^2(\Omega)$, ossia il sottospazio di $L^2(\Omega)$ formato da funzioni a media nulla su Ω. La specifica della media nulla si rende necessaria per poter fissare un campo di pressione unico. Infatti, la pressione compare nel problema sempre sotto segno di gradiente. Conseguentemente, se p è soluzione, lo è anche $p + C$, con C costante, è soluzione. Scegliendo la pressione a media nulla, si fissa univocamente questa costante. Dato infatti un campo di pressione $\tilde{p}$, il campo p dato da $p = \tilde{p} - \int_\Omega \tilde{p} d\omega$ appartiene a Q. Più avanti verranno introdotti, a livello numerico, altri modi per avere un campo di pressione unico.

Indichiamo con $\mathbf{G}(\mathbf{x})$ (con $\mathbf{x} \in \Omega$) un rilevamento di **g** tale che sia $\nabla \cdot \mathbf{G} = 0$. L'esistenza di un tale rilevamento non è, di per sé, semplice da mostrare[2]: una dimostrazione costruttiva (sia nel caso di domini piani, come il nostro che di domini tridimensionali) si può trovare in [Lad63], Capitolo 1, Paragrafo 2. Posto $\mathbf{u} = \tilde{\mathbf{u}} + \mathbf{G}$, evidentemente se $\mathbf{u} \in \mathbf{H}^1(\Omega)$, ne consegue che $\tilde{\mathbf{u}} \in V$, avendo traccia nulla al bordo e $\nabla \cdot \tilde{\mathbf{u}} = 0$.

Infine, introduciamo le seguenti notazioni:

1. $\displaystyle \int_\Omega \nabla \mathbf{u} : \nabla \mathbf{v} d\omega \equiv \sum_{i,j=1}^2 \int_\Omega \frac{\partial \mathbf{u}_i}{\partial x_j} \frac{\partial \mathbf{v}_i}{\partial x_j} d\omega;$

2. $\displaystyle a(\mathbf{u}, \mathbf{v}) \equiv \nu (\nabla \mathbf{u}, \nabla \mathbf{v}) = \nu \int_\Omega \nabla \mathbf{u} : \nabla \mathbf{v} d\omega$ per ogni $\mathbf{u}, \mathbf{v} \in \mathbf{H}^1(\Omega);$

3. $\displaystyle b(\mathbf{v}, q) \equiv - \int_\Omega \nabla \cdot \mathbf{v} q d\omega$ per ogni $\mathbf{v} \in \mathbf{H}^1(\Omega)$ e $q \in Q$.

---

[2] Va osservato che il fatto che il rilevamento sia solenoidale è utile nel dimostrare la stima di stabilità per la velocità, non per risolvere numericamente il problema. Nei codici di calcolo (a elementi finiti in particolare) in realtà si costruisce un rilevamento non necessariamente solenoidale.

Si osservi come l'ambientazione funzionale scelta rende queste forme bilineari ben definite e continue (si veda ad esempio [Qua03], Capitolo 9).

La forma debole del problema si ottiene moltiplicando la prima delle (7.1) per una funzione di $\mathbf{v} \in V$, la seconda per una funzione $q \in Q$, integrando su Ω. Tenendo conto della traccia nulla di $\mathbf{v}$ al bordo, applicando la formula di Green si ha

$$-\nu \int_\Omega \triangle\mathbf{u} \cdot \mathbf{v} d\omega = -\nu \int_\Gamma (\nabla\mathbf{u} \cdot \mathbf{n}) \cdot \mathbf{v} d\gamma + \nu \int_\Omega \nabla\mathbf{u} : \nabla\mathbf{v} d\omega.$$

Usando la notazione introdotta nei Capitoli precedenti, si ottiene pertanto la forma debole: trovare $\mathbf{u} \in \mathbf{G} + V$ e $p \in Q$ tali che per ogni $\mathbf{v} \in V$ e $q \in Q$ si abbia

$$\begin{cases} a(\mathbf{u}, \mathbf{v}) + b(\mathbf{v}, p) = (\mathbf{f}, \mathbf{v}), \\ b(\mathbf{u}, q) = 0, \end{cases}$$

che corrisponde a: trovare $\tilde{\mathbf{u}} \in V$ e $p \in Q$ tali che per ogni $\mathbf{v} \in V$ e $q \in Q$ valga

$$\begin{cases} a(\tilde{\mathbf{u}}, \mathbf{v}) + b(\mathbf{v}, p) = \mathcal{F}(\mathbf{v}), \\ b(\tilde{\mathbf{u}}, q) = -b(\mathbf{G}, q) = 0, \end{cases} \tag{7.2}$$

dove abbiamo posto $\mathcal{F}(\mathbf{v}) \equiv (\mathbf{f}, \mathbf{v}) - a(\mathbf{G}, \mathbf{v})$. Il funzionale $\mathcal{F}$ è lineare su V, essendo lineare ciascuno dei suoi addendi. Inoltre è limitato, per l'ambientazione funzionale scelta e dunque è continuo.

Per ricavare la stima di stabilità richiesta, scegliamo in (7.2) $\mathbf{v} = \tilde{\mathbf{u}}$ e $q = p$. Sottraendo membro a membro le due equazioni ottenute, si ottiene

$$a(\tilde{\mathbf{u}}, \tilde{\mathbf{u}}) = \mathcal{F}(\tilde{\mathbf{u}}).$$

La forma bilineare $a(\cdot, \cdot)$ è coerciva in virtù della disuguaglianza di Poincaré. Indicando con α la costante di coercività, otteniamo la stima di stabilità cercata

$$\alpha\|\tilde{\mathbf{u}}\|_V^2 \leq a(\tilde{\mathbf{u}}, \tilde{\mathbf{u}}) \leq \|\mathcal{F}\|_{V'}\|\tilde{\mathbf{u}}\|_V \Rightarrow \alpha\|\tilde{\mathbf{u}}\|_V \leq \|\mathcal{F}\|_{V'}.$$

Passiamo al terzo punto del problema. Sui lati orizzontali del quadrato $\mathbf{g} \cdot \mathbf{n} = g_2 = 0$. Si osserva poi che g_1 è la stessa sui due lati verticali, essendo indipendente da x_1, sicché

$$\int_\Gamma \mathbf{g} \cdot \mathbf{n} = -\int_0^1 g_1(0, x_2) dx_2 + \int_0^1 g_1(1, x_2) dx_2 = 0.$$

Il dato di bordo assegnato verifica pertanto la condizione di compatibilità. Notiamo anche come le condizioni al bordo assegnate siano compatibili con la condizione $u_2 = 0$. Ha senso quindi cercare una soluzione nella forma $\mathbf{u} = [u_1, 0]^T$, quindi, dall'equazione di conservazione della massa si ottiene

$$\nabla \cdot \mathbf{u} = \frac{\partial u_1}{\partial x_1} + \frac{\partial u_2}{\partial x_2} = \frac{\partial u_1}{\partial x_1} = 0$$

da cui deduciamo che u_1 è indipendente da x_1.

Dalla seconda componente dell'equazione del momento, ponendo ancora $u_2 = 0$, si ricava

$$-\nu \left(\frac{\partial^2 u_2}{\partial x_1^2} + \frac{\partial^2 u_2}{\partial x_2^2} \right) + \frac{\partial p}{\partial x_2} = \frac{\partial p}{\partial x_2} = 0,$$

ossia la pressione p dipende dalla sola x_1 e non da x_2.

Dalla prima componente dell'equazione del momento, infine, si ottiene

$$-\nu \left(\frac{\partial^2 u_1}{\partial x^2} + \nu \frac{\partial^2 u_1}{\partial x_2^2} \right) + \frac{\partial p}{\partial x_1} = -\nu \frac{\partial^2 u_1}{\partial x_2^2} + \frac{\partial p}{\partial x_1} = 0,$$

ossia

$$\nu \frac{\partial^2 u_1}{\partial x_2^2} = \frac{\partial p}{\partial x_1}.$$

A sinistra abbiamo una funzione della sola x_2, mentre a destra c'è una funzione di x. L'unica possibilità perchè sussista l'uguaglianza è che entrambe siano pari a una costante c_1. Ne segue che

$$p = c_1 x_1 + c_2, \qquad u_1 = \frac{1}{2\nu} c_1 x_2^2 + c_3 x_2 + c_4.$$

In base alle condizioni al bordo, si ha

$$c_1 = -2\nu, \quad c_3 = 1, \quad c_4 = 0,$$

da cui

$$u_1 = -x_2^2 + x_2, \quad u_2 = 0, \qquad p = -2\nu x_1 + c_2.$$

La costante c_2 si determina imponendo che la pressione abbia media nulla sul dominio

$$\int_\Omega p\, d\omega = -\nu + c_2 = 0,$$

da cui $c_2 = \nu$ e $p = \nu(1 - 2x_1)$.

La soluzione trovata è nota come *flusso di Poiseuille* (bidimensionale).

Approssimazione numerica

Il problema di Galerkin si ottiene introducendo gli spazi V_h e Q_h, finito-dimensionali, nei quali cercare le soluzioni $\tilde{\mathbf{u}}_h$ e p_h tali che, per ogni $\mathbf{v}_h \in V_h$ e $q_h \in Q_h$ si abbia

$$\begin{cases} a(\tilde{\mathbf{u}}_h, \mathbf{v}_h) + b(\mathbf{v}_h, p_h) = \mathcal{F}(\mathbf{v}_h), \\[2mm] b(\tilde{\mathbf{u}}_h, q_h) = -b(\mathbf{G}_h, q_h), \end{cases} \qquad (7.3)$$

dove non abbiamo assunto che il rilevamento $\mathbf{G}_h \in V_h$ del dato di bordo sia necessariamente solenoidale. Introduciamo una reticolazione $\mathcal{T}_h$ del dominio, parametrizzata da $h > 0$. Scegliamo come spazio V_h il sottospazio di $X_h^2 \times X_h^2$ delle funzioni vettoriali, ciascuna componente delle quali sia quadratica su ogni elemento della reticolazione e nulla al bordo. Come spazio per l'approssimazione della pressione, potremmo porre $Q_h = X_h^1$. Tuttavia, come fatto notare nella parte di analisi matematica del problema, avendosi condizioni di Dirichlet su tutto il bordo, abbiamo bisogno di un vincolo aggiuntivo ("esterno" al problema fluidodinamico) per avere unicità della pressione. Nel caso degli elementi finiti, il vincolo più semplice da imporre è che la pressione assuma un valore dato (0 ad esempio) in un punto assegnato del dominio o del bordo. Se, infatti, la pressione è nota a meno di una costante, questo vincolo fissa univocamente tale costante[3]. Indichiamo pertanto con Q_h il sottospazio di X_h^1 delle funzioni nulle in un punto (arbitrariamente scelto) del dominio o del bordo. Una scelta "comoda" sotto il profilo della implementazione del solutore è quella di imporre il valore della pressione nell'ultimo nella lista dei gradi di libertà della pressione stessa. Per cercare di capire il motivo di tale scelta, diamo una formulazione algebrica di (7.3). Momentaneamente assumiamo $Q_h = X_h^1$, senza alcun vincolo aggiuntivo. Dette φ_i e ψ_j le funzioni di base rispettivamente di V_h e Q_h, introduciamo le matrici $K \in \mathbb{R}^{d_\mathbf{u} \times d_\mathbf{u}}$ e $D \in \mathbb{R}^{d_p \times d_\mathbf{u}}$ di elementi

$$k_{ij} \equiv \nu \int_\Omega \nabla \varphi_j : \nabla \varphi_i d\omega, \quad , \quad d_{ij} \equiv \int_\Omega \nabla \psi_i \cdot \nabla \varphi_j d\omega,$$

dove $d_\mathbf{u}$ è la dimensione di V_h e d_p quella di X_h^1. La forma algebrica del problema discreto diventa pertanto

$$\begin{bmatrix} K & D^T \\ D & 0 \end{bmatrix} \begin{bmatrix} U \\ P \end{bmatrix} = \begin{bmatrix} F \\ -DG \end{bmatrix}, \tag{7.4}$$

dove $\mathbf{U}$ e $\mathbf{P}$ sono i vettori dei valori nodali di velocità e pressione rispettivamente, $\mathbf{G}$ è il vettore dei valori nodali del rilevamento e $\mathbf{F}$ è il vettore ottenuto dalla discretizzazione di $\mathcal{F}$ ($F_i = \mathcal{F}(\varphi_i)$). Per fissare la pressione a 0 nell'ultimo nodo di pressione da un punto di vista operativo, non si deve fare altro che eliminare l'ultima riga (e l'ultima colonna) dalla matrice associata al sistema lineare (7.4), nonché eliminare l'ultima componente del termine noto. L'avere scelto proprio l'*ultimo* nodo rende questa operazione semplice a livello di programmazione, anche se la matrice è memorizzata in formato sparso (si veda il Paragrafo B.3.1).

Un modo alternativo di procedere,.che non richiede manipolazioni sulla matrice, si basa sull'uso di un metodo di tipo iterativo per il sistema lineare. Infatti, la matrice ottenuta ponendo $Q_h = X_h^1$ è singolare (altrimenti si avrebbe unicità di

---

[3] Se si usano metodi di discretizzazione diversi, può essere più semplice imporre altri vincoli. Ad esempio, se si usano metodi di tipo spettrale può essere più comodo imporre il vincolo di avere una pressione a media nulla.

pressione), ma un metodo iterativo non se ne accorge, dal momento che moltiplica iterativamente la matrice per un vettore. La soluzione numerica calcolata sarà diversa al cambiare della stima iniziale e tuttavia tutte le soluzioni di pressione trovate coincideranno a meno di una costante. Per fissare la pressione in un punto, dunque, basterà *a posteriori* traslare la soluzione calcolata in modo che assuma il valore desiderato. Se nel punto $\bar{x}_1, \bar{x}_2$ si vuole infatti che il campo di pressione valga $\bar{p}$, basterà porre $p_{new}(x_1, x_2) = p_{old}(x_1, x_2) + \bar{p} - p_{old}(\bar{x}_1, \bar{x}_2)$. Questo è ciò che viene fatto nel Programma 24[4]

In generale, anche dopo aver ottenuto unicità della pressione, la non singolarità del sistema (7.4), a differenza di quanto accade per problemi ellittici, non è una immediata conseguenza della buona posizione a livello continuo, ma è subordinata ad una scelta opportuna degli spazi V_h e Q_h, ossia al soddisfacimento della condizione LBB citata nell'introduzione. A questo livello, ci limitiamo a ricordare che la coppia di spazi V_h e Q_h scelti come sottospazi di X_h^2 e X_h^1 rispettivamente (coppia che viene indicata solitamente come $P^2 - P^1$) soddisfa la condizione LBB e dunque il sistema (7.4) (privato dell'ultima riga e dell'ultima colonna) è non singolare.

Programma 24 - stokes1 : Problema di Stokes

```
mesh Th=square(40,40);
fespace Vh2(Th,P2), Qh(Th,P1);
Vh2 u2,v2,u1ex = y-y^2,u1,v1,um; Qh p=0,q;
func g=y-y^2; real  nu=0.1;
solve Stokes ([u1,u2,p],[v1,v2,q],solver=GMRES,eps=1.e-9) =
    int2d(Th)(nu * ( dx(u1)*dx(v1) + dy(u1)*dy(v1)
        + dx(u2)*dx(v2) + dy(u2)*dy(v2) )
        - p*dx(v1) - p*dy(v2) - dx(u1)*q - dy(u2)*q)
  + on(1,3,u1=0,u2=0) + on(2,4,u1=g,u2=0);
real pref = p[][Qh.ndof-1];
p = p - pref;
um = sqrt(u1^2+u2^2);
```

Analisi dei risultati

Usando polinomi di grado 2 per la velocità e di grado 1 per la pressione, oltre a soddisfare la condizione LBB, costruiamo uno spazio finito dimensionale che contiene la soluzione esatta del problema considerato. A meno degli errori associati alla risoluzione del sistema lineare e all'arrotondamento, ci aspettiamo che il calcolo generi la soluzione esatta. Svolgendo il calcolo con i valori del passo suggeriti dal testo si ottiene la seguente tabella

---

[4] `freefem++` indica le coordinate spaziali con x e y.

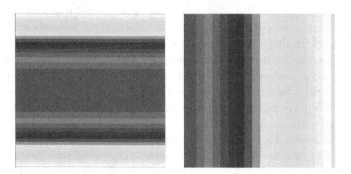

Figura 7.1. Mappe relative alle isolinee per il modulo di velocità (a sinistra) e per la pressione (a destra) per l'Esercizio 7.1.1

h	0.05	0.025	0.0125
$\|\mathbf{e}_h\|_{\mathbf{L}^2}$	$9.45041e - 07$	$2.01579e - 07$	$3.46727e - 07$

che mostra un errore "stagnante" attorno a un valore piccolo dovuto al malcondizionamento della matrice associata al problema discreto. In Figura 7.1 riportiamo le mappe relative al modulo della velocità (sinistra) e della pressione (a destra) ottenute con il Programma 24. $\Diamond$

Esercizio 7.1.2 Si consideri il problema di Navier-Stokes stazionario non omogeneo
$$\begin{cases} (\mathbf{u} \cdot \nabla) \mathbf{u} - \nu \triangle \mathbf{u} + \nabla p = \mathbf{f} \text{ in } & \Omega \subset \mathbb{R}^2, \\ \nabla \cdot \mathbf{u} = 0 & \text{in } \Omega, \end{cases} \qquad (7.5)$$
con la condizione $\mathbf{u} = \mathbf{g}$ su Γ, dove $\mathbf{g}$ è una funzione data appartenente a $H^{1/2}(\Gamma)$.

1. Si dia la formulazione debole del problema e si introducano opportune ipotesi sul dato di bordo, affinché si possa ricavare una stima di stabilità per l'eventuale soluzione.
2. Sia Ω il quadrato unitario $[0, 1] \times [0, 1]$ nel piano (x_1, x_2). Siano $\mathbf{f} = \mathbf{0}$ e $\mathbf{g} = [g_1, g_2]^T$ assegnata come nell'Esercizio 7.1.1. Verificare che la soluzione trovata nell'esercizio precedente è soluzione anche di questo problema.
3. Scrivere la forma discreta del problema e la generica iterazione del metodo di Newton per la risoluzione del sistema di equazioni non lineari ottenuto dalla discretizzazione a elementi finiti.
4. Con gli stessi dati dell'esercizio precedente, risolvere il problema con `freefem++`.

Soluzione 7.1.2

Procediamo come nell'esercizio precedente, con la sostanziale differenza data dalla presenza del termine non lineare. Introduciamo la forma trilineare

$$c(\mathbf{u}, \mathbf{w}, \mathbf{v}) \equiv \int_{\Omega} (\mathbf{u} \cdot \nabla) \mathbf{w} \cdot \mathbf{v} d\omega$$

definita per ogni $\mathbf{w}, \mathbf{u}, \mathbf{v} \in \mathbf{H}^1(\Omega)$. Mostriamo che questa definizione è corretta, ossia che questo integrale è finito. A questo scopo, dobbiamo assicurarci che l'integranda $(\mathbf{w} \cdot \nabla) \mathbf{u} \cdot \mathbf{v}$ sia sommabile (ossia in $\mathbf{L}^1(\Omega)$). Per verificarlo esplicitiamo le diverse componenti dei vettori coinvolti

$$(\mathbf{u} \cdot \nabla) \mathbf{v} \cdot \mathbf{w} = \sum_{i,j=1}^{2} u_j \frac{\partial v_i}{\partial x_j} w_i.$$

L'integranda è dunque la sommatoria di termini che risultano essere il prodotto di tre funzioni, w_j, $\frac{\partial u_i}{\partial x_j}$ e v_i. Avendo supposto $\mathbf{u} \in \mathbf{H}^1(\Omega)$, le derivate $\partial u_i / \partial x_j$ sono funzioni di $L^2(\Omega)$. Inoltre, in virtù del Teorema di immersione di Sobolev si ha che, in due e in tre dimensioni,

$$f \in H^1(\Omega) \Rightarrow f \in L^4(\Omega), \quad \text{con} \quad \|f\|_{L^4} \leq \|f\|_{H^1}. \tag{7.6}$$

Ne segue che il prodotto $w_j v_i \in L^2(\Omega)$ e di conseguenza $w_j \frac{\partial u_i}{\partial x_j} v_i \in L^1(\Omega)$, che permette di concludere che la forma trilineare $c(\cdot, \cdot, \cdot)$ è ben definita.

Prima di indagare la forma debole del problema, mostriamo una importante proprietà della forma trilineare introdotta. Per funzioni $\mathbf{v}, \mathbf{w}$ a traccia nulla al bordo (ossia in V) se $\nabla \cdot \mathbf{u} = 0$ si ha

$$c(\mathbf{u}, \mathbf{v}, \mathbf{w}) = -c(\mathbf{u}, \mathbf{w}, \mathbf{v}). \tag{7.7}$$

Questa proprietà è nota come *emisimmetria della forma trilineare*. Applicando la formula di Green, infatti, si ha

$$c(\mathbf{u}, \mathbf{v}, \mathbf{w}) = \int_{\Omega} (\mathbf{u} \cdot \nabla) \mathbf{w} \cdot \mathbf{v} d\omega = \int_{\Gamma} \mathbf{u} \cdot \mathbf{n} \, (\mathbf{w} \cdot \mathbf{v}) \, d\gamma$$

$$- \int_{\Omega} (\nabla \cdot \mathbf{u}) \, (\mathbf{w} \cdot \mathbf{v}) \, d\omega - \int_{\Omega} (\mathbf{u} \cdot \nabla) \mathbf{v} \cdot \mathbf{w} d\omega.$$

A secondo membro, l'integrale sul bordo (primo addendo) si annulla dal momento che $\mathbf{w}$ e $\mathbf{v}$ hanno traccia nulla su Γ. Il secondo integrale si annulla perchè $\mathbf{u}$ è solenoidale. La (7.7) è dunque dimostrata. Una immediata conseguenza è che

$$c(\mathbf{u}, \mathbf{v}, \mathbf{v}) = 0. \tag{7.8}$$

A questo punto, sfruttando il rilevamento $\mathbf{G}$ introdotto nell'esercizio precedente, la forma debole del problema diventa: trovare $\mathbf{u} \in \mathbf{G} + V$, $p \in Q$ tali che per ogni $\mathbf{v} \in V$ e $q \in Q$ si abbia

$$\begin{cases} a(\mathbf{u}, \mathbf{v}) + c(\mathbf{u}, \mathbf{u}, \mathbf{v}) + b(\mathbf{v}, p) = (\mathbf{f}, \mathbf{v}), \\ \\ b(\mathbf{u}, q) = 0. \end{cases} \tag{7.9}$$

Per ricavare la stima di stabilità si procede come nell'esercizio precedente, ossia ponendo $\tilde{\mathbf{u}} \equiv \mathbf{u} - \mathbf{G}$ e scegliendo $\mathbf{v} = \tilde{\mathbf{u}}$ $q = p$. In virtù della emisimmetria della forma trilineare (in particolare, della (7.8)) e della coercività della forma bilineare $a(\cdot, \cdot)$, si ottiene

$$\alpha \|\tilde{\mathbf{u}}\|_V^2 + c(\tilde{\mathbf{u}}, \mathbf{G}, \tilde{\mathbf{u}}) \leq (\mathbf{f}, \tilde{\mathbf{u}}) - a(\mathbf{G}, \tilde{\mathbf{u}}) - c(\mathbf{G}, \mathbf{G}, \mathbf{u}^*). \tag{7.10}$$

Il funzionale

$$\mathcal{F}(\mathbf{v}) \equiv (\mathbf{f}, \mathbf{v}) - a(\mathbf{G}, \mathbf{v}) - c(\mathbf{G}, \mathbf{G}, \mathbf{v})$$

è continuo essendo continuo ciascuno degli addendi.

Per quanto riguarda il termine non lineare che compare a primo membro in (7.10) si ha

$$|c(\tilde{\mathbf{u}}, \mathbf{G}, \tilde{\mathbf{u}})| \leq C_0 \|\tilde{\mathbf{u}}\|_{L^4}^2 \|\nabla \mathbf{G}\|_{L^2} \leq C_1 \|\tilde{\mathbf{u}}\|_{\mathbf{H}^1}^2 \|\mathbf{G}\|_{\mathbf{H}^1}.$$

Il rilevamento è un operatore continuo da $H^{1/2}(\Gamma)$ a $\mathbf{H}^1(\Omega)$, ossia (si veda ad esempio [Qua03]) esiste una costante C_2 tale che

$$\|\mathbf{G}\|_{H^1} \leq C_2 \|\mathbf{g}\|_{H^{1/2}}.$$

Infine, assumiamo per ipotesi che il dato di bordo sia sufficientemente piccolo e in particolare

$$\|\mathbf{g}\|_{H^{1/2}} < \frac{\alpha}{C_2}$$

in modo che esista un numero reale α_0 tale che $\alpha - C_2 \|\mathbf{g}\|_{H^{1/2}} = \alpha_0 > 0$. Dalla (7.10) si ottiene allora la stima richiesta, ossia

$$\alpha_0 \|\tilde{\mathbf{u}}\|_{H^1} \leq \|\mathcal{F}\|_{V'}, \tag{7.11}$$

dove il funzionale a destra dipende dal termine forzante e dal dato di bordo $\mathbf{g}$.

Per verificare che la soluzione trovata nell'esercizio precedente è soluzione anche del problema di Navier-Stokes è sufficiente verificare che il termine non lineare si annulla in corrispondenza di tale soluzione. Tenendo conto che $u_2 = 0$, il termine non lineare è in effetti

$$(\mathbf{u} \cdot \nabla)\, \mathbf{u} = \begin{bmatrix} u_1 \dfrac{\partial u_1}{\partial x_1} + u_2 \dfrac{\partial u_1}{\partial x_2} \\[2mm] u_1 \dfrac{\partial u_2}{\partial x_1} + u_2 \dfrac{\partial u_2}{\partial x_2} \end{bmatrix} = \begin{bmatrix} u_1 \dfrac{\partial u_1}{\partial x_1} \\[2mm] 0 \end{bmatrix}.$$

Poiché come visto, u_1 dipende solo da x_2, anche la prima componente del vettore si annulla, e questo mostra che la soluzione trovata nell'esercizio precedente risolve anche il problema di Navier-Stokes.

Approssimazione numerica

Per effettuare la discretizzazione del problema, procediamo come fatto nell'Esercizio precedente, del quale usiamo le stesse notazioni. Introduciamo in particolare gli spazi V_h e Q_h, le matrici K e D e i vettori $\mathbf{U}$, $\mathbf{P}$ e $\mathbf{F}$. Inoltre, con C($\mathbf{U}$) indichiamo la matrice i cui coefficienti sono dati da

$$C_{ij}(\mathbf{U}) = \sum_{l=1}^{d_{\mathbf{u}}} \int_{\Omega} (U_l \varphi_l \cdot \nabla)\, \varphi_j \cdot \varphi_i d\omega$$

che corrisponde alla discretizzazione del termine non lineare. Per ragioni che saranno evidenti in seguito, introduciamo anche la matrice C*($\mathbf{U}$) di componenti

$$C_{ij}^*(\mathbf{U}) = \sum_{l=1}^{d_{\mathbf{u}}} \int_{\Omega} (\varphi_j \cdot \nabla)\, U_l \varphi_l \cdot \varphi_i d\omega$$

La versione algebrica del problema discretizzato porta dunque a risolvere il seguente sistema di $d_{\mathbf{u}} + d_p$ equazioni non lineari

$$\begin{bmatrix} K + C(\mathbf{U})\ D^T \\[2mm] D \qquad 0 \end{bmatrix} \begin{bmatrix} \mathbf{U} \\[2mm] \mathbf{P} \end{bmatrix} = \begin{bmatrix} \mathbf{F} \\[2mm] -D\mathbf{G} \end{bmatrix}.$$

Un metodo possibile per risolvere questo sistema non lineare è il *metodo di Newton*, introdotto nel Capitolo 5. Ricordiamone brevemente la struttura. Dato un sistema non lineare $\mathbf{f}(\mathbf{u}) = 0$ e una stima $\mathbf{u}_{(k)}$ della soluzione, il metodo di Newton calcola la nuova stima della soluzione $\mathbf{u}_{(k+1)}$ mediante linearizzazione di $\mathbf{f}$ negli intorni di $\mathbf{u}_{(k)}$ e si ottiene risolvendo ad ogni passo il sistema lineare

$$J(\mathbf{u}_{(k)})(\mathbf{u}_{(k+1)} - \mathbf{u}_{(k)}) = -\mathbf{f}(\mathbf{u}_{(k)}), \qquad (7.12)$$

dove $J(\mathbf{u}_{(k)})$ è la *matrice Jacobiana* associata al sistema non lineare, i cui elementi sono dati da

$$J_{ij}(\mathbf{x}_{(k)}) = \frac{\partial f_i}{\partial x_j}(\mathbf{u}_{(k)}).$$

Nel nostro caso, il sistema è non lineare a causa del termine $\mathbf{f}_{NL} \equiv C(\mathbf{U})\mathbf{U}$ nell'equazione del momento. Calcoliamone la matrice Jacobiana associata. Per definizione (per $i = 1, \ldots, d_{\mathbf{u}}$)

$$\mathbf{f}_{NL,i}(\mathbf{U}) = \sum_{j,k=1}^{d_{\mathbf{u}}} \int_\Omega U_j \left(\boldsymbol{\varphi}_j \cdot \nabla\right) U_k \varphi_k \cdot \varphi_i d\omega,$$

da cui (per $i, l = 1, \dots, d_{\mathbf{u}}$), usando la notazione matriciale introdotta

$$\frac{\partial \mathbf{f}_{NL,i}}{\partial U_l}(\mathbf{U}) = \sum_{j}^{d_{\mathbf{u}}} \int_\Omega U_j \left(\boldsymbol{\varphi}_j \cdot \nabla\right) U_l \varphi_l \cdot \varphi_i d\omega +$$

$$\sum_{k}^{d_{\mathbf{u}}} \int_\Omega U_l \left(\boldsymbol{\varphi}_l \cdot \nabla\right) U_k \varphi_k \cdot \varphi_i d\omega =$$

$$\mathrm{C}(\mathbf{U}) + \mathrm{C}^*(\mathbf{U}).$$

Ad ogni iterazione, il metodo di Newton (7.12) diventa pertanto

$$\begin{bmatrix} \mathrm{K} + \mathrm{C}(\mathbf{U}^{(k)}) + \mathrm{C}^*(\mathbf{U}^{(k)}) & \mathrm{D}^T \\ \mathrm{D} & 0 \end{bmatrix} \begin{bmatrix} \mathbf{U}^{(k+1)} - \mathbf{U}^{(k)} \\ \mathbf{P}^{(k+1)} - \mathbf{P}^{(k)} \end{bmatrix} = \begin{bmatrix} \mathbf{F} \\ -\mathrm{D}\mathbf{G} \end{bmatrix}$$

$$- \begin{bmatrix} \mathrm{K} + \mathrm{C}(\mathbf{U}^{(k)}) & \mathrm{D}^T \\ \mathrm{D} & 0 \end{bmatrix} \begin{bmatrix} \mathbf{U}^{(k)} \\ \mathbf{P}^{(k)} \end{bmatrix}$$

che può essere semplificato (osservando che $\mathrm{C}(\mathbf{U}^{(k)})\mathbf{U}^{(k)} = \mathrm{C}^*(\mathbf{U}^{(k)})\mathbf{U}^{(k)}$) nella forma seguente

$$\begin{bmatrix} \mathrm{K} + \mathrm{C}(\mathbf{U}^{(k)}) + \mathrm{C}^*(\mathbf{U}^{(k)}) & \mathrm{D}^T \\ \mathrm{D} & 0 \end{bmatrix} \begin{bmatrix} \mathbf{U}^{(k+1)} \\ \mathbf{P}^{(k+1)} \end{bmatrix} = \begin{bmatrix} \mathbf{F} - \mathrm{C}(\mathbf{U}_{(k)})\mathbf{U}_{(k)} \\ -\mathrm{D}\mathbf{G} \end{bmatrix}. \quad (7.13)$$

La convergenza del metodo di Newton è garantita se la stima iniziale è sufficientemente vicina alla soluzione esatta, e la velocità di convergenza è elevata (ordine 2). Il difetto principale consiste nella necessità di doversi ricalcolare ad ogni passo la matrice Jacobiana J. Per ovviare a questo inconveniente, si ricorre spesso a metodi di tipo *quasi-Newton*, che non richiedono di ricalcolare la matrice J ad ogni passo, al prezzo di un degrado delle prorpietà di convergenza. Non approfondiamo ulteriormente l'argomento qui: per maggiori dettagli, si veda, ad esempio [QSS00b].

Un modo alternativo di procedere usando il metodo di Newton è quello di applicare la linearizzazione non sul problema discretizzato, ma sul problema differenziale originale e successivamente discretizzare il problema linearizzato. Per fare questo, bisogna effettuare la derivata del problema differenziale. In particolare, procediamo alla *linearizzazione del termine non lineare* $(\mathbf{u} \cdot \nabla)\,\mathbf{u}$ negli intorni di una stima $\mathbf{u}_{(k)}$ della soluzione. Trattandosi di un operatore differenziale, la derivata va intesa nel senso di *Frechet*, ossia

$$[(\mathbf{u} \cdot \nabla) \mathbf{u}]' \,|_{\mathbf{u}=\mathbf{w}}(\mathbf{v}) = \lim_{\epsilon \to 0} \frac{((\mathbf{w} + \epsilon\mathbf{v}) \cdot \nabla)(\mathbf{w} + \epsilon\mathbf{v}) - (\mathbf{w} \cdot \nabla)\mathbf{w}}{\epsilon}.$$

Applicando questa definizione, l'*operatore* derivato associato al termine non lineare è

$$[(\mathbf{u} \cdot \nabla) \mathbf{u}]' \,|_{\mathbf{u}=\mathbf{w}}(\bullet) = (\bullet \cdot \nabla)\mathbf{w} + (\mathbf{w} \cdot \nabla)\bullet,$$

dove $\bullet$ denota l'*argomento* cui l'operatore si applica. Pertanto, l'equivalente della generica iterazione di Newton nel caso differenziale $J(u_{(k)})(u_{(k+1)} - u_{(k)}) = -f(u_{(k)})$ risulta essere (per quanto concerne il solo termine non lineare)

$$\left((\mathbf{u}_{(k+1)} - \mathbf{u}_{(k)}) \cdot \nabla\right) \mathbf{u}_{(k)} + \left(\mathbf{u}_{(k)} \cdot \nabla\right)\left(\mathbf{u}_{(k+1)} - \mathbf{u}_{(k)}\right) = -\left(\mathbf{u}_{(k)} \cdot \nabla\right) \mathbf{u}_{(k)}.$$

In definitiva, il metodo di Newton richiede di risolvere iterativamente il seguente problema linearizzato: data $\mathbf{u}_{(0)}$, trovare per $k = 0, 1, \ldots$ la nuova stima risolvendo fino a convergenza

$$\begin{cases} -\nu \triangle \mathbf{u}_{(k+1)} + \left(\mathbf{u}_{(k+1)} \cdot \nabla\right) \mathbf{u}_{(k)} + \left(\mathbf{u}_{(k)} \cdot \nabla\right) \mathbf{u}_{(k+1)} + \nabla p_{(k+1)} = \\ \qquad\qquad\qquad \mathbf{f} + \left(\mathbf{u}_{(k)} \cdot \nabla\right) \mathbf{u}_{(k)}, \\ \nabla \cdot \mathbf{u}_{(k+1)} = 0. \end{cases}$$

Un possibile criterio per stabilire che il metodo è giunto a convergenza consiste nell'imporre che la differenza fra $\mathbf{u}_{(k)}$ e $\mathbf{u}_{(k+1)}$ sia piccola, ossia richiedere che rispetto a una norma opportuna e per un valore $\epsilon > 0$ prefissato (piccolo) si abbia

$$\|\mathbf{u}_{(k+1)} - \mathbf{u}_{(k)}\| \leq \epsilon.$$

Un criterio più restrittivo prevede di verificare che rispetti un vincolo simile anche la differenza fra due iterate successive nel calcolo della pressione.

A livello operativo, una volta ottenuto il problema linearizzato, si procede (in modo standard) alla sua discretizzazione, ad esempio secondo il metodo di Galerkin-elementi finiti. Partendo da una stima della soluzione $\mathbf{U}_0$, si può verificare che questo porta ancora a dover risolvere ad ogni iterazione il sistema lineare (7.13). I due approcci (linearizzazione del problema discreto oppure discretizzazione del problema linearizzato) in questo caso portano a dover risolvere lo stesso sistema lineare. Per problemi differenziali non lineari diversi questo non sarà necessariamente vero.

Analisi dei risultati

Nel Programma 25 viene riportata una parte di codice freefem++ che implementa il metodo di Newton per il problema di Navier-Stokes. Il codice restituisce anche in questo caso la soluzione esatta, a meno degli errori di arrotondamento (i grafici della soluzione sono ovviamente identici a quelli dell'esercizio precedente).

Si osserva che, per $\nu = 0.1$, il metodo di Newton, a partire da un campo di velocità $\mathbf{u}_{(0)} = \mathbf{0}$, converge in due iterazioni al massimo al variare del passo di griglia.

Programma 25 - NewtonNavierStokes : Problema di Navier-Stokes linearizzato mediante il metodo di Newton

```
problem NewtonNavierStokes([u1,u2,p],[v1,v2,q],
                          solver=GMRES,eps=1.e-15) =
    int2d(Th)(nu * ( dx(u1)*dx(v1) + dy(u1)*dy(v1)
            +        dx(u2)*dx(v2) + dy(u2)*dy(v2) ))
  + int2d(Th)(u1*dx(u1last)*v1 + u1*dx(u2last)*v2+
              u2*dy(u1last)*v1 + u2*dy(u2last)*v2
            + u1last*dx(u1)*v1 + u1last*dx(u2)*v2+
              u2last*dy(u1)*v1 + u2last*dy(u2)*v2)
  - int2d(Th)(u1last*dx(u1last)*v1+ u1last*dx(u2last)*v2+
              u2last*dy(u1last)*v1 + u2last*dy(u2last)*v2)
  - int2d(Th)(p*dx(v1) + p*dy(v2))
  - int2d(Th)(dx(u1)*q + dy(u2)*q)
  + on(1,3,u1=0,u2=0)
  + on(2,4,u1=g,u2=0);

while (i<=nmax & resL2>toll)
{
  NewtonNavierStokes;
  w1[]=u1[]-u1last[];
  w2[]=u2[]-u2last[];
  resL2 = int2d(Th)(w1*w1) + int2d(Th)(w2*w2);
  resL2 = sqrt(resL2);
  u1last[]=u1[];
  u2last[]=u2[];
  i++;
}
```

Osservazione 7.1 Abbiamo visto come l'emisimmetria della forma trilineare giochi un ruolo determinante nella deduzione della stima di stabilità della soluzione. Questa proprietà si dimostra sfruttando due caratteristiche della soluzione:

1. la traccia nulla su tutto il bordo;
2. la divergenza nulla.

Va osservato che a causa degli errori numerici (dovuti a ragioni diverse: risoluzione del sistema lineare, discretizzazione, arrotondamento), la divergenza della soluzione numerica in realtà non è necessariamente nulla. Questo compromette la possibilità di avere una stima di stabilità per la soluzione discreta. Una modifica della forma trilineare *consistente* con il problema continuo (cioè quello a divergenza nulla) è la seguente:

$$\widehat{c}(\mathbf{u}, \mathbf{v}, \mathbf{w}) = c(\mathbf{u}, \mathbf{v}, \mathbf{w}) + \frac{1}{2} \int_\Omega (\nabla \cdot \mathbf{u}) \, \mathbf{w} \cdot \mathbf{v} d\omega.$$

Infatti, si osserva che, sfruttando il fatto che $\mathbf{v}$ e $\mathbf{w}$ abbiano traccia nulla al bordo, ma non che $\mathbf{u}$ sia a divergenza nulla

$$\frac{1}{2} c(\mathbf{u}, \mathbf{v}, \mathbf{w}) = -\frac{1}{2} \int_\Omega (\nabla \cdot \mathbf{u}) \, \mathbf{w} \cdot \mathbf{v} d\omega - \frac{1}{2} c(\mathbf{u}, \mathbf{w}, \mathbf{v}).$$

Ne consegue che:

$$\widehat{c}(\mathbf{u}, \mathbf{v}, \mathbf{w}) = \frac{1}{2} \left(c(\mathbf{u}, \mathbf{v}, \mathbf{w}) - c(\mathbf{u}, \mathbf{w}, \mathbf{v}) \right)$$

che è evidentemente emisimmetrica anche se $\mathbf{u}$ non è soleinodale. Per questo motivo, spesso nei codici di calcolo alla forma trilineare originale si sostituisce questa, che è consistente con il problema e dà migliori garanzie di stabilità.

Osservazione 7.2 In realtà, l'ipotesi che il dato di bordo sia sufficientemente piccolo, usata per ricavare la stima di stabilità per la soluzione, può essere rimossa. Si può dimostrare infatti il seguente risultato. Per ogni $\gamma > 0$, esiste un rilevamento $\mathbf{G}$ tale che $\nabla \cdot \mathbf{G} = 0$ in Ω, $\mathbf{G} = \mathbf{g}$ su Γ, e per ogni $\mathbf{v} \in V$

$$\int_\Omega (\mathbf{v} \cdot \nabla) \, \mathbf{G} \cdot \mathbf{v} d\omega \le \gamma \|\nabla \mathbf{v}\|_{L^2}^2;$$

inoltre esiste una costante C_1 tale che $\|\mathbf{G}\|_{H^1} \le C_1 \|\mathbf{g}\|_{H^{1/2}}$. La dimostrazione non è banale e si può trovare in [Tem95]. Sulla base di questo risultato, possiamo scegliere, senza ipotesi di piccolezza dei dati, $\gamma = \dfrac{\alpha}{2}$, ottenendo la seguente disuguaglianza:

$$\frac{\alpha}{2} \|\tilde{\mathbf{u}}\|_V^2 \le (\mathbf{f}, \tilde{\mathbf{u}}) + |a(\mathbf{G}, \tilde{\mathbf{u}})| + |c(\mathbf{G}, \mathbf{G}, \mathbf{u}^*)|.$$

Applicando le disuguaglianze di Cauchy-Schwarz e di Young otteniamo in definitiva

$$\frac{\alpha}{4} \|\tilde{\mathbf{u}}\|_V^2 \le \frac{1}{\alpha} \left(\|\mathbf{f}\|_{V'}^2 + (C_2 + C_3 \|\mathbf{g}\|_{H^{1/2}}^2) \right) \|\mathbf{g}\|_{H^{1/2}}^2, \tag{7.14}$$

dove la costante α è direttamente proporzionale alla viscosità del fluido ν.

Esercizio 7.1.3 Si consideri il problema di Stokes stazionario

$$\begin{cases} -\nu \triangle \mathbf{u} + \nabla p = \mathbf{f} & \text{in } \Omega, \\ \\ \nabla \cdot \mathbf{u} = 0 & \text{in } \Omega, \\ \\ \mathbf{u} = \mathbf{g} & \text{su } \Gamma, \end{cases} \tag{7.15}$$

dove Ω è un dominio contenuto in $\mathbb{R}^d$ ($d = 2,3$). Si discuta il significato algebrico della condizione *inf-sup* per il problema (7.15) discretizzato con il metodo degli elementi finiti. Si mostri che il seguente problema (detto di *quasi-comprimibilità*):

$$\begin{cases} -\nu \triangle \mathbf{u}_\epsilon + \nabla p_\epsilon = \mathbf{f} \text{ in } \ \Omega, \\[2mm] \nabla \cdot \mathbf{u}_\epsilon = -\epsilon p_\epsilon \quad \text{in} \ \ \Omega, \\[2mm] \mathbf{u}_\epsilon = \mathbf{g} \qquad \text{su} \ \ \Gamma, \end{cases} \qquad (7.16)$$

con $\epsilon > 0$ genera un problema stabile per ogni scelta di elementi finiti di velocità e pressione nel senso del soddisfacimento della *inf-sup*, discutendo l'approssimazione di (7.15) con (7.16) con ϵ opportunamente "piccolo". Verificare la risposta data con FreeFem nel caso in cui $\nu = 0.1$ e il dominio Ω sia il quadrato unitario, con condizioni di Dirichlet omogenee sul bordo inferiore e sui due bordi laterali, e con velocità $\mathbf{u} = (1,0)^T$ sul bordo superiore (*problema della cavità*).

Soluzione 7.1.3

Approssimazione numerica

Facciamo qualche considerazione sulla discretizzazione del sistema (7.15) e sul siginificato della condizione *inf-sup*. Come abbiamo visto negli Esercizi precedenti, la formulazione debole del problema di Stokes è: trovare $\tilde{\mathbf{u}} \in V$, $p \in Q$ tali che per ogni $\mathbf{v} \in V \equiv \mathbf{H}_0^1(\Omega)$ e $q \in Q \equiv L_0^2(\Omega)$ si abbia

$$\begin{cases} a(\tilde{\mathbf{u}}, \mathbf{v}) + b(\mathbf{v}, p) = (\mathbf{f}, \mathbf{v}) - a(\mathbf{G}, \mathbf{v}), \\[2mm] b(\tilde{\mathbf{u}}, q) = -b(\mathbf{G}, q), \end{cases} \qquad (7.17)$$

dove $\mathbf{G}$ è il rilevamento del dato di bordo (che qui non supponiamo necessariamente essere a divergenza nulla). Introduciamo una discretizzazione finito-dimensionale a elementi finiti, ossia gli spazi finito-dimensionali $V_h \subset V$ e $Q_h \subset Q$, con basi $\{\varphi_i\}$ ($i = 1, 2, \dots, d_\mathbf{u}$) e $\{\psi_j\}$ ($j = 1, 2, \dots, d_p$) rispettivamente. Usando queste funzioni sia per rappresentare la soluzione che come funzioni test, si ottiene il sistema algebrico

$$\begin{bmatrix} \mathrm{K} & \mathrm{D}^T \\ \mathrm{D} & 0 \end{bmatrix} \begin{bmatrix} \mathbf{U} \\ \mathbf{P} \end{bmatrix} = \begin{bmatrix} \mathbf{F}_1 \\ \mathbf{F}_2 \end{bmatrix}. \qquad (7.18)$$

Se la condizione *inf-sup* è soddisfatta, il sistema è invertibile. Questo richiede di scegliere opportunamente la coppia di spazi V_h e Q_h. A livello algebrico, tale condizione si traduce in una condizione sulla matrice D^T. Infatti, usando la prima equazione del sistema a blocchi (7.18), possiamo ricavare $\mathbf{U}$ in funzione di $\mathbf{P}$ (K è simmetrica definita positiva, quindi sicuramente invertibile) come

$$\mathbf{U} = K^{-1}\mathbf{F}_1 - K^{-1}D^T\mathbf{P} \qquad (7.19)$$

che sostituita nella seconda equazione di (7.18) dà

$$DK^{-1}D^T\mathbf{P} = DK^{-1}\mathbf{F}_1 - \mathbf{F}_2, \qquad (7.20)$$

ossia un sistema $d_p \times d_p$ nella sola pressione. Se la matrice (simmetrica) $DK^{-1}D^T$ (detta *matrice di pressione*[5]) è invertibile, evidentemente si può calcolare la pressione e, a ritroso, la velocità. L'invertibilità del sistema globale è dunque equivalente a quella della matrice di pressione. D'altra parte, se il nucleo[6] della matrice D^T ha dimensione nulla, allora l'equzione $D^T\mathbf{y} = \mathbf{0}$ è soddisfatta solo dal vettore $\mathbf{y} = \mathbf{0}$. Questo significa che $DK^{-1}D^T$ è definita positiva. Infatti, l'ipotesi fatta su D^T implica che se $\mathbf{y} \neq \mathbf{0}$, $\mathbf{z} \equiv D^T\mathbf{y} \neq \mathbf{0}$ e quindi

$$\mathbf{y}^T DK^{-1}D^T\mathbf{y} = \mathbf{z}^T K^{-1}\mathbf{z} > 0,$$

essendo K (e quindi la sua inversa) definita positiva. La condizione che D^T abbia nucleo di dimensione nulla è dunque l'equivalente algebrico della condizione *inf-sup*.

Consideriamo ora il problema perturbato, che chiamiamo di *quasi-comprimibilità*, proprio perché introduce una violazione al vincolo di incomprimibilità, "modulato" dal coefficiente ϵ, che verrà scelto opportunamente piccolo.

La forma debole è: trovare $\tilde{\mathbf{u}} \in V$, $p \in L^2(\Omega)$ tali che per ogni $\mathbf{v} \in V$ e $q \in L^2(\Omega)$:

$$\begin{cases} a(\tilde{\mathbf{u}}_\epsilon, \mathbf{v}) + b(\mathbf{v}, p_\epsilon) = (\mathbf{f}, \mathbf{v}) - a(\mathbf{G}, \mathbf{v}), \\[2mm] b(\tilde{\mathbf{u}}_\epsilon, q) - \epsilon s(p_\epsilon, q) = b(\mathbf{G}, q), \end{cases} \qquad (7.21)$$

dove $s(p, q) \equiv \int_\Omega p_\epsilon q \, d\omega$, che definisce una forma bilineare ad argomenti in $L^2(\Omega) \times L^2(\Omega)$ simmetrica e *coerciva*, ossia esiste una costante positiva β tale che $s(q, q) \geq \beta\|q\|^2_W$ per ogni $q \in L^2(\Omega)$. Si osservi che ora la pressione compare nel problema non solo sotto derivata, sicché lo spazio di ambientazione sarà $L^2(\Omega)$, ossia non sarà necessario forzare l'unicità specificando la media nulla nello spazio ambiente. Il segno negativo davanti alla forma bilineare è indotto dal fatto che, nella forma debole (sia del problema imperturbato che di quello di quasi-comprimibilità), l'equazione di continuità che viene di fatto scritta mediante la forma bilineare $b(\cdot, \cdot)$ è $-\nabla \cdot \mathbf{u} = 0$.

Se scegliamo come funzioni test nella (7.21) $\mathbf{v} = \mathbf{u}$ e $q = p$, sottraendo membro a membro le due equazioni si ottiene:

---

[5] In generale, per una matrice a blocchi come quella del sistema (7.18), la matrice $-DK^{-1}D^T$ è nota come *complemento di Schur* del sistema.

[6] Il nucleo di una matrice B è lo spazio individuato dai vettori $\mathbf{z}$ tali che $B\mathbf{z} = \mathbf{0}$.

$$a(\tilde{\mathbf{u}}_\epsilon, \tilde{\mathbf{u}}_\epsilon) + \epsilon s(p_\epsilon, p_\epsilon) = (\mathbf{f}, \tilde{\mathbf{u}}_\epsilon),$$

da cui, grazie alla coercività di $s(\cdot, \cdot)$, si perviene alla stima a priori

$$\alpha \|\tilde{\mathbf{u}}_\epsilon\|_V \le \|\mathbf{f}\|_{L^2(\Omega)}.$$

Ne consegue che

$$\epsilon\beta\|p_\epsilon\|^2_{L^2(\Omega)} \le \|\mathbf{f}\|_{L^2(\Omega)}\|\tilde{\mathbf{u}}_\epsilon\|_V \le \frac{1}{\alpha}\|\mathbf{f}\|^2_{L^2(\Omega)}.$$

Procediamo alla discretizzazione a elementi finiti di (7.21). Se indichiamo con $S = [s_{ij}]$ con $s_{ij} = s(\psi_j, \psi_i)$, la matrice di massa associata alla pressione, abbiamo una matrice simmetrica definita positiva per qualsiasi scelta del sottospazio Q_h. Il sistema algebrico da risolvere diventa

$$\begin{bmatrix} K & D^T \\ D & -\epsilon S \end{bmatrix} \begin{bmatrix} \mathbf{U}_\epsilon \\ \mathbf{P}_\epsilon \end{bmatrix} = \begin{bmatrix} \mathbf{F}_1 \\ \mathbf{F}_2 \end{bmatrix}.$$

Procedendo come per il problema di Stokes incomprimibile, dalla (7.19) segue che $\mathbf{P}_\epsilon$ soddisfa il sistema lineare seguente

$$\left(\epsilon S + DK^{-1}D^T\right)\mathbf{P}_\epsilon = DK^{-1}\mathbf{U}_\epsilon. \tag{7.22}$$

Indipedendentemente dal fatto che la condizione *inf-sup* sia verificata dai sottospazi V_h e Q_h, ossai indipendentemente dalla dimensione del nucleo di D^T, la matriceè sicuramente invertibile, poichè ϵS e K sono simmetriche definite positive. Infatti

$$\mathbf{y}^T\left(\epsilon S + DK^{-1}D^T\right)\mathbf{y} = \epsilon\mathbf{y}^T S\mathbf{y} + \mathbf{y}^T DK^{-1}D^T\mathbf{y} > 0$$

se $\mathbf{y} \ne \mathbf{0}$. Chiaramente, se il nucleo di D^T ha dimensione non nulla, la matrice di pressione tenderà a diventare singolare per ϵ che tende a 0. Il parametro ϵ andrà pertanto scelto in modo che non generi una soluzione troppo perturbata rispetto al problema di partenza e, tuttavia, garantisca che la matrice per la pressione sia non troppo malcondizionata[7].

Osservazione 7.3 Il problema di quasi-comprimibilità (7.16) può essere generalizzato, sostituendo al termine ϵp_ϵ a secondo membro nell'equazione di continuità il termine $\epsilon\mathcal{L}p_\epsilon$, con $\mathcal{L}$ *operatore autoaggiunto definito positivo* In generale, l'operatore $\mathcal{L}$ dallo spazio W al suo duale W' è autoaggiunto definito positivo se per ogni $q_1, q_2 \in W$ si ha $< \mathcal{L}q_1, q_2 >=< q_1, \mathcal{L}Q_2 >$ e esiste un $\alpha > 0$ tale che per ogni $q \in W$ si ha $< q, \mathcal{L}q >\ge \alpha\|q\|^2_W$. Posto pertanto

$$s(p_\epsilon, q) \equiv < \mathcal{L}p_\epsilon, Q >,$$

---

[7] Ricordiamo che il numero di condizionamento di una matrice è tanto più alto quanto più la matrice è "vicina" ad essere singolare (si veda [QSS00b]).

la forma bilineare è simmetrica e coerciva in virtù delle proprietà di $\mathcal{L}$.

In letteratura le tecniche di quasi-comprimibilità sono state analizzate da vari autori. Tra gli altri (nel caso non stazionario, come passo intermedio per l'analisi del metodo di Proiezione di Chorin-Temam) citiamo il testo di A. Prohl [Pro97].

Oltre alla scelta $\mathcal{L}p_\epsilon = p_\epsilon$ già considerata, un'altra possibilità (per problemi non stazionari) è quello di porre $\mathcal{L}p_\epsilon = dp_\epsilon/dt$, che dal punto di vista del problema discreto produce di nuovo una matrice di massa di pressione (anche se il termine noto dell'equazioni di continuità sarà in questo caso funzione della pressione al passo temporale precedente).

Una terza possibilità è quella di porre

$$\mathcal{L}p_\epsilon = -\triangle p_\epsilon \tag{7.23}$$

associato a condizioni al bordo di tipo Neumann omogeneo (ossia $\partial p/\partial \mathbf{n} = 0$). In questo caso, il problema continuo richiederà la pressione in $p \in H^1(\Omega)$ con $\int_\Omega p d\omega = 0$. Quest'ultima condizione garantisce in effetti che l'operatore $-\triangle$ sia positivo, in virtù di una disuguaglianza, talvolta indicata come *disuguaglianza di Poincaré-Wittinger*, che garantisce la coercività del laplaciano nel sottospazio di $H^1(\Omega)$ delle funzioni a media nulla (così come la disuguaglianza di Poincaré la garntisce per il sottospazio $H_0^1(\Omega)$). La matrice S sarà in tal caso la matrice di stiffness per la pressione di elementi $s_{ij} = \int_\Omega \nabla \psi_j \cdot \nabla \psi_i d\omega$. Le condizioni al bordo di Neumann omogenee sulla pressione non sono evidentemente imposte dal problema fisico, ma sono richieste dalla (7.23). La scelta delle condizioni naturali è dovuta al fatto che queste sono generalmente "meno perturbative" e facili da trattare. In ogni caso, con questa scelta si genera un errore numerico principalmente concentrato attorno al bordo.

Programma 26 - Stokes-pen1 : Problema di Stokes con penalizzazione mediante massa di pressione

```
solve Stokes ([u1,u2,p],[v1,v2,q],solver=Crout) =
    int2d(Th)(nu * ( dx(u1)*dx(v1) + dy(u1)*dy(v1)
        +          dx(u2)*dx(v2) + dy(u2)*dy(v2) )
        - p*dx(v1) - p*dy(v2)
        - p*q*epsilon
//       - (dx(p)*dx(q)+dy(p)*dy(q))*epsilon
        - dx(u1)*q - dy(u2)*q)
    + on(1,2,4,u1=0,u2=0)   + on(3,u1=1.,u2=0);
um = sqrt(u1^2+u2^2);
```

Analisi dei risultati

In Figura 7.2 riportiamo come riferimento per la soluzione il campo di velocità (a sinistra) e le mappe delle isolinee di pressione (a destra) su una griglia fitta ($h = 1/30$), ottenuta con elementi P^2 per la velocità e P^1 per la pressione.

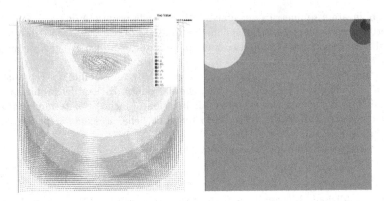

Figura 7.2. Soluzione del problema della cavità con elementi finiti P^2 per la velocità (sinistra) e P^1 per la pressione (destra). La condizione *inf-sup* è soddisfatta. La pressione varia fra circa -15 (angolo in alto a sinistra) e 14 (angolo in alto a destra). Tempo di simulazione: 2.48 s

In Figura 7.3 riportiamo velocità e pressione ottenute con elementi P^1 per entrambe le incognite con una penalizzazione mediante la matrice di massa di pressione con $\epsilon = 10^{-5}$. La soluzione del sistema avviene con un metodo diretto: se si pone $\epsilon = 0$ giustamente FreeFem genera un messaggio di errore a causa della matrice singolare. La soluzione di velocità trovata è accettabile, mentre la pressione mostra alcune oscillazioni dovute al malcondizionamento nel calcolo della pressione. Ponendo $\epsilon = 1$ (Figura 7.4) le oscillazioni vengono ridotte, anche se, in questo modo, si avverte in maniera più sensibile la perturbazione sulla soluzione dovuta alla quasi-comprimibilità: la pressione infatti oscilla fra valori più piccoli di quelli della soluzione di riferimento. La parte di codice corrispondente a questi risultati si trova nel Programma 26.

In Figura 7.5 riportiamo i risultati ottenuti con una penalizzazione mediante il laplaciano e $\epsilon = 10^{-4}$, che genera valori di pressione ragionevoli. La parte di listato corrispondente a questo metodo è riportata nel Programma 27.

Come si vede, la determinazione di un valore di ϵ che realizzi la soluzione di buon compromesso fra l'esigenza di rendere la matrice dei $P^1 - P^1$ non singolare e ben condizionata e quella di non perdere in maniera significativa la conservazione della massa non è facile. Il vantaggio di questo approccio è quello di poter usare elementi finiti di grado più basso per la velocità, che implica che i sistemi lineari da risolvere saranno più piccoli, con un vantaggio in termini di costi computazionali. Per quanto non particolarmente signifivcativo per un codice di calcolo strutturalmente non efficiente come FreeFem, si può notare che il calcolo P^2, P^1 di Figura 7.2 ha richiesto ad esempio 2.48 s, contro il tempo di 1.07s richiesto dal calcolo di Figura 7.5.

◇

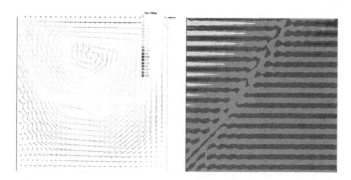

Figura 7.3. Soluzione del problema della cavità con elementi finiti P^1 per la velocità (sinistra) e P^1 per la pressione (destra). Penalizzazione mediante massa di pressione con $\epsilon = 10^{-5}$. La pressione varia fra -44 + 35 e presenta evidenti oscillazioni dovute al malcondizionamento

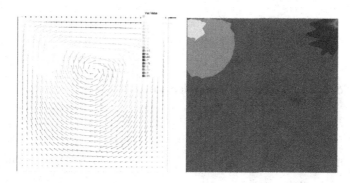

Figura 7.4. Soluzione del problema della cavità con elementi finiti P^1 per la velocità (sinistra) e P^1 per la pressione (destra). Penalizzazione mediante massa di pressione con $\epsilon = 1$. La pressione varia fra -6 e 4 e le oscillazioni si sono ridotte notevolmente

Programma 27 - Stokes-pen2 : Problema di Stokes con penalizzazione mediante laplaciano di pressione

```
solve Stokes ([u1,u2,p],[v1,v2,q],solver=Crout) =
  int2d(Th)(nu*( dx(u1)*dx(v1)+dy(u1)*dy(v1)+dx(u2)*dx(v2)+dy(u2)*dy(v2) )
  - p*dx(v1) - p*dy(v2) - dx(u1)*q - dy(u2)*q
  - (dx(p)*dx(q)+dy(p)*dy(q))*epsilon)
  + on(1,2,4,u1=0,u2=0) + on(3,u1=1.,u2=0);
```

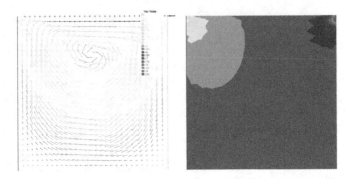

Figura 7.5. Soluzione del problema della cavità con elementi finiti P^1 per la velocità (sinistra) e P^1 per la pressione (destra). Penalizzazione mediante laplaciano di pressione con $\epsilon = 10^{-4}$. La pressione varia fra -8 e 5. Tempo di calcolo: $1.07\ s$

Esercizio 7.1.4 Si consideri il problema di Stokes:

$$\begin{cases} -\nu\triangle\mathbf{u} + \nabla p = \mathbf{f} \text{ in } & \Omega \subset \mathbb{R}^2, \\ \nabla \cdot \mathbf{u} = 0 & \text{in } \Omega, \end{cases} \qquad (7.24)$$

con $\mathbf{u} = \mathbf{0}$ su Γ, dove Ω è il dominio quadrato $[0,1] \times [0,1]$. Si chiede di:

1. scrivere la discretizzazione del problema a elementi finiti;
2. dimostrare che per avere non singolarità del problema discretizzato, condizione necessaria è che $d_\mathbf{u} \geq d_p$;
3. mostrare che sulla griglia di Fig. 7.6, gli elementi P^1-P_0, continui per la velocità e discontinui per la pressione non soddisfa la condizione *inf-sup*;
4. mostrare che la scelta di spazi Q_1 per la velocità sulla griglia quadrangolare di Fig. 7.7 e Q_0 per la pressione (discontinua) non soddisfa la condizione *inf-sup*, individuando direttamente un modo spurio di pressione.

Soluzione 7.1.4

Approssimazione numerica

La discretizzazione del problema si effettua come già visto negli Esercizi precedenti. In questo caso, non c' è bisogno di effettuare alcun rilevamento, avendo il dato di bordo omogeneo.

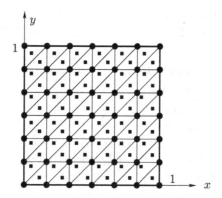

Figura 7.6. Griglia triangolare per l'Esercizio 7.1.4. I quadratini neri indicano i gradi di libertà di pressione, i cerchi quelli della velocità

Con la stessa notazione degli Esercizi precedenti, il problema di Stokes discreto in versione algebrica si scrive

$$\begin{bmatrix} K & D^T \\ D & 0 \end{bmatrix} \begin{bmatrix} \mathbf{U} \\ \mathbf{P} \end{bmatrix} = \begin{bmatrix} \mathbf{F}_1 \\ 0 \end{bmatrix}.$$

In base a quanto visto nell'esercizio 7.1.3, l'invertibilità della matrice associata a questo sistema è garantita se e solo se il nucleo di D^T ha dimensione nulla. Ricordiamo che un noto Teorema (si veda ad esempio [QSS00b], Paragrafo 1.5) afferma che il numero di colonne di una matrice A è pari alla somma della dimensione del suo nucleo e del suo rango:

$$\mathrm{col}(A) = \dim(\mathrm{Ker}(A)) + \mathrm{rank}(A).$$

Si può dimostrare inoltre che il rango di una matrice coincide con quello della sua trasposta. Pertanto, se $\dim(\mathrm{Ker}(D^T)) = 0$, segue che $d_{\mathbf{u}} = \mathrm{rank}(D) + \dim(\mathrm{Ker}(D))$ ed $d_p = \mathrm{rank}(D^T) + \dim(\mathrm{Ker}(D^T)) = \mathrm{rank}(D^T) = \mathrm{rank}(D)$ da cui $d_{\mathbf{u}} - d_p = \dim(\mathrm{Ker}(D)) \geq 0$. Ne deduciamo che la condizione

$$d_{\mathbf{u}} \geq d_p \tag{7.25}$$

è necessaria (ma non sufficiente) per avere $\dim(\mathrm{Ker}(D^T)) = 0$.

Supponiamo ora di lavorare sulla griglia di Fig. 7.6 con elementi P^1 (conformi) per la velocità e $\mathbb{P}^0$ per la pressione[8]. Calcoliamo le dimensioni degli spazio finito dimensionali, ossia calcoliamo $d_{\mathbf{u}}$ e d_p conteggiando i gradi di libertà complessivi. Da un conteggio diretto, si ha che

---

[8] Si noti che con questa scelta la pressione discreta è discontinua tra un elemento e l'altro.

1. il numero gradi di libertà di velocità è 2 volte il numero dei nodi interni;
2. il numero gradi di libertà di pressione è pari al numero di elementi meno uno (a causa del vincolo di media nulla).

Se indichiamo con n il numero di nodi su ciascun lato del dominio quadrato (compresi i vertici), si calcola che:

1. numero di nodi (interni ed esterni): n^2;
2. numero di nodi sul bordo: $4n - 4$;
3. numero di elementi: il quadrato ha $n - 1$ file di $2 \times (n - 1)$ elementi (sarebbero $(n - 1)^2$ quadrilateri, ognuno dei quali genera una coppia di triangoli) per un totale di $2(n - 1)^2$ elementi.

In definitiva, i gradi di libertà sono $d_\mathbf{u} = 2\left(n^2 - 4n + 4\right)$ per la velocità e $d_p = 2(n - 1)^2 - 1$ per la pressione. La disequazione $d_\mathbf{u} \geq d_p$ con questi dati ha soluzione per $n \leq 7/4$, da cui si deduce che, per la discretizzazione in oggetto, la condizione (7.25) non è verificata.

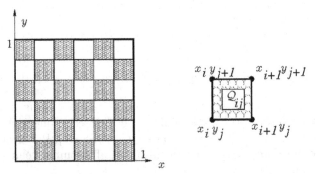

Figura 7.7. Griglia a quadrilateri per l'esercizio 7.1.4. A destra, dettaglio della notazione usata per il generico quadrilatero $\mathcal{Q}_{ij}$

Consideriamo ora l'ultimo punto dell'esercizio, riferendoci alla Figura 7.7. Vediamo se la condizione necessaria (7.25) è verificata. Indicando con n il numero di nodi su ogni lato di bordo, si calcola direttamente:

1. $(n - 2)^2$ nodi interni, quindi $d_\mathbf{u} = 2(n - 2)^2$ gradi di libertà per la velocità;
2. $(n - 1)^2$ elementi, quiandi $d_p = (n - 1)^2 - 1$ gradi di libertà per la pressione.

Risolvendo direttamente la disequazione $d_\mathbf{u} \geq d_p$, si calcola che questa è soddisfatta per $n \geq 4$. Dunque, per n sufficientemente grande la condizione (7.25) è verificata. Tuttavia questa è una condizione solo necessaria. Per mostrare che la coppia Q_1, Q_0 non soddisfa la condizione LBB, individuiamo un modo spurio di pressione, cioè un vettore $\mathbf{y}$ non nullo tale che $D^T\mathbf{y} = \mathbf{0}$. Poiché questo corrisponde a trovare un campo di pressione q_h tale che $(\nabla \mathbf{v}_h, q_h) = 0$ per ogni scelta di

$v_h \in V_h$, calcoliamo direttamente la divergenza discreta. Sia Q_{ij} il quadrilatero i cui vertici sono (procedendo in senso antiorario) $V_0 = (x_i, y_j)$, $V_1 = (x_{i+1}, y_j)$, $V_2 = (x_{i+1}, y_{j+1})$, $V_3 = (x_i, y_{j+1})$, come mostrato in Figura 7.7. Sia q_h una generica funzione di Q_0. Il valore costante che essa assume nel quadrilatero Q_{ij} verrà indicato con $q_{i+\frac{1}{2}, j+\frac{1}{2}}$. Le funzioni (bilineari) di forma φ_k per ogni componente di velocità di Q_1 su Q_{ij} (ossia per $x_i \leq x \leq x_{i+1}$ e $y_i \leq y \leq y_{i+1}$) hanno invece l'espressione:

$$\varphi_0 = \frac{1}{h^2}(x_{i+1} - x)(y_{j+1} - y), \; \varphi_1 = \frac{1}{h^2}(x - x_i)(y_{j+1} - y),$$

$$\varphi_2 = \frac{1}{h^2}(x - x_i)(y - y_j), \qquad \varphi_3 = \frac{1}{h^2}(x_{i+1} - x)(y - y_j),$$

da cui

$$\frac{\partial \varphi_0}{\partial x} = -\frac{1}{h}(y_{j+1} - y), \quad \frac{\partial \varphi_0}{\partial y} = -\frac{1}{h}(x_{i+1} - x),$$

$$\frac{\partial \varphi_1}{\partial x} = \frac{1}{h}(y_{j+1} - y), \quad \frac{\partial \varphi_1}{\partial y} = -\frac{1}{h}(x - x_i),$$

$$\frac{\partial \varphi_2}{\partial x} = \frac{1}{h}(y - y_j), \qquad \frac{\partial \varphi_2}{\partial y} = \frac{1}{h}(x - x_i),$$

$$\frac{\partial \varphi_3}{\partial x} = -\frac{1}{h}(y - y_j), \quad \frac{\partial \varphi_3}{\partial y} = \frac{1}{h}(x_{i+1} - x).$$

Eseguendo i calcoli

$$\int_{Q_{ij}} q_h \frac{\partial u_h^1}{\partial x} dx dy = q_{i+\frac{1}{2}, j+\frac{1}{2}} \sum_{k=0}^{3} h u_h^1(V_k) \int_{y_j}^{y_{j+1}} \frac{\partial \varphi_k}{\partial x} dy$$

$$= q_{i+\frac{1}{2}, j+\frac{1}{2}} \frac{h}{2}(u_{i+1, j+1}^1 - u_{i, j+1}^1 + u_{i+1, j}^1 - u_{ij}^1). \tag{7.26}$$

dove per ogni i, j, u_{ij}^1 rappresenta il valore della prima componente di velocità nel nodo di coordinate (x_i, y_j). Un calcolo analogo si può applicare alla seconda componente di velocità.

In definitiva, si ricava che

$$\int_\Omega q_h \nabla \cdot \mathbf{u}_h d\omega = \sum_{i,j=0}^{n-1} \int_{Q_{ij}} q_h \nabla \cdot \mathbf{u}_h dx dy = \frac{h}{2} \sum_{i,j=0}^{n-1} q_{i+\frac{1}{2}, j+\frac{1}{2}}$$

$$\left[u_{i+1, j+1}^1 - u_{i, j+1}^1 + u_{i+1, j}^1 - u_{ij}^1 + u_{i+1, j+1}^2 - u_{i+1, j}^2 + u_{i, j+1}^2 - u_{ij}^2 \right]. \tag{7.27}$$

Riarrangiando i termini nella sommatoria, lo stesso integrale può essere riscritto nella forma:

$$\int_{\Omega} q_h \nabla \cdot \mathbf{u}_h d\omega =$$

$$\frac{h}{2} \sum_{i,j=1}^{n-1} u_{i,j}^1 \left[q_{i-\frac{1}{2},j-\frac{1}{2}} + q_{i-\frac{1}{2},j+\frac{1}{2}} - q_{i+\frac{1}{2},j-\frac{1}{2}} - q_{i+\frac{1}{2},j+\frac{1}{2}} \right] +$$

$$u_{i,j}^2 \left[q_{i-\frac{1}{2},j-\frac{1}{2}} - q_{i-\frac{1}{2},j+\frac{1}{2}} + q_{i+\frac{1}{2},j-\frac{1}{2}} - q_{i+\frac{1}{2},j+\frac{1}{2}} \right].$$

Consideriamo ora una pressione discreta costante a pezzi q_h tale che alternativamente valga $+1$ e -1. Con riferimento alla Figura 7.7, assumiamo che sugli elementi grigi valga $+1$ e su quelli bianchi -1. Con questa funzione, si verifica che $(\nabla \mathbf{v}_h, q_h) = 0$ per qualunque $\mathbf{v}_h$, la cui controparte algebrica, posto $\mathbf{Q}_h = [q_1, \ldots q_{d_p}]$ è $\mathrm{D}^T \mathbf{Q}_h = 0$. Il campo di pressione trovato è detto *parassita* o "spurio". In particolare, per evidenti motivi, questo specifico campo è anche indicato in letteratura come *checkerboard mode* ("modo a scacchiera"). La coppia Q_1, Q_0 in definitiva non soddisfa la condizione *inf-sup*.   ◇

Esercizio 7.1.5 Si consideri il problema di Navier-Stokes stazionario non omogeneo

$$\begin{cases} (\mathbf{u} \cdot \nabla) \mathbf{u} - \nu \triangle \mathbf{u} + \nabla p = \mathbf{f} & \text{in} \quad \Omega \subset \mathbb{R}^2, \\ \nabla \cdot \mathbf{u} = 0 & \text{in} \quad \Omega, \qquad\qquad (7.28) \\ \mathbf{u} = \mathbf{g} & \text{su} \quad \Gamma, \end{cases}$$

Mostrare che la stima di stabilità per la soluzione ricavata nell'Esercizio 7.1.2 perde di significato per $\nu \to 0$. Verificare numericamente questa circostanza con FreeFem.Nel caso dei problemi di Poiseuille e della cavità introdotti negli Esercizi 7.1.3 e 7.1.2. facendo riferimento al problema linearizzato mediante il metodo di Newton, se ne scriva la stabilizzazione per il trasporto dominante usando lo schema SUPG. Si mostri che il problema stabilizzato rispetto al trasporto dominante risulta essere uno schema di quasi-comprimibilità e, per questo, è anche stabilizzato rispetto alla condizione *inf-sup*.
Scrivere un codice FreeFem con metodo di Newton e stabilizzazione SUPG (sul problema linearizzato) verificandone le proprietà (per il problema di Poiseuille e della cavità) per diversi valori di ν. Per le prove numeriche si usi una griglia uniforme con passo $h = 0.05$.

Soluzione 7.1.5

Analisi matematica del problema

Ricordiamo innanzitutto che, detta L una lunghezza caratteristica per il problema in esame, e U un valore rappresentativo della velocità del fluido, si definisce *numero di Reynolds* il rapporto adimensionale

$$\text{Re} = \frac{UL}{\nu}$$

che, analogamente al numero di Péclet nei problemi di diffusione e trasporto, "pesa" l'importanza del termine convettivo su quello diffusivo nel problema di Navier-Stokes.

Se consideriamo la stima di stabilità (7.14), questa può diventare poco significativa in (almeno) due situazioni:

1. la viscosità del fluido rimpicciolisce: in tal caso, la costante α (proporzionale a ν) diventa sempre più piccola;
2. il dato di bordo $\mathbf{g}$ diventa molto grande: in tal caso il membro a destra della stima (7.14) può crescere molto, facendo perdere di significato alla maggiorazione.

Entrambi i casi si possono sintetizzare dicendo che la stima di stabilità diventa poco siginificativa al crescere del numero di Reynolds (nel primo caso diminuisce ν, nel secondo aumenta U). Fisicamente, si sa che il crescere di Re è accompagnato da fenomeni di instabilità fisica che portano alla turbolenza. La trattazione degli aspetti numerici legati alla simulazione della turbolenza esula dagli scopi del presente testo. Qui ci limitiamo ad alcune considerazioni di base circa il trattamento numerico di problemi a trasporto dominante che si possa inquadrare nelle metodologie viste nel Capitolo 3.

Approssimazione numerica

Un modo per toccare con mano (indirettamente) gli effetti numerici di una viscosità decrescente è ad esempio quello di osservare quante iterazioni sono richieste al metodo di Newton introdotto nell'Esercizio 7.1.2 per convergere. Al crescere del termine convettivo rispetto a quello diffusivo, infatti, il metodo di Newton risulterà essere meno contrattivo e l'intorno della soluzione al quale deve appartenere la stima iniziale per avere convergenza tenderà a restringersi. Per questo motivo, il metodo di Newton richiederà più iterazioni per convergere o addirittura, a parità di stima iniziale, non convergerà.

Ad esempio, nella Tabella 7.1 riportiamo le iterazioni richieste al metodo di Newton per risolvere i problemi di Poiseuille e della cavità per valori decrescenti della viscosità. La discretizzazione è stata effettuata con elementi P^2 per la velocità e P^1 per la pressione.

Il test d'arresto è basato su un controllo della norma $\mathbf{H}^1$ della differenza fra due iterate successive della velocità con tolleranza 10^{-5} (ossia $\|\mathbf{u}^{(k+1)} - \mathbf{u}^{(k)}\|_{\mathbf{H}^1} \le 10^{-5}$).

Come si vede, al decrescere della viscosità, le instabilità numeriche rallentano (o addirittura impediscono) la convergenza del metodo di Newton. Questo fenomeno è più evidente nel caso della cavità, la cui soluzione non sta nel sottospazio degli elementi finiti usato.

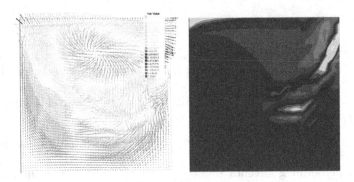

Figura 7.8. Soluzione del problema della cavità con elementi finiti P^2 per la velocità e P^1 per la pressione. $\nu = 10^{-3}$. La soluzione è stata ottenuta dopo 10 iterazioni del metodo di Newton. Le instabilità numeriche sono evidenti

In Figura 7.8 mostriamo la soluzione numerica per il problema della cavità con $\nu = 10^{-3}$ ottenuta dopo 10 iterazioni del metodo di Newton. Le oscillazioni numeriche indotte dal trasporto dominante sono evidenti e impediscono la convergenza del metodo di Newton.

Come visto nell'Esercizio 7.1.3, la linearizzazione del problema secondo il metodo di Newton, partendo da una stima della soluzione di velocità $\mathbf{u}^{(0)}$, richiede di risolvere ad ogni iterazione il sistema

$$
\begin{cases}
-\nu\triangle\mathbf{u}^{(k+1)} + \left(\mathbf{u}^{(k+1)} \cdot \nabla\right)\mathbf{u}^{(k)} + \left(\mathbf{u}^{(k)} \cdot \nabla\right)\mathbf{u}^{(k+1)} + \nabla p^{(k+1)} = \\
\qquad\qquad \left(\mathbf{u}^{(k)} \cdot \nabla\right)\mathbf{u}^{(k)}, \\
\nabla \cdot \mathbf{u}^{(k)} = 0.
\end{cases}
\tag{7.29}
$$

Allo scopo di stabilizzare numericamente il problema, introduciamo un rilevamento $\mathbf{G}$ del dato di bordo $\mathbf{g}$ e poniamo $\widetilde{\mathbf{u}} = \mathbf{u} - \mathbf{G}$. Usando la notazione introdotta nell'E-

Viscosità ν	Poiseuille	Cavità
10^{-1}	2	4
10^{-2}	2	6
10^{-3}	2	-
10^{-4}	2	-
10^{-5}	3	-
10^{-6}	-	-

Tabella 7.1. Numero di iterazioni richieste per elementi finiti P^2, P^1 al decrescere della viscosità. Il trattino significa che la convergenza non è avvenuta dopo 30 iterazioni del metodo di Newton

sercizio 7.1.2, la forma debole del problema può essere scritta: trovare $\tilde{\mathbf{u}}^{(k+1)} \in V$, $p^{(k+1)} \in Q$ tali che per ogni $\mathbf{v} \in V$ e $q \in Q$

$$a(\tilde{\mathbf{u}}^{((k+1))}, \mathbf{v}) + b(\mathbf{v}, p^{(k+1)}) + c(\tilde{\mathbf{u}}^{((k+1))}, \mathbf{u}^{(k)}, \mathbf{v}) +$$

$$c(\mathbf{u}^{(k)}, \tilde{\mathbf{u}}^{((k+1))}, \mathbf{v}) + b(\tilde{\mathbf{u}}^{((k+1))}, q) =$$

$$(\mathbf{f}, \mathbf{v}) - c(\mathbf{u}^{(k)}, \mathbf{u}^{(k)}, \mathbf{v}) - a(\mathbf{G}, \mathbf{v}) - c(\mathbf{G}, \mathbf{u}^{(k)}, \mathbf{v}) - c(\mathbf{u}^{(k)}, \mathbf{G}, \mathbf{v}) - b(\mathbf{G}, q)$$

$$\text{(7.30)}$$

Questa formulazione debole "accorpa" in un'unica equazione sia la forma debole dell'equazione del momento che quella di conservazione della massa. Le due equazioni separate si ottengono scegliendo alternativamente le funzioni test $\mathbf{v} = \mathbf{0}$ o $q = 0$. Viceversa, sommando le due equazioni separate (scritte in forma debole) si ottiene proprio la (7.30). La formulazione qui riportata è più funzionale per la costruzione di un termine di stabilizzazione fortemente consistente.

Prima di procedere, introduciamo una notazione più snella. Poiché ci riferiremo sempre alla generica iterazione, omettiamo l'indice k. Omettiamo il pedice h anche se d'ora in avanti faremo riferimento a soluzioni discrete (nei sottospazi V_h e Q_h di velocità e pressione rispettivamente). Poniamo

$$\mathcal{F}(\mathbf{v}) \equiv (\mathbf{f}, \mathbf{v}) - c(\mathbf{u}^{(k)}, \mathbf{u}^{(k)}, \mathbf{v}) - a(\mathbf{G}, \mathbf{v}) - c(\mathbf{G}, \mathbf{G}, \mathbf{v}),$$

e inoltre $\boldsymbol{\beta} \equiv \mathbf{u}^{(k)}$, $\mathbf{w} \equiv \tilde{\mathbf{u}}^{(k+1)}$. L'equazione (7.30) diventa

$$a(\mathbf{w}, \mathbf{v}) + c(\boldsymbol{\beta}, \mathbf{w}, \mathbf{v}) + c(\mathbf{w}, \boldsymbol{\beta}, \mathbf{v}) + b(\mathbf{v}, p) - b(\mathbf{w}, q) = \mathcal{F}(\mathbf{v}) + b(\mathbf{G}, q). \quad \text{(7.31)}$$

Si tratta, in sostanza, di un problema di diffusione, trasporto e reazione lineare. Come noto (Capitolo 3) se il termine di trasporto domina, sono necessari accorgimenti di stabilizzazione numerica. Indichiamo con $\mathcal{T}_h$ una reticolazione del dominio Ω e indichiamo con $\mathcal{Q}_k$ il suo generico elemento k-esimo. Per costruire la stabilizzazione fortemente consistente in base allo schema SUPG (si veda [Qua03], Capitolo 10, [QV94], Capitoli 8 e 9) dobbiamo individuare la parte emisimmetrica dell'operatore differenziale che vogliamo stabilizzare. Nel nostro caso, l'operatore è vettoriale e agisce sulle incognite di velocità $\mathbf{w}$ e pressione p. L'operatore $-\nu\Delta$ è simmetrico mentre se assumiamo che $\boldsymbol{\beta}$ sia solenoidale, l'operatore $\boldsymbol{\beta} \cdot \nabla$ è emisimmetrico. In realtà, a causa di errori numerici, nel calcolo effettivo $\boldsymbol{\beta}$ non è a divergenza nulla. Osserviamo tuttavia che

$$\boldsymbol{\beta} \cdot \nabla \mathbf{w} = \left[\boldsymbol{\beta} \cdot \nabla \mathbf{w} - \frac{1}{2} (\nabla \cdot \boldsymbol{\beta}) \mathbf{w} \right] + \frac{1}{2} (\nabla \cdot \boldsymbol{\beta}) \mathbf{w}.$$

La forma debole associata al terzo addendo all'ultimo termine a destra è evidentemente simmetrica, essendo il prodotto scalare di $\mathbf{w}$ e $\mathbf{v}$ pesato dalla divergenza di $\boldsymbol{\beta}$, mentre quella associata ai primi due addendi (per condizioni al bordo di Dirichlet) è emisimmetrica, infatti

$$\widehat{c}(\boldsymbol{\beta}, \mathbf{w}, \mathbf{v}) \equiv \int_{\Omega} \left((\boldsymbol{\beta} \cdot \nabla) \, \mathbf{w} \cdot \mathbf{v} - \frac{1}{2} \left(\nabla \cdot \boldsymbol{\beta} \right) \mathbf{w} \cdot \mathbf{v} \right) d\omega$$

$$= \int_{\Omega} \left(\left(\frac{1}{2} \left(\nabla \cdot \boldsymbol{\beta} \right) \mathbf{v} \cdot \mathbf{w} - (\boldsymbol{\beta} \cdot \nabla) \, \mathbf{v} \cdot \mathbf{w} \right) \right) d\omega$$

$$= -\widehat{c}(\boldsymbol{\beta}, \mathbf{v}, \mathbf{w}).$$

In seguito faremo riferimento dunque a questa suddivisione.

Consideriamo ora l'operatore $\mathcal{B}$ ad argomenti $[\mathbf{w}, p] \in V \times Q$ così definito

$$\mathcal{B}([\mathbf{w}, p]) \equiv \begin{bmatrix} \nabla p \\ \nabla \cdot \mathbf{w} \end{bmatrix}.$$

Applicando la formula di Green e tenendo conto delle condizioni al bordo si ottiene

$$\int_{\Omega}^{\mathcal{B}} ([\mathbf{w}, p]) \, [\mathbf{v}, q] \, d\omega = (\mathbf{v}, \nabla p) + (\nabla \cdot \mathbf{w}, p) =$$

$$-(\nabla \cdot \mathbf{v}, p) - (\mathbf{w}, \nabla q) = -\int_{\Omega}^{\mathcal{B}} ([\mathbf{v}, q]) \, [\mathbf{w}, p] \, d\omega$$

L'operatore $\mathcal{B}$ è dunque emisimmetrico.

Infine, consideriamo l'operatore $\mathcal{R} : \mathbb{R}^d \to \mathbb{R}^d$ definito come $\mathcal{R}\mathbf{w} \equiv (\mathbf{w} \cdot \nabla) \, \boldsymbol{\beta}$. La j-esima componente di $\mathcal{R}\mathbf{w}$ è data da

$$(\mathcal{R}\mathbf{w})_j = \sum_{i=1}^{d} w_i \frac{\partial \beta_j}{\partial x_i} = \frac{1}{2} \left(\sum_{i=1}^{d} w_i \frac{\partial \beta_j}{\partial x_i} + \sum_{i=1}^{d} w_i \frac{\partial \beta_i}{\partial x_j} \right) +$$

$$\frac{1}{2} \left(\sum_{i=1}^{d} w_i \frac{\partial \beta_j}{\partial x_i} - \sum_{i=1}^{d} w_i \frac{\partial \beta_i}{\partial x_j} \right).$$

Posto

$$(\mathcal{R}_S \mathbf{w})_j \equiv \frac{1}{2} \left(\sum_{i=1}^{d} w_i \frac{\partial \beta_j}{\partial x_i} + \sum_{i=1}^{d} w_i \frac{\partial \beta_i}{\partial x_j} \right) \quad \text{e} \quad (\mathcal{R}_{SS} \mathbf{w})_j \equiv \frac{1}{2} \left(\sum_{i=1}^{d} w_i \frac{\partial \beta_j}{\partial x_i} - \sum_{i=1}^{d} w_i \right.$$

si verifica che l'operatore $\mathcal{R}_{SS}$ è emisimmetrico, mentre $\mathcal{R}_S$ è simmetrico. In definitiva, se poniamo

$$\mathcal{L}(\mathbf{v}, q) \equiv \begin{bmatrix} -\nu \triangle \mathbf{v} + (\boldsymbol{\beta} \cdot \nabla) \, \mathbf{v} + \mathcal{R}\mathbf{v} + \nabla q \\ \nabla \cdot \mathbf{v} \end{bmatrix} \tag{7.32}$$

e

$$b = \begin{bmatrix} f - (\beta \cdot \nabla)\beta - (\beta \cdot \nabla)G - (G \cdot \nabla)\beta - \nu \triangle G \\ -\nabla G \end{bmatrix}, \qquad (7.33)$$

la parte emisimmetrica dell'operatore $\mathcal{L}$ è data da

$$\mathcal{L}_{SS}(v, q) \equiv \begin{bmatrix} (\beta \cdot \nabla)v - \dfrac{1}{2}(\nabla \cdot \beta)v + \mathcal{R}_{SS}v + \nabla q \\ \nabla v \end{bmatrix}.$$

La stabilizzazione secondo lo schema SUPG si ottiene sommando alla (7.31) il contributo

$$\delta \sum_{Q \in \mathcal{T}_h} \left(\mathcal{L}(w, p) - b, h_Q^2 \mathcal{L}_{SS}(v, q) \right)_Q. \qquad (7.34)$$

Analizziamo come si traduce questo contributo sull'equazione del momento: per questo scopo poniamo $q = 0$. Su ogni elemento, la stabilizzazione SUPG si traduce nel termine:

$$\delta h_Q^2 \left(-\nu \triangle w + (\beta \cdot \nabla)w + \mathcal{R}w + \nabla p - b_1, (\beta \cdot \nabla)v \right.$$
$$\left. -\dfrac{1}{2}(\nabla \cdot \beta)v + \mathcal{R}_{SS}v \right)_Q + \delta h_Q^2 (\nabla \cdot w + \nabla \cdot G, \nabla \cdot v)_Q. \qquad (7.35)$$

In particolare, il termine $\delta h_Q^2 \left((\beta \cdot \nabla)w, (\beta \cdot \nabla)v \right)_Q$ è detto di stabilizzazione *streamline upwind*.

Per analizzare gli effetti della stabilizzazione sull'equazione di conservazione della massa, poniamo ora in (7.34) $v = 0$. Otteniamo:

$$\delta h_Q^2 \left(-\nu \triangle w + (\beta \cdot \nabla)w + \mathcal{R}w + \nabla p - b_1, \nabla q \right)_Q \qquad (7.36)$$

L'equazione di conservazione della massa stabilizzata (in forma debole) diventa pertanto

$$b(w, q) - \delta \sum_{Q \in \mathcal{T}_h} h_Q^2 \left(-\nu \triangle w + (\beta \cdot \nabla)w + \mathcal{R}w + \nabla p - b_1, \nabla q \right)_Q$$
$$+ \boxed{h_Q^2 (\nabla p, \nabla q)_Q} = -b(G, q).$$

Il termine nel riquadro ha in effetti un ruolo stabilizzante rispetto alla condizione *inf-sup*: infatti si tratta della discretizzazione elemento per elemento del termine di quasi-comprimibilità (7.23) il cui ruolo è stato discusso nell'Esercizio 7.1.3. Questo mostra come l'uso di tecniche di stabilizzazione per il trasporto dominante possa avere anche un effetto "stabilizzante" per quanto riguarda la condizione LBB.

Osserviamo infine che a convergenza il problema che la soluzione limite risolve è fortemente consistente con il problema di Navier-Stokes originario. Infatti, se

$\mathbf{w} \to \mathbf{u}_{lim}$, $\beta \to \mathbf{u}_{lim}$ e $p^{(k+1)} \to p_{lim}$ il problema risolto dalla soluzione limite diventa

$$a(\mathbf{u}_{lim} + \mathbf{G}, \mathbf{v}) + b(\mathbf{v}, p_{lim}) + c(\mathbf{u}_{lim} + \mathbf{G}, \mathbf{u}_{lim} + \mathbf{G}, \mathbf{v})$$

$$+b(\mathbf{u}_{lim} + \mathbf{G}, q) = (\mathbf{f}, \mathbf{v}) -$$

$$\delta \sum_{Q \in \mathcal{T}} \left((-\nu \triangle(\mathbf{u}_{lim} + \mathbf{G}) + ((\mathbf{u}_{lim} + \mathbf{G}) \cdot \nabla)(\mathbf{u}_{lim} + \mathbf{G}) + \nabla p_{lim} - \mathbf{f}, \mathcal{L}_{SS}(\mathbf{v}, q))_Q \right.$$

$$+ (\nabla \cdot (\mathbf{u}_{lim} + \mathbf{G}), \mathcal{L}_{SS}(\mathbf{v}, q))_Q \bigg) .$$

$$(7.37)$$

La perturbazione indotta dalla stabilizzazione è proporzionale, al limite, al residuo del problema originario, e questo garantisce la consistenza forte del metodo.

Per completezza, riportiamo la forma algebrica del problema stabilizzato. Ad ogni passo iterativo il metodo di Newton risolve il sistema lineare

$$\begin{bmatrix} \widehat{\mathrm{K}} & \widehat{\mathrm{D}}^T \\ \\ \widetilde{\mathrm{D}} & -\delta \mathrm{S} \end{bmatrix} \begin{bmatrix} \mathbf{W} \\ \\ \mathbf{P} \end{bmatrix} = \begin{bmatrix} \mathbf{F}_1 \\ \\ \mathbf{F}_2 \end{bmatrix} . \tag{7.38}$$

$\widehat{\mathrm{K}}$ è la controparte algebrica del problema di Navier-Stokes linearizzato e stabilizzato, $\widetilde{\mathrm{D}}$ incorpora gli effetti della stabilizzazione nell'equazione di conservazione della massa sul termine di divergenza, $\widehat{\mathrm{D}}^T$ incorpora invece gli effetti di stabilizzazione sul gradiente di pressione. Si noti come la matrice operante sulla pressione nell'equazione di conservazione della quantità di moto e quella operante sulla velocità nell'equazione di conservazione della massa non siano più l'una la trasposta dell'altra. Infine, si osservi che la matrice S è simmetrica e definita positiva. Come detto, sulla falsariga dell'analisi svolta nell'Esercizio 7.1.3, la matrice del sistema (7.38) è invertibile per qualsiasi scelta degli spazi finito-dimensionali di velocità e pressione. Si noti che, nel caso si scelgano elementi finiti lineari a pezzi, il laplaciano in forma forte $\triangle \mathbf{w}$ presente nel termine di stabilizzazione è nullo su ogni elemento.

Analisi dei risultati

Nel Programma 28 riportiamo la definizione del problema ad ogni iterazione di Newton con la stabilizzazione SUPG proposta nel presente esercizio.

Programma 28 - NavierStokesNewtonSUPG : Problema di Navier-Stokes: generica iterazione di Newton con stabilizzazione SUPG

```
problem NewtonNavierStokesSUPG ([u1,u2,p],[v1,v2,q],solver=GMRES,
                                                   eps=1.e-12) =
   int2d(Th)(nu * ( dx(u1)*dx(v1) + dy(u1)*dy(v1)
   +         dx(u2)*dx(v2) + dy(u2)*dy(v2) ))
```

```
+ int2d(Th)(u1*dx(u1last)*v1 + u1*dx(u2last)*v2+ u2*dy(u1last)*v1
+ u2*dy(u2last)*v2
+ u1last*dx(u1)*v1 + u1last*dx(u2)*v2+ u2last*dy(u1)*v1
                                   + u2last*dy(u2)*v2)
- int2d(Th)(u1last*dx(u1last)*v1+ u1last*dx(u2last)*v2
+ u2last*dy(u1last)*v1 + u2last*dy(u2last)*v2)
- int2d(Th)(p*dx(v1) + p*dy(v2))
- int2d(Th)(dx(u1)*q + dy(u2)*q)
// Stabilizzazione della conserv del momento
+ int2d(Th)(delta*hTriangle^2*(-nu*(dxx(u1)+dyy(u1))+u1*dx(u1last)
+u2*dy(u1last)+u1last*dx(u1)+u2last*dy(u1)+dx(p))*
  (u1last*dx(v1)+u2last*dy(v1)+0.5*(v2*dy(u1last)-v2*dx(u2last))))
+ int2d(Th)(delta*hTriangle^2*(-nu*(dxx(u2)+dyy(u2))+u1*dx(u2last)
+u2*dy(u2last)+ u1last*dx(u2)+u2last*dy(u2)+dy(p))*
  (u1last*dx(v2)+u2last*dy(v2)+0.5*(v1*dx(u2last)-v1*dy(u1last))))
- int2d(Th)(delta*hTriangle^2*(u1last*dx(u1last)+u2last*dy(u1last))*
  (u1last*dx(v1)+u2last*dy(v1)+0.5*(v2*dy(u1last)-v2*dx(u2last))))
- int2d(Th)(delta*hTriangle^2*(u1last*dx(u2last)+u2last*dy(u2last))*
  (u1last*dx(v2)+u2last*dy(v2)+0.5*(v1*dx(u2last)-v1*dy(u1last))))
+ int2d(Th)(delta*hTriangle^2*(dx(u1)+dy(u2))*(dx(v1)+dy(v2)))
// Stabilizzazione della conserv della massa
+ int2d(Th)(delta*hTriangle^2*(nu*(dxx(u1)+dyy(u1))-u1*dx(u1last)
-u2*dy(u1last)-u1last*dx(u1)-u2last*dy(u1)-dx(p))*dx(q))
+ int2d(Th)(delta*hTriangle^2*(nu*(dxx(u2)+dyy(u2))-u1*dx(u2last)
-u2*dy(u2last)-u1last*dx(u2)-u2last*dy(u2)-dy(p))*dy(q))
+ int2d(Th)(delta*hTriangle^2*(u1last*dx(u1last)+
                              u2last*dy(u1last))*dx(q))
+ int2d(Th)(delta*hTriangle^2*(u1last*dx(u2last)+
                              u2last*dy(u2last))*dy(q))
+ on(1,2,4,u1=0,u2=0)
+ on(3,u1=1.,u2=0);
```

Nella Tabella 7.2 riportiamo le iterazioni richieste dal metodo per valori di viscosità "piccoli", nei quali il metodo non stabilizzato non convergeva ($h = 1/20$).

Viscosità ν	P^2, P^1	P^1, P^1
10^{-6}	8 ($\delta = 1$)	5 ($\delta = 1$)
10^{-7}	8 ($\delta = 1$)	5 ($\delta = 1$)
10^{-8}	8 ($\delta = 1$)	5 ($\delta = 1$)

Tabella 7.2. Numero di iterazioni richieste per elementi finiti ($h = 1/20$) per il problema di Navier-Stokes-Poiseuille con elementi finiti P^2, P^1 e P^1, P^1. La stabilizzazione SUPG consente l'uso di elementi finiti con ugual ordine di interpolazione

Nel caso del problema della cavità (griglia con $h = 1/40$), si può sperimentare che con $\nu = 10^{-3}$ la soluzione a elementi finiti con elementi P^2, P^1 converge dopo 15 iterazioni di Newton (per un valore di $\delta = 100$), impiegando 1830 s per il calcolo. Lo stesso problema, risolto con elementi P^1, P^1, richiede 14 iterazioni (con $\delta = 20$) e 260 s di calcolo. Il problema P^1, P^1 è caratterizzato da matrici meglio condizionate che rendono più facile la convergenza anche se, ovviamente, la soluzione è meno accurata. Nelle Figure 7.9 e 7.10 riportiamo i campi di velocità e pressione per questi due casi.

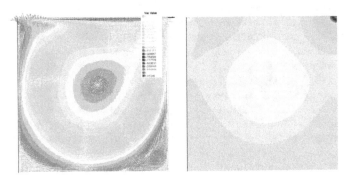

Figura 7.9. Soluzione del problema della cavità con elementi finiti P^2 per la velocità e P^1 per la pressione stabilizzati con il metodo SUPG ($\nu = 10^{-3}$). La convergenza del metodo richiede 15 iterazioni con $\delta = 100$

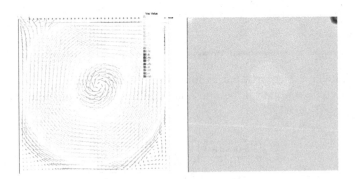

Figura 7.10. Soluzione del problema della cavità con elementi finiti P^1 per la velocità e P^1 per la pressione ($h = 1/40$) stabilizzati con il metodo SUPG ($\nu = 10^{-3}$). La convergenza richiede 14 iterazioni con $\delta = 20$

In conclusione, la stabilizzazione consente di usare elementi finiti di ugual grado di interpolazione oltre a limitare le oscillazioni dovute al trasporto dominante. La difficoltà nell'uso di questi metodi risiede nella "taratura" del parametro δ che deve essere il giusto compromesso fra le esigenze di stabilità e quelle di accuratezza della soluzione numerica. $\Diamond$

Osservazione 7.4 Modi diversi di interpretare le strategie di stabilizzazione si basano su un arricchimento dello spazio a elementi finiti per la velocità (elementi finiti detti P^1 *bolla*). Tali elementi finiti sono disponibili in FreeFem. Rimandiamo al manuale del codice e agli esempi disponibili in rete presso www.freefem.org per avere esempi di questa metodologia.

7.2 Problemi tempo-dipendenti

Esercizio 7.2.1 Si consideri il problema di Stokes tempo-dipendente

$$\begin{cases} \dfrac{\partial \mathbf{u}}{\partial t} - \nu \triangle \mathbf{u} + \nabla p = \mathbf{f} & \text{in} \quad \Omega \times (0, T] \\ \nabla \cdot \mathbf{u} = 0 & \text{in} \quad \Omega \times (0, T], \\ \mathbf{u} = \mathbf{g} & \text{su} \quad \Gamma \end{cases} \tag{7.39}$$

con la condizione al bordo $\mathbf{u} = \mathbf{g}$ su Γ e la condizione iniziale $\mathbf{u}(\mathbf{x}, 0) = \mathbf{u}_0(\mathbf{x})$. Ω è un dominio spaziale di $\mathbb{R}^2$.

1. Scrivere la formulazione debole e una stima a priori per la soluzione.
2. Discretizzare in tempo il problema, usando il metodo di Eulero implicito. Mostrare che il problema semi-discreto (continuo in spazio, discreto in tempo) è incondizionatamente stabile.
3. Scrivere la forma algebrica del problema discretizzato anche in spazio, usando elementi finiti che soddisfano la condizione *inf-sup*; scrivere il *metodo della matrice di pressione* per la risoluzione del sistema lineare associato; formulare tale metodo come una opportuna fattorizzazione a blocchi di tipo LU del problema di Stokes completamente discretizzato.
4. Scrivere un programma FreeFem che implementi il metodo della matrice di pressione, proponendo un precondizionatore per la matrice stessa. Verificare la sua efficacia sul problema della cavità (con $\nu = 0.01$).

Soluzione 7.2.1

Analisi matematica del problema

Facciamo riferimento alla notazione usata negli esercizi precedenti. Il problema proposto si formula in modo debole moltiplicando l'equazione (vettoriale) del momento per una funzione $\mathbf{v} \in V$ e l'equazione di continuità per una funzione scalare $q \in Q$. Ipotizzando $\mathbf{f} \in L^2(0,T; \mathbf{L}^2(\Omega))$, e detto $\mathbf{G}$ un rilevamento a divergenza nulla del dato di bordo $\mathbf{g}$ (la cui esistenza è stata discussa nell'Esercizio 7.1.3), la formulazione debole diventa: trovare $\tilde{\mathbf{u}} \in L^2(0,T; V) \cap L^\infty(0,T; \mathbf{L}^2(\Omega))$ e $p \in L^2(0,T; Q)$ tali che per ogni $t > 0$, per ogni $\mathbf{v} \in V$ e $q \in Q$ si abbia

$$\begin{cases} \left(\dfrac{\partial \tilde{\mathbf{u}}}{\partial t}, \mathbf{v} \right) + a(\tilde{\mathbf{u}}, \mathbf{v}) + b(\mathbf{v}, p) = (\mathbf{f}, \mathbf{v}) - \left(\dfrac{\partial \mathbf{G}}{\partial t}, \mathbf{v} \right) - a(\mathbf{G}, \mathbf{v}), \\[2mm] b(\tilde{\mathbf{u}}, q) = -b(\mathbf{G}, q) = 0, \end{cases} \tag{7.40}$$

con la condizione iniziale $\mathbf{u}(\mathbf{x}, 0) = \mathbf{u}_0(\mathbf{x})$. Come di consueto, $(\cdot, \cdot)$ denota il prodotto scalare in $\mathbf{L}^2(\Omega)$.

Per ottenere una stima a priori, poniamo in (7.40) $\mathbf{v} = \tilde{\mathbf{u}}$ e $q = p$. Si osservi che

$$\int\limits_0^T \left(\frac{\partial \tilde{\mathbf{u}}}{\partial t}, \tilde{\mathbf{u}} \right) dt = \frac{1}{2} \int\limits_0^T \frac{d}{dt} \|\tilde{\mathbf{u}}\|_{\mathbf{L}^2}^2 dt = \frac{1}{2} \|\tilde{\mathbf{u}}(T)\|_{\mathbf{L}^2}^2 - \frac{1}{2} \|\mathbf{u}_0\|_{\mathbf{L}^2}^2.$$

Dal momento che il problema è di Dirichlet, si può applicare la disuguaglianza di Poincaré, per cui per ogni $\mathbf{v} \in V$

$$a(\mathbf{v}, \mathbf{v}) \ge \alpha \|\mathbf{v}\|_V^2.$$

Integrando in tempo le due equazioni in (7.40) avendo scelto $\mathbf{v} = \tilde{\mathbf{u}}$ e $q = p$ e sottraendo la seconda delle (7.40) dalla prima, si ottiene:

$$\frac{1}{2} \|\tilde{\mathbf{u}}(T)\|_{\mathbf{L}^2}^2 + \alpha \int\limits_0^T \|\tilde{\mathbf{u}}\|_V^2 dt \le \frac{1}{2} \|\mathbf{u}_0\|_{\mathbf{L}^2}^2 + \int\limits_0^T \left((\mathbf{f}, \mathbf{u}) - \left(\frac{\partial \mathbf{G}}{\partial t}, \mathbf{u} \right) - a(\mathbf{G}, \mathbf{u}) \right) dt.$$

Applicando la disuguaglianza di Young, e sfruttando la continuità di $a(\cdot, \cdot)$ (ossia $|a(\mathbf{u}, \mathbf{v})| \le \gamma \|\mathbf{u}\|_V \|\mathbf{v}\|_V$) per ogni $t \in (0,T)$:

$$(\mathbf{f}, \mathbf{u}) - \left(\frac{\partial \mathbf{G}}{\partial t}, \mathbf{u} \right) - a(\mathbf{G}, \mathbf{u}) \le$$

$$\frac{1}{4\epsilon} \left(\|\mathbf{f}\|_{\mathbf{L}^2}^2 + \|\frac{\partial \mathbf{G}}{\partial t}\|_{\mathbf{L}^2}^2 + \gamma \|\mathbf{G}\|_V^2 \right) + \epsilon \|\mathbf{u}^*\|_V^2$$

con $\epsilon > 0$ arbitrario. Scegliendo ad esempio $\epsilon = \alpha/2$ otteniamo la stima a priori cercata

$$\|\tilde{\mathbf{u}}(T)\|_{\mathbf{L}^2}^2 + \alpha \int\limits_0^T \|\tilde{\mathbf{u}}\|_V^2 dt \le \|\mathbf{u}_0\|_{\mathbf{L}^2}^2 + \frac{1}{\alpha} \int\limits_0^T \left(\|\mathbf{f}\|_{\mathbf{L}^2}^2 + \|\frac{\partial \mathbf{G}}{\partial t}\|_{\mathbf{L}^2}^2 + \gamma \|\mathbf{G}\|_V^2 \right) dt$$

che mostra che la soluzione $\mathbf{u}$ ha effettivamente norma limitata in $L^\infty(0, T; \mathbf{L}^2(\Omega))$ e in $L^2(0, T; V)$, quindi appartiene all'intersezione di questi due spazi.

Approssimazione numerica

Procediamo alla discretizzazione in tempo, usando il metodo di Eulero implicito, che, come visto nel Capitolo 5, è un particolare θ metodo, con $\theta = 1$. Per questo scopo, suddividiamo l'intervallo temporale $(0, T]$ in intervalli di ampiezza Δt e collochiamo il problema nei nodi $t^k \equiv k\Delta t$ per $k = 1, 2, \ldots, N$ con $T = N\Delta t$. Approssimiamo la derivata in tempo come

$$\frac{\partial \mathbf{u}}{\partial t}(t^{n+1}) \approx \frac{1}{\Delta t}\left(\mathbf{u}^{n+1} - \mathbf{u}^n\right).$$

Per ogni $n \geq 0$, otteniamo allora il seguente problema discreto in tempo

$$\begin{cases} \dfrac{1}{\Delta t}\left(\mathbf{u}^{n+1} - \mathbf{u}^n\right) - \nu\triangle\mathbf{u}^{n+1} + \nabla p^{n+1} = \mathbf{f}^{n+1}, \\ \nabla \cdot \mathbf{u}^{n+1} = 0, \end{cases} \tag{7.41}$$

con $\mathbf{u}^0 = \mathbf{u}_0$, condizione iniziale assegnata. La forma debole di questo problema si ottiene procedendo come di consueto: trovare per ogni $n \geq 0$ $\tilde{\mathbf{u}}^{n+1} \in V$, $p^{n+1} \in Q$ tale che per ogni $\mathbf{v} \in V$ e $q \in Q$ si abbia

$$\begin{cases} \dfrac{1}{\Delta t}\left(\tilde{\mathbf{u}}^{n+1}, \mathbf{v}\right) + a(\tilde{\mathbf{u}}^{n+1}, \mathbf{v}) + b(\mathbf{v}, p^{n+1}) = \\ \quad \dfrac{1}{\Delta t}\left(\tilde{\mathbf{u}}^n, \mathbf{v}\right) + \left(\mathbf{f}^{n+1}, \mathbf{v}\right) - \left(\dfrac{\partial \mathbf{G}}{\partial t}\Big|_{t^{n+1}}, \mathbf{v}\right) - a(\mathbf{G}, \mathbf{v}) \, , \\ b(\tilde{\mathbf{u}}, q) = -b(\mathbf{G}, q) = 0. \end{cases}$$

D'ora in avanti poniamo

$$\mathcal{F}^{n+1}(\mathbf{v}) \equiv \left(\mathbf{f}^{n+1}, \mathbf{v}\right) - \left(\frac{\partial \mathbf{G}}{\partial t}\Big|_{t^{n+1}}, \mathbf{v}\right) - a(\mathbf{G}, \mathbf{v})$$

che si verifica essere un funzionale lineare e continuo ad argomenti in V.

Per ottenere una stima di stabilità per la soluzione di questo problema, scegliamo $\mathbf{v} = \tilde{\mathbf{u}}^{n+1}$ e $q = p^{n+1}$, e sottraiamo l'equazione di continuità da quella del momento. Si ottiene

$$\frac{1}{\Delta t}\left(\tilde{\mathbf{u}}^{n+1} - \tilde{\mathbf{u}}^n, \tilde{\mathbf{u}}^{n+1}\right) + a\left(\tilde{\mathbf{u}}^{n+1}, \tilde{\mathbf{u}}^{n+1}\right) = \mathcal{F}^{n+1}(\tilde{\mathbf{u}}^{n+1}). \tag{7.42}$$

Sfruttando la coercività della forma bilineare (grazie alla disuguaglianza di Poincaré) e la disuguaglianza di Young applicata al secondo membro della (7.42), si ottiene

$$\frac{1}{\Delta t}\left(\tilde{\mathbf{u}}^{n+1} - \tilde{\mathbf{u}}^n, \tilde{\mathbf{u}}^{n+1}\right) + \alpha\|\tilde{\mathbf{u}}^{n+1}\|_V^2 \le \frac{1}{4\epsilon}\|\mathcal{F}\|_{V'}^2 + \epsilon\|\tilde{\mathbf{u}}^{n+1}\|_V^2 \qquad (7.43)$$

con ϵ arbitrario positivo. Osserviamo inoltre che vale l'identità seguente (mostrata nel Capitolo 5)

$$2\left(\tilde{\mathbf{u}}^{n+1} - \tilde{\mathbf{u}}^n, \tilde{\mathbf{u}}^{n+1}\right) = \|\tilde{\mathbf{u}}^{n+1}\|_{L^2}^2 + \|\tilde{\mathbf{u}}^{n+1} - \tilde{\mathbf{u}}^n\|_{L^2}^2 - \|\tilde{\mathbf{u}}^n\|_{L^2}^2.$$

Scegliendo $\epsilon = \alpha/2$, otteniamo

$$\frac{1}{\Delta t}\left(\|\tilde{\mathbf{u}}^{n+1}\|_{L^2}^2 + \|\tilde{\mathbf{u}}^{n+1} - \tilde{\mathbf{u}}^n\|_{L^2}^2 + \|\tilde{\mathbf{u}}^n\|_{L^2}^2\right) + \alpha\Delta t\|\tilde{\mathbf{u}}^{n+1}\|_V^2 \le \frac{1}{\alpha}\|\mathcal{F}\|_{V'}^2. \quad (7.44)$$

Moltiplicando per Δt, sommando sull'indice temporale $n = 0, 1, \dots, N - 1$, e usando la somma telescopica

$$\sum_{n=0}^{N-1}\|\tilde{\mathbf{u}}^{n+1}\|_{L^2}^2 - \|\tilde{\mathbf{u}}^n\|_{L^2}^2 = \|\tilde{\mathbf{u}}^N\|_{L^2}^2 - \|\tilde{\mathbf{u}}^0\|_{L^2}^2,$$

si ottiene infine

$$\|\tilde{\mathbf{u}}^n\|_{L^2}^2 + \alpha\sum_{n=0}^{N-1}\|\tilde{\mathbf{u}}^{n+1}\|_V^2 \le \frac{1}{\alpha}\sum_{n=0}^{N-1}\|\mathcal{F}^{n+1}\|_{V'}^2 + \|\mathbf{u}_0\|_{L^2}^2 \qquad (7.45)$$

che vale per ogni Δt ed è la stima di stabilità (incondizionata) richiesta.

Per quanto riguarda l'ultimo punto dell'esercizio, siano V_h e Q_h due sottospazi finito-dimensionali di V e Q rispettivamente. Indichiamo con $\{\varphi_i\}$ $(i = 1, \dots, d_{\mathbf{u}})$ e $\{\psi_j\}$ $(j = 1, \dots, d_p)$ le funzioni di base dei due sottospazi. In particolare, assumiamo di far riferimento agli usuali spazi di elementi finiti lagrangiani su un'opportuna reticolazione di Ω.

Moltiplicando scalarmente l'equazione del momento in (7.41) per φ_i e l'equazione di continuità per ψ_j e integrando su Ω, otteniamo il sistema:

$$\mathcal{A}\mathbf{y}^{n+1} = \mathbf{b}^{n+1}, \qquad (7.46)$$

dove $\mathbf{y}^k = [\mathbf{U}^k, \mathbf{P}^k]$ è il vettore di valori nodali di velocità e pressione rispettivamente al tempo t^k. La matrice $\mathcal{A}$ è descritta a blocchi come

$$\mathcal{A} = \begin{bmatrix} \mathrm{C} & \mathrm{D}^T \\ \mathrm{D} & 0 \end{bmatrix}, \qquad (7.47)$$

essendo $\mathrm{C} = \frac{1}{\Delta t}\mathrm{M} + \nu\mathrm{K}$, M la matrice di massa per la velocità, $d_{ij} = \int_\Omega \psi_j \nabla \cdot \varphi_i d\omega$ e K è la discretizzazione dell'operatore laplaciano per la velocità. Infine abbiamo posto

$$\mathbf{b}^{n+1} = \begin{bmatrix} \mathbf{b}_1^{n+1} \\ \mathbf{b}_2^{n+1} \end{bmatrix} \equiv \begin{bmatrix} \dfrac{1}{\Delta t}\mathbf{U}^n + \mathbf{F}^{n+1} \\ -\mathrm{D}\mathbf{G}^{n+1} \end{bmatrix},$$

dove $\mathbf{F}^k$ è il vettore di componenti $F_i^k = \mathcal{F}^k(\varphi_i)$ e $\mathbf{G}^k$ è il vettore dei valori nodali del rilevamento del dato di bordo $\mathbf{g}$, che non supponiamo, a questo livello, essere necessariamente a divergenza nulla.

Osserviamo che C è una matrice simmetrica definita positiva, essendo la somma di due matrici che godono di tale proprietà, quindi non singolare. Se la coppia di elementi finiti soddisfa la condizione *inf-sup* il sistema (7.46) è dunque non singolare. Infatti, procedendo come nell'Esercizio 7.1.3, si ottiene il sistema nelle sole incognite di pressione

$$\mathrm{D}\mathrm{C}^{-1}\mathrm{D}^T\mathbf{P}^{n+1} = \mathrm{D}\mathrm{C}^{-1}\mathbf{b}_1^{n+1} - \mathbf{b}_2^{n+1}. \tag{7.48}$$

Se la condizione *inf-sup* è soddisfatta, la matrice di pressione $\mathrm{D}\mathrm{C}^{-1}\mathrm{D}^T$ è invertibile (come mostrato nell'Esercizio 7.1.3) essendo simmetrica definita positiva e dunque si può calcolare la soluzione (unica) di pressione, recuperando poi la velocità risolvendo il sistema

$$\mathrm{C}\mathbf{U}^{n+1} = \mathbf{b}_1^{n+1} - \mathrm{D}^T\mathbf{P}^{n+1}. \tag{7.49}$$

Il sistema (7.46) è simmetrico, ma non è definito (né positivo né negativo): è infatti caratterizzato da autovalori (reali) di segno alterno, in virtù della natura di minimizzazione vincolata del problema. Per rendersi conto di questa proprietà, detto $\mathbf{q} = [\mathbf{q}_1, \mathbf{q}_2]^T$ un generico vettore di $\mathbb{R}^{d_\mathbf{u}+d_p}$, basta calcolare il prodotto

$$\mathbf{q}^T\mathcal{A}\mathbf{q} = \mathbf{q}_1^T\mathrm{C}\mathbf{q}_1 + 2\mathbf{q}_1^T\mathrm{D}^T\mathbf{q}_2.$$

Scegliendo $\mathbf{q}_1 = \rho^{-1}\mathrm{D}^T\mathbf{q}_2$ con ρ pari al raggio spettrale di C si ha $\mathbf{q}^T\mathcal{A}\mathbf{q} > 0$, mentre scegliendo $\mathbf{q}_1 = -\rho\mathrm{D}^T\mathbf{q}_2$ si verifica che $\mathbf{q}^T\mathcal{A}\mathbf{q} < 0$. La mancanza di definizione in segno impedisce l'uso di metodi efficienti di risoluzione di sistemi lineari come il gradiente coniugato. Il sistema (7.46) può essere pertanto risolto con metodi quali GMRES o BiCGStab.

Un'alternativa alla risoluzione del sistema (7.46) consiste nel calcolare separatamente pressione e velocità risolvendo (ad ogni passo temporale) in sequenza i sistemi (7.48),(7.49). Questo metodo, detto *della matrice di pressione* ha il vantaggio di spezzare il problema in sottoproblemi più piccoli, generalmente meglio condizionati del problema completo. Nel caso del problema di Stokes trattato nel presente esercizio, inoltre, la matrice $\mathrm{D}\mathrm{C}^{-1}\mathrm{D}^T$ è simmetrica, definita positiva. Questo fa sì che entrambi i sistemi (7.48),(7.49) possono essere risolti mediante il metodo del Gradiente Coniugato. Nell'impostare questo metodo, si osservi che non è necessario svolgere esplicitamente il calcolo della matrice $\mathrm{D}\mathrm{C}^{-1}\mathrm{D}^T$, né il calcolo esplicito di C^{-1}, operazioni che sarebbero dispendiose in termini di tempi di calcolo e di memoria (a causa del fenomeno di *fill-in*). Infatti, il calcolo di $\mathbf{z} = \mathrm{D}\mathrm{C}^{-1}\mathrm{D}^T\mathbf{P}$, che è un passo del metodo del Gradiente Coniugato (e di qualsiasi metodo iterativo) può essere effettuato in sequenza come

1. $\mathbf{y} = D^T\mathbf{P}$;
2. $\mathbf{w} = C^{-1}\mathbf{y} \Rightarrow C\mathbf{w} = \mathbf{y}$;
3. $\mathbf{z} = D\mathbf{w}$.

Notiamo che lo schema della matrice di pressione può essere ricavato calcolando una fattorizzazione a blocchi LU della matrice $\mathcal{A}$ della forma:

$$
\mathcal{A} = \begin{bmatrix} C & D^T \\ D & \mathbf{0} \end{bmatrix} = \begin{bmatrix} \mathsf{L}_{11} & 0 \\ \mathsf{L}_{21} & \mathsf{L}_{22} \end{bmatrix} \begin{bmatrix} \mathsf{I}_{11} & \mathcal{U}_{12} \\ 0 & \mathsf{I}_{22} \end{bmatrix},
$$

dove I_{11} è la matrice identità di dimensioni $d_\mathbf{u} \times d_\mathbf{u}$, I_{22} è la matrice identità di dimensioni $d_p \times d_p$ e le matrici $\mathsf{L}_{11}, \mathsf{L}_{21}, \mathsf{L}_{22}$ e U_{12} sono da determinarsi in modo che valga l'uguaglianza[9]. Effettuando la moltiplicazione fra i due blocchi si trova

$$
\mathsf{L}_{11} = C, \quad \mathsf{L}_{11}\mathsf{U}_{12} = D^T, \quad \mathsf{L}_{21} = D, \quad \mathsf{L}_{21}\mathsf{U}_{12} + \mathsf{L}_{22} = 0
$$

da cui la fattorizzazione

$$
\mathcal{A} = \begin{bmatrix} C & 0 \\ D & -DC^{-1}D^T \end{bmatrix} \begin{bmatrix} \mathsf{I}_{11} & C^{-1}D^T \\ 0 & \mathsf{I}_{22} \end{bmatrix}. \tag{7.50}
$$

Usando questa scomposizione, la risoluzione del sistema di Stokes ad ogni istante temporale si ottiene con i seguenti passi[10].

$$
\mathcal{A}\mathbf{y} = \mathbf{b} \Rightarrow \mathcal{L}\mathcal{U}\mathbf{y} = \mathbf{b} \Rightarrow \begin{cases} \mathcal{L}\mathbf{z} = \mathbf{b}, \\ \mathcal{U}\mathbf{y} = \mathbf{z}. \end{cases}
$$

Il sistema $\mathcal{L}\mathbf{z} = \mathbf{b}$ dalla (7.50) equivale a risolvere i sistemi

$$
\begin{cases} C\mathbf{W} = \mathbf{b}_1, \\ DC^{-1}D^T\mathbf{P} = D\mathbf{W} - \mathbf{b}_2, \end{cases}
$$

dove abbiamo indicato con $\mathbf{W}$ la prima componente (a blocchi) del vettore $\mathbf{z}$ e con $\mathbf{P}$ la seconda. Il sistema $\mathcal{U}\mathbf{y} = \mathbf{z}$ si riduce a

$$
C\mathbf{U} = C\mathbf{W} - D^T\mathbf{P} = \mathbf{f}_1 - D^T\mathbf{P}.
$$

I sistemi da risolvere in sequenza sono proprio quelli indicati nei tre passi precedenti (si vedano le equazioni (7.48) e (7.49)).

---

[9] Per non appesantire la notazione non indichiamo esplicitamente la dimensione dei blocchi nulli, peraltro immediatamente ricavabile dal contesto.

[10] Per semplicità di notazione, omettiamo l'indicazione dell'indice temporale.

Il metodo della matrice di pressione è dispendioso in quanto ogni iterazione di Gradiente Coniugato richiede la risoluzione di un sistema nella matrice C. Va anche osservato che la matrice $DC^{-1}D^T$ è piuttosto malconizionata e il malcondizionamento aumenta al diminuire del passo temporale Δt (si veda [QV94]). Nel caso del problema di Stokes questi costi potrebbero essere ridotti se fosse possibile fattorizzare la matrice C ad esempio usando la fattorizzazione di Cholesky. Questa strada, tuttavia, è applicabile solo per problemi di piccole dimensioni (a causa del fenomeno del *fill-in*) e comunque non può essere usato nel problema di Navier-Stokes, dove la matrice C non è più simmetrica e cambia ad ogni passo temporale.

Un modo alternativo per ridurre i tempi di calcolo è basato sula ricerca di un buon precondizionatore della matrice $DC^{-1}D^T$, in modo da ridurre le iterazioni di Gradiente Coniugato richieste. Questo argomento rappresenta tuttora un importante campo di ricerca: per approfondimenti rimandiamo alla bibliografia di [QV94] e alla letteratura specializzata. Qui ci limitiamo a qualche considerazione "intuitiva". Dovendo costruire un precondizionatore per la matrice $DC^{-1}D^T$, cerchiamone una ragionevole approssimazione. Ad esempio, osserviamo che $C^{-1} = \left(\dfrac{1}{\Delta t}M + \nu K\right)^{-1}$ da cui una possibile approssimazione è $C^{-1} \approx \Delta t M^{-1} + \dfrac{1}{\nu}K$. Un'approssimazione della matrice di pressione potrebbe dunque essere:

$$DC^{-1}D^T \approx \Delta t D M^{-1}D^T + \frac{1}{\nu}DK^{-1}D^T. \qquad (7.51)$$

Questa approssimazione della matrice di pressione è ancora troppo difficile da risolvere per rendere questo precondizionatore efficace. Come ulteriore approssimazione, si osservi che la matrice $DK^{-1}D^T$ è la controparte algebrica dell'operatore:

$$\frac{1}{\nu}\nabla \cdot (\Delta)^{-1}\nabla = \frac{1}{\nu}\nabla \cdot ((\nabla \cdot)\nabla)^{-1}\nabla$$

che ha un comportamento spettrale simile a quello dell'operatore identità. Poichè la matrice di massa di pressione corrisponde alla discretizzazione a elementi finiti dell'operatore identità, possiamo approssimare:

$$\frac{1}{\nu}DK^{-1}D^T \approx \frac{1}{\nu}M_p.$$

Nel caso di un problema stazionario, dunque, un possibile precondizionatore per la matrice di pressione è proprio la matrice di massa della pressione scalata dalla viscosità $P_1 = \dfrac{1}{\nu}M_p$, che si dimostra avere ottime proprietà nel "catturare" le proprietà spettrali della matrice di pressione (si veda [QV94], Capitolo 9). Nel caso di un problema non stazionario, però, come detto, il numero di condizionamento cresce al diminuire di Δt. In tal caso, la sola matrice di pressione (scalata da $1/\nu$) non è un precondizionatore efficace. Una possibile alternativa è quella di considerare come precondizionatore il primo addendo di (7.51), ossia porre

$$P_2 = \Delta t DM^{-1}D^T.$$

L'analisi approfondita delle proprietà spettrali di questo precondizionatore esula dagli obiettivi del presente testo. Osserviamo che P_2 è una forma di discretizzazione dell'operatore $\Delta t\nabla \cdot (\nabla)$, ossia dell'operatore laplaciano di pressione e per questo motivo viene sovente indicata come *matrice di laplaciano discreto*.

Nel prossimo paragrafo ci limiteremo a analizzare i risultati dell'uso dei precondizionatori dati dalla matrice di pressione scalata P_1 e del precondizionatore P_2. Prima di questo, osserviamo però come un terzo possibile precondizionatore si possa costruire a partire dalla (7.51). Riscriviamo infatti la (7.51) come

$$DC^{-1}D^T \approx P_2 + P_1 \equiv P.$$

Poiché di fatto in un metodo iterativo si vuole conoscere l'applicazione dell'inversa del precondizionatore a un vettore, una possibilità è quella di porre

$$P^{-1} = (P_2 + P_1)^{-1} \approx P_1^{-1} + P_2^{-1}$$

corrispondente alla scelta $P_3 = \left(P_1^{-1} + P_2^{-1}\right)^{-1}$. Questo precondizionatore è noto in letteratura come[11] *precondizionatore di Caouet-Chabard* ed è fra i più usati non solo per il problema di Stokes, ma anche di Navier-Stokes.

Analisi dei risultati

Il programma `StokesMatricePressione`, disponibile in rete, codifica in `FreeFem` il metodo della matrice di pressione non precondizionato.

I Programmi `MassaPressioneSMP` e `LaplacianoDiscretoMP` ne implementano invece le versioni precondizionate.

In Tabella 7.3 e 7.4 riportiamo il numero di iterazioni richieste per la convergenza del sistema nella matrice di pressione per il problema della cavità con $\nu = 0.01$ (corrispondente a un numero di Reynolds pari a 100) per $h = 0.1$ (Tabella 7.3) e $h = 0.05$ (Tabella 7.4).

Si osserva chiaramente come il precondizionatore P_1 sia inadeguato per un problema non stazionario, non avendo alcuna efficacia. Va comunque osservato che nel caso stazionario per $h = 0.05$ il caso non precondizionato richiede 40 iterazioni per convergere, mentre quello precondizionato da P_1 solo 16, a riprova della bontà della matrice di massa come precondizionatore per il problema indipendente dal tempo. Il precondizionatore P_2 è viceversa in grado di ridurre in modo significativo il numero di iterazioni richieste soprattutto al decrescere del passo temporale. Va osservato, però, che il costo per ogni iterazione precondizionata è molto più elevato nel caso di P_2 che non per P_1. L'efficacia del precondizionatore P_2 dipende pertanto in modo rilevante da come esso viene implementato. Ad esempio, usando

---

[11] Si tratta in realtà di una delle possibili implementazioni dell'idea di Caouet-Chabard. In `FreeFem` è presente negli esempi una implementazione leggermente diversa da quella proposta qui.

Δt	Non Precondizionato	P^1	P^2
0.1	$37 - 39$	$34 - 40$	$11 - 13$
0.01	$47 - 49$	$48 - 51$	$4 - 5$
0.001	$48 - 51$	$52 - 55$	$2 - 3$

Tabella 7.3. Numero di iterazioni richieste dai diversi precondizionatori per il problema della cavità (numero di Reynolds pari a 100) per $h = 0.1$. La tolleranza richiesta per la convergenza è di 10^{-6}

Δt	Non Precondizionato	P^1	P_2
0.1	$45 - 48$	$39 - 43$	$21 - 24$
0.01	$66 - 70$	$72 - 78$	$7 - 9$
0.001	$80 - 84$	$100 - 102$	$3 - 4$

Tabella 7.4. Numero di iterazioni richieste dai diversi precondizionatori per il problema della cavità (numero di Reynolds pari a 100) per $h = 0.05$. La tolleranza richiesta per la convergenza è di 10^{-6}

una matrice di massa di velocità opportunamente condensata (*mass lumping*) e metodi diretti per la soluzione di P_2 (cosa che nella versione attuale di FreeFem non è fattibile in modo semplice), si possono ottenere riduzioni nei tempi di calcolo molto importanti.

Notiamo che la stima (7.45) vale anche per il problema di Navier-Stokes. Infatti, per le condizioni al bordo assegnate, la forma trilineare $c(\mathbf{w}, \mathbf{u}, \mathbf{v}) = \int_\Omega (\mathbf{w} \cdot \nabla) \mathbf{u} \cdot \mathbf{v} d\omega$ è emi-simmetrica, quindi $c(\mathbf{u}^{n+1}, \mathbf{u}^{n+1}, \mathbf{u}^{n+1}) = 0$.

$\Diamond$

Esercizio 7.2.2 Si consideri il problema di Stokes completamente discretizzato (7.46) introdotto nell'Esercizio 7.2.1, con la matrice $\mathcal{A}$ data dalla (7.47). Per la soluzione di tale sistema si usi un metodo iterativo di tipo Richardson precondizionato, usando come precondizionatore la matrice

$$\mathcal{Q} = \begin{bmatrix} C & 0 \\ D & \theta^{-1} M_p \end{bmatrix}, \tag{7.52}$$

dove M_p è la matrice di massa di pressione e θ è un parametro reale. Riportare e analizzare la matrice di iterazione associata a tale schema.

Si consideri il problema della cavità con $\nu = 0.01$. Si implementi lo schema proposto e se ne valutino sperimentalmente le proprietà di convergenza.

Soluzione 7.2.2

Approssimazione numerica

Consideriamo il sistema di Stokes discretizzato (7.46) e seguendo le indicazioni del testo usiamo un metodo iterativo per la sua soluzione. In particolare facciamo riferimento a un metodo di tipo Richardson precondizionato nella forma

$$\mathcal{Q}\left(\mathbf{y}_{k+1} - \mathbf{y}_k\right) = \mathbf{G} - \mathcal{A}\mathbf{y}_k, \tag{7.53}$$

dove $\mathcal{Q}$ è il precondizionatore (7.52). Scrivendo (7.53) blocco per blocco, si trova

$$C\left(\mathbf{U}_{k+1} - \mathbf{U}_k\right) = \mathbf{b}_1 - C\mathbf{U}_k - D^T\mathbf{P}_k \Rightarrow C\mathbf{U}_{k+1} = \mathbf{b}_1 - D^T\mathbf{P}_k \tag{7.54}$$

e

$$D\left(\mathbf{U}_{k+1} - \mathbf{U}_k\right) + \theta^{-1}M_p\left(\mathbf{P}_{k+1} - \mathbf{P}_k\right) = \mathbf{b}_2 - D\mathbf{U}_k,$$

ossia

$$\theta^{-1}M_p\left(\mathbf{P}_{k+1} - \mathbf{P}_k\right) = \mathbf{b}_2 - D\mathbf{U}_{k+1}. \tag{7.55}$$

Il metodo (7.54), (7.55) è noto in letteratura come *metodo di Uzawa* (si veda [QV94], Capitolo 9). Osservando che

$$\mathcal{Q}^{-1} = \begin{bmatrix} C^{-1} & 0 \\ -\theta M_p^{-1}DC^{-1} & \theta^{-1}M_p^{-1} \end{bmatrix},$$

la matrice di iterazione corrispondente a questo metodo è

$$B = I - \mathcal{Q}^{-1}\mathcal{A} = \begin{bmatrix} 0 & -C^{-1}D^T \\ 0 & \theta M_p^{-1}DC^{-1}D^T \end{bmatrix}.$$

Come noto dalla teoria dei metodi iterativi per sistemi lineari, la convergenza del metodo è regolata dal raggio spettrale di B. D'altra parte, B è triangolare (superiore) a blocchi, per cui i suoi autovalori corrispondono agli autovalori dei blocchi diagonali. Il blocco (1,1) è nullo e ha pertanto $d_{\mathbf{u}}$ autovalori nulli. Il raggio spettrale di B corrisponde pertanto al raggio spettrale del blocco (2,2) e la convergenza dipenderà dunque da quanto la matrice $\theta^{-1}M_p$ sia un buon precondizionatore della matrice di pressione $DC^{-1}D^T$. Abbiamo affrontato l'argomento nell'Esercizio 7.2.1 nel caso in cui $\rho = \nu$, osservando come nel caso stazionario la matrice di massa di pressione scalata sia un ottimo precondizionatore, mentre nel caso non stazionario essa risulti inefficiente soprattutto al diminuire del passo temporale Δt. *La reinterpretazione come metodo di Richardson dà al parametro θ un ruolo che non era evidente dall'analisi dell'Esercizio 7.2.1*, nel quale ρ era fissato: in effetti vi è una maggiore libertà di scelta nei valori di ρ che possano risultare più favorevoli sotto il profilo della convergenza Nel caso stazionario (si veda [QV94], Capitolo 9) si può dimostrare che il metodo di Uzawa converge per $0 < \theta < 2\nu$.

In sostanza, il metodo di Uzawa ha due tipi di inefficienze:

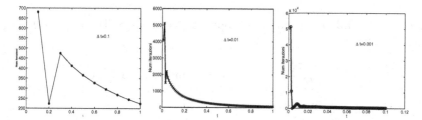

Figura 7.11. Numero di iterazioni richiesto dal metodo di Uzawa per $h = 0.1$ e tolleranza richiesta per la convergenza 10^{-6} per tre diversi valori del passo temporale. Il numero di iterazioni è molto alto all'inizio e si riduce significativamente quando la soluzione si avvicina allo stazionario

1. la struttura iterativa di Richardson anche se usata con un valore ottimale del parametro ρ (difficile da determinare in pratica) è comunque meno efficiente, in generale, di altri metodi quale il GMRES;
2. la matrice di massa di pressione nel caso non stazionario non è un buon precondizionatore per la matrice $DC^{-1}D^T$, pertanto le proprietà di convergenza del metodo non saranno brillanti.

In effetti, il metodo della matrice di pressione, pur avendo il difetto di richiedere iterazioni annidate, consente (nel caso di Stokes) di usare un metodo molto efficiente come il gradiente coniugato, grazie alla natura definita della matrice $DC^{-1}D^T$, cosa che, come detto, non si può fare per la matrice $\mathcal{A}$. D'altra parte, l'analisi svolta nell'Esercizio 7.2.1 ha permesso di individuare matrici che dal punto di vista spettrale sono più vicine alla matrice di pressione nel caso non stazionario. Tutto questo porta a pensare che il metodo di Uzawa risulti più inefficiente del metodo della matrice di pressione in termini del numero di iterazioni richieste per la convergenza.

Analisi dei risultati

Usando il Programma `StokesUzawa` (disponibile in rete) si possono sperimentare le proprietà del metodo di Uzawa.

Consideriamo il problema della cavità con $\nu = 0.01$ nell'intervallo di tempo $(0, 1]$, introdotto nell'Esercizio 7.2.1. In Figura 7.11 riportiamo le iterazioni richieste al metodo ad ogni passo temporale per convergere, per diversi valori di Δt e con un passo di griglia pari a $h = 0.1$ (abbiamo usato elementi P^2 per la velocità e P^1 per la pressione). Come si vede, nei primi istanti, il numero di iterazioni è molto grande rispetto a quello richiesto (con vari precondizionatori) dal metodo della matrice di pressione e questo si riflette in tempi di calcolo piuttosto elevati. Il numero di iterazioni scende in modo significativo solo quando la soluzione si avvicina allo stato stazionario. Tutto questo conferma l'analisi fatta "a computer spento" circa l'inefficienza di questo metodo.   ◇

Esercizio 7.2.3 Si consideri il problema di Navier-Stokes non stazionario non omogeneo

$$
\begin{cases}
\dfrac{\partial \mathbf{u}}{\partial t} + (\mathbf{u} \cdot \nabla)\,\mathbf{u} - \nu \triangle \mathbf{u} + \nabla p = \mathbf{0} & \text{in} \quad Q_T \equiv \Omega \times (0, \infty) \\[2mm]
\nabla \cdot \mathbf{u} = 0 & \text{in} \quad Q_T
\end{cases}
\tag{7.56}
$$

($\Omega \equiv (0,1) \times (0,1)$) con le condizioni al bordo

$$
\begin{cases}
\mathbf{u} = \mathbf{0} & \text{su} \quad \Gamma_D, \\[2mm]
p\mathbf{n} - \nu \nabla \mathbf{u} \cdot \mathbf{n} = -2\nu \mathbf{n} \text{ su} & \Gamma_{N_1}, \\[2mm]
p\mathbf{n} - \nu \nabla \mathbf{u} \cdot \mathbf{n} = 0 & \text{su} \Gamma_{N_2}
\end{cases}
\tag{7.57}
$$

e con la condizione iniziale $\mathbf{u}_0 = \mathbf{0}$, dove Γ_D è formato dai due lati $x_2 = 0$ e $x_2 = 1$ (con $0 \leq x_1 \leq 1$), Γ_{N_1} è il lato $\{x_1 = 0, 0 \leq x_2 \leq 1\}$, Γ_{N_2} è il lato $\{x_1 = 1, 0 \leq x_2 \leq 1\}$ e $\mathbf{n}$ è la normale uscente a $\partial\Omega$ (si veda la Figura 7.12). Si calcoli la soluzione analitica (stazionaria) assumendo $u_2 = 0$. Si assuma poi che il dato su Γ_{N1} si modifichi in

$$
p\mathbf{n} - \nu \nabla \mathbf{u} \cdot \mathbf{n} = 2\nu \sin(\omega t)\mathbf{n}
$$

con ω reale. Calcolare la soluzione (non stazionaria) del problema, sempre assumendo $u_2 = 0$ (Suggerimento: si faccia riferimento allo sviluppo in serie di Fourier per u_1).
Si verifichino le soluzioni trovate per $\nu = 0.1$, $\omega = \pi$ con `FreeFem`, usando elementi finiti P^2 per la velocità, P^1 per la pressione e una discretizzazione in tempo basata sullo schema di Eulero semi-implicito. Si riportino le curve di convergenza trovate per $h = 0.05$, $\Delta t = 0.1, 0.05, 0.025$.

Soluzione 7.2.3

Analisi matematica del problema

Il calcolo della soluzione stazionaria si può effettuare in modo analogo a quanto visto nell'Esercizio 7.1.3. Poichè $u_2 = 0$, la seconda componente dell'equazione del momento si riduce a $\dfrac{\partial p}{\partial x_2} = 0$, da cui si deduce che p è funzione della sola x_1. Dall'equazione di continuità, d'altra parte, si ottiene

$$
\frac{\partial u_1}{\partial x_1} = 0
$$

da cui deduciamo che u_1 è una funzione della sola x_2. Dalla prima equazione del momento segue allora

$$\nu \frac{\partial^2 u_1}{\partial x_2^2} = \frac{\partial p}{\partial x_1}. \tag{7.58}$$

Il termine non lineare, infatti, è nullo proprio perchè $u_2 = 0$ e u_1 non dipende da x_1. Nel primo membro della (7.58) abbiamo una funzione di x_2, a secondo membro una funzione di x_1: l'uguaglianza può valere solo se entrambe le funzioni sono pari a una costante c_1. Ne deduciamo che

$$u_1 = \frac{c_1}{2\nu} x_2^2 + c_2 x_2 + c_3, \quad p = c_1 x_1 + c_4.$$

In base alle condizioni al bordo su u_1, si ricava che $c_3 = 0$ e $c_2 = -\frac{c_1}{2\nu}$. Per le condizioni di Neumann, si osservi che i bordi sulle quali sono applicate hanno versore normale rispettivamente pari a $[-1,0]^T$ e $[1,0]^T$. Pertanto sui bordi di Neumann

$$\nu \nabla \mathbf{u} \cdot \mathbf{n} = \pm \nu \frac{\partial u_1}{\partial x_1} = 0,$$

e le condizioni al bordo di Neumann si riducono a richiedere che

$$p(0) = 2\nu, \quad p(1) = 0$$

da cui si ricava che $c_4 = 2\nu$ e $c_1 = -c_4 = -2\nu$. In definitiva, la soluzione del problema è

$$u_1 = x_2 - x_2^2, \quad u_2 = 0, \quad p = 2\nu(1 - x_1),$$

che è evidentemente la soluzione di Poiseuille.

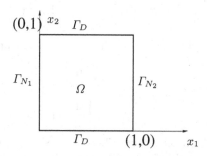

Figura 7.12. Dominio per l'Esercizio 7.2.3

Vediamo ora come cambia questo calcolo nel caso di dato al bordo sinusoidale. Poichè la derivata in tempo compare solo nella prima equazione del momento, le considerazioni relative alla seconda equazione del momento e alla equazione di continuità continuano a essere valide, per cui la pressione p risulta essere ancora una funzione della sola x_1 e u_1 della sola x_2. La prima equazione del momento diventa invece

$$\frac{\partial u_1}{\partial t} - \nu \frac{\partial^2 u_1}{\partial x_2^2} = -\frac{\partial p}{\partial x_1}.$$

Poichè la pressione è una funzione lineare della sola x_1, $\dfrac{\partial p}{\partial x_1}$ è costante in spazio ed è precisamente la differenza fra la pressione in uscita e quella in ingresso, diviso la lunghezza del dominio, ossia nel nostro caso:

$$\frac{\partial p}{\partial x_1} = -2\nu \sin \omega t.$$

La prima equazione del momento diventa pertanto:

$$\frac{\partial u_1}{\partial t} - \nu \frac{\partial^2 u_1}{\partial x_2^2} = 2\nu \sin \omega t.$$

Assumiamo di poter sviluppare la soluzione $u_1(x_2, t)$ (definita in un intervallo limitato per la variabile indipendente x_2) in serie di soli seni[12], ossia

$$u_1(x_2, t) = \sum_{k=0}^{\infty} \gamma_k(t) \sin(k\pi x_2).$$

La prima equazione del momento si riscrive pertanto come

$$\sum_{k=0}^{\infty} \frac{\partial \gamma_k}{\partial t} \sin(k\pi x_2) +$$

$$\nu \sum_{k=0}^{\infty} k^2 \pi^2 \gamma_k \sin(k\pi x_2) = 2\nu \sin(\omega t). \tag{7.59}$$

Ricordiamo che le funzioni sinusoidali hanno la seguente proprietà di *ortogonalità*:

$$\int_0^1 \sin(l\pi x_2) \sin(m\pi x_2) dx_2 = \begin{cases} 0 \ \text{per} \ \ l \neq m, \\[2mm] \dfrac{1}{2} \ \text{per} \ \ l = m \ \ \text{dispari}, \end{cases}$$

per ogni l, m interi. Moltiplichiamo (7.59) per $\sin(l\pi x_2)$ per ogni l intero e integriamo per $0 \leq x_2 \leq 1$. In virtù dell'ortogonalità, e ricordando che

$$\int_0^1 \sin(l\pi x_2) dx_2 = \begin{cases} \dfrac{2}{l\pi} \ \text{per} \ l \ \ \text{dispari}, \\[2mm] 0 \ \ \text{per} \ \ l \ \ \text{pari}, \end{cases}$$

si ottiene un insieme di equazioni differenziali ordinarie disaccoppiate tra loro della forma

---

[12] Questo è possibile pensando a una estensione periodica della soluzione sull'intero asse reale delle x_2.

$$\gamma_l' + \nu l^2 \pi^2 \gamma_{2k+1} = \begin{cases} \dfrac{8\nu}{l\pi} \sin(\omega t) & \text{per } l \quad \text{dispari,} \\[3mm] 0 & \text{per } \quad l \quad \text{pari,} \end{cases} \tag{7.60}$$

con la condizione iniziale $\gamma_l(0) = 0$ (essendo $u_1(x_2,0) = 0$). Per un valore pari dell'indice l si ottengono equazioni differenziali nella forma

$$\gamma' + b\gamma = 0$$

con $b = \nu l^2 \pi^2$. L'integrale generale è $\gamma = Ce^{-bt}$ che in virtù della condizione iniziale nel caso in esame si riduce a $\gamma = 0$. Nel caso di indice dispari, le equazioni (7.60) sono della forma

$$\gamma' + b\gamma = A\sin(\omega t), \tag{7.61}$$

con $A = \dfrac{8\nu}{l\pi}$. Come noto, l'integrale generale di questa equazione si trova sommando la soluzione generale dell'equazione omogenea associata a una soluzione particolare. Per come è fatto il termine noto[13] della (7.61), un integrale particolare è $\gamma_{part} = \alpha\sin(\omega t) + \beta\cos(\omega t)$. Determiniamo le costanti α e β richiedendo che γ_{part} soddisfi la (7.61). Si trova

$$(\alpha\omega + b\beta)\cos(\omega t) + (b\alpha - \beta\omega)\sin(\omega t) = A\sin(\omega t)$$

e quindi

$$\begin{cases} \alpha\omega + b\beta = 0, \\ b\alpha - \beta\omega = A, \end{cases}$$

da cui $\alpha = \dfrac{Ab}{b^2 + \omega^2}$, $\quad \beta = -\dfrac{A\omega}{b^2 + \omega^2}$. La soluzione dell'equazione (7.61) è allora

$$\gamma = Ce^{-bt} + \frac{Ab}{b^2 + \omega^2}\sin(\omega t) - \frac{A\omega}{b^2 + \omega^2}\cos(\omega t).$$

Considerando la condizione iniziale, $\gamma(0) = 0$ si determina $C = \frac{A\omega}{b^2+\omega^2}$. Pertanto

$$\gamma = \frac{A}{b^2 + \omega^2}\left(\omega e^{-bt} - \omega\cos(\omega t) + \frac{Ab}{b^2 + \omega^2}\right)\sin(\omega t).$$

Si ottiene in definitiva $u_1 = \displaystyle\sum_{k=0}^{\infty} \gamma_{2k+1}\sin((2k+1)\pi x_2)$ con

$$\gamma_{(2k+1)} = -8\nu\frac{\omega e^{(-\nu(2k+1)^2\pi^2)t} - \omega\cos(\omega t) + \nu(2k+1)^2\pi^2\sin(\omega t)}{(\nu^2(2k+1)^4\pi^4 + \omega^2)(2k+1)\pi}$$

La soluzione trovata è la controparte non stazionaria del flusso di Poiseuille, per un salto di pressione fra ingresso e uscita del dominio costante in spazio e

---

[13] L'integrale particolare per un termine noto generico si trova ad esempio in [Pro94], pag. 63 e segg.

sinusoidale in tempo. In tre dimensioni la soluzione dello stesso problema in un dominio cilindrico a base circolare è stata calcolata da Womersley in [] (*Flusso di Womersley*) e si esprime mediante l'uso delle funzioni di Bessel.

Esempi di profili della prima componente di velocità della soluzione di Womersley in diversi istanti sono riportati nella Figura 7.13.

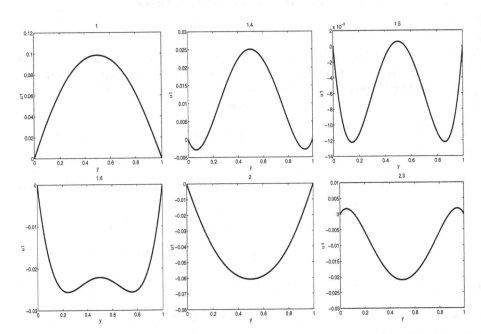

Figura 7.13. Soluzione di Womersley (prima componente della velocità) in diversi istanti di tempo (indicati sopra ogni figura)

Approssimazione numerica

Discretizziamo il problema in tempo. Introduciamo una suddivisione dell'intervallo temporale in sottointervalli di ampiezza Δt (costante). Con la notazione consueta, il problema in forma forte discretizzato in tempo secondo lo schema di Eulero implicito è: per ogni $n \geq 0$ trovare $\mathbf{u}^{n+1}$ e p^{n+1} che risolvono il sistema in Ω

$$\begin{cases} \dfrac{\mathbf{u}^{n+1} - \mathbf{u}^n}{\Delta t} + \left(\mathbf{u}^{n+1} \cdot \nabla\right)\mathbf{u}^{n+1} - \nu\triangle\mathbf{u}^{n+1} + \nabla p^{n+1} = \mathbf{0}, \\ \nabla \cdot \mathbf{u} = 0, \end{cases} \tag{7.62}$$

con le condizioni al bordo (7.57) e la condizione iniziale $\mathbf{u}_0 = \mathbf{0}$. Discretizzando in spazio questo problema, otteniamo un problema algebrico non lineare. Per linearizzare tale problema è possibile ricorrere al metodo di Newton simile a quanto proposto nell'Esercizio 7.1.2. Questa strategia è però molto costosa in termini computazionali. Una soluzione alternativa, che non riduce l'accuratezza in tempo della soluzione è quella di ricorrere a un metodo semi-implicito. In sostanza, il termine non lineare viene linearizzato usando una approssimazione ottenuta per estrapolazione in tempo di $\mathbf{u}^{n+1}$. Ad esempio, poiché il metodo di Eulero implicito comporta un errore di discretizzazione $\mathcal{O}(\Delta t)$ e $\mathbf{u}^{n+1} = \mathbf{u}^n + \mathcal{O}(\Delta t)$, il seguente schema di discretizzazione temporale mantiene l'oridne di accuratezza 1, generando ad ogni passo un problema lineare in Ω

$$\begin{cases} \dfrac{\mathbf{u}^{n+1} - \mathbf{u}^n}{\Delta t} + \boxed{(\mathbf{u}^n \cdot \nabla) \mathbf{u}^{n+1}} - \nu \triangle \mathbf{u}^{n+1} + \nabla p^{n+1} = \mathbf{0}, \\[2mm] \nabla \cdot \mathbf{u} = 0. \end{cases} \tag{7.63}$$

Procediamo pertanto alla discretizzazione in spazio di questo problema. Usando la notazione consueta e considerando le condizioni al bordo, il problema completamente discretizzato è: per ogni $n \geq 0$ trovare $\mathbf{u}_h^{n+1} \in V_h$ e $p_h \in Q_h$ tali che per ogni $\mathbf{v}_h \in V_h$ e $q_h \in Q_h$ si abbia

$$\frac{1}{\Delta t} \left(\mathbf{u}_h^{n+1}, \mathbf{v}_h \right) + a \left(\mathbf{u}_h^{n+1}, \mathbf{v}_h \right) + c \left(\mathbf{u}_h^n, \mathbf{u}_h^{n+1}, \mathbf{v}_h \right) + b(\mathbf{v}_h, p_h^{n+1}) =$$

$$\frac{1}{\Delta t} \left(\mathbf{u}_h^n, \mathbf{v}_h \right) + \int_{\Gamma_{N1}} s^{n+1} \mathbf{n} \cdot \mathbf{v}_h d\gamma,$$

$$b(\mathbf{u}_h^{n+1}, q_h) = 0,$$

con $\mathbf{u}_h^0$ ottenuto approssimando in V_h il dato iniziale $\mathbf{u}_0$. In questa formulazione $s^{n+1} = 2\nu$ nel caso di condizioni stazionarie e $s^{n+1} = 2\nu \sin(\omega t^{n+1})$ nel caso del problema con dato sinusoidale. Usando la notazione introdotta nell'Esercizio 7.1.2, la forma algebrica di questo problema è dunque

$$\begin{bmatrix} \dfrac{1}{\Delta t} \mathrm{M} + \mathrm{K} + \mathrm{C}(\mathbf{U}^n) & \mathrm{D}^T \\[2mm] \mathrm{D} & \mathbf{0} \end{bmatrix} \begin{bmatrix} \mathbf{U}^{n+1} \\[2mm] \mathbf{P}^{n+1} \end{bmatrix} = \begin{bmatrix} \mathbf{F}^{n+1} \\[2mm] \mathbf{0} \end{bmatrix}.$$

Analisi dei risultati

Il Programma 29 riporta la codifica in FreeFem del metodo semi-implicito per Navier-Stokes.

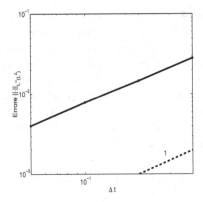

Figura 7.14. Errori calcolati per la soluzione di Womersley nella norma $L^\infty(0, T, \mathbf{L}^2(\Omega))$

Programma 29 - NavierStokesSemiImplicito : Problema di Navier-Stokes: passo temporale con Eulero semi-implicito

```
problem SINavierStokes ([u1,u2,p],[v1,v2,q],solver=GMRES,eps=1.e-10) =
    int2d(Th)(dti*u1*v1 + dti*u2*v2 + nu*( dx(u1)*dx(v1) + dy(u1)*dy(v1)
    dx(u2)*dx(v2) + dy(u2)*dy(v2) ))
  + int2d(Th)(u1last*dx(u1)*v1 + u1last*dx(u2)*v2+
    u2last*dy(u1)*v1 + u2last*dy(u2)*v2)
  + int2d(Th)(0.5*(dx(u1last)+dy(u2last))*(u1*v1))
  + int2d(Th)(0.5*(dx(u1last)+dy(u2last))*(u2*v2))
  - int2d(Th)(p*dx(v1) + p*dy(v2)) - int2d(Th)(dx(u1)*q + dy(u2)*q)
  - int2d(Th)(dti*u1last*v1 + dti*u2last*v2)
  - int1d(Th,4)((2*nu*sin(omega*t)*v1)) + on(1,3,u1=0.,u2=0.);
for (i=1;i<=nmax;i++)
{t=dt*i; SINavierStokes;
 u1last=u1; u2last=u2;}
```

Usando questo codice per il calcolo della soluzione di Womersley si può calcolare l'errore nella norma di $L^\infty(0, T, \mathbf{L}^2(\Omega))$ per la velocità. In Figura 7.14 riportiamo gli errori (in scala logaritmica) ottenuti per valori di $\Delta t = 0.4, 0.2, 0.1$ e 0.05. L'andamento lineare dell'errore è evidente in raffronto con la linea tratteggiata di pendenza 1.   ◇

Esercizio 7.2.4 Si consideri il problema di Stokes (7.39) con condizioni al bordo omogenee ($\mathbf{g} = \mathbf{0}$). Dopo avere scritto la forma semi-discreta del problema secondo il metodo di Eulero implicito, scrivere i passi del metodo di proiezione di Chorin-Temam. Inoltre:

1. scrivere le equazioni effettivamente soddisfatte dal campo di velocità calcolato dal metodo di Chorin-Temam, individuando l'errore introdotto dallo schema;
2. mostrare che il metodo di Chorin-Temam ottenuto è incondizionatamente stabile;
3. applicare il metodo al problema in cui il dominio Ω sia un cerchio di raggio 1, l'intervallo temporale sia $(0, 10]$, la soluzione iniziale sia nulla sia per la velocità che per la pressione e il termine forzante nell'equazione del momento sia il vettore $\mathbf{f} = [-y, x_1]^T$, verificando l'incondizionata stabilità; calcolare la divergenza del campo di velocità trovato per diversi valori di h, commentando i risultati.

Soluzione 7.2.4

Approssimazione numerica

Partiamo dal problema semi-discreto ottenuto applicando lo schema di Eulero implicito come mostrato nell'Esercizio 7.2.1:

$$\begin{cases} \dfrac{1}{\Delta t}\left(\mathbf{u}^{n+1} - \mathbf{u}^n\right) - \nu\triangle\mathbf{u}^{n+1} + \nabla p^{n+1} = \mathbf{f}^{n+1}, \\[2mm] \nabla \cdot \mathbf{u}^{n+1} = 0. \end{cases}$$

Come abbiamo mostrato nell'Esercizio 7.2.1, lo schema di Eulero implicito è incondizionatamente stabile.

Procediamo ora con il calcolo di velocità e pressione separatamente, secondo lo schema di Chorin-Temam (si vedano ad esempio [Qua03], Capitolo 10, [Qua93], Capitolo 7, [QV94], Capitolo 10). Il punto di partenza è il *principio di decomposizione di Helmholtz*, noto anche come *Teorema di Ladyzhenskaja* (per una dimostrazione, si veda [Qua93]), che stabilisce che un vettore $\mathbf{w}$ con componenti in $\mathbf{L}^2(\Omega)$ e traccia nulla al bordo può essere scomposto in una componente solenoidale $\mathbf{u}$ con componente normale a traccia nulla al bordo e una irrotazionale. Questa ultima può essere espressa come il gradiente di una funzione scalare φ (sufficientemente regolare), cioè $\mathbf{w} = \mathbf{u} + \nabla\varphi$ con $\nabla \cdot \mathbf{u} = 0$.

Il metodo di Chorin-Temam sfrutta questo principio per spezzare (*split*) il calcolo del campo di velocità da quello di pressione, introducendo un errore (detto *di splitting*), ma consentendo una significativa riduzione dei costi computazionali. I passi del metodo sono i seguenti:

1. noto il campo di velocità $\mathbf{u}^n$, si calcola $\mathbf{w}$ risolvendo

$$\frac{1}{\Delta t}\left(\mathbf{w} - \mathbf{u}^n\right) - \nu\triangle\mathbf{w} = \mathbf{f}^{n+1}, \tag{7.64}$$

con le condizioni al bordo $\mathbf{w} = \mathbf{0}$ su $\partial\Omega$;
2. noto $\mathbf{w}$ si risolve

$$-\Delta t\triangle p^{n+1} = -\nabla \cdot \mathbf{w}, \tag{7.65}$$

con la condizione

$$\nabla p^{n+1} \cdot \mathbf{n} = \mathbf{0}; \tag{7.66}$$

3. ll campo di velocità $\mathbf{u}^{n+1}$ si ottiene dalla applicazione diretta del principio di Helmholtz, ossia

$$\mathbf{u}^{n+1} = \mathbf{w} - \Delta t\nabla p^{n+1}. \tag{7.67}$$

Come noto, affinchè i passi del metodo di Chorin-Temam abbiano senso, dovendo la pressione risolvere (in modo debole) un problema di Poisson, dovrà avere almeno regolarità $H^1(\Omega)$.

Individuiamo l'errore introdotto dal metodo, dovuto allo splitting, ossia al calcolo separato di velocità e pressione. L'equazione di conservazione della massa viene risolta esattamente nel problema semi-discreto (continuo in spazio e discreto in tempo) per "costruzione". Infatti il campo $\mathbf{u}^{n+1}$ è solenoidale come conseguenza del principio di decomposizione di Helmholtz. Questa caratteristica non sarà più vera per il problema discretizzato anche in spazio a causa degli errori di discretizzazione spaziale, ma per ora non ce ne preoccupiamo. Le fonti di errore nel problema semi-discreto sono da individuare nell'equazione del momento e nelle condizioni al bordo sia per per la velocità, per la quale il principio di Helmholtz consente di specificare solo la componente normale che per la pressione, per la quale la condizione di Neumann (7.66) viene imposta per rendere risolvibile il problema di Poisson, ma non è richiesta dal problema originario. Sommando membro a membro (7.64) e (7.67) si ottiene l'equazione del momento effettivamente soddisfatta da $\mathbf{u}^{n+1}$

$$\frac{1}{\Delta t}\left(\mathbf{u}^{n+1} - \mathbf{u}^n\right) - \nu\triangle\mathbf{w} + \nabla p^{n+1} = \mathbf{f}^{n+1},$$

dove si vede che l'errore sta nel fatto che il laplaciano è applicato al campo $\mathbf{w}$ e non a $\mathbf{u}^{n+1}$. Usando la (7.67) per eliminare $\mathbf{w}$, l'equazione del momento si riscrive formalmente come

$$\frac{1}{\Delta t}\left(\mathbf{u}^{n+1} - \mathbf{u}^n\right) - \nu\triangle\mathbf{u}^{n+1} + \nabla p^{n+1} + \boxed{\nu\Delta t\triangle\nabla p^{n+1}} = \mathbf{f}^{n+1}. \tag{7.68}$$

Nel riquadro abbiamo individuato il termine specifico d'errore introdotto dal metodo di Chorin-Temam. Questa equazione rappresenta, insieme alla condizione di incomprimibilità $\nabla \cdot \mathbf{u}^{n+1} = 0$ il problema differenziale effettivamente risolto dai campi di velocità e pressione dal metodo di Chorin-Temam, cui si associano le condizioni al bordo specificate. Dalla (7.68) si deduce che il metodo di Chorin-Temam è *consistente*, in quanto l'errore di splitting tende a zero al tendere a zero del passo temporale Δt.

Per quanto riguarda la stabilità del metodo, moltiplichiamo la (7.64) per $\mathbf{w}$ e integriamo sul dominio Ω. Integrando per parti il termine di Laplaciano, sfruttando l'identità $((\mathbf{w} - \mathbf{u}^n), \mathbf{w}) = \frac{1}{2}\|\mathbf{w}\|_{\mathbf{L}^2}^2 + \|\mathbf{w} - \mathbf{u}^n\|_{\mathbf{L}^2}^2 - \frac{1}{2}\|\mathbf{u}^n\|_{\mathbf{L}^2}^2$ e applicando la disuguaglianza di Young, si ottiene la stima:

$$\|\mathbf{w}\|_{\mathbf{L}^2}^2 + \Delta t\|\nabla\mathbf{w}\|_{\mathbf{L}^2}^2 = \frac{\Delta t}{2\nu}\|\mathbf{f}^{n+1}\|_{\mathbf{L}^2}^2 + \|\mathbf{u}^n\|_{\mathbf{L}^2}^2. \tag{7.69}$$

Moltiplichiamo ora la (7.67) per $\mathbf{u}^{n+1}$. Dato che

$$-\Delta t\int_{\Omega} \nabla p^{n+1}\mathbf{u}^{n+1}d\omega = \Delta t\int_{\Omega} p^{n+1}\nabla\cdot\mathbf{u}^{n+1}d\omega = 0,$$

si ottiene

$$\|\mathbf{u}^{n+1}\|_{\mathbf{L}^2} \leq \|\mathbf{w}\|_{\mathbf{L}^2}. \tag{7.70}$$

Dalle disuguaglianze (7.69) e (7.70) si ha infine

$$\|\mathbf{u}^{n+1}\|_{\mathbf{L}^2}^2 \leq \frac{\Delta t}{2\nu}\|\mathbf{f}\|_{\mathbf{L}^2}^2 + \|\mathbf{u}^n\|_{\mathbf{L}^2}^2 \tag{7.71}$$

e sommando per $n = 0, 1, \ldots N - 1$

$$\|\mathbf{u}^N\|_{\mathbf{L}^2}^2 \leq \sum_{n=1}^{N} \frac{\Delta t}{2\nu}\|\mathbf{f}^{n+1}\|_{\mathbf{L}^2}^2 + \|\mathbf{u}^0\|_{\mathbf{L}^2}^2, \tag{7.72}$$

che è la stima di stabilità (incondizionata) richiesta.

Analisi dei risultati

L'implementazione del metodo di Chorin-Temam trattato nel presente esercizio per il problema proposto è riportata nel Programma 30.

Programma 30 - ChorinTemam : Problema di Stokes: metodo di Chorin-Temam

```
problem CT1 ([w1,w2],[v1,v2],solver=GMRES,eps=1.e-10) =
    int2d(Th)(dti*w1*v1 + dti*w2*v2+nu*(dx(w1)*dx(v1)+dy(w1)*dy(v1)
  + dx(w2)*dx(v2) + dy(w2)*dy(v2) ))
  - int2d(Th)(dti*u1last*v1 + dti*u2last*v2)
  - int2d(Th)(f1*v1 + f2*v2)   + on(1,w1=0.,w2=0.);

problem CT2 (p,q,solver=GMRES,eps=1.e-10) =
    int2d(Th)(dt*(dx(p)*dx(q)+dy(p)*dy(q)))
```

```
  + int2d(Th)(dx(w1)*q + dy(w2)*q);

problem CT3 ([u1,u2],[v1,v2],solver=Cholesky,init=1) =
    int2d(Th)(u1*v1 + u2*v2)- int2d(Th)(w1*v1 + w2*v2)
  + int1d(Th,1)(dt*p*(v1*N.x+v2*N.y))
  - int2d(Th)(dt*p*dx(v1) + dt*p*dy(v2));



for (i=1;i<=nmax;i++)
{
  t=dt*i; CT1; CT2; CT3;
  u1last=u1; u2last=u2;
}
```

Si osservi come il terzo passo richieda il calcolo del gradiente di pressione. Al di là della facilità con cui **FreeFem** consente di effettuare questa operazione, va detto che il calcolo del gradiente di pressione è un passaggio "delicato" che può essere fonte di inaccuratezza (si veda l'Esercizio 5.1.7 del Capitolo 5). Un approccio possibile è quello di formulare anche il terzo passo del metodo in modo debole, come segue. Detto $Z \equiv \mathbf{H}^1(\Omega)$ e Z_h un suo sottospazio finito-dimensionale, si calcola $\mathbf{u}$ tale che per ogni $\mathbf{z}_h \in z_h$

$$\int_\Omega \mathbf{u}_h \cdot \mathbf{z}_h d\omega = \int_\Omega \mathbf{w}_h \cdot \mathbf{z}_h d\omega - \int_\Omega \nabla p_h \cdot \mathbf{z}_h d\omega =$$

$$\int_\Omega \mathbf{w}_h \cdot \mathbf{z}_h d\omega - \Delta t \int_{\partial\Omega} p_h \mathbf{n} \cdot \mathbf{z}_h d\gamma + \Delta t \int_\Omega p_h \nabla \cdot \mathbf{z}_h d\omega.$$

Come si vede, in questo modo, integrando per parti, il calcolo del gradiente di pressione è stato formulato nei termini del calcolo della divergenza della funzione test. Dal punto di vista algebrico, questa formulazione non richiede dunque di calcolare il gradiente di pressione. Inoltre, per ridurre i costi computazionali (almeno in due dimensioni), il sistema nella matrice di massa di velocità che va risolto al terzo passo possa essere risolto in **FreeFem** con un metodo diretto, memorizzando i fattori della decomposizione di Cholesky dopo il primo passo temporale, in modo che siano già disponibili per i passi successivi. Questa è la strategia seguita nel Programma porposto.

In tre dimensioni, la fattorizzazione di Cholesky può essere improponibile a causa del *fill in* , tuttavia per ridurre i costi computazionali, si può ricorrere al mass lumping.

Per verificare che nel caso del problema di Stokes il metodo di Chorin-Temam è incondizionatamente stabile risolviamo il problema proposto per valori del passo temporale molto grandi. Collochiamo ad esempio 200 nodi sulla circonferenza (scelta corrispondente a un passo $h \approx 0.03$) e scegliamo come passi temporali i va-

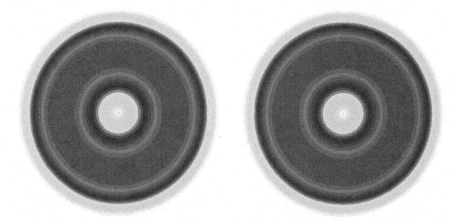

Figura 7.15. Metodo di Chorin-Temam per il problema di Stokes: isolinee di velocità al tempo $T = 10$ su una griglia di passo $h = 0.03$ per valori del passo $\Delta t = 0.1$ (a sinistra) e $\Delta t = 5$ (a destra). Il valore massimo della velocità è 0.456958 a sinistra, 0.45027 a destra. Nonostante il passo molto grande nella simulazione di destra, il risultato si mantiene ragionevole, prova di incondizionata stabilità del metodo.

lori $\Delta t = 0.1, 0.2, 1, 5$. Si può verificare come la soluzione numerica non "esploda" mai, generando soluzioni che differiscono per l'errore di discretizzazione temporale, comunque confrontabili tra loro. Ad esempio, in Figura 7.15 riportiamo le isolinee dei moduli dei vettori velocità calcolati per $\Delta t = 0.1$ (a sinistra) e $\Delta t = 5$ (a destra). I risultati sono perfettamente confrontabili, pur tenendo conto del diverso errore di discretizzazione temporale.

$\diamond$

Parte III

Appendici

Richiami di analisi funzionale

Consideriamo problemi della forma: trovare $u : \Omega \to \mathbb{R}$ tale che

$$L(u) = f \text{ in } \Omega, \qquad\qquad (A.1)$$

dove L è un operatore differenziale (lineare rispetto a u) e Ω è un aperto di $\mathbb{R}^d$. Il problema (A.1) verrà completato da opportune condizioni al bordo e, nel caso di problemi dipendenti dal tempo, da condizioni iniziali.

A seconda del tipo di formulazione scelta (forte o debole) per (A.1) sarà necessario introdurre opportuni spazi funzionali, nonché discutere la regolarità del dominio Ω o dare un significato diverso alle operazioni di derivazione ed integrazione, argomenti che tipicamente vengono affrontati in un corso di Analisi Funzionale. Per una presentazione organica di questi argomenti la letteratura è molto vasta. Senza pretesa di completezza, segnaliamo [PS02, Gil94, Sal04]. Ci limitiamo qui a proporre qualche richiamo di teoria, specialmente per quegli studenti che si avvicinino all'approssimazione di problemi differenziali senza aver seguito un corso di Analisi Funzionale.

A.1 Classificazione delle equazioni alle derivate parziali

Nella classificazione delle equazioni alle derivate parziali si possono impiegare diversi criteri, come la linearità, l'ordine o il ricorso alle caratteristiche. In questo paragrafo ricordiamo la suddivisione classica degli operatori in *ellittici, parabolici* ed *iperbolici*. In particolare, considereremo equazioni alle derivate parziali del second'ordine in $\mathbb{R}^d$ della forma seguente:

$$Lu = \sum_{i,j=1}^{d} a_{ij}(\mathbf{x})\frac{\partial^2 u}{\partial x_i \partial x_j} + \sum_{i=1}^{d} b_i(\mathbf{x})\frac{\partial u}{\partial x_i} + c(\mathbf{x})u$$

$$= \sum_{i,j=1}^{d} a_{ij}(\mathbf{x})\frac{\partial^2 u}{\partial x_i \partial x_j} + \Phi(\mathbf{x}, u, \partial u/\partial x_1, \dots, \partial u/\partial x_d) = 0,$$

(A.2)

dove $\mathbf{x} = (x_1, x_2, \dots, x_d)^T$ e $a_{ij} = a_{ji}$, $\mathbf{b} = (b_1, b_2, \dots, b_d)^T$, c sono in generale delle funzioni continue di $\mathbf{x}$. L'operatore L è detto *ellittico* se gli autovalori della matrice A i cui elementi sono dati dai coefficienti a_{ij} hanno tutti lo stesso segno, *parabolico* se A è singolare (cioè ha un autovalore nullo) ed *iperbolico* se un autovalore ha segno opposto agli altri (*ultraiperbolico* se ce n'è più di uno). L'estensione di questa definizione ad operatori di ordine arbitrario richiede l'introduzione del concetto di caratteristica (si veda, ad esempio, [RR04]): una superficie $s = s(\mathbf{x})$ è detta *caratteristica* in un punto $\mathbf{x}_0$ se

$$s(\mathbf{x}_0) = 0, \quad \sum_{i,j=1}^{d} a_{ij}(\mathbf{x}_0)\frac{\partial s}{\partial x_i}(\mathbf{x}_0)\frac{\partial s}{\partial x_j}(\mathbf{x}_0) = 0.$$

(A.3)

Un operatore ellittico, contrariamente ad uno iperbolico, non ammette caratteristiche reali.

A.2 Misura di Lebesgue

Una misura è una funzione che descrive la grandezza (o la probabilità) di un certo sottoinsieme in un insieme assegnato. In particolare, la misura di Lebesgue rappresenta il modo più naturale per assegnare un'estensione ad un sottoinsieme di uno spazio Euclideo. Denoteremo la misura di un insieme E con $|E|$. Per una trattazione completa rimandiamo ad esempio a [Gil94].

Il punto di partenza è la definizione intuitiva di misura di un n-intervallo $I \equiv I_1 \times I_2 \times \dots \times I_n$, dove $I_k \equiv [a_k, b_k]$, $a_k \le b_k$, $k = 1, \dots, n$, come il prodotto delle misure (le lunghezze) dei singoli intervalli ossia

$$|I| \equiv (b_1 - a_1)(b_2 - a_2) \cdots (b_n - a_n).$$

Si definisce quindi la misura di un *plurintervallo* (cioè dell'unione di più n-intervalli disgiunti) come la somma delle misure dei singoli n-intervalli. I plurintervalli consentono di definire la misura di un aperto A di $\mathbb{R}^n$ come l'estremo superiore delle misure dei plurintervalli contenuti in A (analogamente per un *insieme compatto*[1] la misura è data dall'estremo inferiore dei plurintervalli che lo contengono.). Infine, un insieme $E \subset \mathbb{R}^n$ limitato si dice *misurabile secondo Lebesgue* se la sua misura

---

[1] Un insieme $K \subset \mathbb{R}^n$ si dice *compatto* se da ogni successione a valori in K si può estrarre una sottosuccessione convergente a un punto di K. Sono compatti in $\mathbb{R}^n$ tutti e soli gli insiemi chiusi e limitati

interna $|E|_*$, definita come l'estremo superiore delle misure dei compatti contenuti in E, e la sua misura esterna $|E|^*$, definita come l'estremo inferiore delle misure degli aperti contenenti E, coincidono. In tal caso il numero $|E|(=|E|^* = |E|_*)$ si dice *misura* (di Lebesgue) di E. Un insieme E è a *misura nulla* se è misurabile e $|E| = 0$. Una data proprietà si dice verificata *quasi ovunque* (in breve, q.o.) su un insieme E quando è verificata a meno di un sottoinsieme di misura nulla di E. Tra le proprietà relative agli insiemi misurabili ricordiamo:

1. se E_1 ed E_2 sono due insiemi misurabili con $E_1 \subset E_2$ allora $|E_1| \le |E_2|$;
2. se $\{E_k\}$ sono insiemi misurabili con $E_n \subset E_{n+1}$ per ogni n, allora l'insieme $E = \cup_k E_k$ è misurabile e $|E| = \lim_{k\to\infty} |E_k|$;
3. se $\{E_k\}$ sono insiemi misurabili con $E_{n+1} \subset E_n$ per ogni n, allora l'insieme $E = \cap_k E_k$ è misurabile e, se almeno uno degli insiemi E_k ha misura finita, $|E| = \lim_{k\to\infty} |E_k|$. La classe degli insiemi misurabili secondo questa definizione è molto ampia. Tuttavia, ricordiamo che esistono insiemi non misurabili secondo Lebesgue come l'insieme di Vitali (per una sua descrizione rimandiamo a [PS02]).

Funzioni misurabili, integrabili e sommabili. Indicato con $\Omega \subset \mathbb{R}$ un insieme misurabile, una funzione $f : \Omega \to \mathbb{R}$ si dice *misurabile* se $\forall t \in \mathbb{R}$ l'insieme

$$\Omega_t(f, \Omega) \equiv \{x \in \Omega : f(x) > t\}$$

è misurabile. Consideriamo ora una funzione $f : \Omega \to \mathbb{R}$ misurabile, non negativa, limitata tra m e M con Ω di misura finita. Una decomposizione D dell'intervallo $[m, M]$ in sottointervalli $[y_{k-1}, y_k]$ con $y_0 = m < y_1 < \ldots < y_n = M$ permette di definire i seguenti sottoinsiemi misurabili di Ω

$$\Omega^i = \{x \in \Omega : y_{i-1} \le f(x) < y_i\}, \text{ per } i = 1, \ldots, n.$$

Posto $s(D, f) \equiv \sum_{k=1}^n y_{k-1} |\Omega^k|$, e $S(D, f) \equiv \sum_{k=1}^n y_k |\Omega^k|$, una funzione f è detta integrabile se $I = \sup_D s(D, f) = \inf_D S(D, f)$, avendo eseguito l'estremo superiore ed inferiore su tutte le possibili partizioni di $[m, M]$. In tal caso I viene detto *integrale di Lebesgue* di f su Ω e viene indicato con $(L) \int_\Omega f \, d\omega$ o più semplicemente con $\int_\Omega f \, d\omega$. Se f è misurabile, ma non necessariamente non negativa, si introducono la parte positiva f^+ e negativa f^- di una funzione, rispettivamente $f^+ \equiv (f + |f|)/2$ e $f^- \equiv (f - |f|)/2$ e si pone $\int_\Omega f \, d\Omega \equiv \int_\Omega f^+ \, d\omega - \int_\Omega f^- \, d\omega$, purché i due addendi del secondo termine siano finiti. Una funzione integrabile è detta *sommabile* se il suo integrale esiste finito. Le definizioni date si estendono al caso di insiemi Ω di misura infinita. Tra le proprietà che motivano l'introduzione dell'integrazione secondo Lebesgue riportiamo la seguente, nota come *teorema della convergenza dominata*: sia $\{f_k\}$ una successione di funzioni misurabili da Ω (misurabile) in $\mathbb{R}$. Se:

1. f_k converge q.o. a f in Ω;

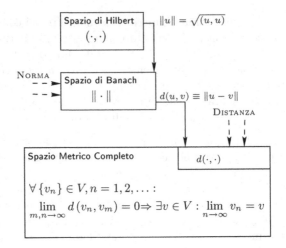

Figura A.1. Schematizzazione a blocchi di spazio metrico completo (in basso), di spazio di Banach (in centro) che è un caso di spazio metrico completo in cui la definizione di distanza sia data da una norma e di spazio di Hilbert (in alto), che è un caso particolare di spazio di Banach in cui la norma sia indotta dal prodotto scalare

2. $\exists G \geq 0$ sommabile tale che $|f_k| \leq G \ \forall k$, q.o. in Ω,

allora $\displaystyle \lim_{k \to \infty} \int_\Omega f_k \, d\Omega = \int_\Omega f \, d\Omega$.

A.3 Spazi di Hilbert

Dato uno spazio vettoriale V e una metrica ad esso associata mediante la definizione di *distanza* $d : V \times V \to \mathbb{R}$ fra due elementi generici $u, v \in V$, lo spazio V si dice *completo* se per ogni successione di elementi di V, $\{v_n\}$, $n = 1, 2, \dots$ tale che per ogni $\varepsilon > 0$, esista un indice q per cui per $m, n \geq q$ si ha $d(v_m, v_n) \leq \varepsilon$ (tali successioni sono dette *di Cauchy*), tale successione è convergente a un elemento $v \in V$.

Uno spazio vettoriale reale V ove si possa definire una *norma* $||\cdot||$ che induce la definizione di distanza $d(u, v) \equiv ||u - v||$, rispetto alla quale lo spazio è completo si dice *spazio di Banach*. Se, più in dettaglio, lo spazio è munito di prodotto scalare, indicato con $(\cdot, \cdot)_V$, e questo rende V completo rispetto alla metrica definita come $d(u, v) \equiv ||u - v||_V = (u - v, u - v)_V^{1/2} \ \forall u, v \in H$, allora V è detto *spazio di Hilbert*. Evidentemente, uno spazio di Hilbert è allora un caso particolare di uno spazio di Banach che è a sua volta un caso particolare di spazio metrico completo (si veda la Figura A.1).

Si può dimostrare che ogni spazio di Hilbert ammette una base (si veda ad esempio [RR04]). Nel caso in cui V sia uno spazio di Hilbert *separabile*, cioè quando contiene un sottoinsieme denso e numerabile, data una generica base $\{w_n\}_{n \in \mathbb{N}}$ per H

è possibile ricavare una nuova base, ortonormale $\{v_n\}$ cioè tale che $(v_k, v_j)_V = \delta_{kj}$, dove δ_{kj} è pari a 1 solo se $k = j$ (ed è detto *simbolo di Kronecker*), attraverso la procedura di ortogonalizzazione di Gram-Schmidt. Per tale base vale la *disuguaglianza di Bessel*

$$\sum_{i=1}^{\infty} |(v, v_i)_V|^2 \leq \|v\|_V^2 \ \forall v \in H. \tag{A.4}$$

Dati due spazi di Hilbert V_1 e V_2, definiamo *operatore* $\mathcal{L}$ un'applicazione che associ ad un elemento $v \in V_1$ un elemento $w = \mathcal{L}v \in V_2$:

$$\mathcal{L} : V_1 \to V_2.$$

L'operatore $\mathcal{L}$ si dice *lineare* se $\mathcal{L}(\alpha u + \beta v) = \alpha \mathcal{L}(u) + \beta \mathcal{L}(v)$ per ogni $\alpha, \beta \in \mathbb{R}$, $u, v \in V_1$. Si dice *limitato* se esiste una costante $C > 0$ tale che $\|\mathcal{L}(v)\|_{V_2} \leq C \|v\|_{V_1}$ $\forall v \in V_1$. Se $V_2 \equiv \mathbb{R}$, allora l'operatore è detto *funzionale*. Si dimostra che se $\mathcal{L}$ è un operatore lineare limitato, allora è continuo, ossia esiste una costante $C_1 > 0$ tale che se $v, w \in V_1$ e $\|v - w\|_{V_1} \leq \varepsilon$, allora $\|\mathcal{L}v - \mathcal{L}w\|_{V_2} \leq C_1 \varepsilon$.

Lo spazio dei funzionali lineari e continui su uno spazio di Hilbert V si chiama *spazio duale*, si indica con V'. Il *teorema di rappresentazione di Riesz* assicura che V' è isometrico[2] a V e che per ogni $v \in V$ il funzionale lineare su V definito come $\mathcal{L}_v(w) \equiv (v, w)_V$ è limitato con norma $\|\mathcal{L}\|_{V'} = \|v\|_V$. Inoltre, per ogni $\mathcal{L} \in V'$ esiste un unico elemento $v \in V$ tale che $\mathcal{L}(w) = (v, w)_V$ per ogni $w \in V$ e $\|v\|_V = \|\mathcal{L}\|_{V'}$. Di conseguenza, se identifichiamo V' con V possiamo affermare che anche il duale di uno spazio di Hilbert è di Hilbert.

A.4 Le distribuzioni

Sia Ω un aperto di $\mathbb{R}^d$. Dato lo spazio $\mathcal{D}(\Omega)$ delle funzioni $C^\infty(\Omega)$ a supporto[3] compatto in Ω, si chiama *distribuzione* un funzionale lineare e continuo T su $\mathcal{D}(\Omega)$. Esso verrà in generale indicato con $\langle T, \phi \rangle$ per ogni $\phi \in \mathcal{D}(\Omega)$. Lo spazio delle distribuzioni è il duale di $\mathcal{D}(\Omega)$ e viene quindi indicato con $\mathcal{D}'(\Omega)$. Possiamo dare un esempio di distribuzione notando che ad ogni funzione continua f si può associare una distribuzione (che chiameremo ancora f) introducendo il funzionale $\langle f, \phi \rangle \equiv \int_\Omega f\phi \, d\Omega$. Questa definizione è possibile a meno che f non presenti delle singolarità non integrabili (come $f(x) = 1/x$ in un intorno dello 0). La derivata rispetto alla variabile x_k di una distribuzione T è ancora una distribuzione, indicata con $\partial T/\partial x_k$, e definita attraverso il funzionale

$$\left\langle \frac{\partial T}{\partial x_k}, \phi \right\rangle \equiv - \left\langle T, \frac{\partial \phi}{\partial x_k} \right\rangle \qquad \forall \phi \in \mathcal{D}(\Omega). \tag{A.5}$$

---

[2] Un'isometria è un'applicazione fra due spazi metrici che conserva le distanze.
[3] Il supporto di una funzione è l'insieme dei punti del dominio nei quali la funzione è non nulla.

Si dice inoltre che una successione di elementi T_n in $\mathcal{D}'(\Omega)$ converge a T in $\mathcal{D}'(\Omega)$ se $\langle T_n, \phi \rangle \to \langle T, \phi \rangle \quad \forall \phi \in \mathcal{D}(\Omega)$.

Si definisce infine la *derivata nel senso delle distribuzioni* o *derivata debole* di una funzione f tale che $\int_K |f| \, d\Omega < \infty$ per ogni K compatto contenuto in Ω (localmente sommabile), e si scrive $f' = v$, la distribuzione v tale che

$$\int_\Omega v\phi \, dx = -\int_\Omega f\phi' \, dx \quad \forall \phi \in \mathcal{D}(\Omega). \tag{A.6}$$

Un esempio importante di distribuzione è dato dalla cosiddetta *delta di Dirac*: indicato con **a** un punto dell'insieme Ω, la delta di Dirac relativa al punto **a** e indicata con $\delta_{\mathbf{a}}$ è la distribuzione definita dalla relazione

$$\langle \delta_{\mathbf{a}}, \phi \rangle = \phi(\mathbf{a}) \, \forall \phi \in \mathcal{D}(\Omega).$$

A.5 Spazi L^p e H^s

Una funzione $f : \Omega \to \mathbb{R}$, essendo Ω un aperto di $\mathbb{R}^n$, appartiene allo spazio $L^p(\Omega)$ con $1 \le p \le \infty$ se

$$\|f\|_{L^p(\Omega)} \equiv \left(\int_\Omega |f(\mathbf{x})|^p \, d\Omega \right)^{1/p} < \infty \quad \text{se } p \in [1, \infty),$$

$$\|f\|_{L^\infty(\Omega)} \equiv \operatorname*{ess\,sup}_{\mathbf{x} \in \Omega} |f(\mathbf{x})| < \infty \qquad \text{se } p = \infty.$$

Le funzioni che appartengono a tali spazi sono a rigore rappresentanti di una certa classe di equivalenza (due funzioni sono equivalenti se differiscono tra loro solo su un insieme di misura nulla). Il simbolo esssup (estremo superiore essenziale) sta ad indicare che l'estremo superiore di f su Ω viene calcolato a meno di insiemi di misura nulla. Gli spazi $L^p(\Omega)$ sono tutti spazi di Banach ed il solo spazio $L^2(\Omega)$ è di Hilbert con prodotto scalare dato da $(f, g) \equiv \int_\Omega f \, g \, d\Omega$. Lo spazio duale di $L^2(\Omega)$ è $L^2(\Omega)$ stesso e, conseguentemente, è possibile dotare tale spazio di un'altra norma (detta *norma duale*) data da

$$\|f\|_* = \sup_{v \in L^2(\Omega), v \neq 0} \frac{(f, v)}{\|v\|_{L^2(\Omega)}}.$$

Inoltre, si dimostra che $\mathcal{D}(\Omega)$ è denso negli spazi $L^p(\Omega)$ per p finito. Negli spazi di Lebesgue ha un ruolo importante la *disuguaglianza di Hölder* per la quale se $f \in L^p(\Omega)$ e $g \in L^q(\Omega)$ e p, q due interi tali che $1/p + 1/q = 1$ allora

$$\int_\Omega fg \, d\Omega \le \left(\int_\Omega |f|^p d\Omega \right)^{1/p} \left(\int_\Omega |g|^q d\Omega \right)^{1/q} = \|f\|_{L^p(\Omega)} \|g\|_{L^q(\Omega)}. \tag{A.7}$$

Nel caso particolare $p = q = 1/2$ si ha la disuguaglianza di Cauchy-Schwarz valida per ogni $u, v \in L^2(\Omega)$,

$$\left| \int_{\Omega} uv \, d\Omega \right| \leq \|u\|_{L^2(\Omega)} \|v\|_{L^2(\Omega)}. \tag{A.8}$$

Tramite la disuguaglianza di Hölder è possibile identificare lo spazio duale di $L^p(\Omega)$ con p finito proprio con lo spazio $L^q(\Omega)$ con $1/p + 1/q = 1$ nel senso che, dato un funzionale $f \in (L^p(\Omega))'$ si può sempre trovare una funzione $u_f \in L^q(\Omega)$ tale che $\langle f, v \rangle = \int_{\Omega} u_f v \, d\Omega$ e $\|f\|_{(L^p(\Omega))'} = \|u_f\|_{L^q(\Omega)}$. Un'altra disuguaglianza che ricopre un ruolo fondamentale nella analisi di stabilità di problemi alle derivate parziali è la disuguaglianza di Young. Essa può essere derivata della semplice osservazione che, dati due numeri reali A e B, l'ovvia disuguaglianza $(A - B)^2 \geq 0$ implica $2AB \leq A^2 + B^2$. Il risultato si può generalizzare notando che per un $\epsilon > 0$ qualunque, ponendo $a = A\sqrt{\epsilon}$ e $b = B/\sqrt{\epsilon}$ la disuguaglianza precedente diventa $ab \leq a^2/(2\epsilon) + b\epsilon/2$. Ponendo $a \equiv \|u\|_{L^2(\Omega)}$ e $b \equiv \|v\|_{L^2(\Omega)}$, dalla (A.8) si ottiene, per ogni $u, v \in L^2(\Omega)$ e $\epsilon > 0$,

$$\left| \int_{\Omega} uv \, d\Omega \right| \leq \frac{1}{2\epsilon} \|u\|_{L^2(\Omega)}^2 + \frac{\epsilon}{2} \|v\|_{L^2(\Omega)}^2. \tag{A.9}$$

Spazi di Sobolev. Supponiamo che $\Omega \subset \mathbb{R}^d$ sia un aperto di bordo sufficientemente regolare. Indichiamo con V uno spazio di funzioni definite in $\mathbb{R}^{d-1}$ e con $B(\mathbf{y}, R)$ l'ipersfera di centro $\mathbf{y} \in \mathbb{R}^d$ e raggio R. Diciamo che $\partial\Omega$ è di classe V, se per ogni $\mathbf{x} \in \partial\Omega$ esiste un $R > 0$ ed una funzione $g \in V$ tali che che l'insieme $\Omega \cap B(\mathbf{x}, R)$ possa essere rappresentato mediante la disuguaglianza $x_d > g(x_1, x_2, \ldots, x_{d-1})$. Un aperto sarà allora un aperto C^1 quando il suo bordo può essere descritto da funzioni di classe C^1. Più in generale Ω verrà detto di classe Lipschitz se il suo bordo è descrivibile da funzioni continue Lipschitziane.

Dato un intero positivo k, una funzione v appartiene allo spazio di Sobolev $H^k(\Omega)$ se f e tutte le sue derivate fino all'ordine k appartengono a $L^2(\Omega)$. Gli spazi $H^k(\Omega)$ sono tutti spazi di Hilbert, dotati del seguente prodotto scalare

$$(u, v)_{H^k(\Omega)} \equiv \sum_{|\alpha| \leq k} \int_{\Omega} D^{\alpha} u \, D^{\alpha} v \, d\Omega, \tag{A.10}$$

dove $\alpha = (\alpha_1, \ldots, \alpha_d)$ è detto *multi-indice*, con $\alpha_i \in \mathbb{N}$, $|\alpha| = \sum_{i=1}^{d} \alpha_i$ e

$$D^{\alpha} u(\mathbf{x}) \equiv \frac{\partial^{|\alpha|} u(\mathbf{x})}{\partial x_1^{\alpha_1} \ldots \partial x_d^{\alpha_d}}.$$

Ad esempio, se $\alpha = (1, 0, 1)$ con la notazione precedente avremo $|\alpha| = 2$ e $D^{\alpha} u = \partial^2 u/(\partial x_1 \partial x_3)$.

La norma $||v||_{H^k(\Omega)}$ può essere definita per ogni funzione $v \in H^k(\Omega)$ a partire dal prodotto scalare

$$||v||_{H^k(\Omega)} = (v,v)^{\frac{1}{2}}_{H^k(\Omega)} = \sqrt{\sum_{|\alpha| \le k} \int_\Omega (D^\alpha v)^2 \, d\Omega}. \qquad (A.11)$$

In generale, la regolarità delle funzioni appartenenti a $H^k(\Omega)$ è chiarita da alcuni risultati di Analisi Funzionale noti come *teoremi di immersione*.

Dati due spazi di Banach V_1 e V_2 con $V_1 \subseteq V_2$, si dice che V_1 è *immerso con continuità* in V_2, e si scrive $V_1 \hookrightarrow V_2$, se $v \in V_1 \Rightarrow v \in V_2$ e precisamente esiste una costante C positiva tale che per ogni $v \in V_1$, $||v||_{V_2} \le C||v||_{V_1}$. Un teorema di immersione afferma in particolare che se $\Omega \subset \mathbb{R}^d$ è un aperto limitato non vuoto di bordo sufficientemente regolare, allora

1. se $k < d/2$, allora $H^k(\Omega) \hookrightarrow L^q(\Omega)$ per ogni $q \le p^* = 2d/(d-2k)$;
2. se $k = d/2$, allora $H^k(\Omega) \hookrightarrow L^q(\Omega)$ per ogni $q \in [2,\infty)$;
3. se $k > d/2$, allora $H^k(\Omega) \hookrightarrow C^0(\bar\Omega)$.

In una dimensione si ha perciò che le funzioni di H^1 sono continue.

In molti problemi differenziali è importante considerare la restrizione di una funzione su una porzione misurabile del bordo, $\Gamma \subset \partial\Omega$, del dominio Ω per l'assegnazione delle condizioni al contorno. Per le funzioni di $H^k(\Omega)$, che non sono generalmente continue, è pertanto necessario definire un operatore che, nel caso di funzioni continue, coincida con la restrizione della funzione al bordo. Precisamente esiste un operatore lineare γ da $H^1(\Omega)$ in $L^2(\Gamma)$, detto *operatore di traccia*, tale che $\gamma u = u_{|\Gamma}$ se $u \in H^1(\Omega) \cap C(\bar\Omega)$ e che si estende con continuità su tutto $H^1(\Omega)$, cioè $\exists \gamma_T > 0$ tale che per ogni $u \in H^1(\Omega)$

$$||\gamma u||_{L^2(\Gamma)} \le \gamma_T ||u||_{H^1(\Omega)}. \qquad (A.12)$$

Tale disuguaglianza è detta *disuguaglianza di traccia*. Si dimostra che l'immagine tramite γ di $H^1(\Omega)$ non è tutto $L^2(\Gamma)$, ma un suo sottospazio, indicato con $H^{1/2}(\Gamma)$. Viceversa, data una porzione misurabile $\Gamma \subset \partial\Omega$ esiste $c_\gamma > 0$ tale che per ogni $g \in H^{1/2}(\Gamma)$ è possibile trovare un $G \in H^1(\Omega)$ tale che $\gamma G = g$ e

$$||G||_{H^1(\Omega)} \le c_\gamma ||g||_{H^{1/2}(\Gamma)}. \qquad (A.13)$$

La funzione G è detta *rilevamento* di g.

I risultati elencati sono validi se il dominio è sufficientemenente regolare, per esempio se Ω ha bordo di classe C^1, oppure è un poligono. Con abuso di notazione, la traccia γu si indica spesso con $u_{|\Gamma}$.

Per problemi tempo dipendenti si fa spesso uso di spazi vettoriali opportuni, di cui ricordiamo la definizione. Se V è uno spazio di Sobolev di funzioni su $\Omega \subset \mathbb{R}^d$ e $I = (0,T)$ è un intervallo temporale

$$L^2(I;V) \equiv \{v : I \to V|\ v \text{ è misurabile e } \int_0^T ||v(t)||_V dt < \infty\},$$

e

$$L^\infty(I;V) \equiv \{v : I \to V|\ v \text{ è misurabile e } \mathrm{esssup}_{t\in I}\ ||v(t)||_V < \infty\}.$$

Il primo spazio è lo spazio di funzioni a valori in V tali che la loro norma V è a quadrato sommabile. Nel secondo spazio la norma V è limitata. Essi sono equipaggiati delle norme seguenti

$$||u||_{L^2(I;V)} = \sqrt{\int_0^T ||u(t)||_V^2 dt}, \quad ||u||_{L^\infty(I;V)} = \mathrm{esssup}_{t\in I}\ ||u(t)||_V. \qquad (A.14)$$

Se $||u(t)||_V$ è continuo in $[0,T]$, allora $||u||_{L^\infty(I;V)} = \max_{x\in[0,T]} ||u(t)||_V$.

A.6 Successioni di l^p

Data una suddivisione dell'asse reale in intervalli $[x_j, x_{j+1}]$, per $j = 0, \pm 1, \pm 2 \ldots$, di ampiezza h, diremo che una successione $\mathbf{y} = \{y_i \in \mathbb{R}, \quad -\infty < i < \infty\}$ appartiene a l^p per un $1 \le p \le \infty$ se $||\mathbf{y}||_{\triangle,p} < \infty$ dove

$$||\mathbf{y}||_{\triangle,p} \equiv \left(h \sum_{j=-\infty}^{\infty} |y_j|^p \right)^{\frac{1}{p}}, \quad \text{se } 1 \le p < \infty,$$

$$||\mathbf{y}||_{\triangle,p} \equiv \max_{-\infty<j<\infty} (|y_j|), \quad \text{se } p = \infty \qquad (A.15)$$

Se $u \in L^p(\mathbb{R}) \cap C^0(\mathbb{R})$ per un $1 \le p \le \infty$, allora il vettore $\mathbf{u} = \{u(x_i), -\infty < i < \infty\} \in l^p$. Inoltre, se $\mathbf{y} \in l^p$, per $1 \le p < \infty$ allora $\lim_{j\to\infty} |y_j| = 0$ e vale la seguente proprietà, detta della *somma telescopica*:

$$\sum_{j=-\infty}^{\infty} (y_{j+1} - y_j) = 0,$$

che può essere dimostrata notando che $S_N = \sum_{j=-N}^{N} (y_{j+1} - y_j) = y_{N+1} - y_{-N}$ e che $|\lim_{N\to\infty} S_N| \le \lim_{N\to\infty} |S_N| =\le \lim_{N\to\infty} (|y_{N+1}| + |y_{-N}|) = 0$. Analogamente, si possono dimostrare le relazioni

$$\sum_{j=-\infty}^{\infty} (y_{j+1} - y_{j-1}) = 0, \qquad \sum_{j=-\infty}^{\infty} (y_{j+1} - y_{j-1})y_j = 0.$$

utili nello studio di equazioni iperboliche del tipo (6.1).

A.7 Un'importante disuguaglianza

Nello studio di stabilità di problemi tempo-dipendenti, un risultato molto utile è il Lemma di Gronwall (si veda ad esempio [Qua03], Lemma 6.1, [QV94], Lemma 1.4.1), che richiamiamo qui in uno dei possibili enunciati presenti in letteratura.

Lemma A.1 *[Lemma di Gronwall] Sia $f \in L^1(t_0, T)$, funzione non negativa, e g e φ funzioni continue in $[t_0, T]$. Se φ soddisfa per ogni $t \in [t_0, T]$ la disuguaglianza*

$$\varphi(t) \leq g(t) + \int_{t_0}^{t} f(\tau)\varphi(\tau)d\tau,$$

allora per ogni $t \in [t_0, T]$ si ha

$$\varphi(t) \leq g(t) + \int_{t_0}^{t} f(s)g(s)e^{\int_s^t f(\tau)d\tau} d\tau ds. \qquad (A.16)$$

Inoltre, se g è non decrescente, vale la disuguaglianza

$$\varphi(t) \leq g(t)e^{\int_{t_0}^t f(\tau)d\tau}, \quad \forall t \in [t_0, T].$$

Da un punto di vista quantitativo, questa disuguaglianza diventa poco significativa su tempi lunghi, a causa della crescita esponenziale del fattore a secondo membro.

Trattamento di matrici sparse

Lo scopo di questa Appendice è quello di richiamare come una matrice ottenuta dalla discretizzazione di un problema differenziale possa essere gestita in un programma di calcolo. Vengono inoltre richiamate alcune tecniche implementative per il trattamento delle condizioni di tipo Dirichlet in codici a elementi finiti (ma non solo), argomento, questo, per il quale sovente la teoria e la pratica possono essere "lontani". A tutto ciò facciamo precedere un breve richiamo di algebra delle matrici.

Per quanto riguarda tecniche numeriche per la risoluzione di sistemi lineari il lettore può fare riferimento alla ampia letteratura sull'argomento, per esempio in [QSS00a].

B.1 Breve richiamo di algebra matriciale

Quando non specificato altrimenti indicheremo con $A \in \mathbb{R}^{n \times n}$ una matrice quadrata, non singolare e di dimensione $n > 1$.

Con $\|\mathbf{v}\|_p = \left(\sum_{i=1}^n |v_i|^p\right)^{1/p}$ si indica la norma-p di un vettore $\mathbf{v} \in \mathbb{R}^n$, per un $p \in [1, \infty)$, mentre $\|\mathbf{v}\|_\infty = \max_{1 \le i \le n} |v_i|$. La norma-2, detta anche *norma euclidea*, viene spesso indicata semplicemente con $\|\mathbf{v}\|$. Dati due vettori $\mathbf{u}$ e $\mathbf{v}$ di $\mathbb{R}^n$ la notazione $(\mathbf{u}, \mathbf{v})$ o, alternativamente, $\mathbf{u}^T \mathbf{v}$ ne indica il prodotto scalare euclideo, più precisamente $(\mathbf{u}, \mathbf{v}) = \mathbf{u}^T \mathbf{v} = \sum_{i=1}^n u_i v_i$.

La norma-p di una matrice A è definita per $p \ge 1$ intero, come

$$\|A\|_p = \max_{\substack{\mathbf{v} \in \mathbb{R}^n \\ \mathbf{v} \neq \mathbf{0}}} \frac{\|A\mathbf{v}\|_p}{\|\mathbf{v}\|_p} \tag{B.1}$$

ed anche in questo caso si indica sovente la norma-2 semplicemente con $\|A\|$. Per ogni $p \in [1, \infty]$ vale la disuguaglianza $\|A\mathbf{v}\|_p \le \|A\|_p \|\mathbf{v}\|_p$.

Se $\pi(x) = \sum_{i=0}^{r} a_i x^i$ è un polinomio di grado r nella variabile x, $\pi(B)$ indica il corrispondente *polinomio matriciale* applicato alla matrice quadrata B, definito come $\pi(B) = \sum_{i=0}^{r} a_i x B^i$, ponendo, per convenzione, $B^0 = I$.

Un numero complesso $\lambda \in \mathbb{C}$ e un vettore a elementi complessi $r \in \mathbb{C}^n$ non nullo sono rispettivamente un autovalore e il corrispondente autovettore (destro) di A se $Av = \lambda r$. Un autovalore λ soddisfa $\pi_A(\lambda) = 0$, dove π_A è il *polinomio caratteristico* di A, definito da $\pi_A(z) = |A - zI|$, essendo I la matrice identità. Ad ogni coppia (λ, r) è associata una coppia (λ, l), dove l è detto *autovalore sinistro* di A e soddisfa $l^T A = \lambda l^T$.

Una matrice di dimensione n ha al massimo n autovalori distinti. Se un autovalore è uno zero di molteplicità m_a del polinomio caratteristico si dice che ha *molteplicità algebrica* m_a. La *molteplicità geometrica* m_g di un autovalore λ è invece la dimensione di $Ker(A - \lambda I)$, in altre parole è il massimo numero di vettori non nulli e *linearmente indipendenti* $r_i \in \mathbb{C}^n$ tali che $Ar_i = \lambda r_i$. Si ha che $m_g \leq m_a$. Indicheremo con $\sigma(A)$ l'insieme di tutti gli autovalori della matrice A, detto anche *spettro* di A.

Il raggio spettrale $\rho(A)$ di una matrice A è dato da $\rho(A) = \max_{\lambda \in \sigma(A)} |\lambda|$. Si ha il risultato seguente: $\|A\|_2 = \sqrt{\rho(A^T A)} = \sqrt{\rho(AA^T)}$.

Una matrice A di dice *normale* se $A^T A = AA^T$. Una matrice simmetrica è ovviamente normale. Per una matrice normale si ha che $\|A\|_2 = \rho(A)$.

Una matrice quadrata A è detta *diagonalizzabile* se esistono una matrice non singolare R e una matrice diagonale Λ tali che

$$A = R\Lambda R^{-1}, \tag{B.2}$$

in tal caso gli elementi diagonali di Λ sono gli autovalori della matrice data, mentre le colonne di R conterranno i corrispondenti autovettori (destri) e le righe di R^{-1} gli autovettori sinistri. Una matrice è diagonalizzabile se e solo se i suoi autovettori formano una base di $\mathbb{R}^n$. In particolare, una matrice con tutti gli autovalori distinti è diagonalizzabile. Se la matrice R in (B.2) è unitaria, ossia se $RR^T = I$, la matrice A è detta *unitariamente diagonalizzabile* ed ha la proprietà che gli autovettori destri e sinistri coincidono, in questo caso infatti $R^{-1} = R^T$. Una matrice normale (ed in particolare una matrice simmetrica) è unitariamente diagonalizzabile (e viceversa).

Una matrice simmetrica ha tutti gli autovalori (e autovettori) reali ed è detta *simmetrica definita positiva* (s.d.p.) se gli autovalori sono tutti strettamente positivi. In tal caso soddisfa $v^T Av > 0$ per tutti i vettori $v \neq 0$. Due matrici tali per cui $B = UAU^T$ con U una matrice unitaria, sono dette (unitariamente) *simili* e godono della proprietà $\|B\|_2 = \|A\|_2$.

Infine, se A è s.d.p. è possibile definire la *norma-A* di un vettore v come $\|v\|_A = \sqrt{v^T Av}$, e la norma matriciale associata. Lo spazio $\mathbb{R}^n$ equipaggiato della norma $\|\cdot\|_A$ può essere dotato del prodotto interno corrispondente, quest'ultimo definito come $(w, v)_A \equiv (w, Av) = (Aw, v)$. Due vettori ortogonali rispetto a questo prodotto interno, ossia tali che $(w, v)_A = 0$, si dicono A-coniugati .

Una matrice si dice *sparsa* se contiene un alto numero di elementi nulli. Più precisamente, se il numero di elementi non nulli di ciascuna riga (e colonna) è $O(1)$, cioè indipendente dalla dimensioni della matrice. Il numero di elementi non nulli di una matrice quadrata sparsa è quindi $O(n)$. Una matrice non sparsa è anche detta *matrice piena*.

Sovente è utile richiamare la segiente *espansione di Neumann*, valida per ogni matrice A tale che $\rho(A) < 1$

$$(I - A)^{-1} = \sum_{k=0}^{\infty} A^k, \qquad (B.3)$$

dove I è la matrice identità[1]. Come conseguenza

$$(I - A)^{-1} \approx I + A.$$

Si ricorda infine che il numero di condizionamento $K_p(A)$ di una matrice A non singolare è definito, per ogni $p \geq 1$ intero come $K_p(A) = ||A||_p ||A^{-1}||_p$. Particolare importanza riveste il numero di condizionamento $K_2(A)$, tanto che spesso è indicato semplicemente con $K(A)$. Per *matrici simmetriche definite positive* si ha $K_2(A) = \lambda_{max}/\lambda_{min}$, essendo λ_{max} e λ_{min} rispettivamente il massimo e minimo autovalore di A.

Il numero di condizionamento ha una duplice veste. Da un lato rappresenta la sensibilità della matrice e della soluzione dei sistemi lineari ad essa associati rispetto alle perturbazioni sui coefficienti. Dall'altra, per molti metodi iterativi può essere visto come un "indice di fatica", nel senso che più una matrice è mal condizionata e più iterazioni saranno in generale necessarie per risolvere il sistema con una accuratezza assegnata.

B.2 Tecniche di memorizzazione di matrici sparse

Una delle caratteristiche del metodo degli elementi finiti è il fatto che i sistemi lineari prodotti dalla discretizzazione sono governati da matrici *sparse*. La distribuzione degli elementi non nulli viene indicata dal *pattern* di sparsità (detto anche *grafo*) della matrice. Una sua rappresentazione si può ottenere in MATLAB usando il comando spy (un esempio è dato in Fig. B.1). Esso dipende dalla griglia computazionale adottata, dal tipo di elemento finito scelto e dalla numerazione dei nodi. In ogni caso, esso è noto una volta nota la griglia e il tipo di elementi finiti scelto. È dunque possibile memorizzare la matrice di un problema agli elementi finiti in maniera efficiente, escludendo a priori i termini sicuramente nulli. La costruzione della matrice tipicamente procede identificandone innanzitutto il grafo e successivamente calcolando i valori degli elementi. In questo modo matrici diverse,

---

[1] L'espansione ha un analogo scalare ben noto: dalla identità $\sum_{j=0}^{n} q^j = (1-q^{n+1})/(1-q)$ se $|q| < 1$ si ha $\sum_{j=0}^{\infty} q^j = (1-q)^{-1}$.

ma con lo stesso grafo, possono condividere quest'ultimo, con evidenti risparmi di memoria. Se non si hanno condizioni al bordo di tipo essenziale, matrici risultanti dalla discretizzazione di problemi differenziali con lo stesso tipo di elementi finiti e sulla stessa griglia avranno lo stesso grafo.

L'uso di tecniche di memorizzazione adeguate per matrici sparse è fondamentale soprattutto in problemi di grandi dimensioni, tipici di applicazioni industriali. Facciamo un esempio. Supponiamo di voler risolvere le equazioni di Navier-Stokes su una griglia bidimensionale formata da 10000 vertici con elementi finiti P^2-P^1. Usando i risultati dell'Esercizio 1.5.2 e le relazioni in (1.10) si deduce che il numero di gradi di libertà è circa 10^5 per la pressione e 4×10^5 per ciascuna componente della velocità. La matrice associata avrà dunque dimensione 90000 × 90000. Se ne dovessimo memorizzare tutti i 8.1×10^9 coefficienti, anche usando solo la singola precisione (4 bytes per rappresentare ciascun numero in virgola mobile), occorrerebbe circa 30 *Gigabytes*! Troppo anche per i calcolatori più recenti[2]. Nel caso di un problema tridimensionale la situazione si aggrava ulteriormente, in quanto il numero di gradi di libertà cresce molto rapidamente con il raffinarsi della griglia, ed è oggi pratica comune trattare problemi con milioni di gradi di libertà.

Per memorizzare efficacemente matrici sparse occorrono allora formati di dati più compatti della classica tabella (*array*). Va osservato che l'adozione di formati sparsi non è senza conseguenze sulla velocità di calcolo. Infatti, come vedremo, con questi formati l'accesso o la ricerca di un particolare elemento (o gruppo di elementi) della matrice non è diretto come nell'**array**, dove la specifica dei due indici i e j consente di indirizzare direttamente la locazione di memoria che contiene il coefficiente a_{ij} cercato[3].

D'altra parte anche se l'operazione per accedere un elemento di una matrice in formato sparso (per esempio per eseguire un prodotto matrice-vettore) risulterà meno efficiente, è vero anche che adottando un formato sparso accederemo solo agli elementi non-nulli evitando quindi operazioni inutili. Dunque, in generale, il formato sparso è vantaggioso anche in termini di tempi di calcolo, purchè la matrice sia sufficientemente sparsa (come per matrici generate dal metodo degli elementi finiti).

Per una analisi più approfondita bisogna tener conto di diverse (talvolta contrastanti) esigenze. Possiamo infatti distinguere diversi tipi di operazioni che possono essere eseguite su una matrice. Le più importanti sono:

---

[2] I sistemi operativi moderni sono anche in grado di indirizzare un area di memoria più ampia della memoria RAM disponibile, usando la tecnica della memoria virtuale, detta anche "*paging*", sulla memoria di massa (tipicamente il disco fisso). Tuttavia, questo non risolve il problema perchè l'accesso alla memoria di massa è molto inefficiente dal punto di vista dei tempi.

[3] L'efficienza d'accesso e di ricerca in un *array* dipende in realtà dal modo in cui la matrice è organizzata nella memoria del computer e dalla capacità del sistema operativo di utilizzare efficacemente la memoria *cache* del processore. Non abbiamo qui lo spazio per approfondire questi temi, il lettore interessato può consultare, ad esempio, [HVZ05].

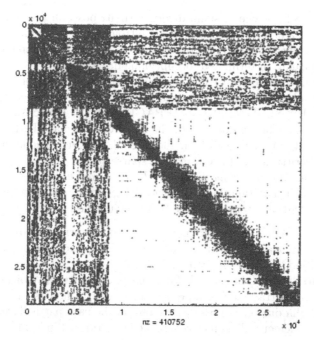

Figura B.1. Pattern di sparsità di una matrice risultante dalla discretizzazione agli elementi finiti di un problema vettoriale in tre dimensioni. Il numero di elementi della matrice è circa 9×10^8, di cui solo circa 4.2×10^4 diversi da zero. Il grafico è stato ottenuto con il comando **spy** di MATLAB

1. *accesso ad un elemento generico:* chiamato anche "accesso random";
2. *accesso agli elementi di una intera riga:* importante nelle operazioni di moltiplicazione matrice per vettore;
3. *accesso gli elementi di una intera colonna,* o, che è lo stesso, ad una riga della matrice trasposta. È importante per certe operazioni, per esempio per simmetrizzare la matrice al seguito della imposizione delle condizioni di Dirichlet, come vedremo nel Paragrafo B.3. È comunque in genere una operazione meno critica dell'accesso alle righe;
4. *aggiunta di un nuovo elemento al pattern della matrice:* questa operazione è meno critica se il grafo viene costruito all'inizio e non cambia nel corso del calcolo. Riveste invece rilevanza fondamentale quando il pattern non è conosciuto a priori o possa cambiare nel corso del calcolo, come succede, ad esempio, quando si fa adattazione di griglia (si veda [Qua03], Paragrafo 3.5).

È essenziale caratterizzare i formati per matrici sparse in base al costo computazionale di queste operazioni e a come quest'ultimo dipenda dalla dimensione della matrice[4]. Il fatto che vi siano diversi formati possibili per matrici sparse è dovuto, oltre che a motivi storici, proprio al fatto che non esiste un formato che sia ottimale contemporaneamente per tutte le operazioni precedentemente elencate e sia, inoltre, efficiente in termine di occupazione di memoria.

Richiameremo nel seguito i formati più diffusi, tra cui quelli usati da MA-TLAB, da FREEFEM e da alcune importanti librerie di algebra lineare, quali SPAR-SEKIT [Saa90], PETSC [BBG+01], UMFPACK [DD97] o Aztec [Her04]. Per completezza, citiamo anche un documento che descrive il formato HARWELL-BOEING [DGL92]. Si tratta non tanto di un formato di memorizzazione sul computer, quanto per la scrittura e lettura di matrici sparse su file.

Si vuole osservare che *prima di imporre le condizioni al bordo di tipo essenziale* (di cui si parlerà nel Paragrafo B.3) le matrici generate da un codice a elementi finiti hanno alcune caratteristiche fisse "per costruzione":

1. anche se la matrice non è simmetrica, il suo pattern lo è: questo perché se il grado di libertà i "vede" il grado di libertà[5] j, allora, simmetricamente, il grado di libertà j "vede" il grado di libertà i;
2. gli elementi diagonali in generale fanno parte del "pattern", poiché ovviamente un grado di libertà "vede" sempre se stesso; questo non esclude che il valore numerico sulla diagonale possa essere in qualche caso particolare nullo, ma in generale gli elementi diagonali vengono considerati nell'insieme del pattern.

Va osservato anche che non sempre le matrici di interesse sono quadrate: si pensi alle matrici D e D^T viste nel Capitolo 7. Alcuni dei formati che vedremo sono adatti solo al caso di matrici quadrate, non possono quindi essere adottati in questo caso.

Come esempio di riferimento, considereremo la matrice che potrebbe essere stata costruita usando elementi finiti lineari sulla griglia illustrata in Figura B.2, a sinistra. Il pattern di questa matrice è rappresentato in Figura B.2 a destra. In particolare, la matrice A in formato "pieno" (*array*) potrebbe essere

---

[4] A questo proposito, ricordiamo che fra le istruzioni più "costose" in termini di codifica mediante micro-istruzioni e quindi in linguaggio macchina da parte del compilatore ci sono i *salti condizionati*, ossia if...then...else e istruzioni simili. Se per individuare un elemento si devono eseguire molte istruzioni di questo tipo, un codice può perdere efficienza drammaticamente.

[5] Ossia il supporto della funzione di base relativo al grado di libertà i non è disgiunto da quello relativo al grado di libertà j.

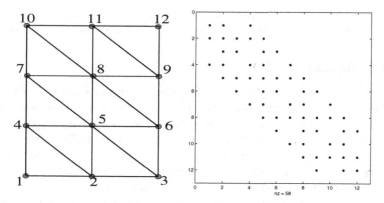

Figura B.2. Griglia a elementi finiti lineari e pattern della matrice associata usata come esempio. Si noti che il pattern dipende dalla numerazione dei nodi adottata

$$
A = \begin{bmatrix}
101. & 102. & 0. & 103. & 0. & 0. & 0. & 0. & 0 & 0. & 0. & 0. \\
104. & 105. & 106. & 107. & 108. & 0. & 0. & 0. & 0. & 0. & 0. & 0. \\
0. & 109. & 110. & 0. & 111. & 112. & 0. & 0. & 0. & 0. & 0. & 0. \\
113. & 114. & 0. & 115. & 116. & 0. & 117. & 0. & 0. & 0. & 0. & 0. \\
0. & 118. & 119. & 120. & 121. & 122. & 123. & 124. & 0. & 0. & 0. & 0. \\
0. & 0. & 125. & 0. & 126. & 127. & 0. & 128. & 129. & 0. & 0. & 0. \\
0. & 0. & 0. & 130. & 131. & 0. & 132. & 133. & 0. & 134. & 0. & 0. \\
0. & 0. & 0. & 0. & 135. & 136. & 137. & 138. & 139. & 140. & 141. & 0. \\
0. & 0. & 0. & 0. & 0. & 142. & 0 & 143. & 144. & 0 & 145. & 146. \\
0. & 0. & 0. & 0. & 0. & 0. & 147. & 148. & 0. & 149. & 150. & 0. \\
0. & 0. & 0. & 0. & 0. & 0. & 0. & 151. & 152. & 153. & 154. & 155. \\
0. & 0. & 0. & 0. & 0. & 0. & 0. & 0. & 156. & 0 & 157. & 158.
\end{bmatrix}, \qquad (B.4)
$$

dove i valori numerici degli elementi sono stati messi arbitrariamente a scopo puramente illustrativo, in quanto non sono particolarmente importanti in questa sede. Si noti, comunque, che quando faremo riferimento a numeri reali, essi verranno seguiti dal . (point).

Nel seguito indicheremo sempre con n la dimensione della matrice e con nz il numero di elementi non nulli. Inoltre adotteremo la convenzione di numerare gli elementi di matrici e vettori partendo[6] da 1. Infine, per la stima della occupazione di memoria della matrice abbiamo assunto che un valore intero venga memorizzato in 4 bytes e un numero reale (a virgola mobile) occupi 8 bytes, che corrisponde alla doppia precisione. Quindi la memorizzazione della matrice dell'esempio in Figura

---

[6] Alcuni linguaggi di programmazione (quali il C e il C++) indicizzano gli array partendo da 0, per passare a questo approccio negli esempi del testo basta sottrarre 1 a tutti i vettori di puntatori numerici.

B.4, che ha $n = 12$ e $nz = 58$, richiederebbe $12 \times 12 \times 8 = 1152$ bytes se memorizzata come *array*. Infine, a_{ij} indicherà l'elemento di riga i e colonna j della matrice A.

B.2.1 Il formato COO

Il formato per *coordinate*, (*COO*rdinate format) è probabilmente il più semplice concettualmente, anche se è relativamente poco efficiente sia per quanto riguarda il risparmio in termini di memoria sia per l'accesso ad un elemento generico.

Si tratta del formato adottato da MATLAB. Esso utilizza tre vettori che indichiamo con I, J e A. I primi due descrivono il pattern, più precisamente, nella generica posizione k-esima di I e J sono memorizzati rispettivamente l'indice di riga e di colonna del coefficiente il cui valore è memorizzato nella stessa posizione di A. Quindi sia I, J e A hanno un numero di elementi pari al numero degli elementi non nulli nz.

In questo modo l'occupazione di memoria è di $(4 + 4 + 8) \times nz$ bytes. Per la matrice A in (B.4), una possibile codifica in formato COO è

$$I = [1, 1, 1, 2, 2, 2, 2, 2, 3, 3, 3, 3, 4, 4, 4, 4, 4, 5, 5, 5, 5, 5, 5, 5, 6, 6, 6, 6, 6,$$
$$7, 7, 7, 7, 7, 8, 8, 8, 8, 8, 8, 8, 9, 9, 9, 9, 9, 10, 10, 10, 10, 11, 11, 11, 11,$$
$$11, 12, 12, 12\,]$$

$$J = [1, 2, 4, 1, 2, 3, 4, 5, 2, 3, 5, 6, 1, 2, 4, 5, 7, 2, 3, 4, 5, 6, 7, 8, 3, 5, 6, 8, 9, 4,$$
$$5, 7, 8, 10, 5, 6, 7, 8, 9, 10, 11, 6, 8, 9, 11, 12, 7, 8, 10, 11, 8, 9, 10, 11, 12,$$
$$9, 11, 12] \tag{B.5}$$

$$A = [101., 102., 103., 104., 105., 106., 107., 108., 109., 110., 111., 112., 113.,$$
$$114., 115., 116., 117., 118., 119., 120., 121., 122., 123., 124., 125., 126.,$$
$$127., 128., 129., 130., 131., 132., 133., 134., 135., 136., 137., 138., 139.,$$
$$140., 141., 142., 143., 144., 145., 146., 147., 148., 149., 150., 151., 152.$$
$$, 153., 154., 155., 156., 157., 158.],$$

e richiede 928 bytes. Ovviamente, i tre vettori possono contenere gli stessi elementi in ordine diverso. Questo formato non garantisce tempi di accesso rapido ad un elemento della matrice, né tanto meno a righe e a colonne. La ricerca di un elemento generico della matrice a partire dagli indici di riga e colonna richiede mediamente un numero di operazioni proporzionale a nz. Occorre infatti scorrere tutti gli elementi di I e J fino a trovare gli indici cercati, usando costose operazioni di confronto. È in effetti possibile, al prezzo di una maggiore occupazione di memoria, utilizzare tecniche particolari per memorizzare gli indici in I e J (strutture di ricerca ad albero) e ridurre tale costo a $\mathcal{O}(\log_2(nz))$. La descrizione di queste strutture esula però gli scopi di questo libro, il lettore interessato può consultare testi su strutture dati ed algoritmi quali, per esempio, [Sed99].

L'operazione di moltiplicazione matrice-vettore può essere svolta direttamente scorrendo gli elementi dei tre vettori. Per esempio, la moltiplicazione $\mathbf{y} = A\mathbf{x}$ si può eseguire nel modo seguente, usando la sintassi MATLAB,

```
y=zeros(nz,1);
for k=1:nz
  i=I(k); j=J(k);
  y(i)=y(i) + A(k)*x(j);
end
```

Il costo addizionale che tale operazione presenta rispetto alla analoga eseguita su una matrice piena dipende essenzialmente dagli *indirizzamenti indiretti*: accedere a `y(i)` richiede innanzitutto accedere a `I(k)`. Inoltre, l'accesso e l'aggiornamento dei vettori `x` e `y` non avviene su elementi consecutivi: questo riduce di gran lunga la capacità di ottimizzare la memoria *cache* del processore. Tuttavia ricordiamo che ora operiamo solo sugli elementi non nulli della matrice e che, in genere, $nz \ll n^2$.

Un vantaggio di questo formato sta nel fatto che è facile aggiungere un nuovo elemento alla matrice. Infatti, basta aggiungere un elemento[7] ai vettori `I`, `J` e `A`. Per questo motivo è spesso utilizzato quando non si conosce a priori il pattern della matrice ed è il motivo per cui è stato scelto da MATLAB per matrici sparse generiche.

B.2.2 Il formato *skyline*

Il formato *skyline* (ossia "profilo") è stato uno dei primi utilizzati per la memorizzazione di matrici derivanti del metodo agli elementi finiti. La sua "filosofia" è riassunta nella Figura B.3 a sinistra: si tratta, in sostanza, di memorizzare l'area tratteggiata, ossia per ogni riga tutte le colonne comprese tra il primo e l'ultimo coefficiente non nullo della riga. Ovviamente in questo modo si deve, in generale, accettare di memorizzare anche una parte degli elementi nulli della matrice, tanto più ridotta quanto più la struttura della matrice sarà "a banda", cioè con gli elementi non nulli concentrati attorno alla diagonale principale. Questa è l'idea di base, anche se in letteratura ne esistono diverse varianti. Ne illustriamo una che parte dal caso di matrici simmetriche e poi viene generalizzata al caso non simmetrico.

Skyline per matrici simmetriche. Se una matrice è simmetrica ne può essere memorizzata la sola parte triangolare inferiore (diagonale compresa), corrispondente all'area tratteggiata in Figura B.3 a destra. Oppure si può memorizzare la diagonale in un vettore a parte e trattare separatamente lo skyline degli elementi extra-diagonali. Questa ultima scelta ha il vantaggio di permettere un accesso diretto agli elementi diagonali della matrice. Scegliendo quest'ultimo approccio (che corrisponde a memorizzare separatamente l'area in grigio chiaro da quella in grigio scuro della Figura B.3 a destra), il formato skyline della matrice è dato da tre vettori, `D`, `I` e `AL`. Nel vettore `D` vengono memorizzati gli elementi diagonali, in `AL` vengono memorizzati in sequenza, riga per riga, tutti gli elementi inclusi

---

[7] Chiaramente, per fare questo, è necessaria una opportuna gestione dinamica della memoria occupata dai vettori.

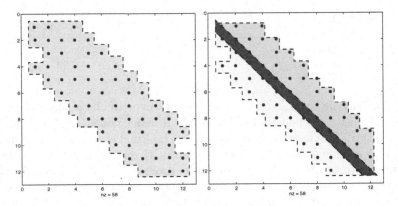

Figura B.3. Skyline di una matrice (a destra). A sinistra la divisione tra parte triangolare inferiore, diagonale e parte tridiagonale superiore

nello skyline (a parte la diagonale), ossia nell'area tratteggiata in chiaro in Figura, che ovviamente può includere anche qualche coefficiente nullo. La componente k-esima del vettore I indica (o con termine più specifico "*punta a*") dove inizia la riga $k+1$-esima nel vettore AL, con la convenzione che tutti gli elementi in AL dalla posizione indicata in I(k) fino alla posizione indicata in I(k+1)-1 rappresentano gli elementi facenti parte della riga k, in ordine crescente di colonna. In questo schema, la prima riga non viene memorizzata, poiché è data dal solo elemento diagonale. Così facendo, I(k) punta al primo elemento non nullo presente sulla riga $k+1$-esima, I(k+1)-1 punta all'elemento di posizione $a_{k+1,k}$ e la differenza I(k+1)- I(k) indica quanti elementi extra-diagonali della riga $k+1$ fanno parte dello skyline. Un rapido calcolo permette di verificare pertanto che il primo elemento non nullo della riga k-esima (con $k > 1$) è quello della colonna k-I(k) - I(k-1).

Ad esempio, supponendo di voler memorizzare con questo formato la matrice simmetrica ottenuta dalla parte triangolare inferiore di A in (B.4), corrispondente alle istruzioni Matlab tril(A)+tril(A,-1)', si ha

$$D = [101., 105., 110., 115., 121., 127., 132., 138., 144., 149., 154., 158.]$$

$$I = [1, 2, 3, 6, 9, 12, 15, 18, 21, 24, 27, 30]$$

$$AL = [104., 109., 113., 114., 0., 118., 119., 120., 125., 0., 126., 130., 131., 0.,$$
$$135., 136., 137., 142., 0., 143., 147., 148., 0., 151., 152., 153., 156., 0., 157.].$$

Si noti come nella posizione n-esima del vettore I abbiamo lasciato un puntatore all'inizio di una ipotetica riga successiva. In questo modo, I(n) −1 indica il numero complessivo di elementi presenti nello skyline. Inoltre, in questo modo anche per l'ultima riga è possibile calcolare il numero di elementi dello skyline calcolando I(n) − I(n-1). Il prodotto $y = Ax$ si esegue come segue (in sintassi MATLAB),

```
y=D.*x;
for k=2:n
  nex = I(k)-I(k-1);
  ik  = I(k-1):I(k)-1;
  jcol= k-nex:k-1;
  y(k)    = y(k)+dot(AL(ik),x(jcol));
  y(jcol)= y(jcol)+AL(ik)*x(k);
end
```

Si noti la necessità di operare simmetricamente sulle righe e sulle colonne per tenere conto che solo la parte triangolare inferiore è stata memorizzata in AL.

La quantità di numeri da memorizzare con questo formato non è determinabile a priori, in quanto dipende da quanto lo skyline sia una effettiva riproduzione del pattern effettivo della matrice ossia da quanto gli elementi non-nulli siano concentrati attorno alla diagonale principale. Nel caso in esame, si osserva che il vettore dei valori AL contiene 29 numeri reali cui si aggiungono i vettori D e I che hanno dimensione fissa n, pari a 12 nel nostro caso. Il primo contiene dei numeri reali il secondo degli interi, quindi la memorizzazione della matrice del nostro esempio richiede 376 bytes. Il confronto diretto con il formato COO non è possibile perchè nell'esempio del paragrafo precedente consideravamo una matrice non-simmetrica. È possibile avvantaggiarsi della eventuale simmetria anche nel formato COO memorizzando solo la parte triangolare inferiore (l'algoritmo moltiplicazione matrice vettore va adeguatamente modificato, e la modifica non è banale!). In questo caso, usando COO memorizzeremmo 35 coefficienti, e quindi necessiteremmo di 560 bytes. Il formato *skyline* sembrerebbe quindi comunque vantaggioso, ma se i coefficienti della matrice non fossero così ben concentrati attorno alla diagonale principale l'occupazione di memoria del formato *skyline* degraderebbe rapidamente.

Skyline per matrici generali. Per una matrice non simmetrica, un modo ragionevole di procedere è quello di separare A nella sua parte diagonale D, triangolare inferiore E e triangolare superiore F (diagonali escluse). Usando la sintassi Matlab, tali matrici sarebbero definite come D=diag(diag(A)); E=tril(A,-1); F=triu(A,1). Essendo il pattern di A simmetrico, lo *skyline* di E coincide con quello di F^T, quindi memorizzeremo E e F^T (e D) usando la tecnica vista nel paragrafo precedente. In questo modo non c'è bisogno di duplicare il vettore I, essendo lo stesso per entrambi gli addendi triangolari. Pertanto, la memorizzazione può essere effettuata mediante due vettori di lunghezza n, che indicheremo ancora con D e I, e due vettori di numeri reali e di lunghezza pari alla dimensione dello skyline, che chiameremo E e FT (quest'ultimi contenenti rispettivamente E e F^T). Nel caso dell'esempio, questo richiede 608 bytes.

$D = [101., 105., 110., 115., 121., 127., 132., 138., 144., 149., 154., 158.]$

$I = [1, 2, 3, 6, 9, 12, 15, 18, 21, 24, 27, 30]$

$E = [104., 109., 113., 114., 0., 118., 119., 120., 125., 0., 126., 130., 131., 0.,$
$\quad 135., 136., 137., 142., 0., 143., 147., 148., 0., 151., 152., 153., 156., 0., 157.],$

$FT = [102., 106., 0., 107., 103., 116., 111., 108., 122., 0., 112., 0., 123., 117.,$
$\quad 133., 128., 124., 139., 0., 129., 0., 140., 134., 150., 145., 141., 155., 0., 146.].$

Il prodotto matrice-vettore $\mathbf{y} = A\mathbf{x}$ diventa ora

```
y=D.*x;
for k=2:n
  nex  = I(k)-I(k-1);
  ik   = I(k-1):I(k)-1;
  jcol = k-nex:k-1;
  y(k)    = y(k)+dot(E(ik),x(jcol));
  y(jcol)= y(jcol)+FT(ik)*x(k);
end
```

Come già detto, l'efficienza del formato dipende da quanto il pattern sia concentrato attorno alla diagonale principale. Ad esempio, per una matrice con il pattern di Figura B.1 il formato *skyline* non sarebbe molto efficiente. Poiché il pattern dipende dalla numerazione dei nodi, un suo uso efficace richiede tecniche appropriate di rinumerazione dei gradi di libertà, che abbiano lo scopo di "compattare" gli elementi attorno alla diagonale principale. Per una descrizione di tali tecniche si veda ad esempio [QSS00a] o [Saa03].

Va osservato come, con questo formato, l'accesso agli elementi diagonali sia diretto e l'estrazione di una riga sia una operazione il cui costo è indipendente dalla dimensione della matrice. Infatti i dati relativi ad una riga sono memorizzati consecutivamente in memoria, e questo, tra l'altro, permette al sistema operativo di ottimizzare l'utilizzo della memoria *cache* del processore nella operazione di moltiplicazione matrice-vettore. Nell'esempio di cui sopra, `icol` e `ik` contengono tutti gli indici corrispondenti alla colonne della riga considerata `k` e quindi il prodotto scalare `dot(E(ik),x(jcol))` e la moltiplicazione vettore per costante `FT(ik)*x(k)` possono essere ottimizzate[8].

L'estrazione di tutti i coefficienti di una colonna data è, viceversa, una operazione costosa, che richiede diversi confronti e il cui costo cresce linearmente con n.

L'accesso diretto agli elementi diagonali presenta alcuni vantaggi. Per esempio il codice `FreeFem` usa questo formato in associazione a un metodo di imposizione

---

[8] Queste operazioni sono contenute nelle libreria BLAS (Basic Linear Algebra Subroutines) che fornisce funzioni altamente ottimizzate per alcune operazioni di base di algebra lineare.

delle condizioni al bordo essenziali basato sulla penalizzazione (Paragrafo B.3.2), che richiede il solo accesso agli elementi diagonali.

B.2.3 Il formato CSR

Il formato skyline ha lo svantaggio che la memoria utilizzata dipende dalla numerazione degli elementi e quindi dalla efficienza degli eventuali algoritmi di rinumerazione. Inoltre, in generale, non è possibile rinumerare in nodi in modo da eliminare completamente la memorizzazione di coefficienti nulli. Infine, non è possibile prevedere a priori lo spazio di memoria occupato per una data griglia.

Per tutti questi motivi, sono stati sviluppati dei formati che rendono l'occupazione di memoria indipendente dalla numerazione dei gradi di libertà. Il formato CSR (*Compressed Sparse Row*) è uno di questi e può essere visto sia come una compattazione del formato COO per renderlo più efficiente, sia come un'evoluzione del formato *skyline* per memorizzare solo gli elementi non nulli. In sostanza, il formato prevede l'introduzione di tre vettori.

1. Il vettore di nz valori reali A, che contiene in sequenza tutti gli elementi non nulli della matrice, ordinati per riga: nel nostro esempio è dato dallo stesso vettore A scritto per il formato[9] COO nella (B.5).

2. Il vettore di nz valori interi J associato a A, in cui l'elemento $J(k)$ indica la colonna dell'elemento contenuto in $A(k)$. Nel nostro esempio, coincide con il vettore J di (B.5).

3. A questo punto, basta dare una indicazione circa la riga di appartenenza di ogni elemento, meno ridondante di quella del formato COO: il vettore I sarà un vettore di "puntatori" alle righe, simile a quello del formato *skyline*. In sostanza, $I(k)$ dà la posizione dove inizia la riga k-esima nei vettori A e J, come illustrato nella Figura B.4.

Così facendo, il numero di elementi non nulli presenti nella riga k è dato da I(k+1)-1-I(k). Per poter fare in modo che questa affermazione valga anche per l'ultima riga (ossia per $k = n$) il vettore I è di dimensione $n+1$ (e non n come ci si potrebbe aspettare) e l'ultimo elemento I(n+1) conterrà $nz + 1$ (in questo modo, tra l'altro, nz=I(n+1)-I(1)). In sostanza, il formato CSR memorizza la matrice usando $4 \times (nz + n + 1) + 8 \times nz$ bytes. Nel caso del nostro esempio si ha

$$I = [1, 4, 9, 13, 18, 25, 30, 35, 42, 47, 51, 56, 59] \tag{B.6}$$

mentre J e A sono, come detto, gli stessi di (B.5). Si fa di nuovo notare che questo fatto non è generale. Nel formato COO infatti l'ordine degli indici in I e J può essere arbitrario.

L'occupazione di memoria per la matrice dell'esempio è di 748 bytes. Il vantaggio di questo formato diviene più evidente con matrici sparse di grande dimensione.

---

[9] Nel formato COO non è necessario che questo vettore sia ordinato per righe. Nel formato CSR sì.

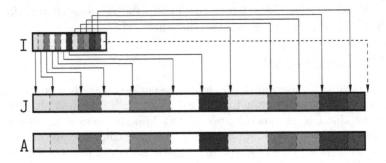

Figura B.4. Schematizzazione del formato CSR. Il diagramma si riferisce all'esempio numerico trattato nel testo. Nel formato CSR gli elementi di I puntano a J e A, indicando dove iniziano rispettivamente indici di colonna e valori di una data riga

Osserviamo che questo formato è adatto sia per matrici quadrate che rettangolari e consente una rapida estrazione degli elementi di una riga assegnata di indice i: è sufficiente considerare gli elementi di A compresi fra I(i) e I(i+1)-1. Meno immediata è l'estrazione di una colonna, che richiede di localizzare per ogni riga i valori del vettore J corrispondenti alla colonna cercata. Se non si adotta nessun ordinamento particolare questa operazione ha un costo proporzionale a nz. Se invece gli indici di colonna per ciascuna riga contenuti in J sono ordinati, per esempio in ordine crescente come nel nostro esempio, usando un algoritmo di ricerca binaria il costo di estrazione di una colonna si riduce; più precisamente diventa proporzionale a $n \log_2(m)$, dove m è il numero medio di elementi per ciascuna riga. Analogamente, l'accesso ad un elemento generico ha normalmente un costo proporzionale a m, ma se si adotta l'ordinamento delle colonne esso si riduce a $\log_2 m$.

Una ulteriore possibile variante consiste nel memorizzare nel primo elemento della porzione del vettore J corrispondente a una data riga l'indice relativo all'elemento diagonale della matrice. In questo modo A(I(k)) fornisce direttamente il coefficiente a_{kk}.

La moltiplicazione matrice-vettore $\mathbf{y} = A\mathbf{x}$ è data da

```
y=zeros(n,1);
% y=A(I(1:n)).*x se la diagonale è memorizzata per prima
for k=1:n
 ik=I(k):I(k+1)-1;
 % ik=I(k)+1:I(k+1)-1; se la diagonale è memorizzata
 %                      per prima
 jcol =J(ik); y(k)=y(k)+dot(A(ik),x(jcol));
end
```

Ovviamente esiste anche il formato *CSC* (Compressed Sparse Column) che memorizza le matrici ordinandole per colonne: in questo caso è facile estrarre una colonna mentre è più costoso estrarre una riga. È meno utilizzato perchè di solito l'operazione più critica è l'accesso alle righe.

B.2.4 Il formato MSR

Il formato MSR (*Modified Sparse Row*) è una particolarizzazione del formato *CSR* per matrici quadrate i cui elementi diagonali siano sempre nel pattern (come è in genere per le matrici generate dagli elementi finiti). In questo caso gli elementi diagonali possono essere memorizzati a parte in un singolo vettore, dato che i loro indici sono implicitamente noti dal loro ordinamento. Come già visto per il formato *skyline simmetrico*, si memorizzano in modo speciale solo gli elementi extra-diagonali, utilizzando un formato analogo al *CSR*.

In pratica si usano due vettori, che chiameremo V (Valori) e B (dall'inglese *Bind*, Connessione). Nelle prime n posizioni di V vengono memorizzati gli elementi diagonali della matrice. La posizione $n+1$ di V viene lasciata senza un valore significativo (per un motivo che vedremo). Dalla posizione $n+2$ in avanti vengono memorizzati i valori degli elementi extra-diagonali. Quindi V ha dimensione $nz+1$. Il vettore B ha la stessa lunghezza di V. Le posizioni dalla $n+2$ alla $nz+1$ contengono l'indice di colonna degli elementi memorizzati nelle corrispondenti posizioni di V; le prime $n+1$ di B puntano invece a dove iniziano le righe nelle posizioni successive. In sostanza, B(k) con $1 \le k \le n$ contiene la posizione *all'interno dello stesso vettore* B, e corrispondentemente nel vettore V, dove inizia ad essere memorizzata la riga k-esima (si veda la Figura B.5 in alto). Più precisamente, gli indici di colonna dei coefficienti non nulli della matrice della riga k-esima saranno memorizzati negli elementi compresi fra B(B(k)) e B(B(k+1))-1 mentre i valori corrispondenti saranno memorizzati nelle posizioni comprese tra V(B(k)) e V(B(k+1))-1. L'elemento B(n+1) ha lo stesso ruolo dell'elemento I(n+1) nel formato *CSR*: punta a una ipotetica riga $n+1$-esima. In questo modo si ha che nz=B(n+1)-1. Il motivo per cui si "sacrifica" l'elemento V(n+1) è ora chiaro: si vuole fare in modo che vi sia corrispondenza esatta fra gli elementi di V e quello di B, a partire dall'elemento $n+2$ fino all'ultimo. La memoria richiesta è di $12 \times (nz+1)$ bytes.

Per la matrice del nostro esempio, la codifica *MSR* è la seguente (l'elemento di V inutilizzato è indicato con $*$)

$B = [14, 16, 20, 23, 27, 33, 37, 41, 47, 51, 54, 58, 60,$

$2, 4, 1, 3, 4, 5, 2, 5, 6, 1, 2, 5, 7, 2, 3, 4, 6, 7, 8, 3, 5, 8, 9, 4, 5, 8, 10,$

$5, 6, 7, 9, 10, 11, 6, 8, 11, 12, 7, 8, 11, 8, 9, 10, 12, 9, 11]$

$V = [101., 105., 110., 115., 121., 127., 132., 138., 144., 149., 154., 158., *,$

$102., 103., 104., 106., 107., 108., 109., 111., 112., 113., 114., 116., 117.,$

$118., 119., 120., 122., 123., 124., 125., 126., 128., 129., 130., 131., 133.,$

$134., 135., 136., 137., 139., 140., 141., 142., 143., 145., 146., 147., 148.,$

$150., 151., 152., 153., 155., 156., 157.]$

con una occupazione di memoria di 708 bytes.

Il formato *MSR* risulta essere molto efficiente per quanto riguarda la memoria occupata. È infatti uno dei formati più "compatti" per matrici sparse e per questo motivo, è utilizzato in alcune librerie di algebra lineare per problemi di grandi dimensioni, come Aztec. Come già detto, ha il difetto di essere utilizzabile solo per matrici quadrate.

Il prodotto matrice-vettore viene codificato come segue

```
y=V(1:n).*x;
for k=1:n
 ik=B(k):B(k+1)-1;
 jcol =B(ik);
 y(k)=y(k)+dot(A(ik),x(jcol));
end
```

Per quanto riguarda l'efficienza computazionale, ha caratteristiche molto simili al formato *CSR*: mentre è semplice accedere a una riga, l'estrazione di una colonna è una operazione più costosa, richiedendo la ricerca dell'indice di colonna nel vettore B. Anche qui il costo di tale estrazione può essere ridotto a essere proporzionale a $n \log_2 m$ se si ordinano le colonne corrispondenti a ciascuna riga e si adotta un algoritmo di ricerca binaria (m è ancora qui il numero medio di colonne per riga).

Presentiamo nel seguito una modifica non standard del formato (estendibile in realtà anche al formato *CSR*), basato su un suo arricchimento con un terzo vettore che consente l'accesso alle colonne in un tempo indipendente dalla dimensione della matrice sparsa e senza richiedere una ricerca di indici (e quindi salti condizionati).

Una modifica non standard del formato *MSR*. La modifica che qui illustriamo è stata adottata nella libreria ad elementi finiti LIFEV ([lif04]) e sfrutta la caratteristica delle matrici ottenute dalla discretizzazione con il metodo degli elementi finiti di avere un pattern simmetrico. Questo significa che, se percorriamo gli elementi extra-diagonali della riga di indice k e troviamo che il coefficiente a_{kl} è presente nel pattern (cioè è non nullo), sarà presente nel pattern anche a_{kl}, che si ottiene percorrendo la riga di indice l. Se la posizione in B (e V) dell'elemento a_{lk} è memorizzata in un vettore "gemello" della porzione di B che va dagli indici desiderata. Chiamiamo tale vettore CB (Column Bind): per estrarre la colonna di indice k dalla matrice basta leggere gli elementi di CB compresi fra le posizioni B(k)-(n+1) e B(k+1)-1-(n+1) (la sottrazione di indice $n+1$ serve solo come *shift* fra gli indici cui punta B in V e quelli cui deve puntare in CB).

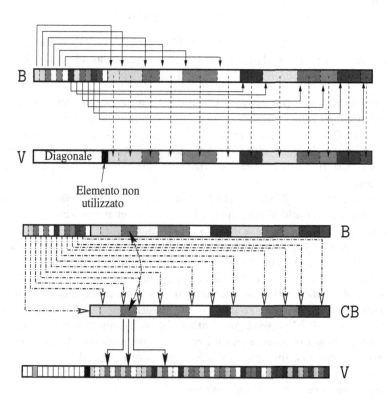

Figura B.5. In alto: il formato MSR. Le prime componenti di B puntano (frecce continue) agli indici di colonna contenuti nella seconda parte del vettore B, a loro volta in corrispondenza con il vettore V (frecce tratteggiate). In basso: il formato *MSR* modificato: il vettore CB viene indirizzato (frecce a tratto e punto) dai primi n elementi di B. A loro volta, gli elementi di CB puntano agli elementi di V appartenenti a una data colonna. Nel disegno, ad esempio, le frecce a tratto continuo indicano in V gli elementi relativi alla terza colonna. I rispettivi indici di riga di tali elementi si trovano nell'area corrispondente della seconda parte del vettore B (freccia curva). Gli elementi della terza colonna sono quindi quelli puntati dalle frecce oltre a quello sulla diagonale (messo in evidenza nella prima parte del vettore V)

Questi elementi puntano alle posizioni di B e V ove si possono trovare, rispettivamente, gli indici di riga corrispondenti e i valori della matrice.

In sostanza, CB è puntato dalle prime posizioni di B e a sua volta punta alle pozioni extra-diagonali di B e V (Figura B.5 in basso). Il sistema di doppio indirizzamento, per quanto laborioso, se ben programmato permette di accedere alle colonne di una matrice sparsa con un costo indipendente da nz e senza richiedere salti condizionati.

La struttura CB per il nostro esempio è la seguente

$$CB = [16, 23, 14, 20, 24, 27, 17, 28, 33, 15, 18, 29, 37, 19, 21, 25, 34, 38, 41,$$
$$22, 30, 42, 47, 26, 31, 43, 51, 32, 35, 40, 48, 52, 54, 36, 44, 55, 58, 39,$$
$$45, 56, 46, 49, 53, 59, 50, 57].$$

Il vettore B ci dice che per estrarre gli elementi, ad esempio, della terza colonna dobbiamo trovare i puntatori agli elementi di colonna nelle posizioni del vettore CB comprese fra B(3)-(n+1)=20-13=7 e B(4)-1-(n+1)=22-13=9 ($n + 1$ è lo shift). In queste posizioni si leggono gli indici 17, 28, 33 corrispondenti alle posizioni in V degli elementi 106.,119.,125., esattamente gli elementi extra-diagonali della terza colonna.

Rispetto al formato *MSR*, questo formato modificato richiede di memorizzare $nz - n$ numeri interi addizionali (pari al numero di elementi extra-diagonali non nulli), l'occupazione di memoria diventa quindi pari a $12 \times (nz + 1) + 4 \times (nz - n)$

Nel caso dell'esempio, si richiedono 892 bytes, in questo caso non troppo distante dalla memoria richiesta per l'equivalente *array* (1152 bytes)!

Tuttavia, se consideriamo dimensioni maggiori i vantaggi del formato sparso emergono immediatamente: con i formati sparsi la memoria richiesta per la memorizzazione di una matrice sparsa cresce linearmente con la dimensione della matrice, al posto della crescita quadratica che si ha con il formato "pieno". Per convincersene, basta provare a rifare i calcoli di occupazione di memoria relativi alla matrice associata a una griglia simile a quella di Figura B.2 a sinistra, aggiungendo una o più righe di elementi e i corrispondenti gradi di libertà. La convenienza di questo formato risulterà allora evidente.

B.3 L'imposizione delle condizioni essenziali

La necessità di memorizzare in modo efficiente matrici sparse deve essere conciliata con la necessità di accedere e manipolare la matrice stessa. Queste operazioni si richiedono soprattutto per l'imposizione di condizioni al bordo di tipo Dirichlet. Infatti in un codice ad elementi finiti la matrice viene tipicamente assemblata ignorando le condizioni al bordo essenziali e quest'ultime vengono poi introdotte modificando il sistema algebrico in modo opportuno. Questo perché l'assemblaggio è un'operazione caratterizzata da diversi cicli all'interno dei quali non è efficiente introdurre eventuali test sulla natura di un grado di libertà (se è di bordo o no) e sul tipo della condizione al bordo associata.

Nel seguito indicheremo con $\tilde{A}$ e $\tilde{b}$ la matrice e il termine noto *prima* della imposizione delle condizioni al bordo essenziali.

B.3.1 Eliminazione dei gradi di libertà essenziali

Il modo più vicino alla teoria per imporre condizioni di Dirichlet consiste nell'eliminare i gradi di libertà corrispondenti ai nodi dove si vuole imporre tali condizioni, in quanto la soluzione è qui nota e non va calcolata.

Detto k_D il generico indice di un nodo di Dirichlet e g_{k_D} il valore (noto) di u_h in tale nodo, l'eliminazione di tale grado di libertà dal sistema significa che

1. le colonne di indice k_D di $\widetilde{A}$ vengono eliminate, correggendo il termine noto. Più precisamente, le righe di indice $k_{nD} \neq k_D$ vengono "ridotte", ossia gli eventuali coefficienti $a_{k_{nD}k_D}$ non nulli vengono posti eguali a zero e il termine noto del sistema viene aggiornato nel modo seguente, $\widetilde{b}_{k_{nD}} = \widetilde{b}_{k_{nD}} - a_{k_{nD}k_D} g_{k_D}$. Quindi le colonne corrispondenti ai nodi di Dirichlet vengono effettivamente *eliminate* da $\widetilde{A}$.

2. le righe di indice k_D della matrice e del termine noto vengono eliminate dal sistema, producendo la matrice quadrata finale A e il termine noto **b** con dimensioni pari al numero dei gradi di libertà effettivi del problema.

L'operazione 1 di fatto coincide con il rilevamento del dato al bordo corrispondente a quello discusso nel Capitolo 2.

Questo modo di procedere ha il vantaggio di ridurre la dimensione del problema al numero effettivo dei gradi di libertà. Il difetto principale di questo approccio è la complessità della sua implementazione pratica. Infatti, mentre per problemi 1D l'ordinamento naturale dei gradi di libertà fa sì che le righe e colonne eventualmente da eliminare siano sempre e solo la prima e l'ultima, per problemi in più dimensioni si tratta di eliminare righe e colonne la cui numerazione può essere arbitraria, operazione non facile da gestire in modo efficiente. Inoltre, questa operazione modifica il pattern della matrice e questo può essere sconveniente se lo si volesse condividere tra più matrici per risparmiare memoria. Per esempio se il problema ha più incognite sulle quali sono da imporre condizioni al bordo diverse. Infine, dato che, normalmente, si vuole avere il valore della soluzione *in tutti i nodi*, occorre memorizzare il vettore che ci permette di ricavare la numerazione originaria degli elementi del vettore "ridotto".

Un'alternativa è quella di introdurre strutture "filtro" (tipicamente dei vettori), dette anche *mask*, che permettano di identificare facilmente i nodi di Dirichlet e la numerazione dei gradi di libertà dopo la loro eliminazione. Con questa tecnica è possibile calcolare il prodotto matrice-vettore sul sistema ridotto (che è l'unica operazione effettivamente richiesta se si usano metodi iterativi per la soluzione del sistema lineare) evitando di costruire fisicamente la matrice ridotta. Il difetto di questo modo di procedere, oltre alla minore efficienza dovuta alla presenza di ulteriori indirizzamenti indiretti, sta nella difficoltà di programmazione e di manutenzione del codice.

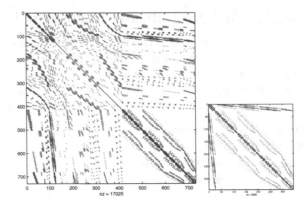

Figura B.6. Eliminazione dei gradi di libertà di Dirichlet in un caso reale; su un cubo 3D. A sinistra la matrice prima dell'imposizione delle condizioni al bordo, a destra dopo

B.3.2 Tecnica di penalizzazione

Un modo che, in un certo senso, sta all'estremo opposto rispetto a quello del paragrafo precedente sulla scala della semplicità di programmazione, ma anche (in negativo) dell'eleganza, è la cosiddetta *penalizzazione*. L'idea di base è quella di aggiungere agli elementi diagonali della matrice $\widetilde{A}$ in corrispondenza alle righe di indice k_D, relative a gradi di libertà di Dirichlet, un termine hv e, corrispondentemente, aggiungere il termine $\mathrm{hv}g_{k_D}$ all'elemento k_D del termine noto.

In questo modo l'equazione relativa alla k_D-esima riga diventa

$$\sum_{j=1}^{N} \widetilde{a}_{k_D j} u_j + \mathrm{hv} u_{k_D} = \widetilde{b}_{k_D} + \mathrm{hv} g_{k_D}.$$

Se il coefficiente hv è sufficientemente grande (hv sta per *high value*), l'effetto di questa perturbazione è quello di far sì che l'equazione sia di fatto una approssimazione di $\mathrm{hv} u_{k_D} = \mathrm{hv} g_{k_D}$, la cui soluzione è ovviamente $u_{k_D} = g_{k_D}$. In questo modo si esegue una imposizione approssimata della condizione voluta, senza modificare la dimensione del problema e il pattern della matrice.

Il vantaggio di questo approccio (che è quello adottato da FreeFem) è la sua semplicità e basso costo: l'unica cosa richiesta è l'accesso agli elementi diagonali della matrice. Gli aspetti negativi risiedono nel fatto che per avere una approssimazione accurata del dato al bordo, il valore hv deve essere davvero molto grande rispetto agli altri coefficienti della matrice (in FreeFem viene posto pari a 10^{30}) e questo determina in generale un (notevole) degrado del condizionamento della matrice del sistema, poiché tale modifica del termine diagonale introduce alcuni autovalori dell'ordine di hv.

B.3.3 Tecnica di "Diagonalizzazione"

Un terzo modo di agire, che non altera il pattern della matrice e non introduce necessariamente un mal condizionamento del sistema, è quello di considerare la condizione di Dirichlet come un'equazione della forma $\alpha u_{k_D} = \alpha g_{k_D}$ da sostituire alla k_D-esima riga del sistema originario, dove $\alpha \neq 0$ è un coefficiente opportuno (spesso posto pari a 1). Per evitare di modificare il pattern della matrice questa sostituzione viene eseguita ponendo a zero gli elementi extra-diagonali della riga, tranne quello diagonale, che viene posto uguale a α. In corrispondenza, il termine noto viene posto pari a αg_{k_D}.

Questa operazione richiede un accesso alle sole righe ed è quindi efficiente per formati tipo *COO*, *CSR* o *MSR* (si veda la Figura B.7 a sinistra). Va osservato che, se si desidera ridurre l'incidenza di questa operazione sul condizionamento della matrice, α va scelto opportunamente, per esempio, sulla base di stime a priori sullo spettro della matrice del tipo di quelle riportate in [QV94], Capitolo 6. Un'altra scelta comune (non necessariamente la più ottimale) è prendere α pari alla somma dei valori assoluti degli elementi della riga di $\widetilde{A}$.

Questo approccio , che abbiamo chiamato di *diagonalizzazione* (che non va inteso nel senso usuale dell'algebra lineare), è senz'altro un buon compromesso fra le esigenze di semplicità di programmazione e quelle di controllo del condizionamento del problema. Il suo principale difetto è che viene persa l'eventuale simmetria della matrice. Se la si vuole mantenere (per esempio per poter utilizzare il Gradiente Coniugato come metodo iterativo di soluzione, o poter eseguire una decomposizione di Cholesky) occorre infatti modificare anche le colonne della matrice e, conseguentemente, il termine noto. Una strategia per fare questo è illustrata nel prossimo paragrafo.

Diagonalizzazione simmetrica. Una volta effettuata la "diagonalizzazione" nel senso specificato nel Paragrafo precedente, si può pensare di modificare la colonna k_D in modo simile a quanto già indicato nel Paragrafo B.3.1 (si veda la Figura B.7 a destra): in sostanza si pongono a zero gli elementi $\tilde{a}_{k_n D k_D}$ della matrice, per tutti i $k_{nD} \neq k_D$, aggiornando il termine noto corrispondente aggiungendovi $-a_{k_n D k_D} g_{k_D}$. La differenza sostanziale con quanto visto nel Paragrafo B.3.1 è che, invece di eliminare le colonne dal sistema in corrispondenza ai nodi di Dirichlet, ci limitiamo ad azzerarne i coefficienti non diagonali.

Questa tecnica (adottata in `LifeV`) consente un ottimo compromesso tra le esigenze di semplicità di programmazione e quelle matematiche di stabilità del sistema algebrico. Ha il difetto di richiedere un accesso agevole anche alle colonne della matrice, per poter eseguire l'annullamento dei coefficienti. Quindi può essere conveniente l'utilizzo di formati, quali il *MSR* modificato, che permettono un accesso efficiente anche alle colonne.

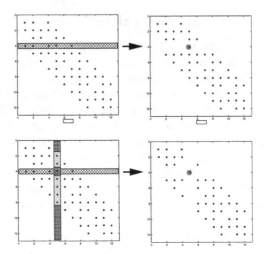

Figura B.7. Schematizzazione del trattamento di condizioni essenziali (ad esempio sulla riga 4 della matrice dell'esempio) mediante diagonalizzazione: versione base (sopra) e simmetrica (sotto). Nella versione simmetrica, il vettore colonna di coefficienti (escluso quello sulla diagonale principale) viene usato per aggiornare il termine noto

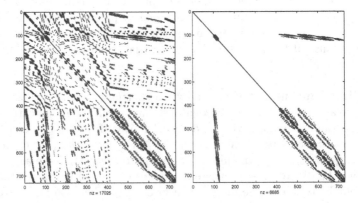

Figura B.8. Effetti della diagonalizzazione simmetrica su un caso reale di una griglia 3D: a sinistra prima dell'imposizione delle condizioni al bordo, a destra dopo

B.3.4 Condizioni essenziali in un problema vettoriale

Nel caso di problemi vettoriali può capitare di dover imporre condizioni essenziali non su una componente del vettore di incognite, ma su una combinazione lineare di componenti. Per esempio, supponiamo che in un problema di Navier-Stokes si voglia imporre alla velocità una condizione del tipo $\mathbf{u}^T \mathbf{n} = g$ sul bordo Γ_D, dove $\mathbf{n}$ è il vettore normale . Tale condizione coinvolge una combinazione lineare delle componenti di $\mathbf{u}$: in 2D si esprime come $u_x n_x + u_y n_y = g$. Se la normale al bordo è allineata con uno degli assi coordinati allora ricadiamo nel caso in cui la condizione è prescritta su una sola componente. Per esempio, se $\mathbf{n} = [1, 0]^T$ allora avremo una condizione essenziale sulla prima componente: $u_x = g$. In generale, però, $\mathbf{n}$ è un vettore qualunque. Vediamo come si possa impostare operativamente la prescrizione di questa condizione su un solo nodo di bordo che preveda questa condizione. Se essa è applicata a più nodi del problema discreto (come succede normalmente), le operazioni che illustreremo dovranno essere ripetute per ciascun nodo.

Supponiamo che $\mathbf{U} \in \mathbb{R}^{N_h}$ contenga tutte le incognite del nostro problema discretizzato (quindi, in particolare, tutte le componenti delle incognite vettoriali), comprese quelle relative ai gradi di libertà dove si vuole imporre la condizione al bordo. Considereremo il caso in cui la condizione che si voglia imporre possa essere scritta nella forma

$$\mathbf{N}^T \mathbf{U} = g, \qquad (B.7)$$

dove $\mathbf{N} \in \mathbb{R}^{N_h}$. Riprendendo l'esempio precedente, se si volesse imporre $\mathbf{u}_i^T \mathbf{n} = g$ il vettore $\mathbf{N}$ avrebbe tutte le componenti nulle, tranne quelle corrispondenti alla posizione nel vettore $\mathbf{U}$ delle componenti $u_{i,x}$ e $u_{i,y}$ della velocità al nodo i, dove varrebbe rispettivamente n_x e n_y (essendo le normali valutate nel nodo dove si vuole imporre la condizione).

Per semplicità (e senza perdita di generalità) supporremo che $\mathbf{N}$ sia unitario, quindi $\mathbf{N}^T \mathbf{N} = 1$. Useremo nel seguito la matrice

$$Z = \mathbf{N}\mathbf{N}^T \in \mathbb{R}^{N_h \times N_h},$$

di componenti $Z_{ij} = N_i N_j$, che gode delle proprietà seguenti[10]:

1. è simmetrica;

2. ha *rango unitario*, cioè l'insieme dei vettori di $\mathbf{v} \in \mathbb{R}^{N_h}$ per cui $Z\mathbf{v} \neq \mathbf{0}$ formano uno spazio vettoriale di dimensione uno. Infatti, $Z\mathbf{v}$ è la proiezione ortogonale di $\mathbf{v}$ lungo la direzione definita da $\mathbf{N}$ essendo, per definizione, $Z\mathbf{v} = (\mathbf{N}^T\mathbf{v})\mathbf{N}$. Conseguentemente, $Z\mathbf{v} = \mathbf{0}$ per tutti i vettori $\mathbf{v}$ ortogonali a $\mathbf{N}$, cioè tali che $\mathbf{N}^T\mathbf{v} = 0$.

Siano ora $\widetilde{A}$ e $\widetilde{\mathbf{b}}$ la matrice e il termine noto del nostro problema prima della imposizione della condizione al bordo (B.7). Per imporre quest'ultima, si può utilizzare il metodo dei moltiplicatori di Lagrange. Esso corrisponde ad aggiungere una ulteriore incognita λ e risolvere il problema aumentato

$$\begin{cases} \widetilde{A}\mathbf{U} + \lambda\mathbf{N} = \widetilde{\mathbf{b}}, \\ \mathbf{N}^T\mathbf{U} = g. \end{cases} \qquad (B.8)$$

---

[10] In pratica, non è necessario costruire esplicitamente questa matrice, cosi come il vettore $\mathbf{N}$. Si tratta però di strumenti algebrici che ci permettono di descrivere la metodologia in modo sintetico e preciso.

Tale sistema ha una incognita in più, ma con una serie di manipolazioni algebriche è possibile eliminare λ dal sistema e riportarsi ad un sistema solo nella $\mathbf{U}$, della forma $A\mathbf{U} = \mathbf{b}$, dove

$$A = \tilde{A} - Z\tilde{A} + Z\tilde{A}Z, \quad \mathbf{b} = \tilde{\mathbf{b}} - Z\tilde{\mathbf{b}} + g Z\tilde{A}\mathbf{N}. \tag{B.9}$$

Inoltre, si può dimostrare che il sistema può essere ulteriormente semplificato nella forma

$$\left[\tilde{A} - Z\tilde{A} + \alpha Z \right] \mathbf{U} = \tilde{\mathbf{b}} - Z\tilde{\mathbf{b}} + g\alpha\mathbf{N}. \tag{B.10}$$

dove il parametro α può essere scelto opportunamente per non mal condizionare il sistema (anche se spesso in pratica viene scelto $\alpha = 1$).

Va osservato che, per come sono costruiti la matrice e il termine noto in (B.10), l'operazione $\tilde{A} - Z\tilde{A}$ non è altro che la generalizzazione dell'azzeramento della riga visto nel Paragrafo B.3.3. L'aggiunta successiva del termine αZ è la generalizzazione dell'inserimento del termine diagonale α, che nel caso di combinazione lineare (non banale) di incognite comporta una modifica nel pattern originale.

Analogamente, le operazioni effettuate al termine noto corrispondono a rimpiazzare la componente lungo $\mathbf{N}$ del termine noto originario con il termine $g\alpha\mathbf{N}$. In effetti si può verificare facilmente che se le componenti di $\mathbf{N}$ sono tutte nulle tranne $N_i = 1$ il procedimento corrisponde *esattamente* a mettere a zero tutti i termini della riga i-esima, tranne il termine diagonale, e a modificare il termine noto in linea con quanto visto nel Paragrafo B.3.3.

Questa procedura presenta due difetti. Il primo è ineliminabile e consiste nel fatto che la matrice A ha, in generale, un pattern diverso della matrice $\tilde{A}$. In generale, la condizione al bordo (B.7) vincola delle componenti della soluzione che non sono legate nel sistema "non vincolato". Abbiamo visto che la maggior parte dei formati per griglie sparse non è efficiente per quanto riguarda la modifica dinamica del pattern (a parte il formato COO, che però è meno efficiente per altre operazioni). Una possibilità di aggirare il problema è tenere conto delle condizioni al contorno di questo tipo già in una fase preliminare di identificazione del pattern della matrice.

Il secondo problema è legato al fatto che la matrice A definita in (B.9), così come quella del sistema in (B.10), non è in generale simmetrica, anche se $\tilde{A}$ lo è. Infatti le operazioni fatte fin'ora corrispondono ad operare solo sulle righe della matrice. Si rende necessaria dunque anche una generalizzazione dell'operazione di "diagonalizzazione simmetrica", che non approfondiamo ulteriormente per ragioni di spazio.

Una ultima osservazione pratica si riferisce al fatto che se si adottano metodi iterativi di risoluzione del sistema lineare non c'è la necessità di costruire esplicitamente la matrice A, ma si può usare direttamente la loro definizione in funzione di $\tilde{A}$ e $\mathbf{N}$. Quello che serve è implementare efficientemente i prodotti $\mathbf{N}^T\mathbf{v}$ e $Z\mathbf{v}$, per un vettore $\mathbf{v}$ dato.

C

Chi e quando

In questo libro vengono continuamente citati nomi di spazi, disuguaglianze, proprietà riferite a ricercatori dei vari settori della matematica. Può essere interessante inquadrare storicamente queste persone in modo da avere un'idea, seppur superficiale, del progresso delle scienze matematiche negli ultimi secoli. Per questo motivo abbiamo deciso di raccogliere in queste ultime pagine indicazioni biografiche di alcuni dei ricercatori maggiormente citati nel testo.

Stefan Banach, 1892-1945. Nato a Cracovia seguì studi di carattere ingegneristico. Ottenne nel 1920 un posto di assistente all'Università di Lvov grazie alla sua dissertazione "On Operations on Abstract Sets and their Application to Integral Equations" con la quale si ritiene sia iniziata l'Analisi Funzionale. Nel 1924 divenne professore in matematica grazie ai suoi contributi sulla teoria della misura. Nel successivo decennio diede contributi fondamentali nell'ambito della teoria dell'integrazione, della misura, degli spazi vettoriali. Introdusse e caratterizzò il concetto di spazio lineare normato e completo, oggi chiamato in suo onore spazio di Banach. Morì il 31 agosto del 1945 a Lvov in Ucraina.

Augustin Louis Cauchy, 1789-1857. Nato pochi giorni dopo lo scoppio della Rivoluzione Francese ebbe la fortuna di venire incoraggiato nell'ambito degli studi matematici da Lagrange in persona che era un amico di famiglia. Divenuto ingegnere civile si occupò del progetto della flotta con cui Napoleone avrebbe voluto invadere l'Inghiterra e ricoprì diverse incarichi in varie istituzioni come il Collegio di Francia e l'École Polytechnique. Dal 1813 si occupa a tempo pieno di ricerche matematiche divenendo uno dei pionieri dell'Analisi Matematica. Tra i suoi numerosi contributi, raccolti in ben 789 articoli, ricordiamo solo quelli relativi ai concetti di limite e di integrale, alla teoria delle funzioni complesse ed alla convergenza delle serie infinite.

Richard Courant, 1888-1972. Nato a Lublino in Germania, di famiglia ebrea, ottenne il dottorato nel 1910 a Gottinga, divenendo al contempo assistente di Hilbert. La I guerra mondiale segnò per Courant una stasi nella sua attività scientifica. Nel 1922 Courant pubblicò un primo volume di analisi funzionale, basato anche sulle lezioni di Hurwitz, morto nel 1919. Nel 1924 pubblicò assieme a Hilbert un importante testo di Fisica Matematica. Nel 1925 pose mano ad un secondo volume, mentre l'Istituto di Matematica da lui fondato a Gottinga qualche anno prima prendeva forma. L'avvento al potere di Hitler modificò i suoi progetti obbligandolo ad abbandonare la Germania per gli Stati Uniti dove, dal 1935, ebbe una posizione permanente a New York, fondando poi un istituto di Matematica sul modello di quello di Gottinga. Certamente uno dei principali contributi di Courant risiede nel metodo degli elementi finiti che già appare in forma embrionale nel libro del 1922 ed in una nota del 1924. Facciamo notare che il nome, elementi finiti, non si deve a Courant, ma apparve solo nel 1960.

John Crank, 1916-. Nato a Hindley in Inghilterra, dopo i suoi studi all'università di Manchester dal 1934 al 1938, divenne un fisico matematico del Courtaulds Fundamental Research Laboratory dal 1945 al 1957, fu quindi professore in Matematica alla Brunel University dal 1958 al 1981. Il suo contributo principale è da individuarsi nella risoluzione numerica di problemi di conduzione termica, studi condotti in collaborazione con Phyllis Nicolson che portarono al metodo detto di Crank-Nicolson.

Johann Peter Gustav Lejeune Dirichlet, 1805-1859. Nato a Düren in Germania, ma all'epoca sotto l'impero napoleonico, completò i suoi studi universitari a Parigi dimostrando fin da giovane una particolare propensione verso la Matematica. Il suo primo lavoro gli diede immediatamente la fama in quanto legato al famoso teorema di Fermat. Nel 1825 decise di ritornare in Germania dove ricevette il dottorato ad honorem dall'università di Colonia e l'abilitazione all'insegnamento presso l'Università di Breslau dove non restò però a lungo ed iniziò un lungo peregrinare che lo porterà a Berlino e poi, per un certo periodo, in Italia. I suoi contributi alla matematica sono considerevoli. In particolare, ricordiamo che la teoria analitica dei numeri e la teoria relativa alla serie di Fourier hanno origine dai suoi lavori. Un suo lavoro sul problema di Laplace relativo alla stabilità del sistema solare lo condusse al problema che da lui ha preso il nome.

Leonhard Euler, 1707-1783. Nato a Basilea in Svizzera, iniziò gli studi in Teologia nel 1723. Pur restando per tutta la vita un fervente luterano, non si entusiasmò per tali studi ed ottenne quasi immediatamente, dietro suggerimento del matematico Johann Bernoulli, amico del padre, il consenso a studiare Matematica. Da questa decisione nacque uno dei più prolifici matematici di tutti i tempi. È difficile in poche righe ricordare tutti i suoi contributi, basti pensare che la semplice notazione $f(x)$ per una funzione è legata a lui (1734) o l'uso della lettera e per la base dei logaritmi naturali. I suoi contributi spaziano dalla geometria analitica moderna (fu il primo a considerare seni e coseni come funzioni e non come semplici corde così come detto da Tolomeo) al calcolo differenziale, dalla meccanica del continuo a problemi gravitazionali. In particolare, è ritenuto il fondatore della Meccanica Analitica grazie al trattato *Teoria del Moto dei Corpi Rigidi* del 1765. Da un punto di vista accademico, dal 1727 prestò servizio presso l'Accademia delle Scienze di San Pietroburgo, dove divenne professore di Fisica nel 1730 e dove restò sino alla morte. La sua produzione scientifica fu così vasta che l'Accademia di San Pietroburgo continuò a pubblicare articoli col suo nome per cinquant'anni dopo la sua morte.

Alessandro Faedo, 1913-2000. Nato a Chiampo (Vicenza) nel 1913, si laureò in Matematica a Pisa dove ottenne la cattedra di Analisi Matematica presso la Scuola Normale Superiore. Faedo è noto in particolare per lo studio approfondito del metodo di Galerkin, altrimenti noto come metodo di Faedo-Galerkin. Una sua grande intuizione fu quella di capire già negli anni '50 il profondo impatto che i calcolatori avrebbero avuto nella ricerca e nella vita in generale. Per questo promosse la creazione del Centro Studi Calcolatrici Elettroniche che progettò e costruì il primo calcolatore italiano e, più tardi, insieme a IBM fondò il CNUCE per rispondere alle crescenti esigenze poste dalle Scienze dell'Informazione. Fu tra i promotori del primo corso universitario in Informatica in Italia, presso l'Università di Pisa.

Maurice Fréchet, 1878-1973. Nato nel 1878 a Maligny in Francia, fu un allievo di Hadamard e scrisse nel 1906 un'importante dissertazione nella quale introdusse il concetto di spazio metrico (tale denominazione è però dovuta a Hausdorff) e formulò la teoria astratta della compattezza. Fu professore di Meccanica all'Università di Poitiers (1910-1919) e successivamente professore di Analisi all'Università di Strasburgo (1920-1927) per poi trasferirsi all'Università di Parigi. Fréchet diede importanti contributi nell'ambito della statistica, della probabilità e dell'analisi, anche se i suoi principali contributi sono da ricercarsi nell'ambtio della topologia e della teoria degli spazi astratti.

Kurt Otto Friedrichs, 1901-1982. Nato nel 1901 a Kiel in Germania, divenne assistente di Courant a Gottinga. e poi professore a Braunschweig nel 1932. Il suo principale campo di ricerca furono le equazioni alle derivate parziali nell'ambito della fisica matematica ed in particolare nell'ambito della fluidodinamica. Eglì usò il metodo delle differenze finite per provare esistenza delle soluzioni. Costretto ad abbandonare la Germania, emigrò negli Stati Uniti nel 1937, ritrovandosi con Courant che era emigrato in precedenza.

Bòris Grigorievich Galerkin, 1871-1945. Nacque a Polotsok in Bielorussia da una famiglia molto povera. Per questo motivo solo con grandi sacrifici potè intraprendere e continuare i suoi studi. In particolare, frequentò il Politecnico di San Pietroburgo prima lavorando come tutore privato e poi come disegnatore. Laureatosi nel 1899, lavorò come ingegnere per diverse compagnie per le quali curò la costruzione di impianti in tutta Europa. Dal 1914 si spostò sul versante accademico. Nel 1915 pubblicò il primo scritto su quello che è oggi universalmente noto come il *metodo di Galerkin.* Nel 1920 diventò Direttore del Dipartimento di Meccanica Strutturale presso il Politecnico di San Pietroburgo e nel frattempo docente di elasticità per l'Istituto di Ingegneria delle (Tele)Comunicazioni e di Meccanica Strutturale presso l'Università di san Pietroburgo. Nel 1921 la Società di Matematica di San Pietroburgo riprese le sue attività, interrotte con la rivoluzione d'Ottobre, e Galerkin ebbe un ruolo di primo piano assieme, tra gli altri, a Steklov e Bernstein. Egli è tuttora famoso anche per le sue ricerche sulle piastre sottili, sulle quali pubblicò una monografia nel 1937. Dal 1940 fino alla sua morte Galerkin fu direttore dell'Istituto di Meccanica dell'Accademia delle Scienze Sovietica.

George Green, 1793-1841. Nato a Sneinton in Inghilterra, a lui si deve una sistematizzazione matematica della teoria dell'elasticità nei solidi. Il suo lavoro principale è il trattato *On the Application of Mathematical Analysis to the Theories of Electricity and Magnetism* (1828) che contiene il cosiddetto teorema di Green (un caso speciale del teorema di Gauss nel piano), scoperto in contemporanea in Russia da Ostrogradski. Green fu il primo a riconoscere l'importanza della funzione potenziale in un articolo del 1828. Introdussse la funzione che porta il suo nome come mezzo per risolvere i problemi ai valori al contorno. Si occupò inoltre della propagazione della luce e delle onde sonore.

Thomas Hakon Grönwall, 1877-1932. Nato a Dylta in Svezia, divenuto ingegnere civile esercitò in Germania dal 1902 al 1903, per immigrare negli Stati Uniti dove lavorò presso diverse compagnie. Dal 1913 iniziò la sua attività presso la Princeton University in ambito matematico, ottenendo brillanti risultati ed oscillando sempre fra matematica pura ed applicata. Dal 1925 divenne membro del Dipartimento di Fisica della Columbia University a New York. I suoi contributi si situano nell'analisi classica (serie di Fourier, fenomeni di Gibbs, serie di Laplace e di Legendre), nell'ambito delle equazioni integro-differenziali, nella teoria analitica dei numeri, nella fisica matematica, nella fisica atomica e nella chimica. Il suo nome oggi è particolarmente legato alla ben nota disuguaglianza (il lemma di Grönwall) che formulò nel 1919.

David Hilbert, 1862-1943. Nato a Königsberg in Prussia, fu studente di dottorato con Minkowski all'università della sua città natale. Vi divenne professore nel 1893, per poi ottenere la cattedra di Matematica a Gottinga nel 1895. Fu uno dei principali matematici di tutti i tempi. Nella sua opera *Foundations of Geometry* (1899) fu il primo a fornire un insieme rigoroso di assiomi geometrici, dimostrando che il sistema da lui proposto fosse autoconsistente. I suoi principali contributi sono da ricercare nella teoria dei numeri, nella logica matematica, nelle equazioni differenziali e nel problema dei tre corpi. Famoso è il suo intervento al Congresso Internazionale di Parigi del 1900: Hilbert propose allora 23 problemi irrisolti in matematica cui i matematici del ventunesimo secolo avrebbero dovuto dedicare i loro studi. Questi problemi sono oggi noti come i problemi di Hilbert ed alcuni di essi restano a tutt'oggi irrisolti.

Peter D. Lax, 1926-. Peter David Lax è uno dei maggiori matematici viventi nell'area della Matematica pura ed applicata. Ha dato importanti contributi ai sistemi integrabili, alla fluidodinamica ed alle onde d'urto, alle leggi di conservazione di tipo iperbolico, al calcolo scientifico ed all'analisi numerica. Ha passato gran parte della sua vita professionale presso il Dipartimento di Matematica del Courant Institute of Mathematical Sciences alla New York University. È membro della National Academy of Sciences degli USA. Ha vinto la National Medal of Science nel 1986, il Wolf Prize nel 1987 ed il prestigioso Abel Prize nel 2005.

Henri Lèon Lebesgue, nato il 28 giugno 1875 a Beauvais e morto il 26 luglio 1941 a Parigi, Lebesgue formulò la teoria della misura nel 1901 e successivamente generalizzò la teoria dell'integrazione secondo Riemann. A parte questo, i suoi principali contributi sono nelle aree della topologia e dell'analisi di Fourier ed alla risoluzione di problemi applicativi.

Hans Lewy, 1904-1988. Nato a Breslau, in Germania, ottenne il dottorato a Gottinga con Richard Courant nel 1926, dove continuò a lavorare per i sei anni successivi. In quegli anni ottenne con Courant e Friedric considerevoli risultati da un punto di vista matematico sulla stabilità numerica di certe classi di equazioni differenziali. In seguito pubblicò una serie di lavori fondamentali sul calcolo delle variazioni e sulle equazioni alle derivate parziali, risolvendo completamente il problema ai valori iniziali per equazioni iperboliche non lineari in due variabili indipendenti. Costretto nel 1930 ad abbandonare la Germania, emigrò negli Stati Uniti trovando lavoro prima alla Brown University e poi a Berkeley, dove restò sino al 1972.

Claude-Louis Navier, 1785-1836. Nato a Digione e rimasto orfano di padre in giovane età, fu cresciuto dallo zio materno Emiland Gauthey, uno dei più importanti ingegneri civili di Francia. Il giovane Claude-Louis fu così spinto a entrare nella École Polytechnique. Qui ebbe come docente Fourier che divenne anche suo amico. Nel 1804 Navier entrò all'École des Ponts et Chaussées, dove si laureò brillantemente due anni dopo. Pochi anni dopo sostituì lo zio, scomparso nel frattempo, nel Corps des Ponts et Chaussés. Nel 1819 iniziò l'insegnamento di Meccanica Applicata alla École des Ponts et Chaussées. Successivamente sostituì Cauchy come professore alla École Polytechnique. Divenne assai famoso come specialista nella costruzione di strade e ponti; fu ad esempio l'iniziatore della teoria relativa ai ponti sospesi, fino ad allora costruiti solo sulla base di considerazioni empiriche. Il suo nome è tuttavia legato alle equazioni per i fluidi viscosi, proposte nel 1822. Fra i molti onori ricevuti, il più importante fu l'elezione alla Accademia delle Scienze di Parigi nel 1824. Divenne poi Cavaliere della Legion d'Onore nel 1831.

Phyllis Nicolson, 1917-1968. Nata a Macclesfield in Inghilterra, ricevette il Dottorato presso la Manchester University. Divenne ricercatrice presso il Girton College di Cambridge nel 1946 e, dopo la morte del marito in un incidente ferroviario, docente in Fisica presso la Leeds University. È nota per le ricerche svolte in collaborazione con John Crank sulla soluzione dell'equazione del calore.

Henri Poincaré, 1854-1912. Nato a Nancy, dopo una infanzia caratterizzata da problemi muscolari e dalla difterite, Henri entrò nel Lycée di Nancy nel 1862 dove restò per undici anni distinguendosi come uno dei migliori studenti in tutte le discipline. Nel 1873 entrò alla École Polytechnique, laureandosi nel 1875. Dopo la Laurea continuò i suoi studi presso l'École des Mines e in seguito passò un periodo come ingegnere minerario a Vesoul. Divenne poi studente di Dottorato in Matematica sotto la direzione di Charles Hermite. Immediatamente dopo il conseguimento del titolo, iniziò a insegnare Analisi Matematica presso l'Università di Caen. Dopo due anni gli venne offerto il posto presso la Facoltà di Scienze di Parigi (1881). Nel 1886 gli venne assegnata la cattedra di Fisica Matematica e Probabilità alla Sorbona. Successivamente gli venne assegnata anche la cattedra all'École Polytechnique, ove tenne corsi toccando argomenti diversi ogni anno, ottica, fluidodinamica, astronomia, probabilità. Mantenne questo ruolo fino alla sua morte, avvenuta all'età di 58 anni.

George Gabriel Stokes, 1819-1903. Nato a Skreen in Irlanda, ricevette la sua educazione dapprima a Dublino, poi in Inghilterra, studiando matematica a Bristol. Successivamente entrò al Pembroke College di Cambridge, ove il suo insegnante, William Hopkins, lo indirizzò allo studio dell'idrodinamica. Negli anni dal 1842 al 1845 Stokes pubblicò i lavori sull'attrito interno dei fluidi. All'epoca i lavori dei matematici europei non erano molto noti in Inghilterra. Stokes riconobbe che alcune delle sue idee erano già contenute in altri lavori (Navier in particolare), ma ritenne che l'originalità del suo approccio meritasse la pubblicazione. Nel 1849 gli venne offerta la Cattedra Lucasiana in Matematica a Cambridge. Nel 1851 venne eletto alla Royal Society, di cui divenne segretario nel 1853. In quegli anni, Stokes si occupò di molti temi, spaziando dalla idrodinamica (moto di un pendolo in un fluido) alla fluorescenza, alla teoria sulle linee di Fraunhhofer nello spettro solare. Dal 1857 in poi si dedicò più a lavori di carattere sperimentale che teorico.

Sergei Lvovich Sobolev, 1908-1989. Nato a San Pietroburgo, è una delle personalità principali nell'ambito dell'Analisi Matematica moderna. I suoi studi sugli spazi che da lui prendono il nome, introdotti nel 1930, diedero immediatamente origine ad una nuova area di ricerca nell'analisi funzionale. A lui si deve il concetto di funzione generalizzata (la distribuzione), la formulazione variazionale moderna dei problemi ellittici, studi sulle quadrature numeriche in più dimensioni, nonché la determinazione di numerose disuguaglianze tra norme di spazi funzionali, fondamentali per gli sviluppi successivi. A soli 31 anni entrò come membro effettivo dell'Accademia delle Scienze dell'Unione Sovietica. Si interessò anche della risoluzione di complessi problemi della fisica matematica di interesse applicativo. La sua pubblicazione più famosa è *Applications of functional analysis in mathematical physics* del 1962.

Riferimenti bibliografici

[AC97]   Avgoustiniatos E. and Colton C. (1997) Effect of external oxygen mass transfer resistances on viability of immunoisolated tissue. *Ann. NY Acad. Sci* 831: 145–167.

[BBG⁺01] Balay S., Buschelman K., Gropp W., Kaushik D., Knepley M., McInnes L. C., Smith B., and Zhang H. (2001) PETSc Web page. http://www.mcs.anl.gov/petsc.

[BC84]   Baiocchi C. and Capelo A. (1984) *Variational and Quasivariational Inequalities*. A Wiley-Interscience Publication. John Wiley & Sons Inc., New York. Applications to free boundary problems.

[BF91]   Brezzi F. and Fortin M. (1991) *Mixed and Hybrid Finite Element Methods*, volume 15 of *Springer Series in Computational Mathematics*. Springer-Verlag, New York.

[BS02]   Brenner S. C. and Scott L. R. (2002) *The Mathematical Theory of Finite Element Methods*, volume 15 of *Texts in Applied Mathematics*. Springer-Verlag, New York, second edition.

[CHQZ88] Canuto C., Hussaini M., Quarteroni A., and Zang T. (1988) *Spectral Methods in Fluid Dynamics*. Springer Series in Computational Physics. Springer-Verlag, New York.

[Cia78] Ciarlet P. (1978) *The Finite Element Method for Elliptic Problems*. North-Holland Publishing Co., Amsterdam. Studies in Mathematics and its Applications, Vol. 4.

[DD97]   Davis T. and Duff I. (1997) An unsymmetric-pattern multifrontal method for sparse LU factorization. *SIAM J. Matrix Analysis and Applications* 19(1): 140–158.

[DGL92] Duff I., Grimes R., and Lewis J. (October 1992) Users guide for the harwell-boeing sparse matrix collection. Technical Report TR/PA/92/86, CERFACS.

[EG04]   Ern A. and Guermond J.-L. (2004) *Theory and Practice of Finite Elements*, volume 159 of *Applied Mathematical Sciences*. Springer-Verlag, New York.

[Eva98] Evans L. (1998) *Partial Differential Equations*, volume 19 of *Graduate Studies in Mathematics*. American Mathematical Society, Providence, RI.

[FG00]   Frey P. and George P.-L. (2000) *Mesh Generation*. Hermes Science Publishing, Oxford. Application to finite elements, Translated from the 1999 French original by the authors.

388   Riferimenti bibliografici

[FP99]   Ferziger J. and Perić M. (1999) *Computational Methods for Fluid Dynamics.* Springer-Verlag, Berlin, revised edition.
[Gil94]   Gilardi G. (1994) *Analisi III.* McGraw-Hill Italia.
[Her04]   Heroux M. (Luglio 2004) Aztecoo user guids. Sandia Laboratory Report N. SAND2004-3796. http://software.sandia.gov/trilinos/.
[HVZ05]   Hamacher C., Vranesic Z., and Zaky S. (2005) *Introduzione allâĂŹArchitettura dei Calcolatori.* McGraw-Hill Italia.
[Joh87]   Johnson C. (1987) *Numerical Solution of Partial Differential Equations by the Finite Element Method.* Cambridge University Press, Cambridge.
[Lad63]   Ladyzhenskaya O. A. (1963) *The Mathematical Theory of Viscous Incompressible Flow.* Revised English edition. Translated from the Russian by Richard A. Silverman. Gordon and Breach Science Publishers, New York.
[LeV90]   LeVeque R. (1990) *Numerical Methods for Conservation Laws.* Lectures in Mathematics ETH Zürich. Birkhäuser Verlag, Basel.
[LeV02]   LeVeque R. (2002) *Finite Volume Methods for Hyperbolic Problems.* Cambridge Texts in Applied Mathematics. Cambridge University Press, Cambridge.
[lif04]   (2004) Lifev user on-line manual. http://www.lifev.org.
[Pro94]   Prouse G. (1994) *Equazioni Differenziali alle Derivate Parziali.* Masson, Milano.
[Pro97]   Prohl A. (1997) *Projection and Quasi-Compressibility Methods for Solving the Incompressible Navier-Stokes Equations.* Advances in Numerical Mathematics. B. G. Teubner, Stuttgart.
[PS02]   Pagani C. and Salsa S. (2002) *Analisi Matematica*, volume 2. Zanichelli, Bologna.
[QF04]   Quarteroni A. and Formaggia L. (2004) Mathematical modelling and numerical simulation of the cardiovascular system. In Ayache N. (ed) *Computational Models for the Human Body*, Handbook of Numerical Analysis (P.G Ciarlet Ed.), pages 3–129. Elsevier, Amsterdam.
[QSS00a]   Quarteroni A., Sacco R., and Saleri F. (2000) *Matematica Numerica.* Springer-Verlag Italia, Milano, seconda edizione.
[QSS00b]   Quarteroni A., Sacco R., and Saleri F. (2000) *Numerical Mathematics*, volume 37 of *Texts in Applied Mathematics.* Springer-Verlag, New York.
[Qua93]   Quartapelle L. (1993) *Numerical solution of the incompressible Navier-Stokes equations*, volume 113 of *International Series of Numerical Mathematics.* Birkhäuser Verlag, Basel.
[Qua03]   Quarteroni A. (2003) *Modellistica Numerica per Problemi Differenziali.* Springer-Verlag Italia, Milano, seconda edizione.
[QV94]   Quarteroni A. and Valli A. (1994) *Numerical Approximation of Partial Differential Equations*, volume 23 of *Springer Series in Computational Mathematics.* Springer-Verlag, Berlin.
[RR04]   Renardy M. and Rogers R. (2004) *An Introduction to Partial Differential Equations*, volume 13 of *Texts in Applied Mathematics.* Springer-Verlag, New York, second edition.
[Saa90]   Saad Y. (1990) SPARSKIT: A basic tool kit for sparse matrix computations. Technical Report RIACS-90-20, Research Institute for Advanced Computer Science, NASA Ames Research Center, Moffett Field, CA. http://www-users.cs.umn.edu/ saad/software/SPARSKIT/sparskit.html.

[Saa03]   Saad Y. (2003) *Iterative Methods for Sparse Linear Systems*. Society for Industrial and Applied Mathematics, Philadelphia, PA, second edition.

[Sal04]   Salsa S. (2004) *Equazioni a Derivate Parziali: Metodi, Modelli e Applicazioni*. Springer-Verlag Italia, Milano.

[Sed99]   Sedgewick R. (1999) *Algoritmhs in C++. Parts 1-4 Fundamentals, Data Structure, Sorting, Searching*. Addison wesley, 3 edition.

[Sel84]   Selberherr S. (1984) *Analysis and Simulation of Semiconductor Devices*. Springer-Verlag, Wien New York.

[Slo73]   Slotboom J. (1973) Computer-aided two dimensional analysis of bipolar transistor. *IEEE Trans. Electron Devices* ED-20: 669–673.

[Sto48]   Stommel H. (1948) The westward intensification of wind-driven ocean currents. *Trans. Amer. Geophys. Union* 29(202).

[Str81]   Strang G. (1981) *Algebra Lineare e sue Applicazioni*. Matematica e Fisica. Liguori Editore, Napoli, seconda edizione.

[Str04]   Strikwerda J. (2004) *Finite Difference Schemes and Partial Differential Equations*. Society for Industrial and Applied Mathematics (SIAM), Philadelphia, PA, second edition.

[Tem95]   Temam R. (1995) *Navier-Stokes Equations and Nonlinear Functional Analysis*, volume 66 of *CBMS-NSF Regional Conference Series in Applied Mathematics*. Society for Industrial and Applied Mathematics (SIAM), Philadelphia, PA, second edition.

[Tur99]   Turek S. (1999) *Efficient Solvers for Incompressible Flow Problems*, volume 6 of *Lecture Notes in Computational Science and Engineering*. Springer-Verlag, Berlin. An algorithmic and computational approach.

Indice analitico

Springer - Collana Unitext

a cura di

Franco Brezzi
Ciro Ciliberto
Bruno Codenotti
Mario Pulvirenti
Alfio Quarteroni

Volumi pubblicati

A. Bernasconi, B. Codenotti
Introduzione alla complessità computazionale
1998, X+260 pp, ISBN 88-470-0020-3

A. Bernasconi, B. Codenotti, G. Resta
Metodi matematici in complessità computazionale
1999, X+364 pp, ISBN 88-470-0060-2

E. Salinelli, F. Tomarelli
Modelli dinamici discreti
2002, XII+354 pp, ISBN 88-470-0187-0

A. Quarteroni
Modellistica numerica per problemi differenziali (2a Ed.)
2003, XII+334 pp, ISBN 88-470-0203-6
(1a edizione 2000, ISBN 88-470-0108-0)

S. Bosch
Algebra
2003, VIII+380 pp, ISBN 88-470-0221-4

C. Canuto, A. Tabacco
Analisi Matematica I
2003, X+376 pp, ISBN 88-470-0220-6

S. Graffi, M. Degli Esposti
Fisica matematica discreta
2003, X+248 pp, ISBN 88-470-0212-5

S. Margarita, E. Salinelli
MultiMath - Matematica Multimediale per l'Università
2004, XX+270 pp, ISBN 88-470-0228-1

A. Quarteroni, R. Sacco, F. Saleri
Matematica numerica (2a Ed.)
2000, XIV+448 pp, ISBN 88-470-0077-7
2002, 2004, 2005 ristampa riveduta e corretta
(1a edizione 1998, ISBN 88-470-0010-6)

A partire dal 2004, i volumi della serie saranno contrassegnati da un numero di identificazione

13. A. Quarteroni, F. Saleri
    Introduzione al Calcolo Scientifico (2a Ed.)
    2004, X+262 pp, ISBN 88-470-0256-7
    (1a edizione 2002, ISBN 88-470-0149-8)

14. S. Salsa
    Equazioni a derivate parziali - Metodi, modelli e applicazioni
    2004, XII+426 pp, ISBN 88-470-0259-1

15. G. Riccardi
    Calcolo differenziale ed integrale
    2004, XII+314 pp, ISBN 88-470-0285-0

16. M. Impedovo
    Matematica generale con il calcolatore
    2005, X+526 pp, ISBN 88-470-0258-3

17. L. Formaggia, F. Saleri, A. Veneziani
    Applicazioni ed esercizi di modellistica numerica
    per problemi differenziali
    2005, VIII+396 pp, ISBN 88-470-0257-5

Printed in the United States
By Bookmasters